普通高等教育“十二五”规划教材

水工建筑物抗震计算基础

张运良　李建波　编著

U0291644

中国水利水电出版社
www.waterpub.com.cn

内 容 提 要

本书紧密围绕现行水工建筑物抗震设计规范和核电厂抗震设计规范，适当反映新修规范，介绍水工建筑物抗震计算的基础理论和基本方法，并附有工程抗震计算实例。为便于进一步学习和查阅英文文献资料，在介绍一些主要中文术语的同时也给出了相应的英文表达。

全书内容主要有地震与地震波、地震灾害、场地和地基、水工建筑物抗震简介及计算、土-结构的动力相互作用、人工地震波的拟合、典型水工建筑物抗震计算实例、以及水工建筑物抗震研究展望。

本书可作为水利水电、水工结构、防灾减灾、港口海岸和近海、土木建筑等工程及相关专业的高年级本科生和低年级研究生教材，亦可供相关设计和研究人员参考。

图书在版编目（CIP）数据

水工建筑物抗震计算基础 / 张运良，李建波编著
. -- 北京 : 中国水利水电出版社，2015.7
普通高等教育“十二五”规划教材
ISBN 978-7-5170-3364-6

Ⅰ. ①水… Ⅱ. ①张… ②李… Ⅲ. ①水工建筑物－抗震性能－计算方法－高等学校－教材 Ⅳ. ①TV6

中国版本图书馆CIP数据核字(2015)第146561号

审图号：GS（2015）1650 号

书　名	普通高等教育“十二五”规划教材 **水工建筑物抗震计算基础**
作　者	张运良　李建波　编著
出版发行	中国水利水电出版社 （北京市海淀区玉渊潭南路 1 号 D 座　100038） 网址：www.waterpub.com.cn E-mail：sales@waterpub.com.cn 电话：（010）68367658（发行部）
经　售	北京科水图书销售中心（零售） 电话：（010）88383994、63202643、68545874 全国各地新华书店和相关出版物销售网点
排　版	中国水利水电出版社微机排版中心
印　刷	北京瑞斯通印务发展有限公司
规　格	184mm×260mm　16 开本　16.25 印张　385 千字
版　次	2015 年 7 月第 1 版　2015 年 7 月第 1 次印刷
印　数	0001—2500 册
定　价	**34.00** 元

前言

对于一般的工业与民用建筑物，如多高层房屋、工业厂房、桥梁等，目前介绍抗震设计计算的教材已有很多，但适合水工建筑物方面的教材还比较少见，因此，针对这一现状组织编写了本书。

本书选材上注重围绕现行水工建筑物抗震设计规范及核电厂抗震设计规范进行基础理论和基本方法的介绍，尽力避开水工专业学生的重要基础课《水工建筑》《水工建筑学》等已有的内容。例如，在实例选取时没有纳入大坝（混凝土重力坝和拱坝、土石坝和堆石坝等）这一类极为重要水工建筑物的抗震设计计算和相关研究，而将重点放在了其他典型的地上和地下水工建筑物（如进水塔和隧洞）上，希望学生全面了解各类水工建筑物的抗震设计计算，弥补相关知识的不足。至于各类大坝的深入及前沿抗震问题，国内外不少专家学者已发表了许多优秀著作、论文和研究报告，希望有兴趣、有条件的读者自行查阅学习。

鉴于目前数值方法特别是众多大型结构工程和岩土工程分析软件的广泛应用，本书给出了分别采用 ANSYS 软件（有限元法）和 FLAC3D 软件（有限差分法）进行水工抗震计算的实例，以期为读者利用相关软件进行大型水工抗震计算及巩固所学知识提供有益的参考。

全书第 7 章由李建波撰写，其余各章、附录和习题由张运良撰写，并由张运良统稿。全书内容除参考了国内外专家学者的论文、专著和教材外，也包括了作者的部分研究成果。编写过程中，受到了大连理工大学林皋院士、邹德高教授的鼓励和支持，以及教育部高等学校本科教学改革与教学质量工程 2014 年度建设项目的资助，在此表示衷心感谢。由于本书内容涉及面广，编者参考和借鉴了许多专家学者的成果以及一些互联网资料，在此不能一一致谢而深表歉意。

编写过程中，编者深感水平和学识有限，书中存在的不足、疏漏、不当和错误之处，恳请读者予以批评和指正，以便我们日后持续改进和完善。

编者：张运良

2015 年 1 月于大连理工大学

目　录

第1章 地震与地震波

地震（Earthquake）是一种自然现象。据统计，地球每年平均发生500万次左右的地震，其中5级以上的地震约1000次。如果强烈地震发生于人类聚居区或工程活动区，就会造成地震灾害（Disaster）。

我国地震频繁，是世界上发生震害最为严重的国家之一。其特点是震源浅，震级和频次高，分布范围广。据史料记载，几乎各省都曾发生过破坏性地震。以水利水电资源富集的四川省为例，1955年、1973年、1976年、2008年分别发生过康定7.5级、炉霍7.6级、松潘-平武7.2级、汶川8.0级地震。2008年5月12日发生在四川汶川的特大地震，不仅造成超过约8万人的失踪和死亡，也造成了大量建筑物的破坏。

为了抗御与减轻地震灾害，有必要对各类建筑物进行抗震设计。本书主要的讨论对象是水工建筑物，拟依据现行水工抗震设计规范介绍有关基本概念和基础理论，为水工结构工程师、在校高年级本科生及低年级研究生在水工结构抗震设计计算方面提供入门知识。

1.1 地震类型与成因

地震发生的原因是多方面的，主要有天然地震和人工诱发地震。天然地震按其成因主要分为以下3类：

（1）火山地震——因火山爆发、岩浆喷出而引起。

（2）陷落地震——因古旧矿坑或较大溶洞的塌陷而引起。

以上两类地震释放的能量和作用范围都不大，发生次数也少，破坏较轻，不是工程关注的重点。

（3）构造地震（Tectonic earthquake）——因地壳运动使岩层薄弱部位突然断裂错动而引起。这类地震破坏性大、影响面广，占地震总发生次数的90%。例如，我国发生的1976年河北唐山地震（7.8级）、2008年汶川地震（8.0级）以及2011年东日本大地震（9.0级）都属于构造地震。各类工程建筑物进行抗震设防（Seismic fortification）主要针对这类地震。

除了天然地震之外，还有人类工程活动，如注水和修建水库、矿山开采、人工爆破、地下核爆等可引发人工地震。这类地震一般都不太强烈，仅有个别情况（如水库地震）会造成严重的地震灾害。2008年汶川大地震后，水库地震问题备受国内外关注。对于紫坪铺水库和三峡工程的蓄水是否引发了2008年的汶川大地震，存在着分歧和争议。多数人认为，紫坪铺水库和三峡工程的蓄水不具有触发汶川大地震的条件，而汶川大地震也不具备水库触发地震的特征。

水库地震是指由于水库蓄水或水位变化而导致库区和坝址环境物理状态的改变，从而引发地震的现象。在水库地震中，社会和工程界主要关心构造型水库触发地震。迄今，全球范围内构造型水库地震震级超过 6 级的约有 4 例，即印度柯以那（Koyna）（6.5 级，1967 年）、希腊克雷玛斯特（Kremasta）（6.3 级，1966 年）、我国新丰江（6.1 级，1962 年）和赞比亚卡里巴（Kariba）（6.0 级，1963 年）的水库触发地震。这种类型的地震只是在一定的地震地质和水文地质条件下才能发生，其成因机制很复杂，至今并未解决，主要是由于目前对水库地震震源所处岩层深部高温高压条件下岩体性态和水体运动规律的认识还很不足。因此，还很难建立一个物理模型对这一复杂的过程进行描述，主要只能以统计和类比方法探讨其本质规律。目前对构造型水库地震较普遍的共识是：库水渗透到岩石中使岩体孔隙水压力增大，导致断层面的法向有效应力减小，抗剪强度降低，以致断层构造面失稳而触发地震。未来的水电工程建设需要按照 GB 21075—2007《水库诱发地震危险性评价》和 SL 516—2013《水库诱发地震监测技术规范》的要求，对水库诱发地震的危险性进行评价。对评价可能发生 5 级以上的强水库地震的水电工程，应布置地震台网进行监测。

下面进一步阐述构造地震。可以从宏观背景和局部机制两个层次上解释其具体成因。从宏观背景上考察，地球内部由地壳（Crust）、地幔（Mantle）与地核（Core）3 个圈层构成（图 1.1.1）。通常认为地球最外层是由一些巨大的板块组成，板块向下延伸的深度大约为 70～100km。由于地幔层内不均匀分布的高温高压物质的对流运动，这些板块一直在缓慢地相互运动着。板块的构造运动是构造地震产生的根本原因。从局部机制上分析，地球板块在运动过程中，板块之间的相互作用力会使地壳中的岩层发生变形。当这种变形积聚到超过岩石所能承受的程度时，该处岩体就会发生突然断裂或错动，能量便从断裂处释放出来，其中小部分的能量（震源释放的总能量包括破裂能、地震波辐射能和摩擦产生的热能）引起岩石的振动，以地震波（Seismic wave）的形式向外传播。当波动传至地球表面时，地面就会震动起来。强震动会造成近地表建筑物的破坏和人员的伤亡。由于这种地震是由地球内部构造发生剧烈变动引起的，因而人们称之为构造地震。容易想象，地球内部积累的能量总是从较薄弱的地方开始释放，因此断层破裂位置常常是地震发生的位置。

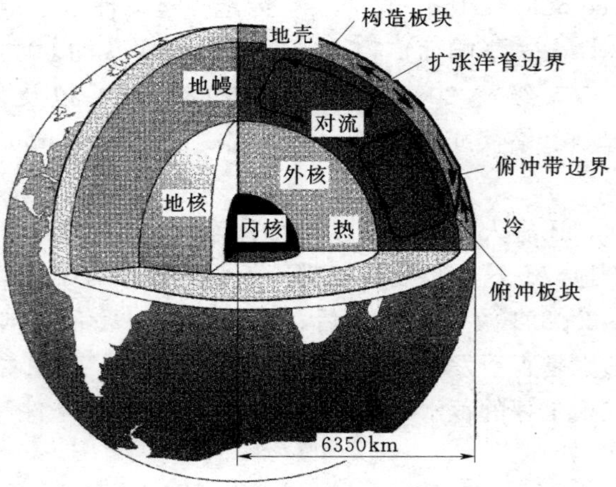

图 1.1.1　地球内部构造，地幔物质的对流引起地表各板块的相对运动

地震动的特性受活动断层（Active fault）滑移机制的影响。断层面两侧发生相对位移的岩体或岩层称为断盘（Fault wall）。断层面倾斜时，上部的岩体为上盘（Hanging wall），下部的岩体为下盘（Foot wall），如图 1.1.2 所示。根据断层上盘和下盘相对滑移的方向，可将断层分为正断层（Normal fault，上盘相对下移，下盘相对上移）和逆断层（Reverse fault，上盘相对上移，下盘相对下移）。断层有两种基本运动形式：倾滑运动（沿断层倾向滑动）和走滑运动（沿断层走向滑动）。另外，走滑运动又可分为左旋走滑（观察者站在断层的一侧，面向断层，另一边的岩体向他/她左方滑动）和右旋走滑（观察者站在断层的一侧，面向断层，另一边的岩体向他/她右方滑动），如图 1.1.3 所示。实际的断层运动是这些基本运动的合成运动。

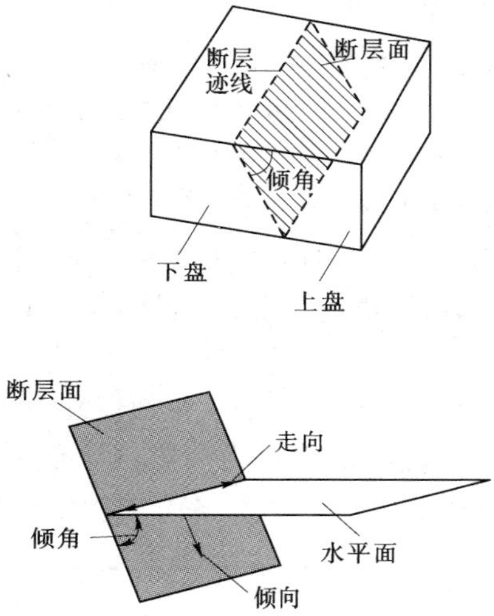

图 1.1.2　断层的几何描述

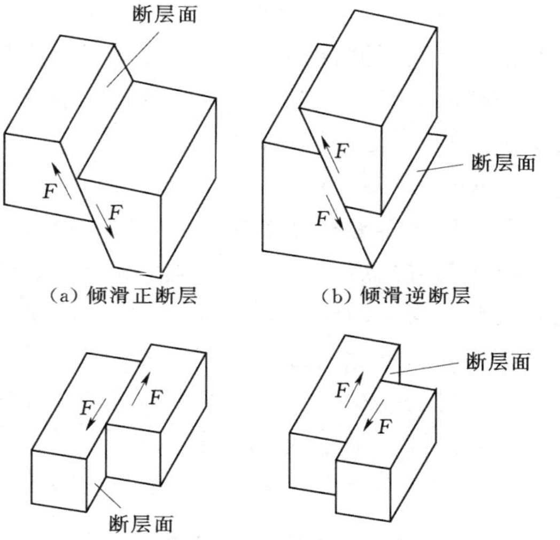

(a) 倾滑正断层　(b) 倾滑逆断层

(c) 左旋走滑断层　(d) 右旋走滑断层

图 1.1.3　断层运动的基本机制

2008 年发生在我国的汶川 8.0 级地震，震后在都江堰虹口处发现一断层坎的水平与垂直位移达到 4.7m，如图 1.1.4 所示，可判断此处断层发生了逆冲左旋走滑运动。

图 1.1.4　2008 年汶川大地震，四川都江堰虹口处一逆冲-右旋走滑型断层坎的水平与垂直位移

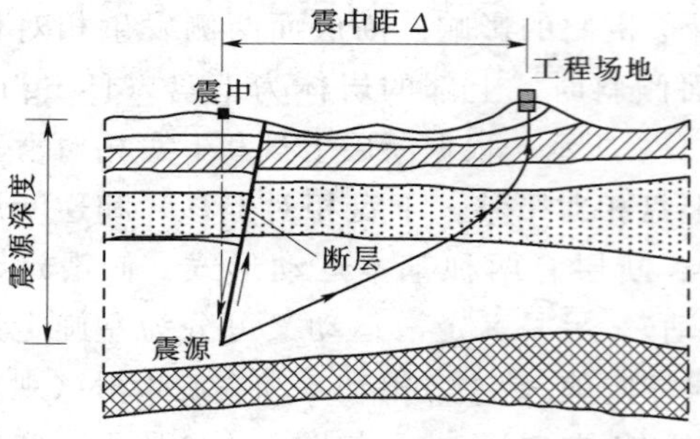

图 1.1.5　断层破裂处（震源）产生地震波，传播后到达工程场地

图 1.1.5 为断层破裂处即震源产生地震波，经过地壳岩石的传播，到达近地表工程场地，并对其上的建筑物产生影响。

地球内部断层开始错动并引起周围介质振动的部位称为震源（Focus），如图 1.1.5 所示。震源正上方的地面位置叫震中（Epicenter）。震源到地面的垂直距离叫震源深度（Focal depth）。地面上某一工程场地（例如某水利枢纽的大坝坝址）到震中的距离 Δ 称为震中距（Epicentral distance）。工程场地到断层地表破裂迹线或断层面延伸至地表位置的最短距离，称为断层距（Fault distance）。

根据震源深度可以对地震进行分类。通常，震源深度在 60km 之内的地震叫浅源地震（Shallow－focus earthquake），60～300km 的叫中源地震，300km 以上的叫深源地震（Deep－focus earthquake）。至今观测到的最深的地震震源深度是 700km 左右，而世界上绝大多数的地震震源深度都在 5～30km 左右，属于浅源地震。例如：1976 年 7 月 28 日发生在我国河北省的唐山大地震，震源深度为 16km；2008 年 5 月 12 日发生的我国汶川大地震的震源深度南端较深为 20km，北段较浅为 10km，发震断层长度超过 300km，发震持时超过 100s，能量释放的时空分布极不均衡。

在一定时间内相继发生在相近地区的、在成因上有联系的一系列大小地震称为地震序列，其中最强烈的一次称为主震（Main shock），主震前的地震称为前震（Foreshock），主震后的地震称为余震（Aftershock，岩层的破裂往往是由一系列裂缝组成的破碎地带，

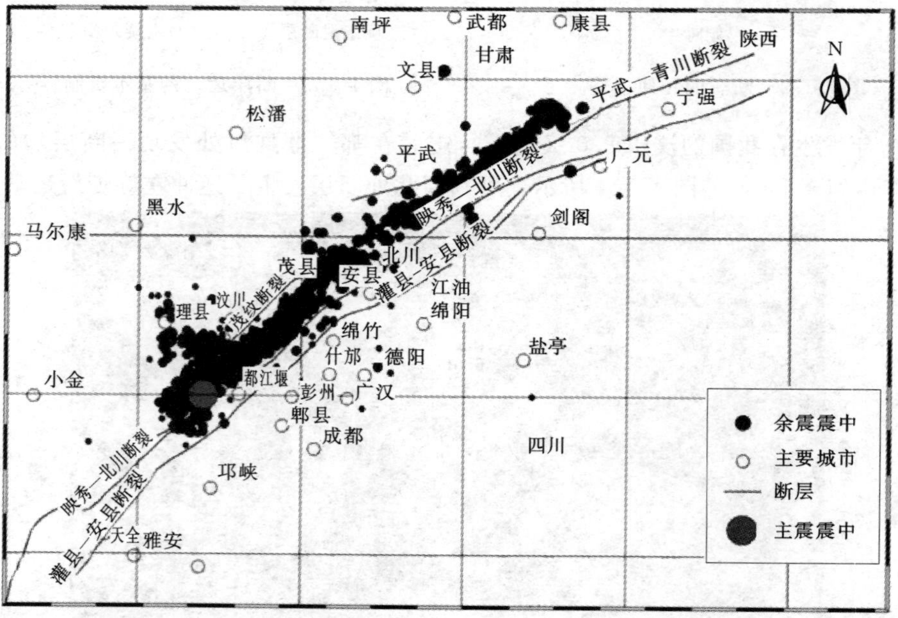

图 1.1.6　2008 年汶川大地震，主震震中和余震震中分布

整个破碎地带的岩层不可能同时达到平衡，因此在一次强烈地震之后，岩层的变形还将继续进行调整，从而形成一系列余震）。强震序列一般有3种基本类型：

（1）主震型。序列中主震突出，释放的能量占全序列的绝大部分，在破坏性地震中最为常见。

（2）震群型。主要能量通过多次震级相近的地震释放，主震不突出。

（3）孤立型。能量基本上由一次主震释放，前震、余震释放的能量都很小。

例如，2008年5月12日汶川大地震的主震震级为8.0级。在随后的半年多里，汶川地区发生了震级4.0～4.9级余震240次，5.0～5.9级33次，6.0级以上8次（不包括主震），最大余震震级为6.4级。主震和余震震中分布如图1.1.6所示，表明汶川发震断层是向一主要方向产生破裂（即单侧破裂），自起始点震中汶川向东北方向延伸，具有方向性。

1.2 地震波类型

1.2.1 体波

地壳内岩层发生断裂或错动，首先会在固体介质内部产生从震源向外传播的体波(Body wave)。地球介质，包括表层的岩石和地球深部物质，都不是完全弹性体，但因地球内部有很高的压力，地震波的传播速度很大，波动给介质带来的应力和应变是瞬时的，能量的消耗很小，因此可近似地把地震波看作弹性波（Elastic wave）。

弹性体波分为两类。第一类波为纵波（Longitudinal wave），其性质类似于声波，从断裂处以同等速度向各个方向外传，交替地挤压和拉张所穿过的岩石，使岩石颗粒在波传播的方向上向前和向后运动，如图1.2.1中的上图所示。在地震学中，纵波也称为P波(P为Primary的首字母)，能在气体、液体和固体中传播。

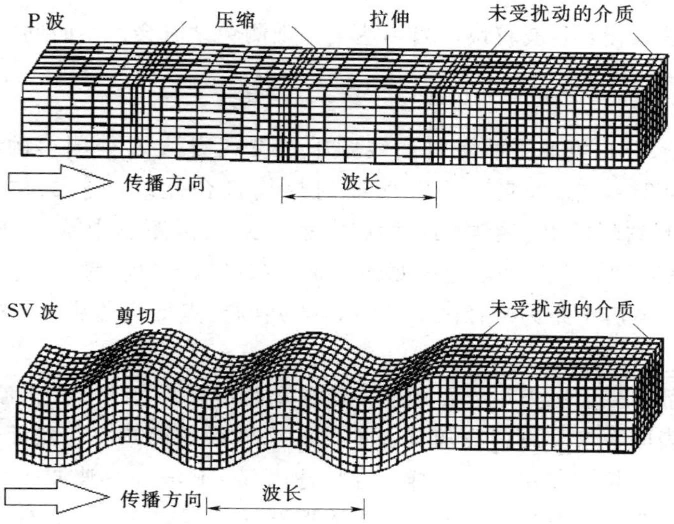

图1.2.1　地震P波（纵波）和SV波（横波）运行时弹性岩石运动的形态

第二类波为横波（Transverse wave），其传播速度仅次于P波而第二个到达，因此称为S波（S为Secondary的首字母）。S波传播时岩石颗粒的运动垂直于波的传播方向（图1.2.1中的下图）。当岩石颗粒仅在水平面中运动时，这种S波称为SH波（H为Horizontal的首字母）；当岩石颗粒在包含波传播方向的竖直平面内运动时，这种S波称为SV波（V为Vertical的首字母）。图1.2.1所示的S波即为SV波。

现在来看P波和S波的传播速度。P波和S波的实际传播速度取决于岩石的密度ρ、弹性体积压缩模量K和弹性剪切模量G。当假设地球为均质各向同性弹性体时，纵波波速为

$$c_P=\sqrt{\frac{K+\frac{4}{3}G}{\rho}} \tag{1.2.1}$$

横波波速为

$$c_S=\sqrt{\frac{G}{\rho}} \tag{1.2.2}$$

式中：K用来度量介质的可压缩性能，例如，花岗岩和水的K分别约为27GPa和2GPa；G用来度量介质的抵抗剪切能力，花岗岩和水的G分别约为1.6GPa和0，这表明液体水不具有抵抗剪切的能力。对于花岗岩，波速$c_P=5500\text{m/s}$，$c_S=3000\text{m/s}$；对于水，$c_P=1500\text{m/s}$，$c_S=0\text{m/s}$。工程应用中，纵波和横波在近地表岩土层中的传播速度常由现场测试得到，见第3章。

由式（1.2.1）和式（1.2.2）可见，纵波的传播速度比横波要快。当远处发生地震时，设置在地震台的地震仪观测记录上首先到达的是纵波，而后达到的是横波，这就是工程上常把纵波称为P波（初至波），而把横波称为S波（次至波）的原因。S波引起的地面震动常在水平方向上比较强，而且其主要周期一般较长；P波引起的地面震动常在竖向上较强，其主要周期一般较短。

由于S波波速较慢，P波较快，当到达某一观测台站时会产生时间差Δt

$$\Delta t=\Delta/c_S-\Delta/c_P \tag{1.2.3}$$

图1.2.2所示的一幅地震波走时曲线图中，设观测站A处测得的S波和P波到达时间差Δt为4min25s，在S波和P波两线间寻找符合此时间差的位置，就可依据式（1.2.3）定出该测站到震中的距离Δ，即震中距。Δt会因距震中越远而越大。例如B站处的Δt大于A站。如果有三个以上的测站记录，就可以定出实际震中的位置（分别以各观测台站为圆心、各震中距为半径画3个圆，公共的交点即为震中）。图1.2.3所示的O点为震中。

由于地球内部的强大压力，岩石密度ρ随深度而增大。由于ρ在P波和S波速度公式中的分母项上，表面看来，波速应随其在地球的深度增加而减小。然而，体积模量K和剪切模量G比密度ρ增加得更快。这样，在地球内部，P波和S波波速一般是随深度而增加的，如图1.2.4所示。但当达到地幔内层而岩石处于熔融状态时，G下降至0，S波波速变为零，而P波波速急剧下降。

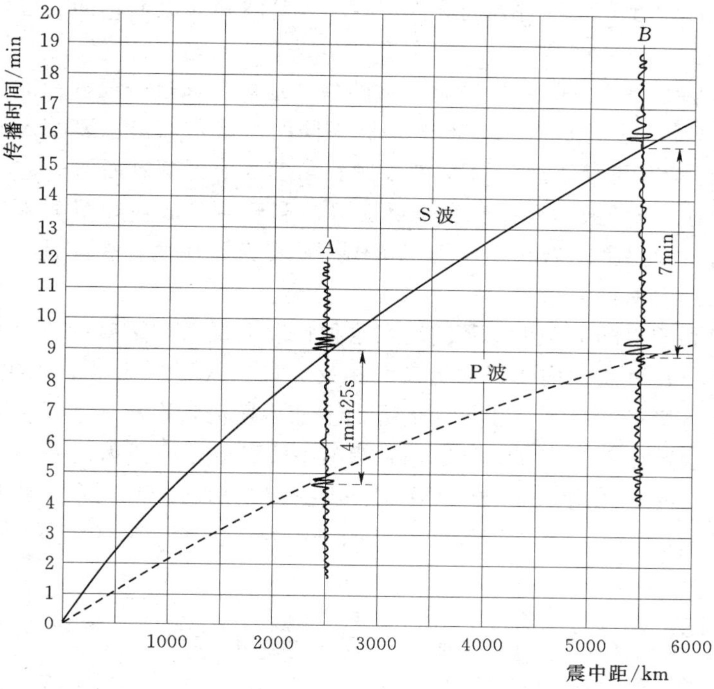

图 1.2.2 地震波的一个走时曲线图

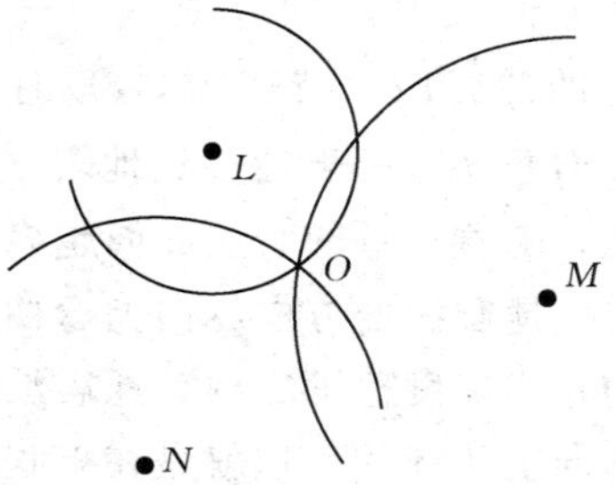

图 1.2.3 震源 O 示意（以点 L、M 和 N 为圆心的各圆之交点）

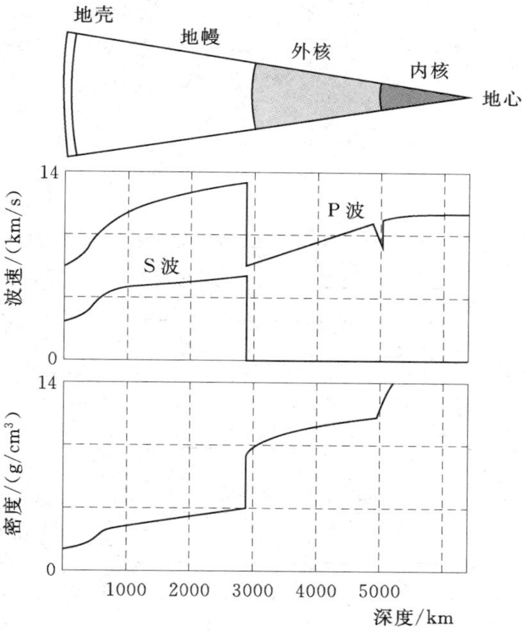

图 1.2.4 地球内 P 波（纵波）和 S 波（横波）的波速及岩石密度随深度的变化

实际上，地球内部介质具有各向异性，这时，P 波和 S 波向不同方位传播时具有不同的速度。

地壳是由多层岩石构成的，从震源发出的弹性地震波通过分层界面时部分将发生反射（Reflection）和透射（Refraction）。与其他波不同的特点是，当地震波入射到地球内两种不同类型岩石的分界面时，例如一 SV 波以倾斜角度入射到某界面时，它不但形成一反射的 SV 波和一透射的 SV 波，还要产生一反射 P 波和透射 P 波，如图 1.2.5（a）所示。其原因是，在入射点边界上的岩石不仅受剪切作用还受挤压作用。换句话说，一入射 SV 波产生 4 种转换波。由一种波型到另一种波型的波型转换也发生于 P 波斜入射于内部边界时，会产生反射和透射的 P 波和 SV 波。在这种情况下反射和透射的 S 波总是 SV 型，这是因为岩石质点总在竖直面内作横向运动。相反，如果入射的 S 波是水平偏振的 SH 型，则质点在垂直于入射平面且平行于界面的方向上前后运动，在界面上没有挤压或铅垂方向的变形，这样不会产生新的 P 波和 SV 波，只有 SH 型的一个反射波和一个透射波，如图 1.2.5（b）所示。垂直入射的 P 波在界面上没有剪切分量，只有反射和透射的 P 波，没有反射的 SV 波或 SH 波。同样，垂直入射的 SV 波在界面上只有反射和透射的 SV 波，不产生新的 P 波。

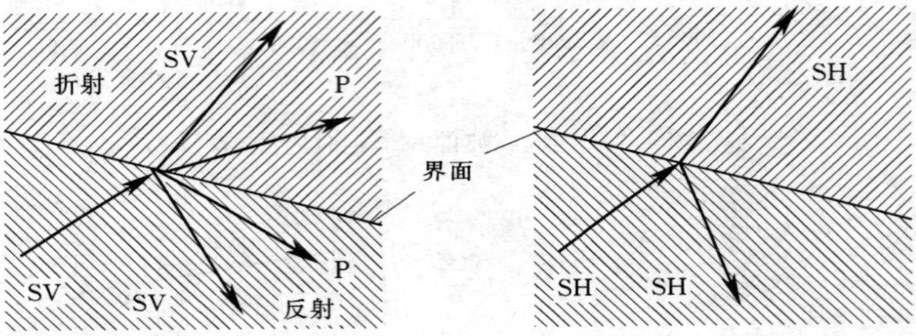

(a)SV 波　　(b)SH 波

图 1.2.5　剪切波在两种类型的岩石界面上的反射和透射

由斯奈尔（Snell）定律，如图 1.2.6 所示，对入射波和透射波，有

$$c_{S6}/c_{S7}=\theta_6/\theta_7, c_{S5}/c_{S6}=\theta_5/\theta_6, \cdots \tag{1.2.4}$$

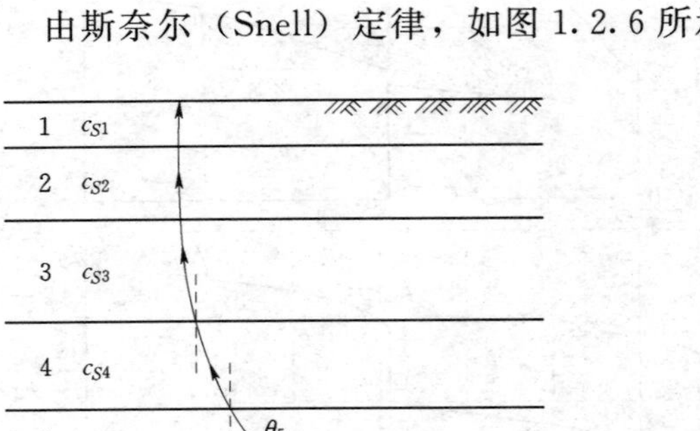

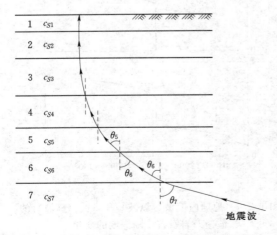

图 1.2.6　地震波在层状介质界面上的透射

波从下部波速高的介质（波速为 c_{S7}）进入波速低的介质（波速为 c_{S6}）时出射角 θ_6 小于入射角 θ_7。一般越接近地表，波速越小。因此，随着通过的岩层界面越多，经过多次透射后地震波的方向越向上弯曲。在靠近地面的相当厚度范围之内，地震波可以看成是垂直向上传播的。这就是在工程抗震计算中，通常假定地震波是由基岩垂直向上入射的原因。

一些特殊的地震效应可用波的反射进行

解释。例如，考虑一S波从深部震源垂直向上传播到地面，假设波动为谐波。在近地表处由于入射波列和反射波列的叠加，使得波的振幅变为2倍，能量变为4倍。造成死亡20余万人的1976年我国唐山地震（7.8级）发生时，在井下工作的煤矿工人仅感到中等摇动，并没有意识到发生了强烈地震。当他们上到地表时，才发现整个城市已变成一片废墟。这个例子也表明了地下结构的震害比地上结构一般要轻。

1.2.2 面波

当P波和S波到达地球表面或层状地质构造面时，在一定条件下会产生不同于体波的面波（Surface wave）。在震源较浅、距离震源较远时，常发育面波。这些波中最重要的是瑞雷（Rayleigh）波，或称瑞利波和洛夫（Love）波，或称勒夫波、乐甫波、乐夫波。它们沿地球表面传播，岩土颗粒的振幅随深度增加而衰减（见1.5.2节）。

洛夫波是地震面波中最简单的一种波型，是以1912年首次描述它的英国科学家Love的名字命名的。如图1.2.7（a）所示，此型的波是由SH波与表面软覆盖层相互作用而产生的，粒子运动仅有水平位移，没有竖向位移，在地面上很类似蛇形运动，粒子在垂直波传播方向上在水平面内从一边运动到另一边。虽然洛夫波不引起地面的竖向运动，但它在地震中是最具破坏性的，因为它常具有很大的振幅，能在建筑物地基下面造成水平剪切。

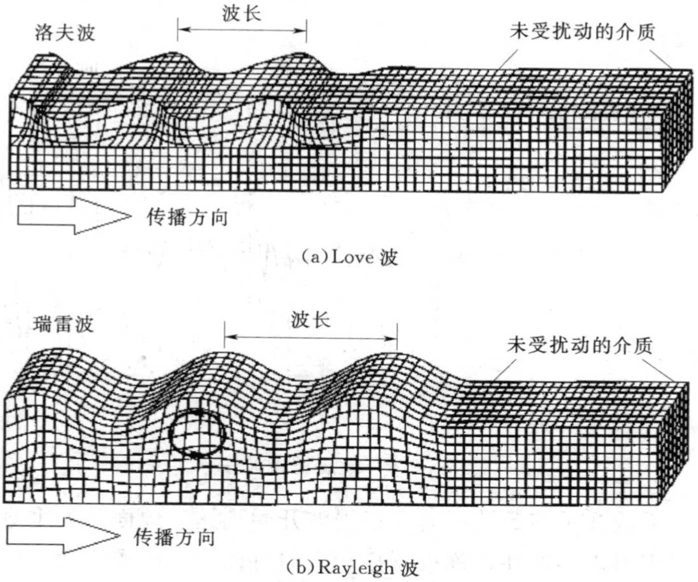

(a)Love 波

(b)Rayleigh 波

图 1.2.7 面波传播过程中近地表岩土介质的运动

相反，瑞雷波是相当不同的地面运动，这种运动形式被认为是形成地面晃动的主要原因。此型波的波是由P波与SV波与地表相互作用而产生的，岩土颗粒的运动既有水平位移，也有竖向位移，在地面上表现为地滚式运动。1885年首次由英国科学家Rayleigh描述，它是地震波中最像海中重力波的一种波。图1.2.7（b）中瑞雷波向右传播时，粒子是在竖直面内作逆时针方向的运动（而重力波则是粒子在竖直面内作顺时针方向的运动，这一点与瑞雷波相反)。

一般地，瑞雷波的传播速度 c_R 低于横波传播速度 c_S。图 1.2.8 给出了P波、S波和Rayleigh波的波速与S波波速的比值随介质泊松比 υ 的变化。由该图可见，P波、S波和Rayleigh波的传播速度是依次减小的。在实测的地震记录中，最后到达的是瑞雷波，如图 1.2.9 所示。由图 1.2.9 可知，从震源首先到达某观测站的第一波是“推和拉”的P波。它一般以陡倾角出射地面，因此造成竖直方向的地面运动。此运动幅度一般相对较小，且比水平摇晃容易经受住，因此通常它不是最具破坏性的波。但是，若某一地区发生直下型的近场地震，则P波运动幅度相当大且包含较多的高频分量。S波的传播速度约为P波的一半，相对强的S波稍晚才到达。S波比P波持续时间长些。地震主要通过P波的作用使建筑物上下颠簸，通过S波的作用使建筑物侧向晃动。

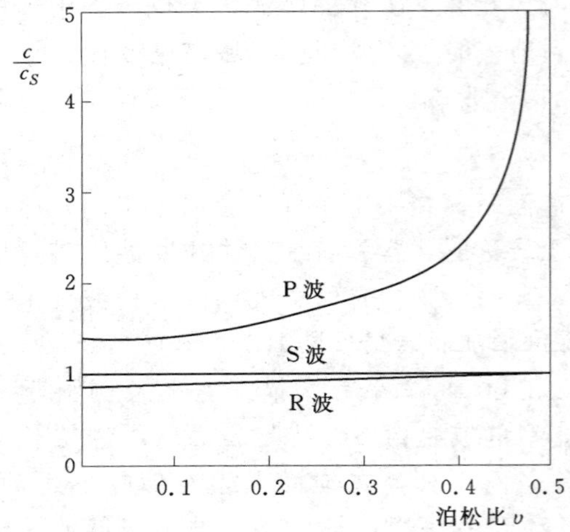

图 1.2.8 P波、S波和Rayleigh波的波速与S波波速的比值随介质泊松比的变化

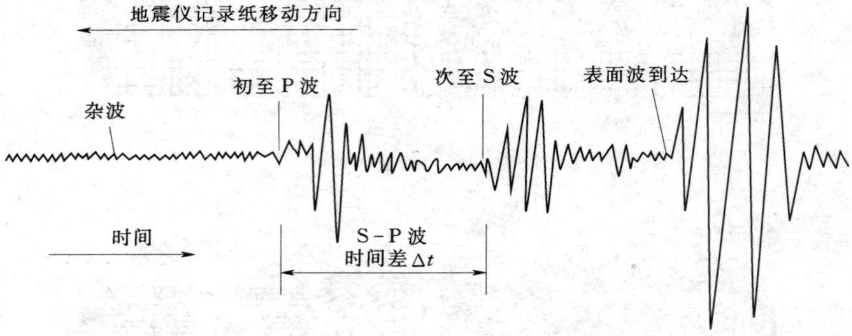

图 1.2.9 地震记录波序

正好是S波之后或几乎与S波同时，洛夫波开始到达。地面开始垂直于波动传播方向产生横向摇动。尽管目击者往往声称根据摇动方向可以判定震源方向，但洛夫波使得凭地面摇动的感觉判断震源方向发生困难。下一个是通过地球表面传播的瑞雷波，它使地面在纵向和垂直方向都产生运动。因为面波随着距离比P波或S波衰减要慢，在距震源远时感知的或长时间记录下来的主要是面波。

上述地震记录一般是由地震仪捕获的。现代典型的地震仪如图 1.2.10 所示，基本上是依据惯性原理设计的。通过附连于重锤上的针笔，在旋转记录纸上可以记录地震动的水平及竖向运动过程。

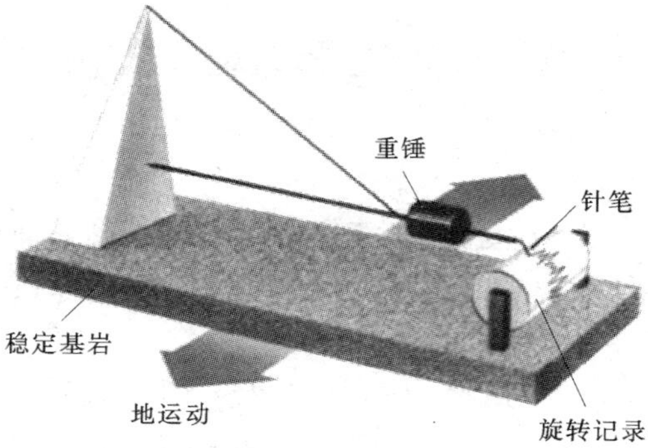

(a)水平震动记录

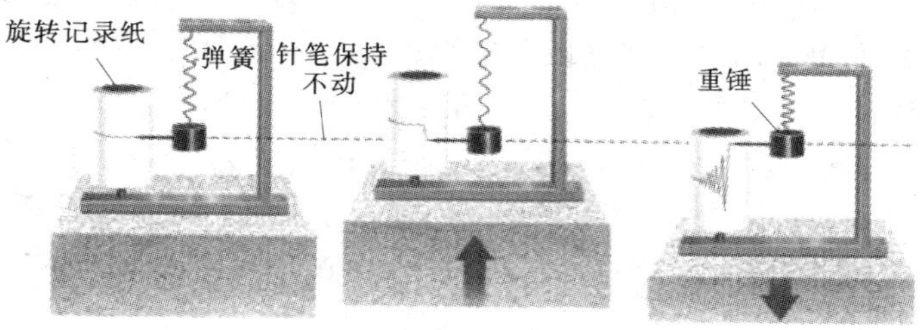

(b)垂直运动记录

图 1.2.10 地震仪原理示意图

地震记录的最后部分称为尾波（Coda wave）。它是包含着穿过复杂岩石构造的P波、S波、洛夫波和瑞雷波的混合波。尾波中持续的波动旋回对于建筑物的损伤与破坏可能起到落井下石的作用，促使已被早期到达的较强S波削弱的建筑物倒塌。

面波扩展成为长长的尾波是由于波的频散造成的。波速随频率或波长而变化的现象叫做频散（Frequency dispersion）。各种类型的波通过物理性质或尺度变化的介质时都会发生这一效应。细看水塘中的水波显示，较短波长的波纹传播在较长波长的波纹前面。波峰的速度不是常数而取决于波的波长。当一块石头投到水中后，随时间的发展，原来的波开始按波长不同被区分开来，后来较短的波峰和波谷越来越传播到长波的前面。地震面波的传播中具有类似现象。

不同地震波的波长变化很大，长至数千米，短至几十米，这样，地震波很可能发生频散。面波的绝大部分能量在近地表处被捕获，到一定深度后岩石实际已不受面波的影响。这一深度取决于波长，波长越长，波动穿入地球越深。由于地震波速随深度增加，所以长周期（长波长）面波一般比短周期（短波长）面波传播得快些。这种波速的差异使面波发生频散，拉开成长长的波列。但与水波相反，较长的地震面波是先到达的。

同光波、声波和水波类似，体波和面波在传播过程中，当遇到地质构造如孤石或孔隙时还会发生绕射或衍射（Diffraction）。一些地震能量绕过地质构造进行衍射，另一些遇到它们则发生前述的反射和透射。

1.3　地震震级与地震烈度

1.3.1　地震震级

为了衡量地震的威力，人们提出了地震强度等级的概念，即震级（Earthquake magnitude），它是利用体波或面波的最大振幅，对地震释放能量大小及断层尺寸的定量化度量。常用的震级测度有以下 4 种：

(1) 里氏震级（Richter，1935），又称近震震级、局部震级 M_L。里氏震级一般用于测量小型、浅源、震中距小于 600km 的地震。可按式（1.3.1）估算里氏震级：

$$M_L=\lg[A(\Delta)/A_0(\Delta)] \tag{1.3.1}$$

式中：Δ 为震中距，km；A 为标准伍德-安德森扭摆式地震仪（放置在 $\Delta=100$km 处）记录的以微米（μm）为单位的水平位移最大振幅；A_0 为标定因子。

为了使结果不为负数，规定 0 级地震为在 $\Delta=100$km 处的最大位移 $A=1\mu$m 的地震。按照这个定义，若在同一震中距处测得的地震波位移振幅为 1mm（1000μm）的话，则震级 $M_L=3$。伍德-安德森标准地震仪用来测量周期介于 0.5～1.5s 的地震波。

近来，伍德-安德森地震仪几乎被弃用，在公众媒体报道中局部震级逐步被其他震级所替代。

(2) 面波震级 M_S。这种震级测度适用于浅源、远距离（$\Delta>2000$km）发生的、长周期（约为 20s）的瑞雷面波所主导的大震。振幅 A（μm）、周期 T（s）、震中距 Δ 与面波震级 M_S 的关系为

$$M_S=\lg(A/T)+1.66\lg\Delta+2.0 \tag{1.3.2}$$

此处 Δ 为震中距，但以角度计，例如 360°为地球一周。这种震级适于中～大震的震级估计，但很少超过 8.0 级。

(3) 体波震级 M_b。这种震级适用于深源、震中距 Δ 大于 100km 的中小型地震，它由体波中的 P 波确定，其主震周期 T 约为 1.0s。对于长周期 S 波（周期为 1.0～10.0s），相应震级测度用 M_b。振幅 A（μm）、周期 T（s）、震中距 Δ（角度）与体波震级 M_b 的关系为

$$M_b=\lg A-\lg T+0.01\Delta+5.9 \tag{1.3.3}$$

(4) 矩震级 M_w。这种震级与地震矩相联系，它考虑了破裂前断层中的应力状态及断层尺寸，可用来估计特大地震。地震矩 M_0［单位为尔格（erg），1 erg=10^{-7}J］定义为

$$M_0=S\overline{D}A \tag{1.3.4}$$

式中：S 为断层介质的材料断裂强度，MPa；$\overline{D}$ 为断层上、下盘的平均相对错动或滑移量，km；A 为断层破裂面积，km^2。

矩震级 M_w 与地震矩 M_0 的关系为

$$M_w=(\lg M_0-9.1)/1.5 \tag{1.3.5}$$

为测定地震矩及矩震级，可用宏观的方法，直接从野外测量断层的平均位错和破裂长度，从等震线的衰减或余震推断震源深度，从而估计断层面积。也可用微观的方法，由地

震波记录反演计算这些量。

上述里氏震级 M_L、面波震级 M_S 及体波震级 M_b 都存在所谓的饱和性，即地震震级并不随地震强度而一直增加。M_L、M_b 和 M_S 在矩阵级 $M_w=7.0$、6.5 和 8.5 以后不再增加。而矩震级 M_w 在实用范围 $2<M_w<10$ 内不存在饱和现象，因此可用于所有大小的地震震级估计。

面波震级 M_S 与震源发出的总能量 E（单位为 erg）之间的关系是

$$\lg E=1.5M_S+11.8 \tag{1.3.6}$$

式（1.3.6）表明，震级每增加 1 级，地震所释放出的能量约增加 $10^{1.5}=\sqrt{1000}=31.6$ 倍。该式也适用于矩震级 M_w。

2008 年汶川里氏 8.0 级大地震，其释放的能量约为 6.3×10^{16} J，相当于 1500 万 t TNT 炸药或 750 个投放于日本广岛市原子弹的能量。

1.3.2　地震烈度

地震烈度（Intensity）是地震引起的地面震动及其影响的强弱程度。地震烈度不仅与震级有关，还和震源深度、震中距及地震波通过的介质条件（如岩土层性质、地质构造、地下水埋深）等多种因素有关。一般情况下，震级越高、震源越浅、距震中越近，地震烈度就越高。

一次地震只有一个震级，但震中周围地区的破坏程度则随距离的加大而减小，因而形成多个不同的地震烈度区。震中区的烈度称为震中烈度。根据我国 1900 年以来的资料，局部震级 M_L 与震中烈度 I_0 的关系为

$$M_L=0.98+0.66I_0 \tag{1.3.7}$$

例如，发生于我国的唐山（1976 年）和汶川（2008 年）的大地震，局部震级 M_L 分别为 7.8 级和 8.0 级，代入式（1.3.7）则可得震中烈度约为 11 度。

在工程建筑中，划分建筑区的地震烈度是很重要的，因为一个工程从建筑场地的选择到工程建筑的抗震措施等都与地震烈度有密切的关系。

（1）地震烈度表。地震烈度表通常是根据地震发生后地面的宏观现象和定量指标两方面的标准划定的。

当前国际上常用的地震烈度制有 MCS 制（南欧）、MM 制（北美，中国及其他几个国家）、MSK 制（中东欧及其他几个国家）、EMS 制（是 MM 制的发展，自 1998 年被欧洲采用）和 JMA 制（日本）。其中 MM 烈度制将地震烈度划分十二度，分别用罗马数字Ⅰ～Ⅻ表示，也常用阿拉伯数字 1～12 表示。

我国共 3 次颁布中国地震烈度表（1980 年、1999 年、2008 年）。附录 A 是《中国地震烈度表（2008 年）》，充分利用了大量的已有震害资料和地震烈度评定经验，借鉴参考了国外地震烈度表，并利用了汶川地震部分震害资料后在以前版本的基础上修订而成。建筑物震害程度的定量指标用震害指数（Damage index）（以 0.00～1.00 之间的数字表示由轻到重的震害程度）来表示。

对应于一次地震，在受到的影响区域内，可以按照地震烈度表中的标准，对一些有代表性的地点评定出烈度。具有相同烈度的各个地点的外包线称为等烈度线（或等震线，

Isoseisms)，其形状与发震断裂取向、地形、土质等条件有关，多数近似呈椭圆形。图 1.3.1 和图 1.3.2 表示的是唐山地震和汶川地震后作出的等烈度线。一般情况下，等烈度

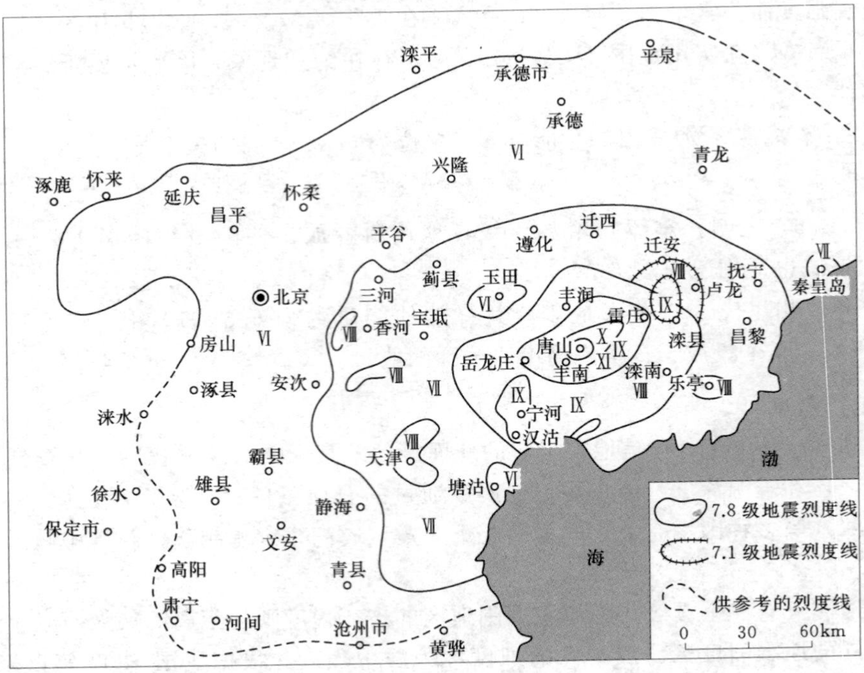

图 1.3.1　1976 年唐山地震后灾区等烈度线

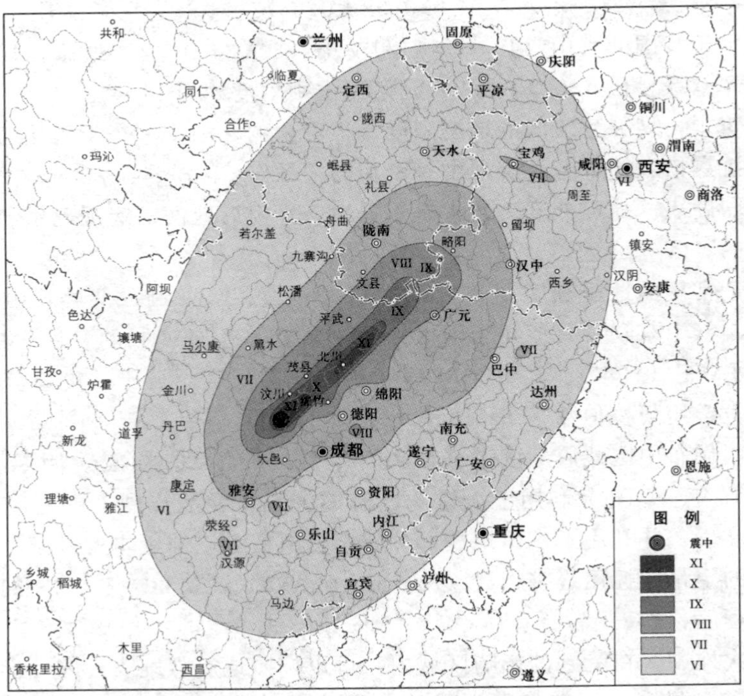

图 1.3.2　2008 年汶川地震后灾区等烈度线

线的度数随震中距的增大而递减，但有时由于局部地形或地质构造的影响，也会在某一烈度区内出现小块高1度或低1度的异常区（Intensity anomaly area）。利用历史地震的等烈度线资料，可以针对不同地区建立宏观的烈度随距离衰减的关系式。

（2）地震烈度的确定。在进行工程建筑设计时，经常用的地震烈度有基本烈度（Basic intensity）和设计烈度（Design intensity）。此外，还要考虑场地因素对地震烈度的影响。

1）基本烈度。地震基本烈度是指一个地区今后一定时期内（我国取50年），在一般场地条件下按一定概率（我国取不超过10%）可能遭遇到的最大地震烈度。它是一个地区进行抗震设防的依据。基本烈度所指的地区并非是一个具体的工程建筑物地段，而是指一个较大范围的地区，因此基本烈度也叫区域烈度。一般场地条件是指在上述地区范围内普遍分布的地层岩性条件及一般的地形、地貌、地质构造和地下水条件等。基本烈度主要根据对该地区的实地地震调查、历史记载、仪器记录并结合地质构造情况综合分析研究而得出。

依据地质构造资料、历史地震规律及强震观测资料，采用地震危险性分析的方法，可以计算出某一地区在未来一定时限内关于某一烈度的超越概率，从而可以将国土划分为不同基本烈度所覆盖的区域。这一工作称为地震区划（Seismic zoning 或 Seismic regionalization）。可以针对一个大区域或全国，或者一个小区域进行地震区划，作为工程抗震设防的依据标准。我国先后于1957年、1977年和1990年3次编制出版了中国地震烈度区划图，各省也编制了比例尺更大的烈度区划图。另一种方式是，针对一些大型重点工程，如大型水利枢纽、核电厂等，根据工程部门的要求，进行专门的地震安全评价，作出较精确的地震烈度区划，以供选址和设计时参考。

由于烈度终究只是间接表征地震作用强度评定的定性标志，而工程设计需要的是准确定量的物理参数，因此国家地震部门于2001年发布了中国地震动参数（以峰值加速度与峰值反应谱特征周期表征）区划图（附录B和附录C），取代了过去的基本烈度区划。该区划图对应的也是50年超越概率10%的设防水准。

2）设计烈度。根据建筑物的重要性，针对不同建筑物，将基本烈度予以调整，作为抗震设防的依据，这种烈度叫设计烈度，也叫计算烈度或设防烈度。永久性的重要建筑物（如高坝）需提高基本烈度作为设计烈度，并尽可能避免设在高烈度区，以确保工程安全。临时性建筑和次要建筑物可比永久性建筑或重要建筑物低1～2度。

3）场地条件对地震烈度的影响。在同一个基本烈度地区，由于建筑场地的地质、地貌条件不同，往往在同一次地震作用下，地震烈度并不相同，因此，在对工程建筑确定地震的影响时，应该考虑场地条件对烈度的影响。考虑场地条件对烈度的影响，一般是以场地区域范围内的岩土层性质、地形地貌、水文地质和地质构造等因素作为主要依据，对基本烈度适当地进行提高和降低。岩石地基较安全，烈度应比一般工程地基降低0.5～1度；淤泥类土、饱和粉细砂较基岩烈度高2～3度。基岩区地形对烈度影响不大，非岩质区地形中的陡坡、小山包及冲沟等都加重了地震影响，但不能作为调整烈度的依据，只能为场地选择提供参考。地下水接近地表时，烈度可提高0.5度。

在水利水电工程建设中，考虑地质条件的影响，对地震烈度应作如下的考虑：

1）基本烈度为6度或6度以上地区的粉细砂或淤泥质软土等地基，应考虑震动土壤液化（Soil liquefication，详细说明见第2章）、不均匀沉降和地基强度降低等地基失稳的可能性，并应采取相应的抗震措施。

2）在基本烈度为7度或7度以上地区布置水工建筑物时，应尽量避开发震断裂或现代活动性断裂。发震断裂是指地震发生时能产生破裂或集中释放能量的活动性断裂构造。

3）在基本烈度为7度或7度以上地区，水工建筑物应尽量避开地震时易引起滑坡、坍滑的斜坡地段，或采取相应的防治措施。

水工建筑物的场地按构造活动性、边坡稳定性和场地地基条件等进行综合评价，可划分为有利地段、不利地段和危险地段3类，见3.1节。

1.4 中国的地震背景

根据世界上各大洲所发生地震的位置，可以明显地看出地球上有以下两组主要的地震活动带（Seimically active belt），如图1.4.1所示。

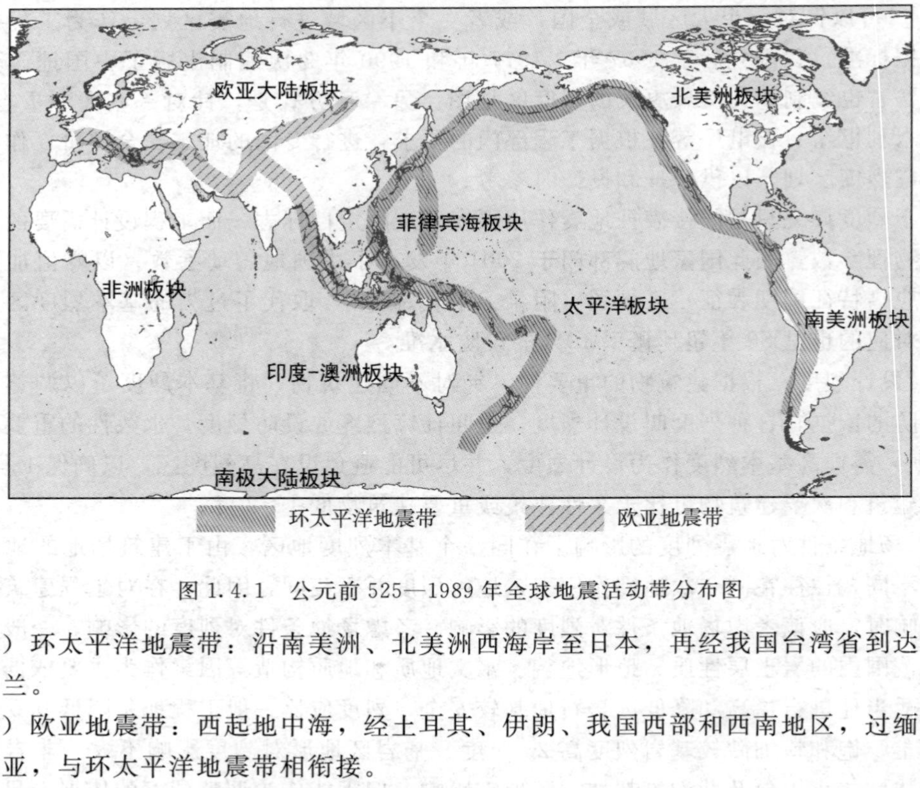

图1.4.1 公元前525—1989年全球地震活动带分布图

（1）环太平洋地震带：沿南美洲、北美洲西海岸至日本，再经我国台湾省到达菲律宾和新西兰。

（2）欧亚地震带：西起地中海，经土耳其、伊朗、我国西部和西南地区，过缅甸、印度尼西亚，与环太平洋地震带相衔接。

近些年来，地震活动有加剧的趋势。图1.4.2给出了2011—2014年全球7.0级以上地震分布统计情况。可以看出，环太平洋地震带为主要的地震活动带。

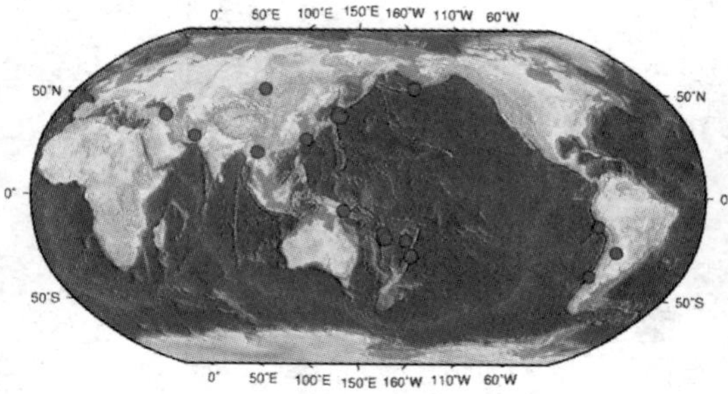

(a) 2011年

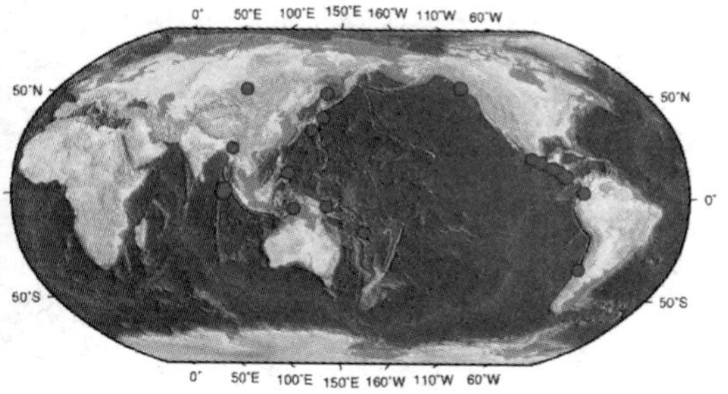

(b) 2012年

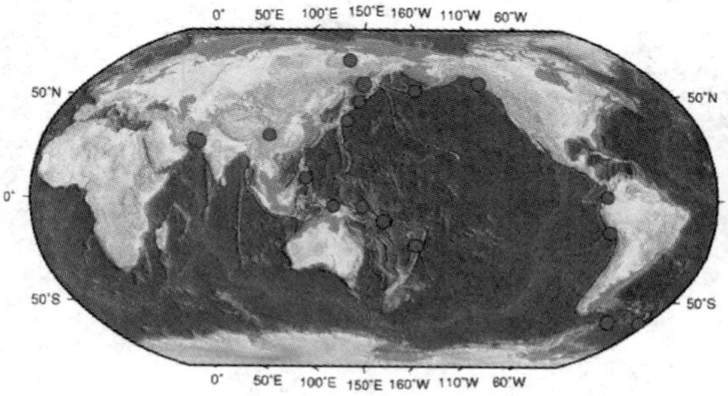

(c) 2013年

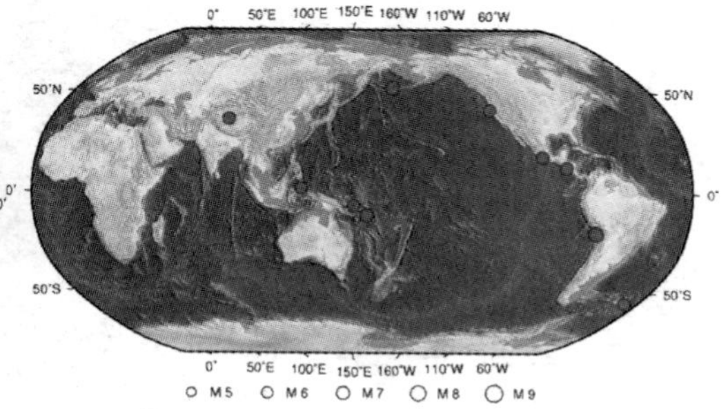

(d) 2014年

图 1.4.2 2011—2014 年全球 7.0 级以上地震分布

我国地处两大地震带之间，是一个多地震的国家。从公元前 1831 年开始有地震记载以来，将近 4000 年的历史资料表明，我国的地震分布是相当广泛的，较为突出的在以下几个地区：①台湾；②黄河中、下游区的汾渭断裂带，太行山麓、京、津、唐、张地区和渤海沿岸；③西北河西走廊、六盘山和天山南北；④青藏高原东南边缘的四川西部、云南中南部和西藏；⑤广东和福建沿海地区。

从空间上看，我国地震的分布也呈一定的带状。中国地震带主要划分为华北地震区、青藏高原地震区、新疆地震区、台湾地震区和华南地震区，如图 1.4.3 所示。

2008 年的汶川地震主干发震断裂为龙门山构造带的中央断裂带，即北川—映秀断裂带，其前山、后山断裂带分别为安县—灌县断裂带、汶川—茂汶断裂带（图 1.4.4 和图 1.1.6）。关于此次地震成因，一种观点认为由于印度洋中脊的扩张（图 1.4.5），印度板块以 4cm/yr 的速度向欧亚板块俯冲，造成青藏高原的快速隆升（图 1.4.6）。同时，高原物质向东缓慢流动，在高原东缘地区沿龙门山构造带向东产生挤压，这种挤压受到四川盆地下面刚性地块的顽强阻挡。经过长期的构造应力能量的累积，最终在汶川映秀地区突然释放，破裂构造沿北川—映秀主断裂带迅速扩展，向东北方向延伸了约 300km（图 1.1.6 和图 1.4.5），产生了新中国成立以来破坏性最强、波及范围最广、救灾难度最大的一次地震。

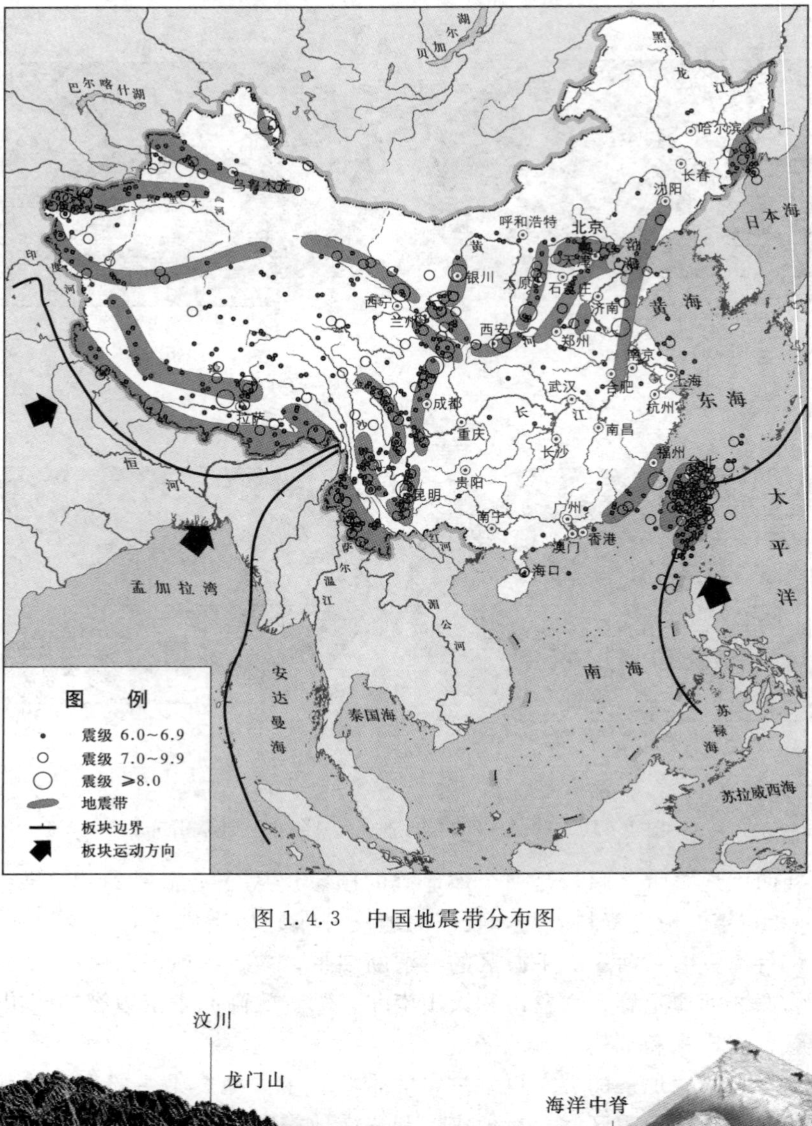

图 1.4.3　中国地震带分布图

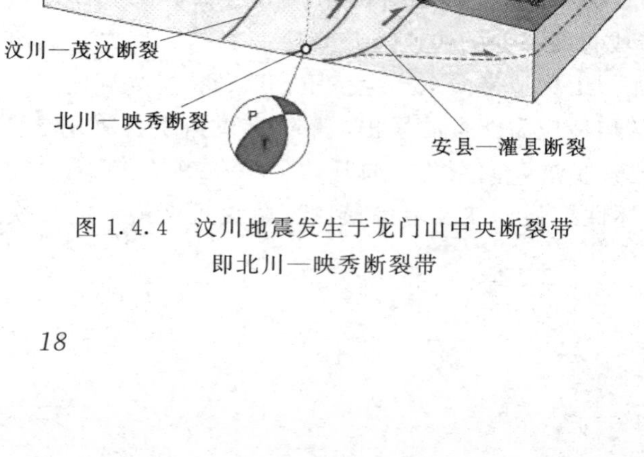

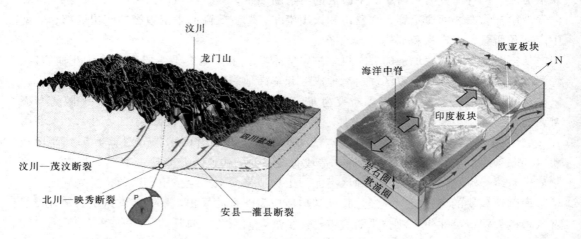

图 1.4.4　汶川地震发生于龙门山中央断裂带即北川—映秀断裂带

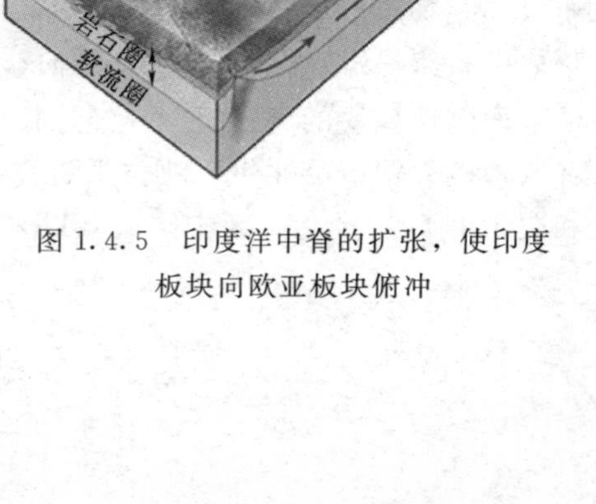

图 1.4.5　印度洋中脊的扩张，使印度板块向欧亚板块俯冲

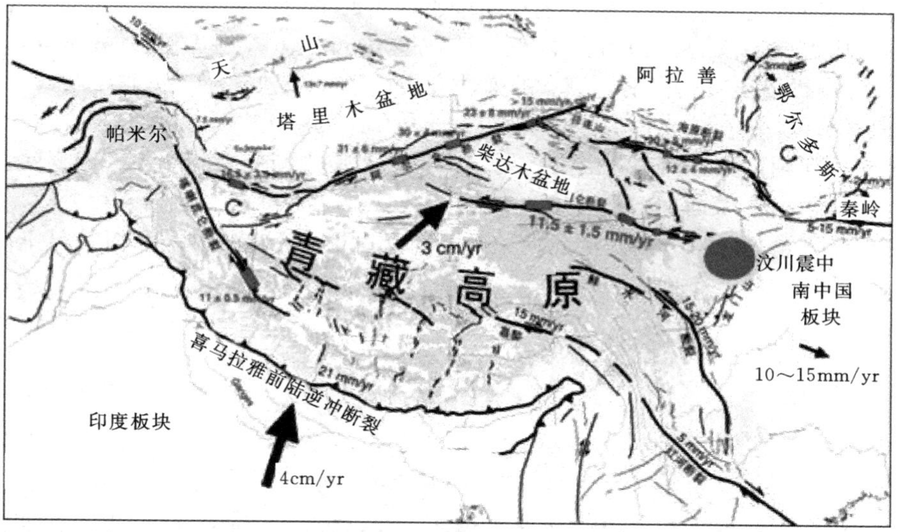

图 1.4.6 印度板块的俯冲作用，使得青藏高原不断抬升，高原物质向东部流动

1.5 地震波的数学物理描述

1.5.1 体波

1.5.1.1 三维波动方程的建立

本节限于讨论弹性地震波。这是因为在地震这种迅速变化、持续仅数十秒的动力作用下，地壳中的岩石一般表现为弹性，其黏性或流变性一般不予考虑（或通过能量耗损的途径进行修正）。波动是运动在介质中的传播，介质中任何一点在任意时刻应满足弹性力学几何条件、应力-应变条件（也称为本构关系）及动力平衡条件。

如图 1.5.1 所示，在弹性力学中，弹性体内任一点的平动位移可用其在直角坐标 x、y、z 轴上的 3 个投影 u、v、w 来描述，并称 u、v、w 为该点的平动位移分量。弹性体内任一点的转角可用其旋转向量在 x、y、z 轴上的 3 个投影 θ_x、θ_y、θ_z 来描述，并称 θ_x、θ_y、θ_z 为该点的旋转角分量，其表达式为

$$\left.\begin{aligned}\theta_x&=\frac{1}{2}\left(\frac{\partial w}{\partial y}-\frac{\partial v}{\partial z}\right)\\ \theta_y&=\frac{1}{2}\left(\frac{\partial u}{\partial z}-\frac{\partial w}{\partial x}\right)\\ \theta_z&=\frac{1}{2}\left(\frac{\partial v}{\partial x}-\frac{\partial u}{\partial y}\right)\end{aligned}\right\}\tag{1.5.1}$$

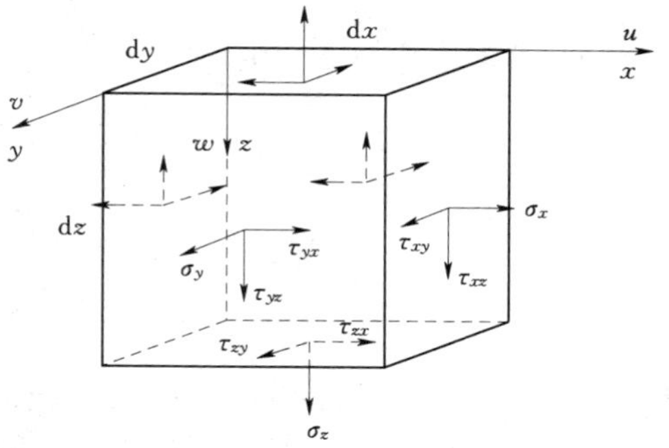

图 1.5.1 直角坐标系下的应力分量，竖向向下（+z 向）为正

例如，θ_z 表示弹性体在某点绕 z 轴的旋转；$\frac{\partial v}{\partial x}$表示 x 方向的线段绕 z 轴的转角（逆时针旋转为正）；$-\frac{\partial u}{\partial y}$表示 y 方向的线段绕 z

轴的转角（顺时针旋转为负）；θ_z 表示这两个旋转角的平均值。

根据剪应力互等关系，弹性体内任一点的应力可用 6 个独立应力分量 σ_x、σ_y、σ_z、τ_{xy}、τ_{yz}、τ_{zx} 进行描述。相应地，该点的弹性应变可用 6 个独立应变分量 ε_x、ε_y、ε_z、γ_{xy}、γ_{yz}、γ_{zx} 来表示。

对于动力问题，弹性体内各点在各时刻的位移、应力与应变状态不一定相同，因此它们都是坐标 x、y、z 及时间 t 的函数。

（1）应变分量与位移分量间的几何关系。当只讨论微小应变和位移时，可不计有关的高阶微量，几何方程可简化为

$$\left.\begin{aligned}\varepsilon_x=\frac{\partial u}{\partial x},\gamma_{xy}=\gamma_{yx}=\frac{\partial v}{\partial x}+\frac{\partial u}{\partial y}\\ \varepsilon_y=\frac{\partial v}{\partial y},\gamma_{yz}=\gamma_{zy}=\frac{\partial w}{\partial y}+\frac{\partial v}{\partial z}\\ \varepsilon_z=\frac{\partial w}{\partial z},\gamma_{zx}=\gamma_{xz}=\frac{\partial u}{\partial z}+\frac{\partial w}{\partial x}\end{aligned}\right\} \tag{1.5.2}$$

（2）对连续、均质、各向同性的完全弹性体，根据广义胡克（Hook）定律，应力和应变要满足的物理关系为

$$\left.\begin{aligned}\varepsilon_x=\frac{1}{E}[\sigma_x-\upsilon(\sigma_y+\sigma_z)]\\ \varepsilon_y=\frac{1}{E}[\sigma_y-\upsilon(\sigma_x+\sigma_z)]\\ \varepsilon_z=\frac{1}{E}[\sigma_z-\upsilon(\sigma_x+\sigma_y)]\\ \gamma_{xy}=\frac{1}{G}\tau_{xy}\\ \gamma_{yz}=\frac{1}{G}\tau_{yz}\\ \gamma_{zx}=\frac{1}{G}\tau_{zx}\end{aligned}\right\} \tag{1.5.3}$$

式中：E 为杨氏弹性模量；υ 为泊松比；G 为剪切弹性模量。G 与 E 及 υ 的关系为 $G=\frac{E}{2(1+\upsilon)}$。

（3）在静力作用下，根据弹性力学，弹性体内的任一点应满足如下静态平衡方程

$$\left.\begin{aligned}\frac{\partial\sigma_x}{\partial x}+\frac{\partial\tau_{yx}}{\partial y}+\frac{\partial\tau_{zx}}{\partial z}+X=0\\ \frac{\partial\sigma_y}{\partial y}+\frac{\partial\tau_{xy}}{\partial x}+\frac{\partial\tau_{zy}}{\partial z}+Y=0\\ \frac{\partial\sigma_z}{\partial z}+\frac{\partial\tau_{yz}}{\partial y}+\frac{\partial\tau_{xz}}{\partial x}+Z=0\end{aligned}\right\} \tag{1.5.4}$$

式中：X、Y、Z 为体力在 x、y、z 轴上的 3 个投影，即体力分量。

在动力作用下，除了考虑应力和体力外，还须考虑弹性体由于具有加速度而应当施加的惯性力。加速度在 x、y、z 轴上的 3 个投影分量为 $\frac{\partial^2 u}{\partial t^2}$、$\frac{\partial^2 v}{\partial t^2}$、$\frac{\partial^2 w}{\partial t^2}$。根据达朗贝尔原

理，在弹性体的单位体积上应施加的惯性力分量为$-\rho\dfrac{\partial^2 u}{\partial t^2}$、$-\rho\dfrac{\partial^2 v}{\partial t^2}$、$-\rho\dfrac{\partial^2 w}{\partial t^2}$，其中$\rho$为弹性体的质量密度。将这些惯性力分量分别叠加于体力分量X、Y、Z，则静力平衡微分方程（1.5.4）变成如下的动力平衡微分方程

$$\left.\begin{aligned}\frac{\partial\sigma_x}{\partial x}+\frac{\partial\tau_{yx}}{\partial y}+\frac{\partial\tau_{zx}}{\partial z}+X=\rho\frac{\partial^2 u}{\partial t^2}\\\frac{\partial\sigma_y}{\partial y}+\frac{\partial\tau_{xy}}{\partial x}+\frac{\partial\tau_{zy}}{\partial z}+Y=\rho\frac{\partial^2 v}{\partial t^2}\\\frac{\partial\sigma_z}{\partial z}+\frac{\partial\tau_{yz}}{\partial y}+\frac{\partial\tau_{xz}}{\partial x}+Z=\rho\frac{\partial^2 w}{\partial t^2}\end{aligned}\right\}\tag{1.5.5}$$

定义体积应变（或称体积胀缩）$\bar{\varepsilon}=\varepsilon_x+\varepsilon_y+\varepsilon_z$，并引入拉梅（Lame）常量$\lambda$

$$\lambda=\frac{\upsilon E}{(1+\upsilon)(1-2\upsilon)}\tag{1.5.6}$$

由式（1.5.3），用应变表示应力为

$$\left.\begin{aligned}\sigma_x=\lambda\bar{\varepsilon}+2G\varepsilon_x,\tau_{xy}=G\gamma_{xy}\\\sigma_y=\lambda\bar{\varepsilon}+2G\varepsilon_y,\tau_{yz}=G\gamma_{yz}\\\sigma_z=\lambda\bar{\varepsilon}+2G\varepsilon_z,\tau_{zx}=G\gamma_{zx}\end{aligned}\right\}\tag{1.5.7}$$

体积应变$\bar{\varepsilon}$与平均应力$\bar{\sigma}=\dfrac{\sigma_x+\sigma_y+\sigma_z}{3}$通过体积弹性模量$K$有如下关系

$$\bar{\sigma}=K\bar{\varepsilon}\tag{1.5.8}$$

$$K=\frac{E}{3(1-2\upsilon)}\tag{1.5.9}$$

将式（1.5.7）代入式（1.5.5），并忽略体力分量X、Y、Z（体力分量及其他静荷载所引起的作用效应，可作为地震前的结构受力初始状态，在单独考察地震动力影响时不予考虑），有

$$\left.\begin{aligned}\rho\frac{\partial^2 u}{\partial t^2}=(\lambda+G)\frac{\partial\bar{\varepsilon}}{\partial x}+G\nabla^2 u\\\rho\frac{\partial^2 v}{\partial t^2}=(\lambda+G)\frac{\partial\bar{\varepsilon}}{\partial y}+G\nabla^2 v\\\rho\frac{\partial^2 w}{\partial t^2}=(\lambda+G)\frac{\partial\bar{\varepsilon}}{\partial z}+G\nabla^2 w\end{aligned}\right\}\tag{1.5.10}$$

式中∇^2为拉普拉斯算子，可以表示为

$$\nabla^2=\frac{\partial^2}{\partial x^2}+\frac{\partial^2}{\partial y^2}+\frac{\partial^2}{\partial z^2}\tag{1.5.11}$$

式（1.5.10）即为均匀、各向同性、弹性介质的运动方程——纳维（Navier）方程。

需要说明的是，式（1.5.10）描述的是平动运动方程。对于转动运动方程，由剪应力互等定理可自动满足而不必专门进行研究。

1.5.1.2 横波

为讨论无限介质中波的性质，先假设介质中质点位移分量为$u=u_S$、$v=v_S$及$w=w_S$，且由这些位移分量构成的体积应变$\bar{\varepsilon}$为零，即

$$\bar{\varepsilon}=\frac{\partial u_S}{\partial x}+\frac{\partial v_S}{\partial y}+\frac{\partial w_S}{\partial z}=0 \tag{1.5.12}$$

因而$\frac{\partial\bar{\varepsilon}}{\partial x}=\frac{\partial\bar{\varepsilon}}{\partial y}=\frac{\partial\bar{\varepsilon}}{\partial z}=0$，将这些关系代入运动方程（1.5.10），可得

$$\left.\begin{aligned}\frac{\partial^2 u_S}{\partial t^2}=\frac{G}{\rho}\nabla^2 u_S\\ \frac{\partial^2 v_S}{\partial t^2}=\frac{G}{\rho}\nabla^2 v_S\\ \frac{\partial^2 w_S}{\partial t^2}=\frac{G}{\rho}\nabla^2 w_S\end{aligned}\right\} \tag{1.5.13}$$

现定义

$$c=\sqrt{\frac{G}{\rho}} \tag{1.5.14}$$

式（1.5.13）表示以速度 c 进行传播的位移波（下面还要进一步说明）。因体积应变 $\bar{\varepsilon}=0$，因此，与之相应的波可称为“不引起体积胀缩的波”或等体积波。又由于这种波的位移虽使 $\bar{\varepsilon}=0$，但各旋转分量 θ_x、θ_y、θ_z 并不为零，故又称为畸变波。

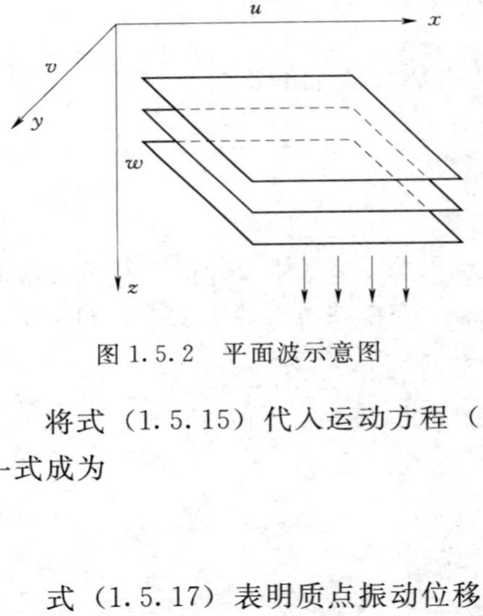

图 1.5.2　平面波示意图

若进一步设波动沿 z 向传播，且仅产生水平 x 向的位移（同样，也可设仅产生水平 y 向的位移），如图 1.5.2 所示，此时位移仅随位置坐标 z 和时间坐标 t 而变，则各位移分量可以写为

$$\begin{aligned}&u_S=u(z,t)\\&v=0\\&w=0\end{aligned} \tag{1.5.15}$$

可得

$$\bar{\varepsilon}=0 \tag{1.5.16}$$

将式（1.5.15）代入运动方程（1.5.13），则其中的第二及第三式成为恒等式，而第一式成为

$$\frac{\partial^2 u}{\partial t^2}=c^2\frac{\partial^2 u}{\partial z^2} \tag{1.5.17}$$

式（1.5.17）表明质点振动位移 u 垂直于波的传播方向，我们称这样的波为横向平面波，简称为横波（图 1.2.1），在工程上还称它为次至波或 S 波。定义 $c_S=c=\sqrt{G/\rho}$，称为横波的传播速度。

式（1.5.17）表示波动，通过数学初等变换的方法求解式（1.5.17）。首先引入比较容易积分的形式，进行如下初等变换：

$$\xi=z-ct \tag{1.5.18}$$

$$\eta=z+ct \tag{1.5.19}$$

利用复合函数求微商的法则：

$$\frac{\partial u}{\partial z}=\frac{\partial u}{\partial\xi}\frac{\partial\xi}{\partial z}+\frac{\partial u}{\partial\eta}\frac{\partial\eta}{\partial z}=\frac{\partial u}{\partial\xi}+\frac{\partial u}{\partial\eta} \tag{1.5.20}$$

$$\frac{\partial^2 u}{\partial z^2}=\frac{\partial}{\partial \xi}\left(\frac{\partial u}{\partial \xi}+\frac{\partial u}{\partial \eta}\right)\frac{\partial \xi}{\partial z}+\frac{\partial}{\partial \eta}\left(\frac{\partial u}{\partial \xi}+\frac{\partial u}{\partial \eta}\right)\frac{\partial \eta}{\partial z} \tag{1.5.21}$$

可得

$$\frac{\partial^2 u}{\partial z^2}=\frac{\partial^2 u}{\partial \xi^2}+2\frac{\partial^2 u}{\partial \xi \partial \eta}+\frac{\partial^2 u}{\partial \eta^2} \tag{1.5.22}$$

$$\frac{\partial^2 u}{\partial t^2}=c^2\left(\frac{\partial^2 u}{\partial \xi^2}-2\frac{\partial^2 u}{\partial \xi \partial \eta}+\frac{\partial^2 u}{\partial \eta^2}\right) \tag{1.5.23}$$

将式（1.5.22）和式（1.5.23）代入式（1.5.17），有

$$\frac{\partial^2 u}{\partial \xi \partial \eta}=0 \tag{1.5.24}$$

将式（1.5.24）对 η 进行积分，得 $\frac{\partial u}{\partial \xi}=f_1(\xi)$，其中，$f_1(\xi)$ 是 ξ 的任意可微函数，再将式（1.5.24）对 ξ 积分得

$$u(z,t)=\int f_1(\xi)\mathrm{d}\xi+g(\eta)=f(z-ct)+g(z+ct)=u_1+u_2 \tag{1.5.25}$$

式（1.5.25）中函数 f 和 g 是任意二次连续可微函数，$f(z-ct)=\int f_1(\xi)\mathrm{d}\xi$，其特定形式需由边界条件和初始条件确定。

下面分析式（1.5.25）的物理意义。先考察式（1.5.25）中的第一项：

$$u_1(z,t)=f(z-ct) \tag{1.5.26}$$

对于某一特定的时刻 t，式（1.5.26）是坐标 z 的函数。在经过时间间隔 Δt 之后，函数 f 的自变量为 $z-c(t+\Delta t)$，如果坐标 z 增加 $\Delta z=c\Delta t$，则函数 f 仍保持不变。即

$$u_1|_{(z+\Delta z,t+\Delta t)}=f[z+\Delta z-c(t+\Delta t)]=f(z+\Delta z-ct-c\Delta t)=f(z-ct)=u_1|_{(z,t)} \tag{1.5.27}$$

这表明 t 时刻在 z 处的扰动值 f 到了 $(t+\Delta t)$ 时刻移到 $z+\Delta z$ 处，值 f 保持不变。由此可见，式（1.5.26）代表了一个以速度 c 沿 z 正向传播，但质点位移 u_1 沿 x 向振动的平面波。波速 c 与质点速度 $\partial u_1/\partial t$ 是完全不同的概念，波速 c 取决于介质特性，而质点速度 $\partial u_1/\partial t$ 则取决于应力状态。

同理可知，式（1.5.25）中的第二项代表了一个以速度 c 沿 z 轴负向传播的波。

我们来看沿 z 轴负向传播的横波 $u_2=g(z+ct)$，此时 $v=0$、$w=0$。将它们代入式（1.5.1）、式（1.5.2）和式（1.5.7），发现：

1）仅绕 y 轴的转角 $\theta_y=\frac{1}{2}\frac{\partial u_2}{\partial z}$ 不等于零，其他转角 θ_x、θ_z 都为零。

2）仅剪应变 $\gamma_{zx}=\frac{\partial u_2}{\partial z}$ 不等于零，其他应变分量 ε_x、ε_y、ε_z、γ_{xy} 及 γ_{yz} 均为零。

3）仅剪应力 $\tau_{zx}=G\frac{\partial u_2}{\partial z}$ 不等于零，其他应力分量 σ_x、σ_y、σ_z、τ_{xy} 及 τ_{yz} 均为零。

即弹性体内的每一点都始终处于纯剪切状态，如图 1.5.3 所示，所以这种波也被称为剪切波。我们把质点在竖直平面内振动的波（$u\neq0$、$w=0$、$v=0$）称为 SV 波。

若假设仅产生 y 方向的位移（图 1.5.2），即 $v\neq0$、$u=0$、$w=0$，我们称这种质点在

水平面内振动的波为 SH 波。

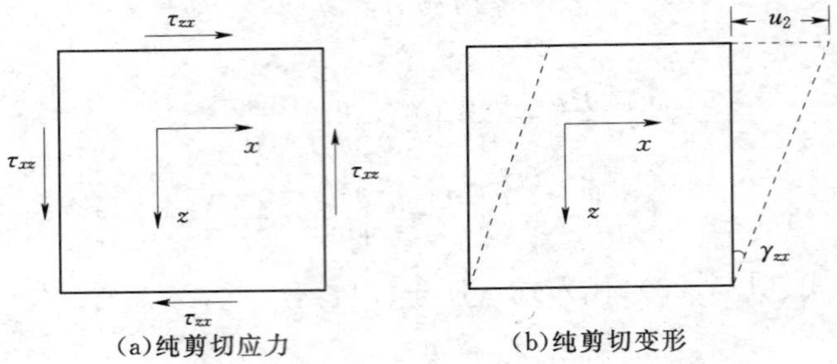

图 1.5.3　一维剪切波介质微元体受纯剪切状态示意图

式（1.5.25）中的自变量 $z-ct$ 或 $z+ct$ 是空间坐标 z 和时间 t 的特殊组合，称为波动自变量，它揭示了波动现象的本质特征：波动以有限速度 c 传播，并保持组合 $z-ct$ 或 $z+ct$ 为常数。只要一个物理量可以表示成波动自变量的函数，那么该量的振动和波形就以波速 c 传播。由于波动自变量仅用于规定时间和空间坐标之间的关系，波动自变量也可写成其他形式：$t\pm z/c$，$z/c\pm t$，等。

考察波动方程式（1.5.17），它有一个重要性质，那就是如果该方程有任意一个特解：

$$u=u_0(z,t) \tag{1.5.28}$$

则 u_0 对于 z、t 中任一变数的偏导数也是方程（1.5.17）的特解。证明如下。

用 ζ 代表 z 或 t，则总可以有关系式：

$$\frac{\partial}{\partial\zeta}\left(\frac{\partial^2 u_0}{\partial t^2}\right)=\frac{\partial^2}{\partial t^2}\left(\frac{\partial u_0}{\partial\zeta}\right) \tag{1.5.29}$$

$$\frac{\partial}{\partial\zeta}\left(\frac{\partial^2 u_0}{\partial z^2}\right)=\frac{\partial^2}{\partial z^2}\left(\frac{\partial u_0}{\partial\zeta}\right) \tag{1.5.30}$$

既然 u_0 是波动方程式（1.5.17）的特解，则由该方程有

$$\frac{\partial^2 u_0}{\partial t^2}=\frac{G}{\rho}\frac{\partial^2 u_0}{\partial z^2} \tag{1.5.31}$$

将式（1.5.31）的两边对 ζ 求导，得到

$$\frac{\partial}{\partial\zeta}\left(\frac{\partial^2 u_0}{\partial t^2}\right)=\frac{G}{\rho}\frac{\partial}{\partial\zeta}\left(\frac{\partial^2 u_0}{\partial z^2}\right) \tag{1.5.32}$$

将式（1.5.29）和式（1.5.30）代入式（1.5.32），即得

$$\frac{\partial^2}{\partial t^2}\left(\frac{\partial u_0}{\partial\zeta}\right)=\frac{G}{\rho}\frac{\partial^2}{\partial z^2}\left(\frac{\partial u_0}{\partial\zeta}\right) \tag{1.5.33}$$

可见 $\dfrac{\partial u_0}{\partial\zeta}$ 确实是波动方程（1.5.17）的特解。因为弹性体中的变形分量和应力分量以及质点的速度分量都可以用位移分量对坐标或时间的偏导数来表示，所以由波动方程的上述特性可见，如果弹性体的位移分量满足某一波动方程，而相应的传播速度为 $c=\sqrt{G/\rho}$，则其变形分量、应力分量和质点速度分量也将满足这一波动方程，而且传播速度也是 c。这就表明，在弹性体中，变形、应力及质点速度都将和位移以相同的方式按照速度 c 进行传播。

1.5.1.3　纵波

下面再讨论无限介质中的另一种波。设介质中质点位移分量为 $u=u_P$、$v=v_P$ 及 $w=w_P$，且这些位移分量构成的旋转分量 θ_x、θ_y、θ_z 为零，即

$$\left.\begin{aligned}\theta_x&=\frac{1}{2}\left(\frac{\partial w}{\partial y}-\frac{\partial v}{\partial z}\right)=0\\ \theta_y&=\frac{1}{2}\left(\frac{\partial u}{\partial z}-\frac{\partial w}{\partial x}\right)=0\\ \theta_z&=\frac{1}{2}\left(\frac{\partial v}{\partial x}-\frac{\partial u}{\partial y}\right)=0\end{aligned}\right\}\tag{1.5.34}$$

此时体积应变 $\bar{\varepsilon}=\frac{\partial u_P}{\partial x}+\frac{\partial v_P}{\partial y}+\frac{\partial w_P}{\partial z}$，因此，可得$\frac{\partial\bar{\varepsilon}}{\partial x}=\frac{\partial^2 u_P}{\partial x^2}+\frac{\partial}{\partial y}\left(\frac{\partial v_P}{\partial x}\right)+\frac{\partial}{\partial z}\left(\frac{\partial w_P}{\partial x}\right)$，再将由（1.5.34）的后两式所得$\frac{\partial v_P}{\partial x}=\frac{\partial u_P}{\partial y}$及$\frac{\partial u_P}{\partial z}=\frac{\partial w_P}{\partial x}$的关系代入上式，得

$$\frac{\partial\bar{\varepsilon}}{\partial x}=\nabla^2 u_P\tag{1.5.35}$$

根据相同的推导，还可得

$$\frac{\partial\bar{\varepsilon}}{\partial y}=\nabla^2 v_P,\frac{\partial\bar{\varepsilon}}{\partial z}=\nabla^2 w_P\tag{1.5.36}$$

再将 $u=u_P$、$v=v_P$、$w=w_P$ 及式（1.5.35）、式（1.5.36）代入纳维方程（1.5.10），可得

$$\left.\begin{aligned}\frac{\partial^2 u_P}{\partial t^2}&=\frac{\lambda+2G}{\rho}\nabla^2 u_P\\ \frac{\partial^2 v_P}{\partial t^2}&=\frac{\lambda+2G}{\rho}\nabla^2 v_P\\ \frac{\partial^2 w_P}{\partial t^2}&=\frac{\lambda+2G}{\rho}\nabla^2 w_P\end{aligned}\right\}\tag{1.5.37}$$

将式（1.5.37）与式（1.5.13）相比，可看出位移分量 u_P、v_P 及 w_P 在无限介质中以 c_P 的速度传播：

$$c_P=\sqrt{\frac{\lambda+2G}{\rho}}\tag{1.5.38}$$

前已说明，与这种位移分量相应的各旋转分量 θ_x、θ_y、θ_z 为零，这种波可称为无旋波。又由于此种波引起的粒子位移虽使 θ_x、θ_y、θ_z 为零，但体积胀缩 $\bar{\varepsilon}$ 并不为零，因此又可称为胀缩波。

对于沿 z 向传播的平面波，若仅产生 z 向位移，则各位移分量可以写为

$$\left.\begin{aligned}w&=w(z,t)\\ u&=0\\ v&=0\end{aligned}\right\}\tag{1.5.39}$$

可得

$$\bar{\varepsilon}=\frac{\partial w}{\partial z},\frac{\partial\bar{\varepsilon}}{\partial x}=0,\frac{\partial\bar{\varepsilon}}{\partial y}=0,\frac{\partial\bar{\varepsilon}}{\partial z}=\frac{\partial^2 w}{\partial z^2}\tag{1.5.40}$$

代入纳维方程（1.5.10），则其中的第一及第二式成为恒等式，而第三式成为

$$\frac{\partial^2 w}{\partial t^2} = c_P^2 \frac{\partial^2 w}{\partial z^2} \tag{1.5.41}$$

式（1.5.41）的解为

$$w = f(z - c_P t) + g(z + c_P t) = w_1 + w_2 \tag{1.5.42}$$

进行与上节相似的分析，可知 w_1 和 w_2 分别表示沿 $+z$ 轴和 $-z$ 轴传播的两个无旋波，传播速度都为 c_P。将质点振动方向平行于波传播方向的平面波称为纵向平面波，简称为纵波（图 1.2.1 上图）。在工程上还称它为初至波或 P 波。

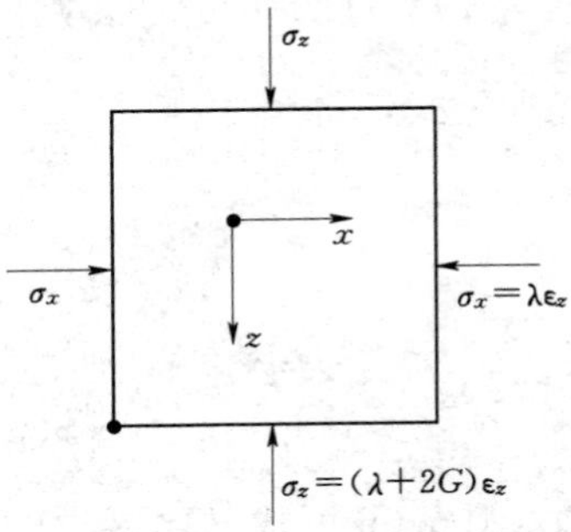

图 1.5.4　一维沿 z 向传播的纵波，介质微元体受纯压状态示意图

下面分析沿 $-z$ 轴向传播的纵波 $w_2 = g(z + c_P t)$。此时 $u=0$，$v=0$。将它们代入式（1.5.1）、式（1.5.2）、式（1.5.7），发现：

1）转角 θ_x、θ_y、θ_z 都为零。

2）仅正应变 $\varepsilon_z = \dfrac{\partial w}{\partial z}$ 不等于零，其他应变分量 ε_x、ε_y、γ_{xy}、γ_{yz}、γ_{zx} 均为零。

3）正应力都不等于零，$\sigma_x = \sigma_y = \lambda\varepsilon_z$，$\sigma_z = (\lambda + 2G)\varepsilon_z$，而剪应力分量 τ_{xy}、τ_{yz} 及 τ_{zx} 均为零，弹性体内的每一点都始终处于简单拉-压状态，如图 1.5.4 所示，所以这种波也被称为拉压波。

综上所述，无限介质中横波及纵波的传播速度仅与介质的弹性性质有关：

$$c_S = \sqrt{\frac{G}{\rho}} = \sqrt{\frac{1}{2(1+\upsilon)}\frac{E}{\rho}}$$

$$c_P = \sqrt{\frac{\lambda + 2G}{\rho}} = \sqrt{\frac{1-\upsilon}{(1+\upsilon)(1-2\upsilon)}\frac{E}{\rho}}$$

$$= \sqrt{\frac{G(4G-E)}{\rho(3G-E)}} = \sqrt{\frac{3K(3K+E)}{\rho(9K-E)}} = \sqrt{\frac{K + \frac{4}{3}G}{3\rho}} \tag{1.5.43}$$

横波波速 c_S 与纵波波速 c_P 之比为

$$\frac{c_S}{c_P} = \sqrt{\frac{1-2\upsilon}{2-2\upsilon}} \tag{1.5.44}$$

由于介质的泊松比 υ 的取值范围为 0～0.5，因此，式（1.5.44）的比值总小于 1（例如，当 $\upsilon=0.25$，$c_S = 1/\sqrt{3}c_P = 0.58c_P$），也就是横波波速总小于纵波速度。

1.5.1.4　二维波动方程

当弹性体、外荷载及初边值条件沿某轴（例如 y 轴）均无变化时，波动问题中的场变量仅仅依赖于另两个空间变量 x 和 z，称这类问题为二维波动问题，在笛卡尔坐标系中

又称为平面波动问题，其波动方程由式（1.5.10）导得，为

$$\left.\begin{aligned}\rho\frac{\partial^2 u}{\partial t^2}&=(\lambda+G)\frac{\partial\bar{\varepsilon}}{\partial x}+G\nabla^2 u\\ \rho\frac{\partial^2 w}{\partial t^2}&=(\lambda+G)\frac{\partial\bar{\varepsilon}}{\partial z}+G\nabla^2 w\\ \rho\frac{\partial^2 v}{\partial t^2}&=G\nabla^2 v\end{aligned}\right\}\tag{1.5.45}$$

式中 $\bar{\varepsilon}$ 为平面应变问题的体积应变：

$$\bar{\varepsilon}=\frac{\partial u}{\partial x}+\frac{\partial w}{\partial z}\tag{1.5.46}$$

∇^2 为平面问题的拉普拉斯算子：

$$\nabla^2=\frac{\partial^2}{\partial x^2}+\frac{\partial^2}{\partial z^2}\tag{1.5.47}$$

由式（1.5.45）及图 1.5.2 可知，在竖向 xoz 面内的位移 $u(x, z, t)$、$w(x, z, t)$ 与垂直 xoz 面的位移 $v(x, z, t)$ 是相互独立的（或称为解耦的）。此时，将在竖向 xoz 平面内的运动称为平面内运动，将垂直于 xoz 面的运动称为平面外运动、反平面运动或出平面运动。

对于平面内运动，由式（1.5.45）前两式求得位移 $u(x, z, t)$、$w(x, z, t)$ 后，据式（1.5.1）、式（1.5.2）和式（1.5.7）则旋转分量和应力分量可由以下关系求得

$$\left.\begin{aligned}\theta_y&=\frac{1}{2}\left(\frac{\partial u}{\partial z}-\frac{\partial w}{\partial x}\right)\\ \sigma_x&=2G\frac{\partial u}{\partial x}+\lambda\left(\frac{\partial u}{\partial x}+\frac{\partial w}{\partial z}\right)\\ \sigma_y&=\lambda\left(\frac{\partial u}{\partial x}+\frac{\partial w}{\partial z}\right)\\ \sigma_z&=2G\frac{\partial w}{\partial z}+\lambda\left(\frac{\partial u}{\partial x}+\frac{\partial w}{\partial z}\right)\\ \tau_{zx}&=G\left(\frac{\partial u}{\partial z}+\frac{\partial w}{\partial x}\right)\end{aligned}\right\}\tag{1.5.48a}$$

对于平面外运动，由式（1.5.45）第三式求得位移 $v(x, z, t)$ 后，据式（1.5.1）、式（1.5.2）和式（1.5.7）则旋转分量和应力分量可由以下关系求得

$$\left.\begin{aligned}\theta_x&=-\frac{1}{2}\frac{\partial v}{\partial z}\\ \theta_z&=\frac{1}{2}\frac{\partial v}{\partial x}\\ \tau_{yz}&=G\frac{\partial v}{\partial z}\\ \tau_{xy}&=G\frac{\partial v}{\partial x}\end{aligned}\right\}\tag{1.5.48b}$$

由式（1.5.48a）和式（1.5.48b）可见，平面内运动既存在 P 波，也存在 SV 波，而平面外运动仅存在 SH 波。

若考察点距离震源较近或震源不能近似为点源，则弹性波动就不能看成平面波，可理想化为球面波、柱面波，如图1.5.5所示。此时的波动问题适于在球坐标系和柱坐标系中表述。限于篇幅此处不再介绍，可参考有关书籍及文献。

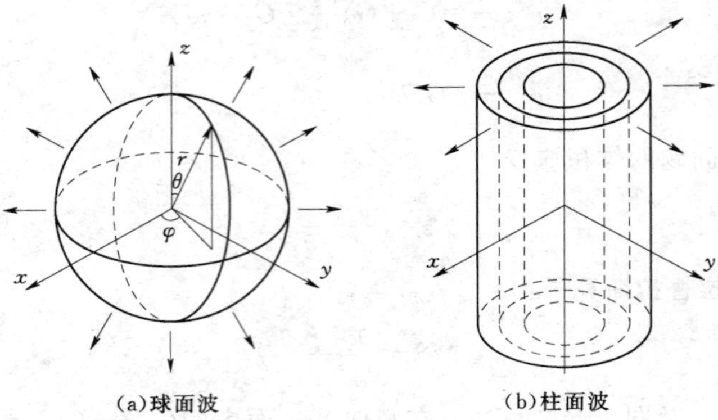

图1.5.5 球面波和柱面波示意图

1.5.2 面波

很显然，地球不是无限体，而是一个外表面应力为零的大球。对于近地表地震工程问题，地球常被理想化为具有平面自由地表的半无限介质，球面曲率可以忽略不计。前已述及，面波在近地表距离震中较远的位置发育，振幅较大，且随距离的衰减比体波要慢得多，对建筑物的破坏有时比较严重，因此面波问题很重要。

在地震工程中，有两种类型的面波最为重要，分别为瑞雷波（本节简称R波）和洛夫波（简称L波）。瑞雷波存在于均质弹性半空间，而洛夫波的产生需要地表存在一软覆盖层（其剪切波速低于下层介质的剪切波速）。除以上两种面波之外，还存在其他类型的面波，但从地震工程的观点来看，这些面波并不重要故而少有研究。

本节首先介绍瑞雷波，关于洛夫波的介绍见1.5.2.2节。

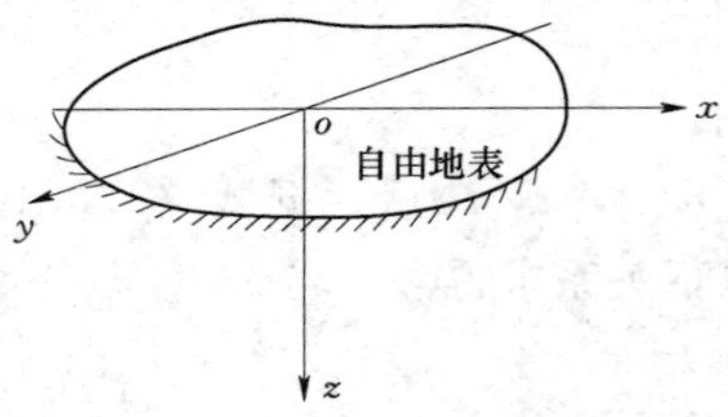

图1.5.6 具有自由表面的半无限介质

1.5.2.1 瑞雷波

对于均质各向同性弹性半空间，在研究其波动特性时，须将波动方程与自由表面的边界条件结合起来讨论。如图1.5.6所示，水平 xoy 面为自由地表面，$+z$ 指向地球深处。

现讨论沿 x 向传播的平面波，介质质点的运动在竖直 xoz 面内（与 y 无关）。这种情况显然是一种平面应变问题。因此，波动方程满足式（1.5.45）的前两式。

在地表（xoy 面），要求法向应力及切向应力为零：

$$\sigma_z\big|_{z=0}=0,\tau_{zx}\big|_{z=0}=0 \tag{1.5.49}$$

为方便求解式（1.5.45）前两式及式（1.5.49）所表示的边值问题，常将待求的位移分量 u 及 w 用另外两个函数 φ 及 ψ 来表示：

$$u=\frac{\partial\varphi}{\partial x}+\frac{\partial\psi}{\partial z}, w=\frac{\partial\varphi}{\partial z}-\frac{\partial\psi}{\partial x} \tag{1.5.50}$$

这样，求解 u 及 w 的问题变成了求解函数 φ 及 ψ 的问题。此两种函数称为势函数（Potensial function）。引入势函数后，问题的求解就容易得多。将式（1.5.50）代入式（1.5.46）、式（1.5.48a），得

$$\left.\begin{aligned}
&\bar{\varepsilon}=\frac{\partial}{\partial x}\left(\frac{\partial\varphi}{\partial x}+\frac{\partial\psi}{\partial z}\right)+\frac{\partial}{\partial z}\left(\frac{\partial\varphi}{\partial z}-\frac{\partial\psi}{\partial x}\right)=\nabla^2\varphi\\
&2\theta_y=\frac{\partial}{\partial z}\left(\frac{\partial\varphi}{\partial x}+\frac{\partial\psi}{\partial z}\right)-\frac{\partial}{\partial x}\left(\frac{\partial\varphi}{\partial z}-\frac{\partial\psi}{\partial x}\right)=\nabla^2\psi\\
&\sigma_x=2G\frac{\partial}{\partial x}\left(\frac{\partial\varphi}{\partial x}+\frac{\partial\psi}{\partial z}\right)+\lambda\nabla^2\varphi\\
&\sigma_z=2G\frac{\partial}{\partial z}\left(\frac{\partial\varphi}{\partial z}-\frac{\partial\psi}{\partial x}\right)+\lambda\nabla^2\varphi\\
&\tau_{zx}=G\left[\frac{\partial}{\partial z}\left(\frac{\partial\varphi}{\partial x}+\frac{\partial\psi}{\partial z}\right)+\frac{\partial}{\partial x}\left(\frac{\partial\varphi}{\partial z}-\frac{\partial\psi}{\partial x}\right)\right]
\end{aligned}\right\} \tag{1.5.51}$$

将式（1.5.50）代入式（1.5.45）前两式，并利用式（1.5.51）第1式，则波动方程变为

$$\left.\begin{aligned}
&\rho\frac{\partial^2}{\partial t^2}\left(\frac{\partial\varphi}{\partial x}+\frac{\partial\psi}{\partial z}\right)=(\lambda+G)\frac{\partial}{\partial x}(\nabla^2\varphi)+G\nabla^2\left(\frac{\partial\varphi}{\partial x}+\frac{\partial\psi}{\partial z}\right)\\
&\rho\frac{\partial^2}{\partial t^2}\left(\frac{\partial\varphi}{\partial z}-\frac{\partial\psi}{\partial x}\right)=(\lambda+G)\frac{\partial}{\partial z}(\nabla^2\varphi)+G\nabla^2\left(\frac{\partial\varphi}{\partial z}-\frac{\partial\psi}{\partial x}\right)
\end{aligned}\right\} \tag{1.5.52}$$

因为 $c_S=\sqrt{\dfrac{G}{\rho}}$，$c_P=\sqrt{\dfrac{\lambda+2G}{\rho}}$，将上两式展开、组合后可化成下列两式：

$$\frac{\partial^2\varphi}{\partial t^2}=c_P^2\nabla^2\varphi, \frac{\partial^2\psi}{\partial t^2}=c_S^2\nabla^2\psi \tag{1.5.53}$$

可以看出，式（1.5.53）正是前文讨论过的标准波动方程。可见，势函数 φ 以纵波速度 c_P 在半空间里沿 $+x$ 向传播；势函数 ψ 以横波速度 c_S 在半空间里沿 $+x$ 向传播。

另外，由式（1.5.51）中的前两式可以看到，引入势函数 φ 及 ψ 后，可将“伸缩”与“旋转”效应分离开来（φ 与体积胀缩 $\bar{\varepsilon}$ 有关，性质属于纵波；ψ 与旋转剪切 θ_y 有关，性质属于横波）。因此，瑞雷波可看成是 P 波、S 波（实际上是在竖直 xoz 面内的 SV 波）满足边界条件式（1.5.49）的复合波动。

将式（1.5.51）后两式代入式（1.5.49），得到以势函数表示的边界条件：

$$\left.\begin{aligned}
&\left[2G\frac{\partial}{\partial z}\left(\frac{\partial\varphi}{\partial z}-\frac{\partial\psi}{\partial x}\right)+\lambda\nabla^2\varphi\right]_{z=0}=0\\
&\left[G\left(\frac{\partial^2\psi}{\partial z^2}+2\frac{\partial^2\varphi}{\partial x\partial z}-\frac{\partial^2\psi}{\partial x^2}\right)\right]_{z=0}=0
\end{aligned}\right\} \tag{1.5.54}$$

这样，由于引入了势函数 φ 及 ψ，就可以将原来求解 u 及 w 的边值问题，转换成求解 φ 及 ψ 的边值问题，即求解式（1.5.53）及式（1.5.54）。

假定瑞雷波动是具有圆频率 $\omega=2\pi/T$（T 为周期）、波数 $k_R=2\pi/L_R$（L_R 为波长）的谐波，则传播波速 $c_R=L_R/T=\omega/k_R$。

为求解方便，引入复数表示（虚数单位为 i，满足 $i^2=-1$），采用分离变量法，势函数 φ 及 ψ 可以表示为

$$\left.\begin{aligned}\varphi(x,z,t)&=D_\varphi(z)\mathrm{e}^{\mathrm{i}\omega\left(t-\frac{x}{c_R}\right)}\\ \psi(x,z,t)&=D_\psi(z)\mathrm{e}^{\mathrm{i}\omega\left(t-\frac{x}{c_R}\right)}\end{aligned}\right\}\tag{1.5.55}$$

式中 $D_\varphi(z)$、$D_\psi(z)$ 为幅值，随深度 z 变化；根据欧拉公式，有 $\mathrm{e}^{\mathrm{i}\omega\left(t-\frac{x}{c_R}\right)}=\cos\omega\left(t-\frac{x}{c_R}\right)+\mathrm{i}\sin\omega\left(t-\frac{x}{c_R}\right)$。

将式（1.5.55）代入式（1.5.53），可得

$$\left.\begin{aligned}\frac{\partial^2 D_\varphi(z)}{\partial z^2}-q^2D_\varphi(z)=0\\ \frac{\partial^2 D_\psi(z)}{\partial z^2}-s^2D_\psi(z)=0\end{aligned}\right\}\tag{1.5.56}$$

上式是两个相互独立的二阶常系数齐次微分方程，其解可直接写出

$$\left.\begin{aligned}D_\varphi(z)=A_\varphi\mathrm{e}^{-qz}+B_\varphi\mathrm{e}^{+qz}\\ D_\psi(z)=A_\psi\mathrm{e}^{-sz}+B_\psi\mathrm{e}^{+sz}\end{aligned}\right\}\tag{1.5.57}$$

式中 A_φ、A_ψ 及 B_φ、B_ψ 为待定的系数。一般 q、s 为大于零的实数。式（1.5.57）表示的解应舍掉随深度 z 以指数增长的部分。这样，势函数具有如下形式：

$$\left.\begin{aligned}\varphi(x,z,t)=A_\varphi\mathrm{e}^{-qz}\mathrm{e}^{\mathrm{i}\omega\left(t-\frac{x}{c_R}\right)}\\ \psi(x,z,t)=A_\psi\mathrm{e}^{-sz}\mathrm{e}^{\mathrm{i}\omega\left(t-\frac{x}{c_R}\right)}\end{aligned}\right\}\tag{1.5.58}$$

其中

$$q^2=\frac{\omega^2}{c_P^2}\left(\frac{c_P^2}{c_R^2}-1\right),s^2=\frac{\omega^2}{c_S^2}\left(\frac{c_S^2}{c_R^2}-1\right)\tag{1.5.59}$$

而 A_φ、A_ψ 及 c_R 为待定的 3 个未知量。

将式（1.5.58）代入边界条件式（1.5.54），有

$$\left.\begin{aligned}&\left[q^2-\left(1-2\frac{c_S^2}{c_P^2}\right)\frac{\omega^2}{c_R^2}\right]A_\varphi-2\mathrm{i}\frac{c_S^2}{c_P^2}\frac{\omega}{c_R}sA_\psi=0\\ &2\mathrm{i}\frac{\omega}{c_R}qA_\varphi+\left(s^2+\frac{\omega^2}{c_R^2}\right)A_\psi=0\end{aligned}\right\}\tag{1.5.60}$$

令

$$\lambda_1=\frac{c_S}{c_P},\lambda_2=\frac{c_S}{c_R}\tag{1.5.61}$$

则可得

$$\left.\begin{aligned}(2\lambda_2{}^2-1)A_\varphi-2\mathrm{i}\lambda_2\sqrt{\lambda_2{}^2-1}A_\psi=0\\ 2\mathrm{i}\lambda_2\sqrt{\lambda_2{}^2-\lambda_1{}^2}A_\varphi+(2\lambda_2{}^2-1)A_\psi=0\end{aligned}\right\}\tag{1.5.62}$$

显然，要使 A_φ、A_ψ 的解为非零解，须使上面关于 A_φ、A_ψ 的方程组的行列式等于零，即

$$\begin{vmatrix}2\lambda_2^2-1 & -2\mathrm{i}\lambda_2\sqrt{\lambda_2{}^2-1}\\ 2\mathrm{i}\lambda_2\sqrt{\lambda_2{}^2-\lambda_1{}^2} & 2\lambda_2{}^2-1\end{vmatrix}=0$$

由此可得

$$(2\lambda_2^2-1)^2-4\lambda_2^2\sqrt{\lambda_2^2-1}\sqrt{\lambda_2^2-\lambda_1^2}=0$$

上式移项，取平方并消去 λ_2^8 项，得

$$1-8\lambda_2^2+(24-16\lambda_1^2)\lambda_2^4-16(1-\lambda_1^2)\lambda_2^6=0$$

上式是关于 $\lambda_2^2=\frac{c_S^2}{c_R^2}$ 的三次方程，从此方程可以解出瑞雷波速 c_R。由式（1.5.44）可知，由于 $\lambda_1=\frac{c_S}{c_P}=\sqrt{\frac{1-2\upsilon}{2-2\upsilon}}$，所以 c_R 仅与介质泊松比 υ 有关。c_R 与横波波速 c_S 的比值具有以下近似关系：

$$\frac{c_R}{c_S}=\frac{0.87+1.12\upsilon}{1+\upsilon}<1 \tag{1.5.63}$$

一般地，对于岩石，当 $\upsilon=0.22$ 时，可以求出 $c_R/c_S=0.92$。图 1.2.8 给出了 P 波、S 波和 R 波的波速与 S 波波速的比值随介质泊松比 υ 的变化。

求出 λ_2 后，代入式（1.5.62）中的任一式，可求出

$$A_\psi/A_\varphi=\frac{-2i\lambda_2\sqrt{\lambda_2{}^2-\lambda_1{}^2}}{(2\lambda_2{}^2-1)}$$

将上式代入式（1.5.58），并根据式（1.5.50），可得位移：

$$\left.\begin{aligned}u(x,z,t)&=iA_\varphi k_R\left[\left(1-\frac{1}{2\lambda_2{}^2}\right)e^{-\frac{k_R}{\lambda_2}\sqrt{\lambda_2{}^2-1}z}-e^{-\frac{k_R}{\lambda_2}\sqrt{\lambda_2{}^2-\lambda_1{}^2}z}\right]e^{i\omega\left(t-\frac{x}{c_R}\right)}\\ w(x,z,t)&=A_\varphi k_R\left[\frac{2\lambda_2\sqrt{\lambda_2{}^2-\lambda_1{}^2}}{2\lambda_2{}^2-1}e^{-\frac{k_R}{\lambda_2}\sqrt{\lambda_2{}^2-1}z}-\frac{1}{\lambda_2}\sqrt{\lambda_2{}^2-\lambda_1{}^2}e^{-\frac{k_R}{\lambda_2}\sqrt{\lambda_2{}^2-\lambda_1{}^2}z}\right]e^{i\omega\left(t-\frac{x}{c_R}\right)}\end{aligned}\right\} \tag{1.5.64}$$

上两式中括号［］中的项描述了位移 $u(x,z,t)$、$w(x,z,t)$ 的幅值沿深度 z 的变化。图 1.5.7 给出了当介质泊松比 υ 取几个不同的值时，深度 z 处的位移幅值与地表 $z=0$ 处的位移幅值之比随相对深度 z/L_R 的变化。

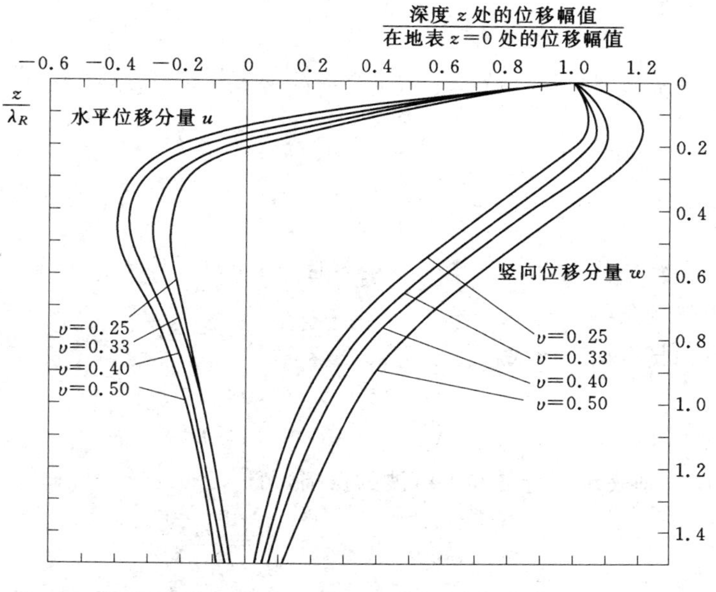

图 1.5.7　深度 z 处的位移幅值与地表 $z=0$ 处的位移幅值之比随相对深度 z/L_R 的变化

从式（1.5.64）可以看出，瑞雷波动下质点水平位移分量 $u(x, z, t)$ 与竖向位移分量 $w(x, z, t)$ 在相位上差 90°，即当水平位移达到最大（小）值时，竖向位移为零，反之亦然。同时，质点的运动轨迹是一椭圆，长轴在竖向。

另外，从图 1.5.7 可看出，半无限介质中质点位移分量从表面起沿深度向下呈指数方式很快衰减；当泊松比 $v=0.25$ 时在 $z=0.192L_R$ 处，水平位移将反向。

地震所产生的瑞雷波过去一度被认为只有当震中距很大（几百千米）时才产生。现在认识到当震中距约几十千米时也能产生有重要影响的瑞雷波。在均质介质中，当最小震中距 Δ 与震源深度 h 之比满足下式时，将首次产生瑞雷波：

$$\frac{\Delta}{h}=\frac{1}{\sqrt{c_P^2/c_S^2-1}}$$

1.5.2.2 洛夫波

最简单的多层介质是均质弹性半空间上存在一软覆盖层（其剪切波速低于下层介质的剪切波速）。当场地距离震源较远，地震时在覆盖层内可能会产生另一种所携带能量占主导地位的面波——洛夫波。该波实质上是一种 SH 波，又称蛇形波，如图 1.2.7 所示。

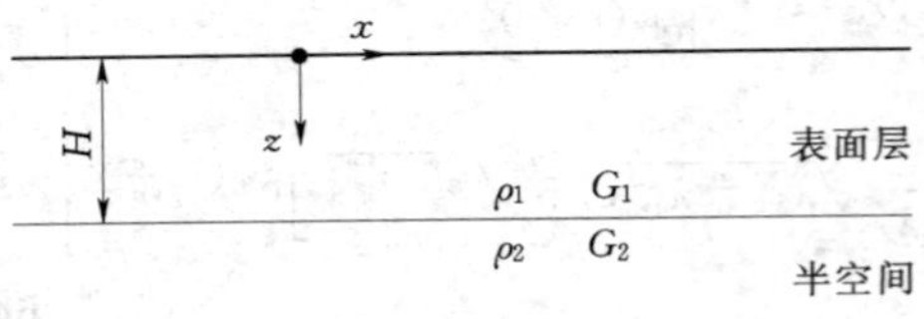

图 1.5.8 软表面层覆盖在弹性半空间中产生洛夫波的最简单条件示意图

考虑一厚为 H 的均质软表面层覆盖在均质弹性半空间上，如图 1.5.8 所示。假定洛夫波沿水平 $+x$ 向传播，且仅有粒子沿 y 向（垂直于纸面）的位移分量。该波动为平面外运动或出平面运动，假设具有谐波形式：

$$v(x,z,t)=V(z)e^{i\omega\left(t-\frac{x}{c_L}\right)}=V(z)e^{i(\omega t-k_L x)} \tag{1.5.65}$$

式中 $V(z)$ 为振幅是沿深度 z 的函数，圆频率 $\omega=2\pi/T$，T 为周期；波数 $k_L=2\pi/L_L$，L_L 为波长；传播波速 $c_L=L_L/T=\omega/k_L$。

在表面层和半空间内，洛夫波必须满足平面波动方程式（1.5.45）最后一式，即

$$\frac{\partial^2 v}{\partial t^2}=\begin{cases}\dfrac{G_1}{\rho_1}\left(\dfrac{\partial^2 v}{\partial x^2}+\dfrac{\partial^2 v}{\partial z^2}\right),0\leqslant z\leqslant H\\ \dfrac{G_2}{\rho_2}\left(\dfrac{\partial^2 v}{\partial x^2}+\dfrac{\partial^2 v}{\partial z^2}\right),z\geqslant H\end{cases} \tag{1.5.66}$$

以及在地表（$z=0$）处剪应力 τ_{yz} 为零、在交界面（$z=H$）处位移 $v(x, z, t)$ 及剪应力 $\tau_{yz}(x, z, t)$ 连续的条件。

经推导，振幅具有如下形式：

$$V(z)=\begin{cases}A_1 e^{-v_1 z}+B_1 e^{v_1 z},0\leqslant z\leqslant H\\ A_2 e^{-v_2 z}+B_2 e^{v_2 z},z\geqslant H\end{cases} \tag{1.5.67}$$

系数 A 和 B 分别表示下行波和上行波的振幅，且

$$v_1=\sqrt{\frac{k_L^2-\omega^2}{G_1/\rho_1}},v_2=\sqrt{\frac{k_L^2-\omega^2}{G_2/\rho_2}} \tag{1.5.68}$$

由于半空间深度向下达无限远，因此 B_2 必须为零（在无限深处，无能量供给或反射以产生上行波）。在自由地表，由剪应力为零，有

$$\tau_{yz}\big|_{z=0}=G_1\frac{\partial v}{\partial z}\big|_{z=0}=G_1(-A_1v_1e^{-v_1z}+B_1v_1e^{v_1z})e^{i(\omega t-k_Lx)}\big|_{z=0}=0 \tag{1.5.69}$$

式（1.5.69）要求 $A_1=B_1$，从而

$$V(z)=\begin{cases}A_1(e^{-v_1z}+e^{v_1z}),0\leqslant z\leqslant H\\A_2e^{-v_2z},z\geqslant H\end{cases} \tag{1.5.70}$$

在交界面 $z=H$ 处，需满足剪应力连续条件：

$$G_1A_1v_1(e^{-v_1H}-e^{v_1H})=G_2A_2v_2e^{-v_2H} \tag{1.5.71}$$

及位移连续条件：

$$A_1(e^{-v_1H}+e^{v_1H})=A_2e^{-v_2H} \tag{1.5.72}$$

由式（1.5.67），式（1.5.70）～式（1.5.72），可得位移：

$$v(x,z,t)=\begin{cases}2A_1\cos\left(\omega\sqrt{\frac{1}{c_{S1}^2}-\frac{1}{c_L^2}}z\right)e^{i(\omega t-k_Lx)},0\leqslant z\leqslant H\\2A_1\cos\left(\omega\sqrt{\frac{1}{c_{S1}^2}-\frac{1}{c_L^2}}H\right)\exp\left[-\omega\sqrt{\frac{1}{c_L^2}-\frac{1}{c_{S2}^2}}(z-H)\right]e^{i(\omega t-k_Lx)},z\geqslant H\end{cases} \tag{1.5.73}$$

其中，c_{S1} 和 c_{S2} 分别是介质 1 和介质 2 的剪切波速。式（1.5.73）及图 1.5.9 表明，洛夫波位移振幅在覆盖层中随深度以正弦规律变化，而在下半空间中随深度以指数规律衰减。由于这个原因，洛夫波常被描述成在表面覆盖层所捕获的 SH 波。

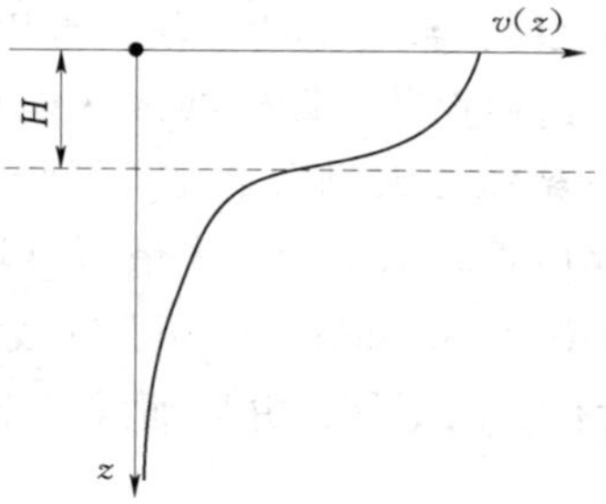

图 1.5.9 洛夫波中粒子位移振幅随深度的变化

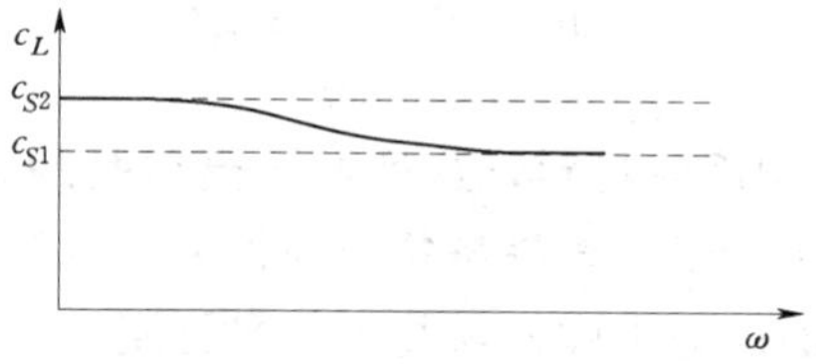

图 1.5.10 洛夫波波速 c_L 随频率 ω 的变化

洛夫波的波速 c_L 由式（1.5.74）解出，其随频率 ω 的变化如图 1.5.10 所示。

$$\tan\left(\omega H\sqrt{\frac{1}{c_{S1}^2}-\frac{1}{c_L^2}}\right)=\frac{G_2}{G_1}\frac{\sqrt{\frac{1}{c_L^2}-\frac{1}{c_{S2}^2}}}{\sqrt{\frac{1}{c_{S1}^2}-\frac{1}{c_L^2}}} \tag{1.5.74}$$

由图 1.5.10 可知，洛夫波波速在半空间中 S 波波速 c_{S2} 和覆盖层中 S 波波速 c_{S1} 内变化。这种波速依赖于频率的性质称为频散性，即不同频率的波（波长也不同）具有不同的传播速度。

对于均质弹性半空间，瑞雷波波速仅与泊松比有关，不存在频散性。但在近地表，土和岩石的刚度是随深度增加的，所以对于实际非均质材料构成的半空间，瑞雷波也具有频

散性。

本节推导了最主要的两种面波即瑞雷波和洛夫波中介质粒子的最基本位移形态，这是在地震工程中最为重要的特性。

实际工程中，工程场地的岩土介质一般呈多层分布，每层厚度不一，性质也不同。当地震波在介质内传播时，由于波的反射、透射、绕射、散射（Scattering）等作用，使得波动问题变得极为复杂。

1.6　地 震 波 的 衰 减

1.5 节介绍了线弹性介质中传播的地震体波和面波，没有考虑使波衰减（Attenuation）的任何因素，波幅因此不会发生改变。实际材料中波的传播不会发生这种情况，地震波是随着传播距离的增加而衰减的。这种衰减归因于两方面：一方面是岩土介质本身存在材料阻尼而要耗散一部分波动能量；另一方面则是存在几何扩散效应，使得单位体积的弹性能（称为比能）随传播面向远处的扩散而减小。

1.6.1　材料阻尼

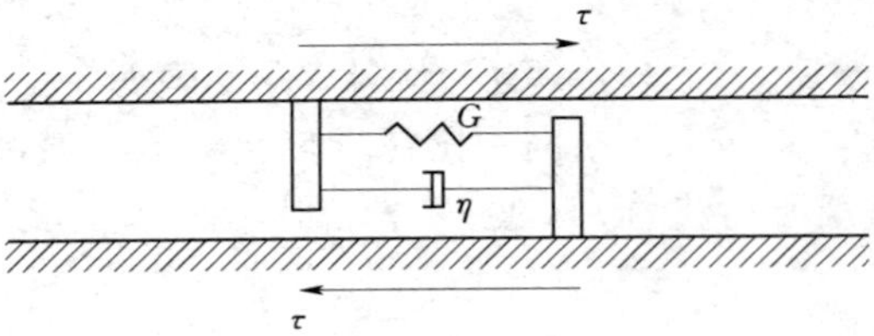

图 1.6.1　模拟土体的开尔文-伏格特（Kelvin - Voigt）模型

在实际地质材料中，传播的行波所携带的弹性能总是有一部分转换成热能，使得波幅逐渐衰减。黏滞阻尼（Viscous damping）因其数学上的方便，常用来表示弹性能的这种耗散（即转换成热能）性质。因此，在黏弹性波动分析中，岩土体通常被模拟成所谓的开尔文-伏格特（Kelvin - Voigt）型固体材料，这种本构模型是最常用的流变模型（Rheological model）之一。如图 1.6.1 所示，该模型是由弹性元件（弹簧）和黏性元件（阻尼器）并联而成，土在动力作用下的应力由弹性恢复力和黏性阻尼力组成。

由于地震波的主要能量由剪切波所携带，因此通常考虑剪切波的作用效应。为方便计算，考虑 SH 波。考虑图 1.6.1 中的薄土层单元，土体剪切应力 τ 与剪应变 γ、剪应变率 $\frac{\partial \gamma}{\partial t}$（剪应变随时间的变化）的关系为

$$\tau = G\gamma + \eta \frac{\partial \gamma}{\partial t} \tag{1.6.1}$$

式（1.6.1）的物理意义是，总剪应力 τ 可归为弹性部分（正比于剪应变 γ）与黏性部分（正比于剪应变率$\frac{\partial \gamma}{\partial t}$）之和，$\eta$ 为介质黏性阻尼系数。若 $\eta=0$，则 $\tau=G\gamma$，满足胡克定律。这里假定土的剪切模量 G 和阻尼系数 η 是常数（实际上，剪切模量与阻尼系数随土的动应变幅值而变。一般地，剪切模量随剪应变幅值增加而降低，阻尼随剪应变幅值的增加而增加）。

若剪应变具有简谐形式：

$$\gamma=\gamma_0\sin\omega t \tag{1.6.2}$$

则剪应力为

$$\tau=G\gamma_0\sin\omega t+\omega\eta\gamma_0\cos\omega t \tag{1.6.3}$$

联立式（1.6.2）、式（1.6.3），可得

$$\left(\frac{\tau-G\gamma}{\eta\omega\gamma_0}\right)^2+\left(\frac{\gamma}{\gamma_0}\right)^2=1 \tag{1.6.4}$$

式（1.6.4）表明，在一个振动循环中，应力 τ 与应变 γ 所围成的图形为如图 1.6.2 所示的椭圆。

上图中的椭圆就是通常所说的滞回圈。在一个振动循环中所耗散的能量可由椭圆面积给出，即

$$\Delta W=\int_{t_0}^{t_0+2\pi/\omega}\tau\mathrm{d}\gamma=\int_{t_0}^{t_0+2\pi/\omega}\tau\frac{\partial\gamma}{\partial t}\mathrm{d}t=\pi\eta\omega\gamma_0{}^2 \tag{1.6.5}$$

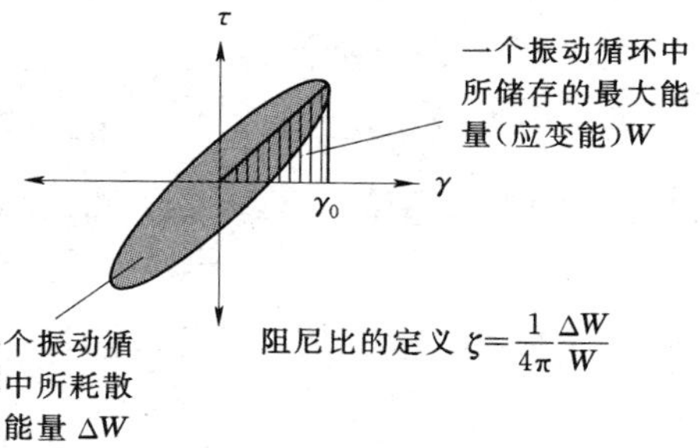

图 1.6.2　应力-应变滞回圈与阻尼比 ζ 的关系

式（1.6.5）表明，耗散的能量 ΔW 与加载频率 ω 成正比。但实际土体是通过晶粒间的相对滑移来实现能量的耗散，并不对加载频率 ω 有敏感性。

当剪应变达到最大值 γ_0 时，剪应变率为零（对应速度为零，则动能为零），则在一个循环中所储存的最大弹性应变能（势能）为

$$W=\frac{1}{2}G\gamma_0^2 \tag{1.6.6}$$

引入按式（1.6.7）定义的阻尼比 ζ：

$$\zeta=\frac{1}{4\pi}\frac{\Delta W}{W} \tag{1.6.7}$$

因此，将式（1.6.4）与式（1.6.5）代入式（1.6.7）得

$$\zeta=\frac{\eta\omega}{2G} \tag{1.6.8}$$

从而有

$$\eta=2\frac{G\zeta}{\omega} \tag{1.6.9}$$

代入式（1.6.5），得

$$\Delta W=2\pi G\zeta\gamma_0^2 \tag{1.6.10}$$

式（1.6.10）表明，若黏性阻尼系数 η 取式（1.6.9）表示的值，则耗散的能量 ΔW 就与加载频率 ω 无关了。

如图 1.6.3 所示，考虑沿竖向向上（$+z$ 向）传播的剪切波，假定仅引起水平 x 方向的位移 $u(z,t)$。

根据运动时土体单元受力的平衡，有

$$\left(\tau+\frac{\partial\tau}{\partial z}\mathrm{d}z-\tau\right)\mathrm{d}x-\rho\mathrm{d}x\mathrm{d}z\frac{\partial^2u}{\partial t^2}=0 \tag{1.6.11}$$

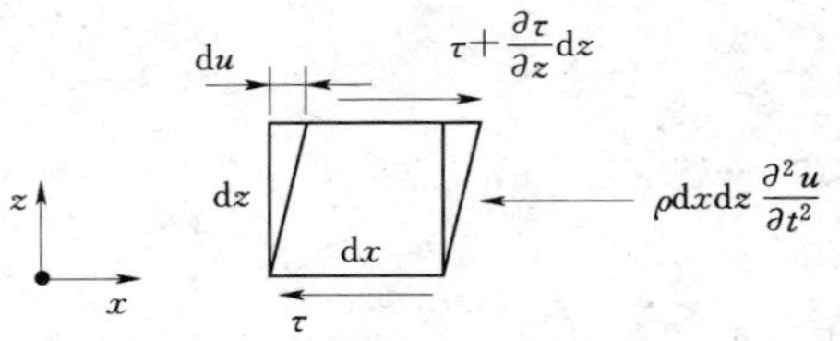

图 1.6.3 剪切波作用下土体单元受力示意图

将式（1.6.1）代入，并注意到剪应变 $\gamma=\partial u/\partial z$，则

$$\rho\frac{\partial^2 u}{\partial t^2}=G\frac{\partial^2 u}{\partial z^2}+\eta\frac{\partial^3 u}{\partial z^2\partial t} \tag{1.6.12}$$

这是介质满足黏弹性应力-应变关系［如式（1.6.1）］的波动方程。若 $\eta=0$，则波动方程变为式（1.5.17）的标准形式。

假定式（1.6.12）的位移运动为简谐形式，同 1.5.2.2 节里的分析类似，这里也采用复数表示法（仅为了推导方便，以避免采用三角函数表示法所带来的表达式过于冗长），利用欧拉公式有

$$u(z,t)=U(z)e^{i\omega t}=U(z)(\cos\omega t+i\sin\omega t) \tag{1.6.13}$$

式中 $i=\sqrt{-1}$ 为虚数单位，$U(z)$ 为沿深度变化的幅值。将式（1.6.13）代入式（1.6.12），得

$$G^*\frac{d^2U}{dz^2}=-\rho\omega^2U \tag{1.6.14}$$

式中 $G^*=G+i\omega\eta$，一般称为复剪切模量。解上面的标准常微分方程，可得 $U(z)$，再代入式（1.6.13），可得位移为

$$u(z,t)=Ae^{i(\omega t-k^*z)}+Be^{i(\omega t+k^*z)} \tag{1.6.15}$$

系数 A，B 由边界条件确定，而 $k^*=\omega/\sqrt{G^*/\rho}$ 一般称为复波数，可写成

$$k^*=k_1+ik_2 \tag{1.6.16}$$

其中

$$\left.\begin{aligned}k_1^2&=\frac{\rho\omega^2}{2G(1+4\zeta^2)}(\sqrt{1+4\zeta^2}+1)\\k_2^2&=\frac{\rho\omega^2}{2G(1+4\zeta^2)}(\sqrt{1+4\zeta^2}-1)\end{aligned}\right\} \tag{1.6.17}$$

仅正的 k_1 和负的 k_2 具有物理意义。实际位移可只取式（1.6.15）的实部。注意，对于无黏性情况，$\eta=\zeta=0$，$k_2=0$，$k_1=k$。

对于一个沿 $+z$ 向传播的波，位移式（1.6.15）的第一项可写成

$$u(z,t)=Ae^{k_2z}e^{i(\omega t-k_1z)} \tag{1.6.18}$$

由于 $k_2<0$，式（1.6.18）意味着材料阻尼 ζ 的存在使得波幅 A 随距离的增加而以指数 e^{k_2z} 规律衰减。

1.6.2 辐射阻尼

地震波从震源向外传播，即使介质没有材料阻尼起衰减作用，单位体积的能量也随着传播范围的扩大而逐渐衰减，这就是所谓的介质辐射阻尼（Radiation damping，也称几何扩散阻尼）在起作用。从震源向外传播得越远，能量就衰减得越多。下面通过一个纵波衰减的例子对此进行说明。

如果发震断层破裂范围很有限，断层区尺寸仅约数千米，那么震源可用一个点源来表示。从震源发出的波将沿所有方向以波速 c 向外传播，波动的前沿（称为波前）是一系列

不断扩大的球面（图 1.5.5）。在球半径 r 足够远处，波前可认为是平面。在球内部取一微小夹角为 α 的无限长楔形体，在 r 处取一长为 $\mathrm{d}r$ 的微元 $ABCD$，如图 1.6.4 所示。由于 α 足够小，可认为在 AB 和 CD 面上作用的正应力（此处考虑的是纵波）为均匀分布。假定质点的径向位移为 $u(r,\ t)$，以向外扩散传播为正。这里不考虑材料阻尼，可列出微元 $ABCD$ 在半径方向的运动平衡方程：

$$\rho r^2\alpha\mathrm{d}r\frac{\partial^2 u}{\partial t^2}=\left(\sigma+\frac{\partial\sigma}{\partial r}\mathrm{d}r\right)(r+\mathrm{d}r)^2\alpha-\sigma r^2\alpha \tag{1.6.19}$$

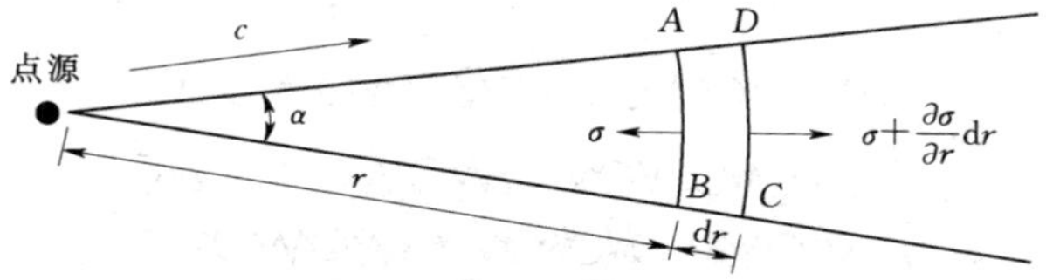

图 1.6.4　辐射阻尼的存在（以点源发出的纵波向外扩散传播为例）

化简式（1.6.19），并由应力-应变关系（图 1.5.4）：

$$\sigma=(\lambda+2G)\varepsilon=(\lambda+2G)\frac{\partial u}{\partial r} \tag{1.6.20}$$

得

$$\frac{\partial^2(ur)}{\partial t^2}=\frac{\lambda+2G}{\rho}\frac{\partial^2(ur)}{\partial r^2} \tag{1.6.21}$$

式（1.6.21）正是标准波动方程，其解具有形式

$$u(r,t)=\frac{1}{r}[f(r-ct)+g(r+ct)] \tag{1.6.22}$$

$$c=\sqrt{(\lambda+2G)/\rho} \tag{1.6.23}$$

由于考虑的是从震源向外传播的波，因此，舍去表示向内传播的波 $g(r+ct)$，位移为

$$u(r,t)=\frac{f(r-ct)}{r} \tag{1.6.24}$$

式（1.6.24）表明，位移随传播距离 r 的增加而减小。这就相当于尽管没有考虑介质的材料阻尼作用，介质中仍存在某种阻尼而使运动衰减，这种阻尼称为辐射阻尼或几何扩散阻尼。

对于面波的类似研究表明，位移随传播距离以 $1/\sqrt{r}$ 的规律衰减，比体波衰减要慢得多。这也就是在震中距远的地点所观测到的面波运动分量要比体波大的原因。

在很多问题当中，比如地震波能量从有限大尺度的断层释放，以及地基基础受到动力机器激励而振动的情况，介质中的辐射阻尼对波动的衰减常比材料阻尼要大。

思 考 与 习 题

1.1　判断图中各分图对应于哪种类型的地震波，并简要说明理由。

1.2　弹性回跳理论（Elastic rebound theory）是解释在时间跨度上历经数月乃至千

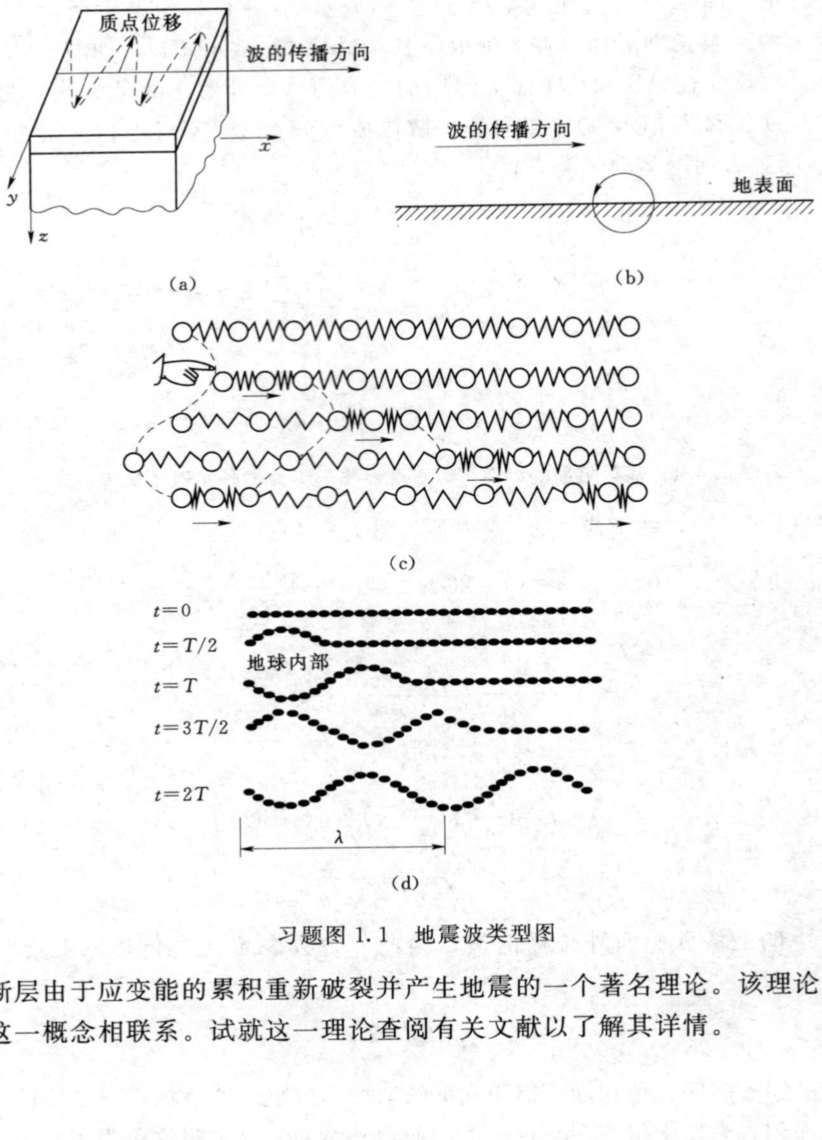

习题图 1.1　地震波类型图

年，同一断层由于应变能的累积重新破裂并产生地震的一个著名理论。该理论与测量震级的地震矩这一概念相联系。试就这一理论查阅有关文献以了解其详情。

第2章 地 震 灾 害

地震是群灾之首，具有突发性，发生时间、空间、大小的不可预测性，以及频度较高、产生严重次生灾害等特点，对社会影响较大。

由地震造成的人员伤亡、财产和物质损失、环境和社会功能的破坏简称震灾或震害，一般分为地震原生灾害（Primary earthquake disaster）和地震次生灾害（Secondary earthquake disaster）。地震原生灾害即地震直接造成的灾害，包括人畜伤亡及房屋、道路、桥梁、大坝、电厂等各类建筑物的破坏；地震次生灾害即因地震造成工程结构和自然环境破坏而引发的灾害，例如溃坝引发的水灾、因自然环境破坏引发的地质灾害、火灾、瘟疫、有毒有害物质污染、海啸（Tsunami）及对人们社会和经济活动产生的负面影响等。例如，2011 年 3 月发生的东日本 9.0 级大地震，地震本身造成的破坏和伤亡并不大，但所引发的海啸和核灾难等次生灾害沉重打击了日本社会和经济，其深远影响难以估计。

本章重点介绍地震引起的水利工程场地地质灾害，以及地震动直接造成的水工建筑物震害。至于其他工业民用建筑物的震害，因不是本书关注的重点而予以忽略。

震害调查是了解结构破坏形态和机理的最主要依据。

2.1 地 震 地 质 灾 害

地震地质灾害（Earthquake induced geological disaster）是指在地震作用下，地质体变形或破坏引起的灾害。地震地质灾害主要包括以下 3 类：

（1）由地震断层作用直接导致的地表错动、地裂缝与地面变形等地质灾害，如图 2.1.1 和图 2.1.2 所示。这一类灾害的破坏力强，很难进行人工防御，一般工程建筑物采取避开建设的原则。实在避让不开，例如长距离输水调水隧洞、渡槽等，则需要针对实际情况进行专门的抗震研究并采用有效的抗震措施。1999 年 9 月 21 日台湾集集大地震中（7.6 级），由于地震次断层穿过石冈水库水坝右段坝轴线，将 3 个溢流坝段错开（相对高差达到 7.6m）造成整体垮塌，如图 2.1.3 所示。

（2）由地震动作用导致的对工程有直接影响的工程地基基础失效，包括饱和砂土液化、软土震陷等，如图 2.1.4 和图 2.1.5 所示。

地面以下饱和的粉细砂在强烈的地震作用下，有可能成为流动状态而失去承载力，当覆盖土层不太厚时，在地面上还可看到喷水冒砂的现象，这就是通常所说的液化。1964 年，美国阿拉斯加地震中，由于砂土液化引起大规模滑坡。1976 年，我国唐山地震中陡河土坝坝基中细砂液化致使坝体严重开裂、沉降。2008 年汶川地震中，在安县-灌县断裂东侧的四川盆地内，由都江堰的胥家镇、绵阳街子镇至江油太平镇一线，断续发育一条走向 NE 的砂土液化带。

软土震陷是软厚覆盖土层场地的主要地震灾害之一。软土主要包括淤泥、淤泥质土、冲填土、杂填土或其他高压缩性土层，其震陷与软土静承载力标准值的大小有关。

图 2.1.1 汶川 2008 年 5 月 12 日地震公路塌陷和拱起

(a)地表裂缝

(b)地面变形

图 2.1.2 地表裂缝及地面变形

(a)地震次断层穿过大坝轴线

(b)三个溢流坝段被震垮

图 2.1.3 台湾 1999 年 9 月 21 日集集大地震（震级 7.6）中石冈水库重力坝震害

(3) 由地震动作用导致的对工程有可能间接影响的工程场地失效，包括岩体开裂、崩塌、滑坡、滚石、泥石流、堰塞湖、地震海啸等，如图 2.1.6～图 2.1.8 所示。

(a)台中港发生的大面积地基液化，码头沉陷和裂缝

(b)河道高滩地发生的土壤液化，并有喷砂现象，喷砂口的形状好像火山口

图 2.1.4　台湾 1999 年 9 月 21 日集集大地震

图 2.1.5　地震液化造成的海边岸壁倾塌、挡土墙倾覆

图 2.1.6　2008 年 5 月 12 日汶川地震中山体滑坡导致水电站压力管道被掩埋

(a)震后山体滑坡形成的堰塞湖

(b)震后暴雨形成的泥石流

图 2.1.7　震后形成的堰塞湖和泥石流

图 2.1.8　2011 年 3 月东日本大地震（震级 9.0）引发的海啸

2.2　水工建筑物的震害

地震造成的最大破坏是强烈的地面震动对地上建筑物的袭击，使得地面上的所有建筑物均产生强烈的震动，引发损坏或倒塌。这是量最大、面最广的破坏。我国历史地震资料表明，90%左右的建筑物的破坏是由于这种动力破坏作用所引起的。由于这种破坏是在地震过程中骤然发生的，比地基失效的危害更大。地基失效所造成的地面结构物的破坏主要是错动作用和不均匀震陷引起的，在性质上属于静力破坏；而地面震动的破坏则主要是地震波传至结构而使其发生震动造成的，在性质上属于动力破坏。前者主要应当采用地基处理的方法予以避免，而后者则应通过适当的抗震设计和抗震措施，提高结构的抗震能力。

图 2.2.1　1999 年中国台湾集集大地震中石冈水库混凝土重力坝挡水坝段因坝体开裂造成的大量漏水

实际中不少建筑物的震害是地质体破坏和地震震动的综合结果。不过，地震波持续数十秒的震动作用所造成的破坏比重最大。因此，对建筑物动力破坏机制的分析是结构抗震研究的重点和结构抗震设计的基础。建筑物的动力破坏主要表现为强度、刚度和稳定性不足所形成的破坏，有的破坏是局部性的，有的破坏则是整体性的。

强度破坏主要是因为结构局部构件的抗拉、抗压、抗剪、抗弯等强度不足所造成的，例如地震时，大坝坝顶加速度大，相应地震惯性力大，因此，坝顶及其附属结构容易产生断裂、倾斜或倒塌等震害。稳定性破坏则是建筑物（例如大坝）在地震中发生整体性坍塌或沿建基面发生整体滑动和倾覆失稳；或者，发生整体上浮或沉陷（例如地下埋管）。另一种破坏则是在地震作用过程中因结构刚度不足或其自振频率接近场地地震波的主要频率引起的类似共振（Resonance）而造成变形过大所引起的破坏。

图 2.2.1～图 2.2.22 为一些挡水、取水及发电水工建筑物，如大坝（混凝土坝、土石坝、面板堆石坝）、水闸、进水塔、水工隧洞、压力钢管、水电站厂房、码头桩式建筑物、重力式挡土墙等的典型震害。

(a)上游面护坡发生滑坡

(b)下游坝面产生裂缝因液化导致的河堤侧向移位及沉降

图 2.2.2　1976 年 7 月唐山大地震，陡河水库土石坝震害

(a)坝顶纵向裂缝

(b)坝顶横向裂缝

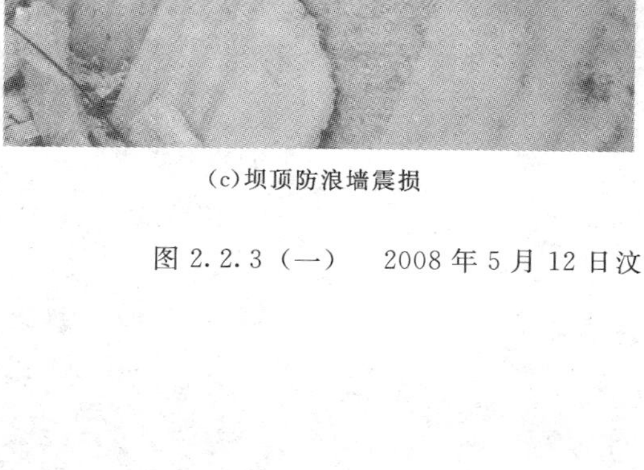

(c)坝顶防浪墙震损

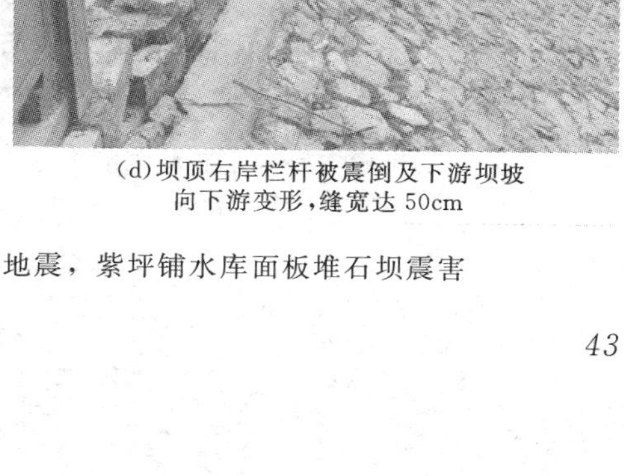

(d)坝顶右岸栏杆被震倒及下游坝坡向下游变形，缝宽达 50cm

图 2.2.3（一）　2008 年 5 月 12 日汶川地震，紫坪铺水库面板堆石坝震害

(e)面板间垂直缝错台 35cm

(f)高程 845.00m 处因水平缝错台，钢筋成“Z”字形

图 2.2.3（二） 2008 年 5 月 12 日汶川地震，紫坪铺水库面板堆石坝震害

图 2.2.4 1976 年 7 月唐山大地震，汉田防潮水闸结构倾斜，闸基产生裂缝，闸墩破坏

图 2.2.5 2004 年 10 月，日本新潟中越地震，信浓川发电站压力钢管漏水

图 2.2.6 2008 年 5 月 12 日汶川地震，草坡水电站压力管道基础破坏

图 2.2.7 2008 年 5 月 12 日汶川地震，四川紫坪铺水电站进水塔，顶部启闭机房边墙开裂

图 2.2.8 2008 年 5 月 12 日汶川地震，福堂水电站调压井启闭机排架柱受损

图 2.2.9 2008 年 5 月 12 日汶川地震，福堂水电站进水口山体崩塌，工作闸门变形

图 2.2.10 2008 年 5 月 12 日汶川地震，沙牌水电站厂房发电机层端墙被滚石砸穿

图 2.2.11 2008 年 5 月 12 日汶川地震，草坡水电站主厂房边墙交界处震裂

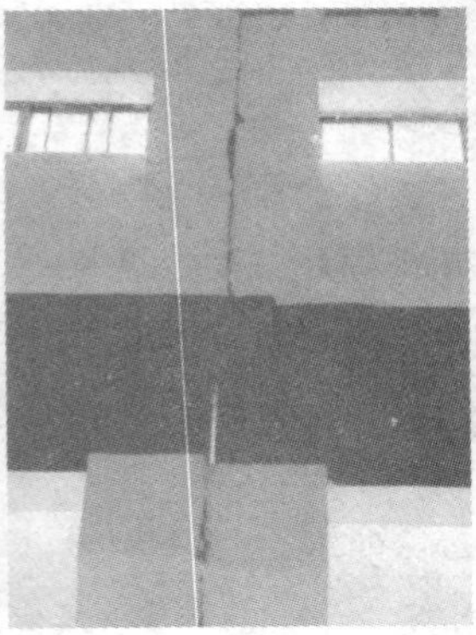

图 2.2.12 2008 年 5 月 12 日汶川地震，薛城水电站主厂房机组段与安装间错动约 7cm

图 2.2.13 2008 年 5 月 12 日汶川地震，红叶二级水电站厂房上游填充墙开裂

图 2.2.14 2008 年 5 月 12 日汶川地震，映秀湾水电站厂房 1 号机组风罩内壁裂缝

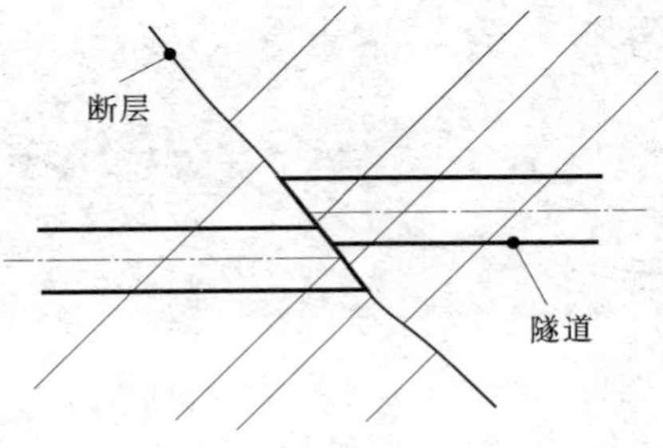

图 2.2.15 1999 年 9 月 21 日台湾集集大地震，断层穿过石冈水库引水隧洞，隧洞在垂直方向上错动达 4m，丧失功能

图 2.2.16 2008 年 5 月 12 日汶川地震，映秀湾水电站引水隧洞顶拱震损

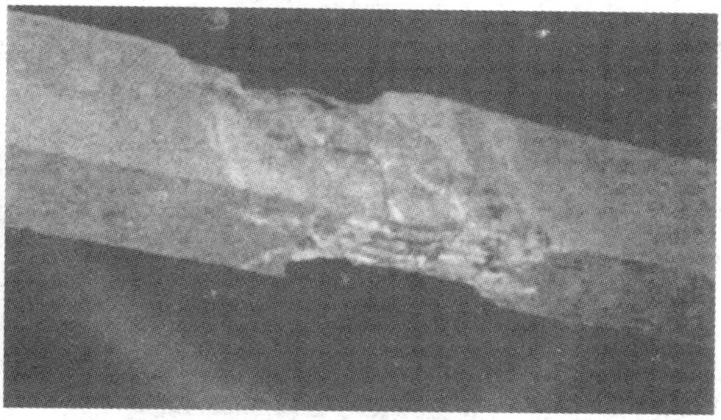

图 2.2.17　2008 年 5 月 12 日汶川地震，
映秀湾水电站调压室横撑震损

图 2.2.18　2008 年 5 月 12 日汶川地震，
草坡水电站渡槽掉落

图 2.2.19　1976 年 7 月唐山大地震，塘沽码头叉桩
桩帽和桩柱的弯曲与剪切破坏

图 2.2.20　1995 年日本神户地震，挡土墙的倾覆破坏

图 2.2.21　1999 年中国台湾集集地震，挡土墙破坏后造成路基流失和塌陷

图 2.2.22　1995 年日本神户地震，进人孔被挤出地面达 2m

在所有水工建筑物中，以大坝的地震安全最为重要。在地震中大坝一旦溃决，将给下游人民生命和财产造成重大损失。因此大坝、高坝的抗震设计和研究在水工建筑物的抗震研究中占据极为重要的地位。我国水力资源丰富，其蕴藏量的 70%都集中在地震频发的高烈度西南和西北地区。根据 2013 年公布的《第一次全国水利普查公报》，截至 2012 年底，我国共有水库大坝 98002 座。库容大于 1 亿 m^3 的水库有 75%位于地震烈度 6 度以上地区，40%位于 7 度以上地区，13%位于 8 度以上地区。表 2.2.1 给出了分布在我国西部的一些重要高坝的抗震设防加速度。从该表可看出，设计烈度都超过了 8 度（设计地震加速度为 $0.2g$，g 为重力加速度，取 $9.81\mathrm{m/s^2}$），地震工况成为设计中的控制工况。高坝大库一旦遭受严重震害，后果不堪设想。

为进行有效的抗震设计，必须了解各类水工建筑物的结构、功能特性及震害特点。

各类水工建筑物包括江河治理、防洪、农田水利、水力发电、内河航运、跨流域调水等建筑物或构筑物，其结构、功能特性等已有水工建筑物、水电站建筑物等方面书籍进行了介绍，本书不作赘述。

表 2.2.1　　中国西部地区一些高坝的抗震设防加速度

高坝名称	坝高 /m	设计地震 /(m/s²)	校核地震 /(m/s²)	高坝名称	坝高 /m	设计地震 /(m/s²)	校核地震 /(m/s²)
大岗山	210	0.5575g	0.6622g	二滩	240	0.258g	0.31g
溪洛渡	273	0.321g	0.396g	观音岩	168	0.229g	0.31g
小湾	292	0.313g	0.359g	金安桥	160	0.3995g	0.475g
糯扎渡	261.5	0.3799g	0.4364g	鲁地拉	140	0.36g	0.438g
双江口	314	0.205g	0.286g	官地	168	0.345g	0.407g
长河坝	241	0.359g	0.43g	猴子岩	223	0.297g	0.401g

下面简要介绍2008年发生的汶川大地震对灾区各类大中型水电设施引起的震害，以便从中认识水电工程的震损规律，为抗震设计计算及采取工程抗震措施提供参考。

汶川地震灾区水电工程众多，但绝大多数（95%以上）为小型水电工程，大中型水电工程不足5%。灾区较大的水电工程主要集中在岷江上游、涪江上游及白龙江下游，还有汉江上游部分工程，主要已建水电工程（装机容量大于30MW）计33座。

为突出重点，加强针对性，震损调查工程选择遵循以下原则：

（1）以位于中国地震局公布的汶川8.0级地震烈度分布图（图1.3.2）8度范围内的工程为主。

（2）电站装机容量大于30MW。

（3）以已建水电工程为主。

（4）在坝型、坝高、枢纽布置和建筑物形式等方面具有一定的代表性。

根据上述原则，经筛选纳入的调查工程有22座，开发方式主要有堤坝式和引水式两类。紫坪铺、通口、碧口和宝珠寺等4座工程为堤坝式开发，沙牌和水牛家工程为高坝引水式开发，映秀湾、渔子溪和太平驿等15座工程为低坝或无坝引水式开发，另有铜钟工程为混合式开发。

在调查范围内，有高坝工程6座，其中坝高大于100m的有5座，分别是紫坪铺（混凝土面板堆石坝，高156m，2006年建成）、宝珠寺（混凝土重力坝，高132m，1998年建成）、沙牌（碾压混凝土拱坝，高130m，2003年建成）、水牛家（碎石土心墙堆石坝，高108m，2007年建成）、碧口（土心墙土石混合坝，坝高101.8m，1976年建成）。坝基保留部分覆盖层的有紫坪铺混凝土面板堆石坝，建基于覆盖层上的有碧口和水牛家土石坝。

在调查工程中，水库库容超过10亿m^3的有宝珠寺和紫坪铺工程，库容在10亿～1亿m^3的有碧口和水牛家工程，库容在1亿～0.1亿m^3的有沙牌、天龙湖和通口工程。宝珠寺水库库容最大，为25.5亿m^3。

装机容量在300MW及以上的大型工程有紫坪铺、宝珠寺、福堂和碧口等，小于50MW的有沙牌、草坡和通口等，其余15座工程电站装机容量在300～50MW之间。紫坪铺工程装机容量最大，为 760MW。

在调查工程中，泄水建筑物主要有岸边泄水和坝身泄水两大类。采取岸边泄水的有紫坪铺、碧口、水牛家和沙牌工程，其中紫坪铺和碧口工程布置有岸边开敞式溢洪道，其余的均为岸边泄洪洞或冲沙、放空洞。另有 18 座工程采取坝身泄水布置，其中宝珠寺、通口工程为坝身泄水孔口，天龙湖工程为坝顶溢流面，所有闸坝工程均为坝身泄洪或冲沙闸。高坝大库工程均具有放空设施。

引水式开发水电站中，引水线路长度在 1.5～20km，最长的福堂工程引水隧洞长 19.23km。22 个水电工程中，地面厂房 14 个，地下厂房 8 个。不同规模的工程、不同建筑物形式表现出不同的震损特征，其抗震性能也各有不同。

在调查工程中，1980 年以前建成的有映秀湾、渔子溪和碧口等 3 座水电工程，1980—1990 年建成的有草坡和耿达工程，1990—2000 年建成的有太平驿和宝珠寺工程，其余 15 座为 2000 年以后建成的工程。不同时期建成的水电工程，因为经济条件、技术条件、建设管理情况不同，工程质量和抗震能力也有一定程度的差异。

水电工程震损调查基本上涵盖了地震灾区装机容量 30MW 以上的大中型工程及所有高坝大库工程，坝型、枢纽布置以及建筑物形式各具代表性。

水电工程主要建筑物、设施设备、地基及其边坡、进厂（上坝）道路、近坝岸坡等的震损程度，依据其外观形态、功能完整性和修复难易程度三方面的指标，分为 5 级，即未震损、震损轻微、震损较重、震损严重以及震毁，见表 2.2.2。

表 2.2.2　　水电工程主要建筑物、设施设备震损程度分级表

序号	震损等级	外观形态	运行功能	修复难易程度
1	未震损	完好	正常	直接可用
2	震损轻微	保持完好	基本正常，仅需简单维修、维护，就可投入使用	短时间内可修复使用
3	震损较重	局部震损	需限制使用条件	1 年之内可修复使用
4	震损严重	损坏严重	基本丧失，但具备修复的功能	3 年之内可修复使用
5	损毁	毁坏	功能完全丧失，不具备修复可能	无法修复，需要重建

汶川地震中，水电工程相比其他领域，虽然自身震损较大，但没有一座工程震毁，更没有造成次生灾害。大部分工程震损轻微，恢复后能够投入运行；部分工程震损较重～严重，需要较长时间修复，但不影响工程安全。

调查分析表明，映秀湾、渔子溪及耿达 3 座水电工程震损属较重～严重；太平驿、紫坪铺、草坡、碧口、沙牌和薛城 6 座工程总体震损属轻微，局部或部分建筑物属震损较重～震损严重；其余 13 座工程属震损轻微。

根据对汶川地震灾区水电工程的震损破坏情况，可以总结出以下震损规律：

（1）水电工程，可概括为“三重三轻”，即距离震中和断层破裂带近的工程震损较重，远的震损较轻；早期建设的工程震损较重，近期建设的震损较轻；工程规模小的震损较重，规模大的震损较轻。

（2）枢纽建筑物，可概括为“三轻三重”，即主要建筑物震损较轻，次要及附属建筑物震损较重；地下建筑物震损较轻，地面建筑物震损较重；工程边坡震损较轻，天然边坡震损较重。

(3) 主要设施设备震损规律表现为“一轻一重”，即直接震损较轻，地震地质灾害所导致的次生灾害相对较重。

汶川地震灾区水电工程震损情况调查分析表明：

(1) 灾区大中型水电工程选址正确。汶川地震沿龙门山中央断裂从映秀西南至青川南坝，形成长约 220km 的同震地表破裂带，同时也牵动了前山断裂带的活动，沿前山断裂带形成长约 100km 的同震地表破裂带。同震地表破裂带宽为 30～50km，该范围内建筑物震毁严重。调查未发现水工建筑物随断层地表破裂发生错断现象。这说明，灾区大中型水电工程选址均避开了活动断层，建设在相对稳定的地块上，避免了发生同震错断破坏。

(2) 大中型水电工程主要建筑物抗震性能良好。根据汶川 8.0 级地震烈度分布图 1.3.2，位于地震烈度 11 度影响区的水电工程有映秀湾、太平驿、和渔子溪等工程，10 度影响区的有耿达工程，9～10 度影响区的有紫坪铺工程，9 度影响区的有福堂、姜射坝、铜钟、草坡、通口和碧口等工程。这些工程均遭受了超过其设防烈度强震的考验，主要建筑物震损轻微。

(3) 大坝、水库不是产生滑坡的原因。沙牌、碧口、宝珠寺等库周原有的一些古滑坡体，在汶川地震中，没有发生失稳或产生明显变形现象。库区及近坝库岸产生的一些小型滑坡和崩塌也未形成较大的涌浪。汶川地震触发的许多大型—巨型滑坡均位于水电工程的范围之外。地震滑坡的根本条件取决于边坡原有的地形地质条件。水电工程建设过程中，通过清除、加固以及防护等工程措施，可以增加滑坡体稳定性、减少新滑坡体的产生，或者使滑坡体集中释放而避免自然滑坡。枢纽工程区和水库区工程边坡的震损破坏程度明显轻于自然边坡。

(4) 地震地质灾害是水电工程建筑物和设施设备遭受损坏的主要原因。汶川地震触发了大量的崩塌、滑坡、飞石、滚石及其堰塞等次生地质灾害，对水电工程建筑物、设施设备的破坏远大于地震动作用引起的破坏。

(5) 大中型水电工程覆盖层地基处理设计合理，措施有效。紫坪铺混凝土面板堆石坝、碧口土心墙堆石坝、水牛家心墙堆石坝以及绝大部分的闸坝均修建于覆盖层地基上，有的甚至是深覆盖层。调查表明，水电工程没有因地基砂土震动液化而出现坝（闸）基失稳的情况。坝基渗漏量在地震前后变化不大，渗流状况在震后不久即恢复正常。

(6) 大坝结构设计合理，抗震措施有效，具有很强的抗震性能。混凝土坝中，沙牌拱坝坝肩及抗力体稳定，大坝结构完好，坝基未发现明显渗漏。坝体右侧横缝上部有张开迹象，左坝肩下游浅表塌滑，坝顶附属建筑物震损较重。宝珠寺重力坝和通口重力坝两岸坝肩稳定，上下游坝面没有发现裂缝、剥落和隆起等震损现象，坝体结构完好，仅见坝体横缝出现张开或挤压、栏杆破损现象，地震后坝基渗漏量有所增大。3 座高混凝土坝震损轻微，震损特征表现为坝体横缝的局部张开或挤压，但基本上均在设计允许的变形范围内。

高土石坝中，坝肩、坝基和坝坡整体稳定。紫坪铺的坝顶结构、堆石体与混凝土结构连接部位出现挤压、张开和不均匀沉降现象，下游坝坡护坡块石出现松动、隆起现象。碧口和水牛家大坝在堆石体与岸坡的结合部位出现非均匀变形，坝顶防浪墙结构存在挤压现象，坝体堆石沉陷，但均未超过设计允许值，混凝土面板的震损特征还表现为混凝土面板接缝的挤压破坏、施工缝的剪切破坏和面板下的脱空等，但不影响蓄水功能。

闸坝总体震损轻微。映秀湾闸坝堆石体与岸坡连接部位非均匀变形明显，其他闸坝工程没有明显的变形。太平驿、渔子溪、福堂、桑坪等闸坝因飞石、滚石、崩塌和滑坡等地质灾害影响，坝肩受到掩埋或砸毁，泄洪闸分流墩因飞石、滚石作用引起开裂。铜钟和太平驿虽一度出现漫顶，但未产生威胁工程安全的震损破坏。

(7) 泄水建筑物主体结构震损轻微，闸门排架柱部分因地震动作用出现剪切破坏，部分因滚石、崩塌堆积、滑坡堆积而破坏。闸坝进水口闸门、启闭设备及其电源系统主要因为地震地质灾害而破坏。除因地震地质灾害而严重损坏和启闭设备电源失电外，泄水建筑物闸门基本能够正常启闭，满足挡水和泄流的需要。

(8) 输水建筑物的隧洞、调压井及埋管等地下工程震损轻微，进出口部位、渡槽、明管等地面工程震损则较重。引水隧洞和尾水隧洞衬砌结构良好，未出现塌方。大部分进出口排架柱及其设备因为地震地质灾害（如滑坡和滚石作用）而受损，部分排架柱受地震动作用而破坏。

(9) 发电厂房的震损与厂房结构形式关系密切。地下厂房结构总体震损轻微，地面厂房主体结构总体上震损轻微，部分震损较重。草坡、沙牌等地面厂房震损严重。太平驿、映秀湾、渔子溪地下厂房以及红叶二级、沙牌地面厂房，因尾水洞出口堵塞、排水系统断电、滑坡堰塞等原因，均发生了水淹厂房事故，厂内设备损坏严重。

(10) 由于厂房建筑物受损和厂房排水系统失去动力，导致水轮发电机组及辅助电气设备受淹。部分开关站电气设备在飞石、滚石、滑坡的作用下损坏，个别设备基础在地震动的直接作用下损坏。紫坪铺、碧口、宝珠寺等大型电站的水轮发电机组和电器设备未受损，部分震损轻微的机组在短时间内重新投入运行。

除地震地质灾害和其他次生地质灾害所导致的损坏外，水电站机电设备总体震损轻微，机电设备自身的抗震性能良好。

(11) 渔子溪、耿达、映秀湾和草坡4座工程，安全检测设备震损较重，其余工程安全检测设备震损轻微。特别需要指出的是，除紫坪铺工程获得部分强震记录外，其余工程均没有获得强震记录。

(12) 经过加固处理的工程边坡震损轻微，没有出现崩塌、滑动破坏的情况，仅有薛城、桑坪等工程的地面厂房后边坡存在开裂变形现象。水电工程边坡整体稳定性好于未经处理的自然边坡，具有良好的抗震能力。

(13) 水电工程在抗震救灾中发挥了重要作用。通过紫坪铺水库开辟了水上救生通道；库区复建道路成为重要的救灾补给线；一些枢纽工程区成为当地群众的避险场所；部分水电站震后迅速恢复发电，为抗震救灾提供了可靠电源；紫坪铺水库移民外迁安置也避免了重大人员伤亡和财产损失。

汶川地震中，相比房屋建筑或其他建筑，大坝总体震损轻微，其原因如下：

(1) 大坝是镶嵌在狭窄河谷中的，存在左右坝肩及坝基的三边约束，具有较多的冗余度。

(2) 大坝设计安全标准有足够保证，不仅材料强度安全系数较高，而且抗滑稳定安全系数较高。

(3) 地震作用力虽主要表现为水平惯性力和动水压力，但对汶川地震中的大坝而言，其值小于静水压力。

而房屋建筑则不同，原因如下：

(1) 房屋建基于地面，仅有底边约束。

(2) 房屋建筑的设计安全系数低于大坝设计安全系数。

(3) 房屋建筑以承受垂直荷载为主，水平风荷载不大，未经抗震设防的房屋建筑在特大地震下最容易震毁。

历次国内外强地震调查分析均可以验证上述结论。

思 考 与 习 题

2.1 根据本章内容，并查阅其他文献，总结一下水工建筑物（大坝、边坡、厂房、压力管道、进水口、隧洞等）的震害各有哪些特点。

2.2 针对水工建筑物易出现震害的部位，如何考虑抗震措施或加固措施？试结合《水工建筑物》这门课程及水工建筑物抗震设计规范和有关文献调研予以思考。

2.3 富集水电资源而建有众多巨型高坝、大库和水电站的我国西南山区是地震频发的高烈度地震区，试讨论这些建筑物建成后运营期间应着重注意哪些风险因素。

第3章 场地和地基

震害资料表明，建筑物的震害除与地震类型、结构类型有关外，还与其所在地区的工程地质条件（局部地质构造、地形和地貌、场地类别）密切相关。

局部地质构造中的断裂带是薄弱环节，浅源地震往往与断裂活动有关。发震断裂带附近地表在地震时可能产生新的错动，使建筑物遭受较大的破坏。

局部孤突地形（孤突山梁、孤立山丘、山嘴、高差较大的台地边缘）对震害也具有明显的影响。局部地形高差大于30～50m时，震害就开始出现明显的差异。1975年辽宁海城地震时，大石桥盘龙山测得的强余震加速度记录表明，山顶/山脚（上下两个测点高差58m）的最大加速度比值平均约为1.84。1994年云南昭通地震时，山顶突出的最大水平加速度为0.632g，鞍部为0.257g，大山根部为0.431g。美国帕柯依玛（Pacoima）拱坝（坝高113m）在1971年圣费尔南多地震时，安装在帕柯依玛拱坝上的强震加速度记录仪捕获的强震记录分析表明，地形影响可使地震动峰值增大约30%～50%；在1994年加利福尼亚北岭地震时，该坝坝基记录是0.43g，坝顶是1.28g，左坝肩是1.53g。

地形地貌对地震反应的影响总结如下：

（1）高突地形距离基准面的高度越大，高处的反应越大。

（2）高突地形顶面越开阔，远离边缘的中心部位的反应减小越明显。

（3）边坡越陡，其顶部的放大效应相应越大。

（4）在同样地形条件下，土质结构的反应比岩质结构大，也就是说，土质地形对震害的影响比岩质地形的影响更为明显。

另外，地下水位也对震害有不可忽视的影响。水边地的地下水位较高，土质也较松软，容易在地震时产生土壤滑动或地层液化。宏观震害现象表明，水位越浅，震害越重。

除上述各种影响因素之外，建筑物的震害还与所在场地下卧土层的构成、覆盖层的厚度等密切相关，这就牵涉到场地类别问题。

不同的场地类别，建筑物在地震中的破坏程度是明显不同的。结构和施工条件基本相同的建筑物在同一次地震下，烈度差别有时会达到1～2度。例如：

1906年旧金山大地震，位于坚硬岩石、砂岩、岩石上薄土层、砂和冲积层、人工填土以及沼泽上的建筑震害差异很大。

1923年日本关东大地震，位于3种地基上房屋的震害：①河流三角洲、淹没盆地、填筑的咸水湖、泥质冲积层以及回填土；②沿岸沙丘、海滩、沙州、河漫滩以及洪积火山岩层；③坚硬的第三纪岩地层、致密的砾岩及岩石。结果发现位于第①类场地上的木结构房屋震害要比第③类严重好几倍。

3.1 场 地

3.1.1 场地选择

工程场地是指工程建筑物所在地，具有相似的地震反应特征，在平面上大体相当于厂区、自然村的区域范围。

既然在不同场地条件下建筑物所受的破坏作用是不同的，那么选择对抗震有利和避开不利的场地进行建设，就能大大减轻地震灾害。但是，由于受到地震以外的许多因素的限制，除了极不利和严重危险性的场地以外，很多情况下有些场地只好被选作为建设用地，这样，就有必要按照场地、地基对建筑物所带来地震破坏作用的强弱和特征进行分类，以便按照不同场地的特点采取相应的抗震措施。这就是地震区场地选择与分类的目的，以尽量减少地基变形和失效所造成的破坏影响。

当考虑地震因素时，水工建筑物的场地选择应在工程地质勘察和专门工程地质研究的基础上，按构造活动性、边坡稳定性和场地地基条件等进行综合评价，可按表 3.1.1 划分为有利、不利和危险地段。宜选择对抗震有利地段，避开不利地段，未经充分论证不得在危险地段进行建设。

表 3.1.1　　水工建筑物抗震设计中各类地段的划分

地段类别	构造活动性	边坡稳定性	场地地基条件
有利地段	距坝址 8km 范围内无活动断层，库区无大于等于 5 级的地震活动	岩体完整，边坡稳定	抗震稳定性好
不利地段	枢纽区内有长度小于 10km 的活动断层；库区有长度大于 10km 的活动断层或有过大于等于 5 级但小于 7 级的地震活动，或有诱发强水库地震的可能	枢纽区、库区边坡稳定条件较差	抗震稳定性差
危险地段	枢纽区内有长度大于等于 10km 的活动断层；库区有过大于等于 7 级的地震活动，有伴随地震产生地震断裂的可能	枢纽区边坡稳定条件极差，可产生大规模崩塌滑坡	地基可能失稳

地震时，场地破坏的实例统计表明：等于或大于 7 级的震区（相当于烈度 9 度及 9 度以上地震区）可能产生有害的地震断裂和大规模崩塌、滑坡，难以处理，故划入危险地段；5 级以上、7 级以下地震的极震区（相当于烈度 6 度以上地震区）就有可能产生砂土液化和不均匀沉陷，但已掌握既经济又有效的处理方法，所以划为不利地段。

我国的紫坪铺水库大坝选在距映秀-北川发震断裂带 17km 与二王庙断裂带之间的相对稳定地段，在 2008 年汶川地震时，地震烈度已由 11 度衰减至 10 度，大坝虽出现沉陷和混凝土面板裂缝，但大坝整体保持稳定，是大坝选址的一个成功案例。第 2 章曾提到的石冈水库重力坝 3 个坝段，在 1999 年集集大地震中被其下穿过的次断层错开造成震垮，成为大坝选址失败的一个典型案例。

3.1.2 场地土分类

场地土是泛指工程场地下的岩石和土，而通常所说的地基土是指地表以下的浅层土

(10～20m 厚)。

(1) 土层剪切波速。在有关场地因素的分析中，往往应用到层状地基的动力性质。其中，剪切波速作为对场地土动力性质的评价在工程应用中占有重要地位。这不仅是因为它与地基的强度、变形特性等诸常数间有密切的关系(例如标准贯入试验锤击数、横向地基系数、单轴压缩强度等)，而且也在于它可用较简便的仪器和方法测得，因而近些年来，在层状土地震反应分析、地震小区划的研究、土与建筑物相互作用分析、软弱地基鉴定与处理等方面获得了广泛应用。

土层剪切波速是指地震横波在岩土层内的传播速度。波速测试一般采用单孔法、跨孔法或面波法。单孔法是在钻孔中沿深度某一点设置接收三分量(一个竖向和两个水平向)震动的拾震仪(或沿深度设置多个拾震仪)，并通过在地面附近孔口处进行激震(例如采用振锤敲击或其他激振装置产生脉冲能量源)，如图 3.1.1 (a) 所示。通过适当调整拾震仪位置，可获得每一位置的 S 波或 P 波冲击信号到达拾震仪的时间曲线。由任一深度处曲线的斜率，可得该深度处土层的 S 波或 P 波波速。某一实例得到的各土层波速如图 3.1.1 (b) 所示。

跨孔法是在一孔内激振，附近另一孔内拾振，多用于剪切波速的测量。

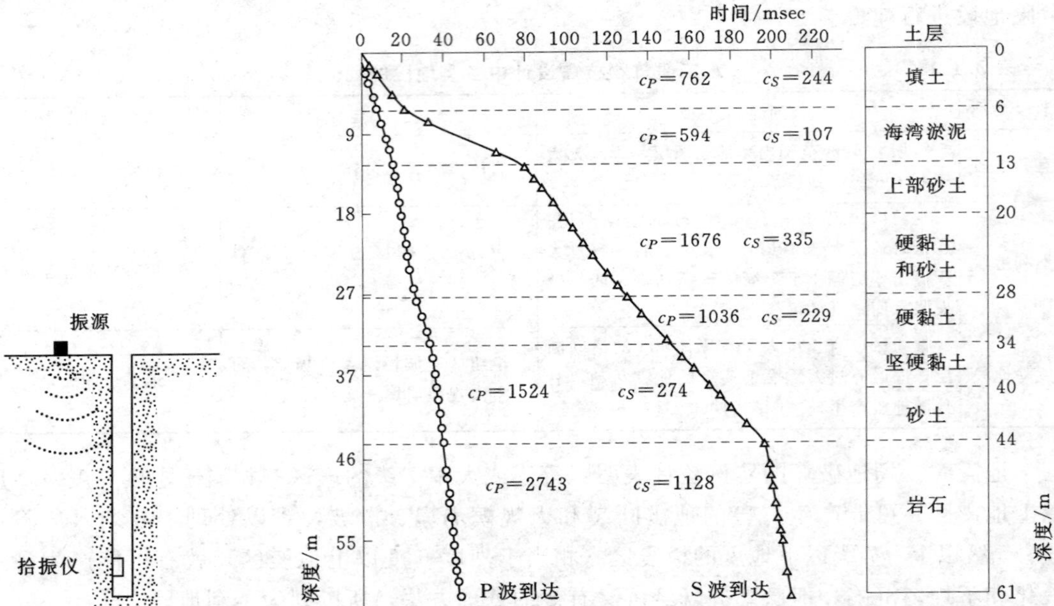

(a)单孔法测试土层波速　　(b)单孔法波速测试层状土的波速，P 波和 S 波传播到达曲线实例

图 3.1.1　单孔法波速测试

实际工作中，一般先实测获得土层波速值，然后估算土的一些初始动参数。例如土层的初始动态泊松比为 $\upsilon_d=\dfrac{1}{2}\dfrac{(c_P/c_S)^2-2}{(c_P/c_S)^2-1}$ [式 (1.5.44)]，土的动态剪切模量(也称最大动剪切模量 $G_{\max}$) 为 $G_{\max}=\rho c_S^2$ [式 (1.2.2)]，土的最大动弹性模量为 $E_d=2G_{\max}$ (1+

υ_d）。地震作用过程中，土的动泊松比 υ_d 一般变化不大，而其剪切模量 G 一般随土剪应变幅值的增加而减小，表现出非线性性质。

（2）土层等效剪切波速。各分层土层的剪切波速采用上述波速测试方法得到后，整个土层的等效剪切波速，即土层计算深度与地震横波在各土层内传播总时间之比，可按式（3.1.1）计算：

$$c_{Se} = h_0 / \sum_{i=1}^{n} (h_i / c_{Si}) \tag{3.1.1}$$

式中：c_{Se} 为土层等效剪切波速，m/s；h_0 为计算深度，m，取覆盖层厚度和20m两者的较小值；h_i 为计算深度范围内，第 i 土层的厚度，m；n 为计算深度范围内土层的分层数；c_{Si} 为计算深度范围内，第 i 土层的剪切波速，m/s。

覆盖层厚度，这里以 h_{ov} 表示，是指从地表面至地下基岩面的距离。从地震波传播的观点看，基岩面是地震波传播路径中的一个强烈透射与反射面，此界面以下的岩层刚度要比上部土层的相应值大很多。根据这一背景，工程上常这样判定：当下部土层的剪切波速达到上部土层剪切波速的2.5倍，且该层及下卧土层的剪切波速不小于400m/s时，该下部土层就可以视为基岩。由于工程地质勘察往往较难取得深部土层的剪切波速数据，为了实用上的方便，抗震设计规范进一步采用土层的绝对刚度来定义覆盖层厚度，即：地面至剪切波速大于500m/s且其下卧各岩土层的剪切波速均不小于500m/s的土层顶面的距离。

（3）土层平均剪切波速。土层的平均剪切波速，即各土层剪切波速取土层厚度加权的平均值，按式（3.1.2）计算：

$$c_{Sm} = \sum_{i=1}^{n} c_{Si} (h_i / h_0) \tag{3.1.2}$$

式中：c_{Sm} 为土层加权平均剪切波速，m/s；h_0 为计算深度，m，取覆盖层厚度 h_{ov} 和20m两者的较小值。

土层等效剪切波速与土层加权平均剪切波速相比，有更为明确的物理意义。可将式（3.1.1）变化为

$$h_0 / c_{Se} = \sum_{i=1}^{n} (h_i / c_{Si}) \tag{3.1.3}$$

式（3.1.3）左端表示剪切波以等效波速穿过层状地基所需要的传播时间，右端表示剪切波以不同速度穿过各层土所需时间之和。

GB 50011—2010《建筑抗震设计规范》中采用土层等效剪切波速作为场地土类型判别依据，而DL 5073—2000《水工建筑物抗震设计规范》、JTJ 225—98《水运工程抗震设计规范》则采用土层加权平均剪切波速作为判别依据。实际运用时根据设计需要，决定采用哪种波速。一般情况下，土层等效剪切波速与土层加权平均剪切波速数值上相差甚小。

（4）场地土类型的划分。DL 5073—2000《水工建筑物抗震设计规范》主要根据土层加权平均剪切波速确定抗震区场地土的类型，见表3.1.2。当各土层无实测剪切波速时，也可根据GB 50011—2010《建筑抗震设计规范》所规定的地基承载力特征值 f_{ak}（由荷载试验测定的地基土压力-变形曲线在线性范围内的最大值，单位取kPa）进行场地土类型估计。

表 3.1.2　　水工建筑物场地土类型的划分

场地土类型	土层剪切波速/(m/s)	代表性岩土名称
岩石或坚硬土	$c_S>500$	稳定岩石及密实的碎石土
中硬土	$500\geqslant c_{Sm}>250$	中密、稍密的碎石土，密实、中密的砾、粗、中砂，$f_{ak}>200$kPa 的黏性土和粉土，坚硬黄土
中软土	$250\geqslant c_{Sm}>140$	稍密的砾，粗、中砂，除松散外的细、粉砂，$f_{ak}<200$kPa 的黏性土和粉土，$f_{ak}>130$kPa 的填土，可塑黄土
软弱土	$c_{Sm}\leqslant 140$	淤泥和淤泥质土，松散的砂，新近沉积的黏性土和粉土，$f_{ak}\leqslant 130$kPa 的填土，流塑黄土

3.1.3 场地类别

场地类别，即根据场地覆盖层厚度和场地土类型等因素，按有关规定对建设场地进行分类，用以反映不同场地条件对基岩地震动的综合放大效应，主要是作为在抗震计算中选择设计反应谱的依据。反应谱有加速度反应谱、速度反应谱和位移反应谱。关于反应谱的介绍，见第5章。

水工建筑物场地类别应根据前述场地土类型和场地覆盖层厚度划分为4类，并宜符合表3.1.3的规定。

表 3.1.3　　水工建筑物场地类别

场地土类型	场地覆盖层厚度 h_{ov}/m				
	0	$0<h_{ov}\leqslant 3$	$3<h_{ov}\leqslant 9$	$9<h_{ov}\leqslant 80$	$h_{ov}\geqslant 80$
坚硬场地土	Ⅰ	—			
中硬场地土		Ⅰ		Ⅱ	
中软场地土		Ⅰ	Ⅱ		Ⅲ
软弱场地土		Ⅰ	Ⅱ	Ⅲ	Ⅳ

【例 3.1】 例表 3.1.1 为某工程场地地质钻孔资料，试确定该场地土类型。

例表 3.1.1　　某工程场地地质钻孔资料

土层底部深度/m	土层厚度/m	岩土名称	剪切波速 c_S/(m/s)
2.50	2.50	杂填土	200
4.00	1.50	粉土	280
4.90	0.90	中砂	310
6.10	1.20	砾砂	500

解： 因为地面 4.90m 以下土层剪切波速 $c_S=500$m/s，所以场地计算深度 $h_0=4.90$m <20m。计算土层等效剪切波速，按式（3.1.1）计算：

$$c_{Se}=h_0/\left[\sum_{i=1}^{n}(h_i/c_{Si})\right]=4.9\Big/\left(\frac{2.50}{200}+\frac{1.50}{280}+\frac{0.90}{310}\right)=236.03(\text{m/s})$$

计算土层平均剪切波速，按式（3.1.2）计算：

$$c_{Sm}=\sum_{i=1}^{n}c_{Si}(h_i/h_0)=\left(200\times\frac{2.50}{4.90}+280\times\frac{1.50}{4.90}+310\times\frac{0.90}{4.90}\right)=244.7(\mathrm{m/s})$$

由此可见，土层平均剪切波速和等效剪切波速数值相差不大。由表 3.1.2 查得，当 250m/s$>c_{Sm}=244.7$m/s$>c_{Se}=236.03$m/s>140m/s 时，属于中软场地土。

【例 3.2】 试确定［例 3.1］中的场地类别。

解： 由［例 3.1］可知，该场地土为中软场地土，场地覆盖层厚度 $h_{ov}=4.90$m，所以查表 3.1.3 可知，该场地属于Ⅱ类场地。

【例 3.3】 例表 3.1.2 为某工程场地地质钻孔资料，试确定该场地类别。

例表 3.1.2　　某场地地质钻孔资料

土层底部深度/m	土层厚度/m	岩土名称	剪切波速 c_S/(m/s)
2.20	2.20	杂填土	140
8.00	5.80	粉质黏土	170
12.50	4.50	黏土	195
20.70	8.20	中密的细砂	220
25.00	4.30	基岩	500

解： 根据建筑抗震设计规范，计算土层等效剪切波速：场地覆盖层厚度为 20.70m$>$20m，故取场地计算深度 $h_0=20.0$m。将上表中数值代入式（3.1.1），得

$$c_{Se}=h_0/\sum_{i=1}^{n}(h_i/c_{Si})=20.0/\left(\frac{2.20}{140}+\frac{5.80}{170}+\frac{4.50}{195}+\frac{7.50}{220}\right)=186.9(\mathrm{m/s})$$

或者，根据水工建筑物抗震设计规范，计算土层平均剪切波速：场地覆盖层厚度为 20.70m$>$15m，故取场地计算深度 $h_0=15.0$m。

将上表中数值代入式（3.1.2），得

$$c_{Sm}=\sum_{i=1}^{n}c_{Si}(h_i/h_0)=\left(140\times\frac{2.20}{15.0}+170\times\frac{5.80}{15.0}+195\times\frac{4.50}{15.0}+220\times\frac{2.50}{15.0}\right)=181.4(\mathrm{m/s})$$

查表 3.1.2 和表 3.1.3 可知，该工程场地为Ⅱ类场地。这里，等效剪切波速大于加权平均剪切波速，是因为根据场地覆盖层厚所取值的计算深度稍有不同。

3.1.4　场地的周期特性

从震源发出的地震波在传播时，经过不同性质土层界面的多次反射、透射、散射和聚焦等物理作用，将出现不同周期的地震波，并呈现一定的带宽特征。地震波作用下，场地各层土可视为一受迫振动结构体系，本身也具有多个固有周期或频率。我们把土层在地震作用下的最大反应幅值所对应的频率，称为场地基本频率（Fundamental frequency）或卓越频率（Predominant frequency）。基本频率或卓越频率的倒数，就是基本周期（Fundamental period）或卓越周期（Predominant period）。

覆盖土层若仅由单层土构成时，场地卓越周期 T_s 可采用式（3.1.4）进行估计（详细推导见 3.3.1 节）：

$$T_s=4h_{ov}/c_S \tag{3.1.4}$$

式中土层剪切波速 c_S 一般由实测得到。若无实测资料，也可根据覆盖层厚度 h_{ov} 按表

3.1.4 进行粗略估计。

表 3.1.4　**地基土的剪切波速 c_S**　单位：m/s

材　料	覆盖层厚度 h_{ov}/m		
	$1<h_{ov}<6$	$7<h_{ov}<15$	$h_{ov}\geqslant 15$
松散饱和砂土	60	—	—
砂黏土	100	250	—
细粒饱和土	110	—	—
黏/砂混合土	140	—	—
密实砂土	160	—	—
砂砾石	180	—	—
中等砾石	200	—	780
砾石黏土砂	—	330	—

覆盖土层一般由多层土构成，场地卓越周期 T_s 可采用下式进行计算：

$$T_s=\sum_{i=1}^{n}\frac{4h_i}{c_{Si}} \tag{3.1.5}$$

式中：c_{Si} 为第 i 土层的剪切波速；h_i 为第 i 土层厚度；n 为土层总数。

式（3.1.5）给出了场地土的第 1 阶固有周期估算式。对于第 n 阶振动周期，可由式（3.1.6）给出：

$$T_{s,n}=\frac{1}{2n-1}\frac{4h_{ov}}{c_S} \tag{3.1.6}$$

在沉积覆盖层中，波的多重反射可使振动放大。覆盖层表面的位移幅值 A_s 与其下基岩（或剪切波速大于 500m/s 的硬土）的位移振幅 A 之比（定义为放大系数）为（推导过程见 3.3.1 节）

$$\frac{A_s}{A}=\frac{1}{\sqrt{\cos^2\dfrac{\omega h_{ov}}{c_{Ss}}+\left(\dfrac{\rho_s c_{Ss}}{\rho_r c_{Sr}}\right)^2\sin^2\dfrac{\omega h_{ov}}{c_{Ss}}}} \tag{3.1.7}$$

式中：ω 为地震动作用频率，假设传至基岩的地震动为一具有频率 ω 的谐波运动，在此情况下场地运动也为谐波运动；$\rho_s c_{Ss}$ 和 $\rho_r c_{Sr}$ 分别为波在覆盖层与在基岩中传播所遇到的阻抗，ρ_s 和 c_{Ss} 是覆盖层的质量密度和剪切波速，ρ_r 和 c_{Sr} 是基岩的质量密度和剪切波速。

当发生共振时，作用频率 ω 接近覆盖土层某阶固有频率，即满足 $\omega=2\pi/T_{s,n}$，根据式（3.1.6），有 $\omega\dfrac{h_{ov}}{c_{Ss}}=(2n-1)\dfrac{\pi}{2}$，从而

$$\frac{A_s}{A}=\frac{\rho_r c_{Sr}}{\rho_s c_{Ss}}>1 \tag{3.1.8}$$

式（3.1.8）表明，位移振幅放大系数取决于基岩与覆土的阻抗之比。一般 $\rho_s c_{Ss}<\rho_r c_{Sr}$，所以，放大系数大于 1。

场地放大效应的一个著名例子可在发生于1985年9月19日的墨西哥地震（8.1级）找到。尽管震中距约390km，但这次地震给首都墨西哥城市区的建筑物造成了意想不到的严重损伤和破坏，且有超过1万人死亡。墨西哥城坐落于过去曾是个大湖但经过长期自然和人工填埋而形成的盆地上，覆盖层平均厚约40m，其土层平均剪切波速约为80m/s，因此根据式（3.1.4）计算得到的土层卓越周期 T_s 约为2.0s。那些5～15层、自振周期接近 T_s 的中、高层建筑遭受了严重破坏。场地放大效应也在1994年美国加利福尼亚北岭地震中得到了证实。

所以，建议建筑物的自振周期与场地卓越周期之比值应尽量远离1.0。在估算场地周期时，不仅要重视地表土层情况，而且深部的土质条件也不可忽视；也应复核场地的高阶自振周期与建筑物的前若干阶主要周期的遇合可能性。建筑物的自振周期可以通过环境振动测试得到，也可以通过建立计算模型进行估算。

3.2 地　　基

场地及地基在地震时起着传播地震波和支撑上部结构的双重作用，对建筑物的抗震性能具有重要影响。

一般来说，在软弱的地基上，震害情况是柔性结构破坏较重，刚性结构破坏较轻；既有结构破坏，也有地基破坏。在坚硬的地基上，震害情况是柔性结构破坏较轻，而刚性结构表现不一；结构可能破坏，但地基很少破坏。

3.2.1 地基和岸坡的抗震设计

现行水工抗震设计规范对地基和岸坡的抗震设计没有详细的规定，只给出了一些原则性的要求。

水工建筑物地基的抗震设计，应综合考虑上部建筑物的型式、荷载、水力和运行条件，以及地基和岸坡的工程地质、水文地质条件。对于坝、闸等壅水建筑物的地基和岸坡，在设计地震作用下，除要求不发生失稳破坏和渗透破坏，避免产生影响建筑物使用的有害变形外，还要求地基和岸坡不发生地裂、位错、地陷、崩塌等破坏现象，必要时应采取抗震措施。

地基的抗震设计验算一般包括以下3个方面：

(1) 地基土的抗震承载力验算。地基土的抗震承载力一般在静态设计承载力基础上进行调整。调整的出发点是：地震是一个偶然事件，在地震作用下结构的可靠度允许有一定的降低；多数土在有限次的动载下，强度较静载下稍高。天然地基基础抗震验算时，应采用地震作用效应的标准组合，有时需要考虑竖向地震的作用。

现行国家标准GB 50011—2010《建筑抗震设计规范》给出了地基土的抗震承载力 f_{aE} 计算式：

$$f_{aE}=\zeta_a f_a \tag{3.2.1}$$

式中：ζ_a 为调整系数，见表3.2.1；f_a 为经深、宽修正后地基土的静态承载力特征值，按现行国家标准GB 50007—2002《建筑地基基础设计规范》采用。

表 3.2.1 地基土的抗震承载力调整系数 ζ_a

地基土名称和性状	ζ_a
淤泥，淤泥质土，松散的砂、杂填土，新近堆积黄土及流塑黄土	1.0
稍密的细、粉砂，$100\text{kPa} \leqslant f_{ak} < 150\text{kPa}$ 的黏性土和粉土，可塑黄土	1.1
中密、稍密的碎石土，中密、稍密的砾、粗、中砂，密实和中密的细、粉砂，$150\text{kPa} \leqslant f_{ak} < 300\text{kPa}$ 的黏性土和粉土，坚硬黄土	1.3
岩石，密实的碎石土，密实的砾、粗、中砂，$f_{ak} \geqslant 300\text{kPa}$ 的黏性土和粉土	1.5

验算天然地基在地震作用下的竖向承载力时，基础底面平均压力 p 和边缘最大压力 p_{max} 应符合下列两式要求：

$$p \leqslant f_{aE} \tag{3.2.2}$$

$$p_{max} \leqslant 1.2 f_{aE} \tag{3.2.3}$$

对于具体的水工建筑物，基础地基应力的要求应符合相应的设计规范。例如对于水电站厂房，NB/T 35011—2013《水电站厂房设计规范》明确规定了岩基和非岩基上厂房基础面的地基应力要求。对于岩基上的河床式厂房，地震情况允许出现不大于 100kPa 的拉应力，其他情况不应出现拉应力；对于坝后式及岸边式厂房，地震情况下当出现大于 200kPa 的拉应力时，应进行专门的论证。对于非岩基上的厂房，规定在地震情况下除应满足式（3.2.2）和式（3.2.3）外，基础底面不宜出现拉应力。

（2）地基的抗滑稳定验算。水工建筑物的地基和岸坡中的断裂、破碎带及层间错动等软弱结构面，特别是缓倾角夹泥层和可能发生泥化的岩层，应根据其产状、埋藏深度、边界条件、渗流情况物理力学性质以及建筑物的设计加速度，论证（采用刚体极限平衡法、滑弧法、滑动楔体法或其他方法）其在设计地震作用下不会发生滑动失稳，必要时应采取抗震措施。对于岩基，一般采用抗剪断强度公式验算抗滑稳定，滑动面上的抗剪断参数包括黏聚力和摩擦系数；对于非岩基，一般采用抗剪强度公式验算抗滑稳定，滑动面上的抗剪参数仅包括摩擦系数。

（3）地基的变形计算。非岩基地基变形计算应包括沉降量、沉降差和倾斜方面的计算。

水利工程中，渗透变形常引起大坝等水工建筑物的破坏。例如 1963 年，意大利瓦伊昂大坝，在水库蓄水后上游山体因渗流引起了 2.7 亿 m^3 的深部滑坡体，激起 150m 高的巨浪越过大坝，造成 2000 余人死亡。1976 年，美国 Teton 土质肥心墙坝因渗流导致溃坝。

渗透变形的表现形式有很多种，比如流土、管涌、接触流土和接触冲刷等。对于单一土层来说，主要是流土和管涌。水工建筑物地基和岸坡的防渗结构及其连接部位以及排水反滤结构等，应采取措施防止地震时产生危害性裂缝引起渗流量增大，或发生管涌、流土等险情。

岩土性质及厚度等在水平方向变化大的不均匀地基，应采取措施防止地震时产生较大的不均匀沉降、滑移和集中渗漏，并采取提高上部建筑物适应地基不均匀沉陷能力的措施。

3.2.2 地基土层液化及处理措施

饱和砂土的振动液化是地震灾害中最常见的现象之一，如图 2.1.4、图 2.1.5 和图 2.2.2 所示。

处于地下水位以下的饱和砂土和粉土的土颗粒结构受到地震作用时将趋于密实，使孔隙水压力急剧上升，而在地震作用的短暂时间内，孔隙水来不及排出，使原有土颗粒通过接触点传递的压力减小，当有效压力完全消失时，土颗粒处于悬浮状态之中。这时，土体完全失去抗剪强度而显示出近于液体的特性，这种现象称为液化。液化的宏观标志是在地表出现喷水冒砂。

土壤的液化可从强度方面进行解释。根据有效应力原理，土的抗剪强度 τ_f 为

$$\tau_f=(\sigma-p)\tan\varphi+c \tag{3.2.4}$$

式中：σ 为总应力；p 为孔隙水应力；$\sigma-p$ 称为有效应力，为土颗粒组成的骨架所承担的应力，是粒间压应力；φ 为土的内摩擦角；c 为土的黏聚力，对于砂土，其黏聚力 $c\approx0$。

在强烈地震时，孔隙水压力 p 增长很快而消散不了，可能发展至 $p\approx\sigma$ 而致使抗剪强度 $\tau_f\approx0$。这时，土颗粒完全悬浮于水中而处于流动状态，这就是完全液化。地震不太强烈，孔隙水压力升高而使土体丧失部分强度的现象，称为部分液化。

（1）地基中液化土层的判别。地震时饱和无黏性土和少黏性土的液化破坏，应根据土层的地质年代、颗粒组成、松密程度、地震前和震时的受力状态、埋置深度和排水条件以及地震历时等因素，结合现场勘察和室内试验综合分析判定。

土的液化判定工作可分初判和复判两个阶段。初判应排除不会发生液化的土层。对初判可能发生液化的土层，应进行复判。对于水工建筑物，具体可按 GB 50487—2008《水利水电工程地质勘察规范》中的有关规定进行液化判别（详见附录 D）。该规范主要适用于设计烈度 6、7、8、9 度的 1、2、3 级水工建筑物的抗震设计，对 9 度以上的情况未予考虑。

一般来说，震级越大，影响范围越广，强烈震动持续时间越长，越容易引起地基土的液化；地基土的地质年代越老旧、黏粒含量越高、工程运用时的地下水位越深、剪切波速越高、相对密实度越大、标准贯入锤击数越小，土就越不易液化。

（2）液化土层的处理。地基中的可液化土层，应查明分布范围，分析其危害程度，根据工程实际情况，选择合理工程措施。具体工程措施很多，从本质上讲可以归纳为以下几方面：改变地基土的性质，使其不具备发生液化的条件；加密可液化土的密实度，改变其应力状态；改善排水条件，限制地震中土体孔隙水压力的产生和发展，避免液化或减轻液化程度；围封可液化地基，消除或减轻液化破坏的危害性。

地基中的可液化土层，可根据工程的类型和具体情况，选择采用以下抗震措施：

1）挖除可液化土层并用非液化土置换。

2）振冲加密、重夯击实等人工加密的方法。

3）填土压重。

4）桩体穿过可液化土层进入非液化土层的桩基。

5）混凝土连续墙或其他方法围封可液化地基。

上述所列的方法是较常用的方法。若液化土层埋深浅，工程量小，可采用挖除换土的

方法，该方法造价低、施工快、质量高，处理后砂层的相对密度可达到0.8以上。重夯击实法也多有采用，加密深度可达10m以上。填土压重常用于土石坝上、下游地基。围封液化土层和桩基主要用于水闸、排灌站等水工建筑物。

【例3.4】 地基液化的判别

某工程埋置深度$d=4.8$m，岩土工程勘察钻孔深度为15m，了解地层为第四纪全新世冲积层及新近沉积层，自上至下为5层：第①层为粉细砂，稍湿-饱和，松散，层厚$h_1=3.5$m；第②层为细砂，饱和，松散，层厚$h_2=3.70$m；第③层为中粗砂，稍密-中密，层厚$h_3=3.10$m；第④层为粉质黏土，可塑-硬塑状态，层厚$h_4=3.2$m；第⑤层为粉土，硬塑状态。地下水位埋深2.80m，水平地震动峰值加速度为$0.2g$。在现场进行标准贯入试验，锤击数N见例表3.2.1。根据此勘察结果，要求判别此地基砂土是否会液化。

例表3.2.1　　现场标准贯入试验数据

编号	1	2	3	4	5	6	7
试验深度/m	2.15～2.45	3.15～3.45	4.15～4.45	5.65～5.95	6.65～6.95	7.65～7.95	8.65～8.95
实测锤击数N	6	2	2	4	8	13	18

解：（1）初步判别：

1）从地质年代判别：当地层为第四纪全新世冲积层及新近沉积层，在第四纪晚更新世之后，因此不能判别为不液化土。

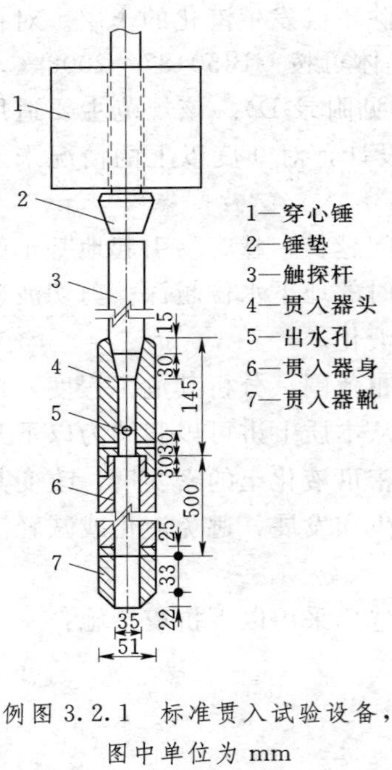

例图3.2.1　标准贯入试验设备，图中单位为mm

2）场地地表土层为粉细砂，地下水位埋深为2.80m，上覆非液化土层即为2.80m。根据液化土特征深度，无法判别为不液化土，所以需要进一步复判。

（2）标准贯入试验判别法：

标准贯入试验（Standard Penetration Test，简称为SPT）设备，由穿心锤（标准重量63.5kg）、触探杆、贯入器组成（例图3.2.1）。试验时，先用钻具钻至试验土层标高以上15cm处，再将贯入器打到试验土层标高位置。然后用穿心锤，在锤的落距为76cm条件下，连续击打深入土层30cm，记录所得的锤击数为$N_{63.5}$，称为标准贯入锤击数。用$N_{63.5}$与规范规定的临界值N_{cr}比较来确定土层是否会液化。

1）试验1点：深度2.15～2.45m，位于地下水位$d_w=2.80$m以上，因此不会液化。

2）试验2点：深度3.15～3.45m，位于地下水位以下，需要判别。按附录式（D.7）计算标准贯入锤击数临界值N_{cr}。据地震动峰值加速度0.20g，按近震考虑，查附录表D.1，得$N_0=10$。根据附录式（D.7），有

$$N_{cr}=N_0[0.9+0.1(d_s-d_w)]\sqrt{\frac{3\%}{\rho_0}}=10\times\left[0.9+0.1\times\left(\frac{3.15+3.45}{2}-2.80\right)\right]=9.5,$$

而试验 2 点的标准贯入锤击数实测值 $N=2$，小于 $N_{cr2}=9.5$，可判为液化土。

3）同理，可得其余各试验点的数据。

试验 3 点：$N_{cr3}=10.5>N=2$，为液化土。

试验 4 点：$N_{cr4}=12.0>N=4$，为液化土。

试验 5 点：$N_{cr5}=13.0>N=8$，为液化土。

试验 6 点：$N_{cr6}=14.0>N=13$，为液化土。

试验 7 点：$N_{cr7}=15.0<N=18$，为不液化土。

3.2.3 地基中软弱土层评价及处理措施

（1）软土层的评价。水工建筑物地基震害实例表明，淤泥、淤泥质土和软黏土等在地震时容易发生滑动和变形。重要工程地基中的软弱黏土层，应进行专门的抗震试验研究和分析。一般情况下，地基中的土层只要满足以下任一指标，即可判定为软弱黏土层。

1）液性指数 $I_L\geqslant 0.75$。液性指数与土的类别及含水量有关，同一种土，含水量越大则液性指数越大，土质越软。

2）无侧限抗压强度 $q_u\leqslant 50\text{kPa}$。土的无侧限抗压强度简称无侧限强度（$q_u$），是指土在无侧限条件下，抵抗轴向压力的极限强度，其值等于土破坏时的垂直极限压力，一般用无侧限压力仪来测定。

3）标准贯入锤击数 $N\leqslant 4$。

4）灵敏度 $S_t\geqslant 4$。土的灵敏度是指原状土的强度与同一土经重塑（含水量不变，土的结构被彻底破坏）后的强度之比。

满足以上条件之一的土，可认为属于软弱黏土层。

（2）软土层的处理措施。地基中的软弱黏土层，可根据建筑物的类型和具体情况，选择采用以下抗震措施：

1）挖除或置换地基中的软弱黏土。

2）预压加固。

3）压重和砂井排水。

4）桩基或复合地基。

若软弱黏土层的深度浅、工程量小，可采用挖除或置换的方法。对土坝地基中的软弱黏土层可采用砂井排水，放缓坝坡，加上、下游压重。对闸基中的软弱黏土，可采用预压、固结、桩基或复合地基。在软弱黏土地基上不宜修建混凝土坝、砌石坝和堆石坝。

3.3 场地地震反应分析

为了预测某一工程场地的近地表运动以导出设计反应谱，计算该场地土的动应力和动应变以评估液化的危害性，以及确定地震时引起土或挡土结构失稳的动土压力，需要针对场地进行地震反应分析。场地地震反应分析（Ground response analysis）是岩土地震工程中最为重要和最常遇到的问题之一。

理想情况下，一个完全的场地反应分析应能模拟震源的破裂机制、应力波从震源至工程场地基岩地表的传播途径（常达数十千米）、确定覆盖于基岩之上的土层（通常不足百米）影响近地表运动的情况。但是，断层破裂的机理非常复杂，从震源到场地的能量转换与传播具有很多不确定的因素，采用理想方法在大多数工程应用中并不现实。实际上，常采用基于地震记录特性的经验性方法来预测地震动随距离的衰减关系，再辅以地震危险性分析（Seismic hazard analysis，见 4.2 节）就可估计特定场地的基岩运动特性。于是，场地反应分析问题就成了在场地基岩运动近似已知的情况下，如何确定覆盖于基岩之上的土层响应问题。覆盖土层在确定场地近地表运动特性时起着决定性的作用。

局部土质条件对震害的影响，多年来早已被认识。自 1920 年，地震学家，特别是近年来岩土地震工程师，发展了局部土质条件对强场地运动影响的一些定量预测方法，可分为解析法和数值法两大类。

解析法适用于均匀、线弹性体的总应力（不计孔隙水压力）地震波传播问题，而且只能在少数几种形状规则的场地地形条件下求解，例如剪切层（或剪切梁）法。解析法在研究不同地震波入射条件下场地地震放大效应的变化规律方面比数值法更为方便，而且还可用来校验部分数值法的精度和收敛性，有重要的实用价值。

数值法可适用于不同复杂地形和地质条件的分析，可考虑强震下土体材料非线性因素及孔隙水压力的影响，工程中广为应用的方法有有限元法、有限差分法、边界元法等。采用这些方法进行场地地震反应分析时，都要具备 3 个基本条件：确定基底输入地震动；确定场地土各土层的动力特性（土的动态应力-应变关系）；采用合适的计算方法和程序。

（1）基岩输入地震动的确定。可采用以下 5 种方法：

1）直接采用裸露基岩上的已有强震记录，按具体情况适当调整作为输入地震动。

2）将在地表获得的强震记录反演到基岩上，作为同次地震中没有获得记录的地点的地震输入波。

3）以深井岩层上强震记录的统计结果作为输入地震波。

4）采用满足平滑设计反应谱的人工地震波。

5）根据地震危险性分析给出的具有一定超越概率的基岩反应谱，来拟合人工地震波。

上述 5 种地震波输入方法在工程中均有采用。一般认为方法 3）和 5）较好，前者较后者更成熟，但不具有发生概率的概念。

在震中区附近，地面运动的垂直方向振动剧烈，且频率高，水平方向振动较弱；距震中较远处，垂直方向的振动衰减快，其加速度峰值约为水平方向加速度峰值的 1/2～2/3。因此，对地震区的大部分建筑而言，水平方向的振动是引起结构强烈反应和破坏的主要因素，所以输入基底地震动一般假定为垂直向上的剪切波。

（2）土的动应力-应变关系。常用的模型有：等效黏弹性模型和非线性模型（黏弹塑性模型）。弹性模型、黏弹性模型、弹塑性模型也常有应用。

（3）场地地震反应计算方法。根据场地具体情况，可选用一维、二维及三维场地地震反应分析方法。若基岩以上的覆盖层是水平分层的，各层土是均匀的，且沿水平方向无限延伸，此时可采用一维场地地震反应分析方法。若需考虑复杂局部地表、地形，例如盆地、山坡、地下基岩面倾斜等不同埋藏地形等的影响，需要采用二维和三维分析方法。

土体的地震反应特性依赖于地震动的幅值及持续时间。强烈地震动，可使土体产生非线性；若持续时间较长，也增加了饱和土或部分饱和土的液化可能性。当土体反应在线弹性阶段时，其反应幅值与输入地震动幅值成正比。另一方面，当土体反应处于非弹性阶段时，土体可吸收大幅度地震动所携带的大部分能量。因此，在非弹性介质中传播的大震震动通常具有较低的加速度（与小震相比）和相应于长周期的大位移。这就要求结构系统增加适应这种大位移的能力，特别是对于具有中、长周期的结构，如高层建筑及大跨度桥梁等。

3.3.1 一维场地反应分析

如图 3.3.1 所示，首先定义一些常用来描述场地运动（Ground motion）的术语：

自由地表运动（Free surface motion）：覆盖土层自由表面的运动；

基岩运动（Bedrock motion）：覆盖土层底部（基岩顶部）的运动；

基岩露头运动（Bedrock outcropping motion）：当基岩出露于地表，其上点的运动；

岩石露头运动（Rock outcropping motion）：当上无覆盖层，基岩顶部的运动。

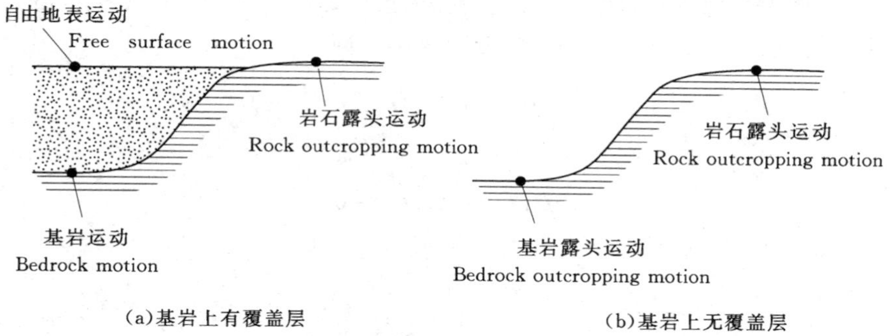

图 3.3.1 描述场地运动的一些术语

下面开始介绍最简单的一维场地反应分析基本理论。

一维场地反应分析基于如下假定：场地土层及基岩面在水平方向无限延伸，且土层的地震反应主要由从基岩竖直入射来的 SH 波控制。基于这种假设进行的场地分析结果与许多情况下的实测值具有较好地吻合。

3.3.1.1 线性方法

为便于分析，这里引入传递函数（Transfer function）的概念。我们将场地土层看作一个系统，地震波从基岩入射的加速度视为系统的输入，基岩上覆盖土层的多种反应如位移、速度、加速度、剪应力、剪应变可视为系统的输出。传递函数就是将各种输出量表示成输入量的函数。

基岩的运动时间历程（输入量），通常可采用快速傅里叶变换（Fast Fouriem Transform，简写为 FFT）表示为傅里叶级数的形式。将基岩运动输入量的傅里叶级数的每一项乘以传递函数，就可得到覆盖土层运动反应（输出量）的傅里叶级数，然后采用逆傅里叶变换就可将以频率为自变量的反应表示成以时间为变量的形式。可见，传递函数决定了基岩运动的哪种频率分量会被场地覆盖土层所放大，而哪种频率分量又会被缩小。关于傅里叶级数和傅里叶变换的介绍，可参见附录 E。

线性方法的关键是得到传递函数。下面介绍刚性基岩上覆均质无阻尼土、刚性基岩上覆均质有阻尼土、弹性基岩上覆均质有阻尼土、弹性基岩上覆多层有阻尼土等 4 种情况下的传递函数求法，以揭示覆盖土层对基岩地震动影响的一些重要特性。

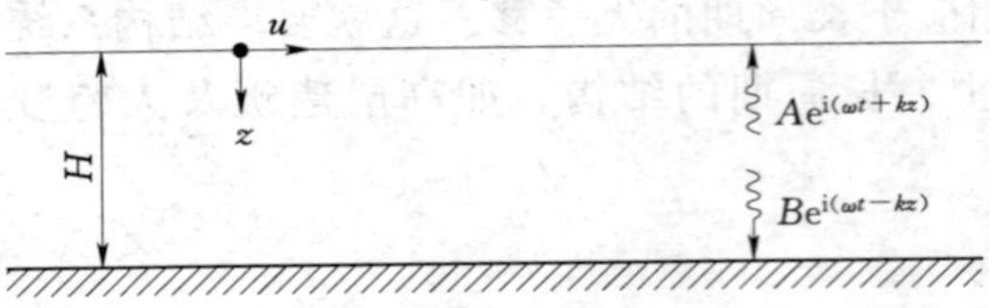

图 3.3.2　覆盖在刚性基岩上的线弹性土层

（1）刚性基岩上覆均质无阻尼土。首先，考虑一覆盖在刚性基岩上的均质各向同性、线弹性土层，如图 3.3.2 所示。这里，假设从基岩入射的波动为竖直向上传播的 SH 波，在上覆土层内引起的水平位移具有简谐形式，即

$$u(z,t)=Ae^{i(\omega t+kz)}+Be^{i(\omega t-kz)} \tag{3.3.1}$$

式（3.3.1）与式（1.6.15）不同的是，复波数 k^* 被实波数 k（$k=\omega/c_S$）代替，因为这里将土体处理成线弹性材料而不是黏弹性材料。式中的 ω 表示地震动的圆频率，A 和 B 分别表示沿 $-z$（向上）和 $+z$（向下）方向传播的波引起的岩土颗粒的位移幅值。

在自由面处（$z=0$），剪应力、剪应变应为零，即

$$\tau(0,t)=G\gamma(0,t)=G\frac{\partial u(0,t)}{\partial z}=0 \tag{3.3.2}$$

将式（3.3.1）代入式（3.3.2），并微分，得

$$Gik(A-B)e^{i\omega t}=0 \tag{3.3.3}$$

要满足式（3.3.3），需 $A=B$。于是位移表达式（3.3.1）可表示为

$$u(z,t)=2A\frac{e^{ikz}+e^{-ikz}}{2}e^{i\omega t}=2Ae^{i\omega t}\cos kz \tag{3.3.4}$$

式（3.3.4）表示幅值为 $2A\cos kz$ 的驻波（Standing wave），它是由向上和向下传播的行波发生相长干涉（Constructive interference）所产生的，沿深度具有固定的波形。

式（3.3.4）可用来定义传递函数，以描述在土层中任意两点的位移幅值之比。选择土层的顶点和底点，传递函数定义为

$$F_1(\omega)=\frac{u_{\max}(0,t)}{u_{\max}(H,t)}=\frac{2Ae^{i\omega t}}{2Ae^{i\omega t}\cos kH}=\frac{1}{\cos kH}=\frac{1}{\cos(\omega H/c_S)} \tag{3.3.5}$$

传递函数的模即绝对值，定义为放大因子：

$$|F_1(\omega)|=\sqrt{\{\mathrm{Re}[F_1(\omega)]\}^2+\{\mathrm{Im}[F_1(\omega)]\}^2}=\frac{1}{|\cos(\omega H/c_S)|} \tag{3.3.6}$$

$|F_1(\omega)|$ 表示自由地表的反应位移与基岩输入位移幅值之比。因为式（3.3.6）的分母小于或等于 1，所以 $|F_1(\omega)|\geqslant 1$，即自由地表的位移比基岩位移大。当 $\omega H/c_S$ 趋于 $\pi/2+n\pi$，$n=0, 1, 2, \cdots$，即分母趋于零，则放大因子 $|F_1(\omega)|$ 趋于无穷大，意味着共振的产生（图 3.3.3）。这一非常简单的模型说明了土层的响应高度依赖于基岩运动的频率。产生强烈放大的频率值，取决于土层的几何（以厚度 H 表征）及材料特性（以剪切波速 c_S 表征）。

（2）刚性基岩上覆盖均质有阻尼土。显然，前述土体位移的无限放大实际上是不可能发生的，因为没有考虑其固有的能量耗散即阻尼性质。假定土体为黏弹性材料，采用 1.6.1 节的开尔文-伏格特模型，在 SH 剪切波作用下的土体水平位移满足波动方程：

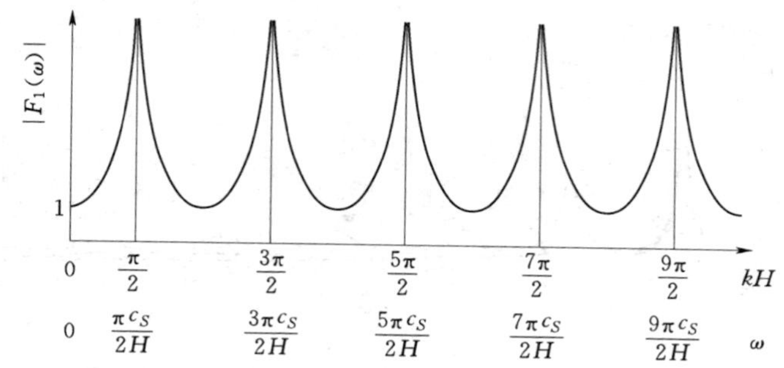

图 3.3.3　频率对无阻尼线弹性土层稳态反应的影响

$$\rho\frac{\partial^2 u}{\partial t^2}=G\frac{\partial^2 u}{\partial z^2}+\eta\frac{\partial^3 u}{\partial z^2\partial t} \tag{3.3.7}$$

如同式（1.6.15），位移具有如下形式：

$$u(z,t)=A\mathrm{e}^{\mathrm{i}(\omega t-k^*z)}+B\mathrm{e}^{\mathrm{i}(\omega t+k^*z)} \tag{3.3.8}$$

式中复波数 k^* 具有实部 k_1 和虚部 k_2。

按与前节类似的推导，可得传递函数为

$$F_2(\omega)=\frac{1}{\cos(k^*H)}=\frac{1}{\cos(\omega H/c_S^*)} \tag{3.3.9}$$

与频率有关的复剪切模量（见 1.6.1 节）为 $G^*=G+\mathrm{i}\omega\eta$，$\eta=2G\zeta/\omega$，则复剪切波速 c_S^* 可表示为

$$c_S^*=\sqrt{\frac{G^*}{\rho}}=\sqrt{\frac{G(1+\mathrm{i}2\zeta)}{\rho}}\approx\sqrt{\frac{G}{\rho}}(1+\mathrm{i}\zeta)=c_S(1+\mathrm{i}\zeta) \tag{3.3.10}$$

对于小阻尼比 ζ，复波数可以写成

$$k^*=\frac{\omega}{c_S^*}=\frac{\omega}{c_S(1+\mathrm{i}\zeta)}\approx\frac{\omega}{c_S}(1-\mathrm{i}\zeta)=k(1-\mathrm{i}\zeta) \tag{3.3.11}$$

于是，式（3.3.9）可重写成

$$F_2(\omega)=\frac{1}{\cos[k(1-\mathrm{i}\zeta)H]}=\frac{1}{\cos[\omega H/c_S(1+\mathrm{i}\zeta)]} \tag{3.3.12}$$

利用等式 $|\cos(x+\mathrm{i}y)|=\sqrt{\cos^2 x+\sinh^2 y}$，放大因子可表示成

$$|F_2(\omega)|=\frac{1}{\sqrt{\cos^2 kH+\sinh^2\zeta kH}} \tag{3.3.13}$$

对于小的 y，有 $\sinh^2 y\approx y^2$，放大因子可近似为

$$|F_2(\omega)|\approx\frac{1}{\sqrt{\cos^2 kH+(\zeta kH)^2}}=\frac{1}{\sqrt{\cos^2(\omega H/c_S)+[\zeta(\omega H/c_S)]^2}} \tag{3.3.14}$$

式（3.3.14）表明有小阻尼覆盖土层对位移的放大也随着地震动频率 ω 而变。当 $\omega H/c_S$ 趋于 $\pi/2+n\pi$ 时，$|F_2(\omega)|$ 达到局部最大，但不会达到无限大（因为阻尼比 ζ 始终大于零，分母总是大于零）。使 $|F_2(\omega)|$ 达到局部最大的一组频率称为土层的固有频率。对不同的阻尼值，放大因子 $|F_2(\omega)|$ 随频率 ω 的变化如图 3.3.4 所示。比较图 3.3.3 和图 3.3.4，可以看出阻尼对高频处反应的影响要大于在低频处的影响。

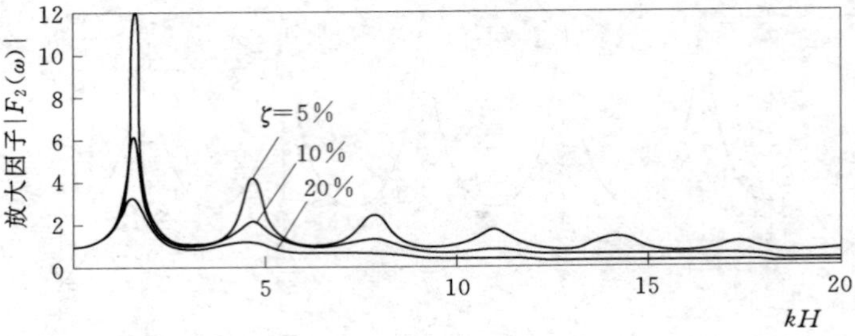

图 3.3.4　频率对不同阻尼比线弹性土层稳态反应的影响

土层的第 n 阶固有频率由式（3.3.15）给出：

$$\frac{\omega_n H}{c_S} \approx \frac{\pi}{2} + n\pi \Rightarrow \omega_n \approx \frac{c_S}{H}\left(\frac{\pi}{2} + n\pi\right) \tag{3.3.15}$$

由于放大因子 $|F_2(\omega)|$ 随土体固有频率的增加而降低，所以其最大值在最低阶频率（也被称作卓越频率或基本频率 ω_0）处产生：

$$\omega_0 \approx \frac{\pi c_S}{2H} \tag{3.3.16}$$

相应于基本频率 ω_0 的振动周期，被称为场地的卓越周期或基本周期 T_s，为

$$T_s = \frac{2\pi}{\omega_0} = \frac{4H}{c_S} \tag{3.3.17}$$

式（3.3.17）正是式（3.1.4）。场地的卓越周期 T_s 仅依赖于覆盖土层的厚度 H 及剪切波速 c_S。土层最显著的放大效应在卓越周期处产生。

在每一个固有周期上，土层内将产生驻波。前三阶振动形态即振型（Vibration mode）如图 3.3.5 所示。注意，基本模态即第 1 阶模态下土层的位移沿深度都同相位，但对高阶振型却不是这样。在高于基本频率的那些频率值处，土层是部分沿一个方向运动，另一部分运动方向却相反。关于振型的概念，详见 5.4 节。

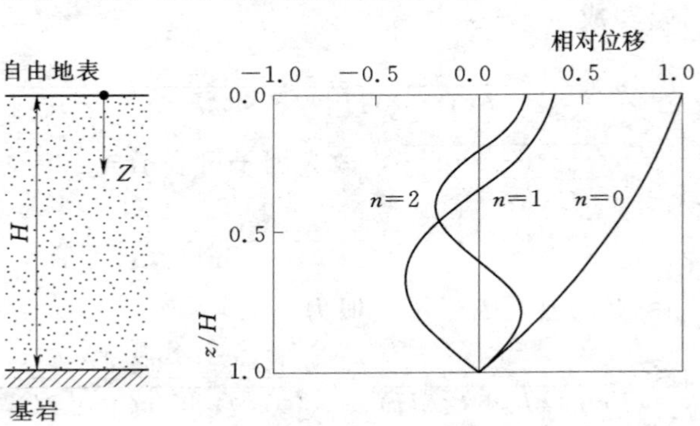

图 3.3.5　在基本频率（$n=0$）、第 2 阶（$n=1$）和第 3 阶（$n=2$）固有频率处土层的振型位移，土层的阻尼比 $\zeta=0.05$

（3）弹性基岩上覆盖均质有阻尼土。前两节给出了刚性基岩上覆盖土层对位移的放大

因子。基岩是刚性的，意味着其运动不受上面覆盖土层的存在或其运动的影响。对上覆土层来说，刚性基岩就相当于一个固定边界，土层中任何向下传播的波动都将被此刚性固定边界完全反射回来，因此所有的弹性波动能量都被“困束”在此覆盖土层中。

如果基岩是弹性的，向下传播的应力波到达土-基岩界面时将被部分反射回来并向上传播；另一部分能量将穿过此界面继续向下在岩石内传播。若下部岩石足够深，这部分能量将不再被反射回来而相当于逃逸出该土层。这是辐射阻尼的一种形式，它所引起的自由地表运动幅值将小于刚性基岩情况。

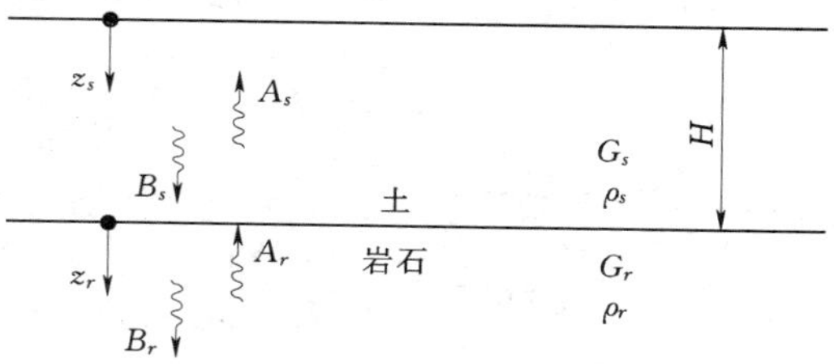

图 3.3.6 覆盖在弹性岩石半空间上的土层

考虑弹性基岩半空间上覆一土层的情况（图 3.3.6）。

用下标 s 和 r 分别表示土和岩石，沿竖向传播的 SH 波在土和岩石中所引起的颗粒质点水平剪切位移可写为

$$u_s(z_s,t) = A_s e^{i(\omega t+k_s^* z_s)} + B_s e^{i(\omega t-k_s^* z_s)} \tag{3.3.18a}$$

$$u_r(z_r,t) = A_r e^{i(\omega t+k_r^* z_r)} + B_r e^{i(\omega t-k_r^* z_r)} \tag{3.3.18b}$$

如前，在自由地表处剪应力及剪应变为零的条件要求 $A_s=B_s$；另外，在土-岩石交界面上，位移和应力需要满足连续条件：

$$u_s(z_s=H)=u_r(z_r=0) \tag{3.3.19}$$

$$\tau_s(z_s=H)=\tau_r(z_r=0) \tag{3.3.20}$$

将式（3.3.18）代入式（3.3.19），可得

$$A_s e^{ik_s^* H} + B_s e^{-ik_s^* H} = A_r + B_r \tag{3.3.21}$$

根据剪应力的定义 $\tau=G\dfrac{\partial u}{\partial z}$，式（3.3.20）变为

$$A_s iG_s k_s^* (e^{ik_s^* H} - e^{-ik_s^* H}) = iG_r k_r^* (A_r - B_r) \tag{3.3.22}$$

或

$$\frac{G_s k_s^*}{G_r k_r^*} A_s (e^{ik_s^* H} - e^{-ik_s^* H}) = A_r - B_r \tag{3.3.23}$$

比值

$$\frac{G_s k_s^*}{G_r k_r^*} = \frac{\rho_s c_{Ss}^*}{\rho_r c_{Sr}^*} = \alpha_z^* \tag{3.3.24}$$

其中 c_{Ss}^*，c_{Sr}^* 分别为土和基岩的复剪切波速，α_z^* 为复阻抗。求解式（3.3.21）和式（3.3.23），可得

$$A_r = \frac{1}{2} A_s [(1+\alpha_z^*) e^{ik_s^* H} + (1-\alpha_z^*) e^{-ik_s^* H}] \tag{3.3.25}$$

$$B_r = \frac{1}{2} A_s [(1-\alpha_z^*) e^{ik_s^* H} + (1+\alpha_z^*) e^{-ik_s^* H}] \tag{3.3.26}$$

假定通过岩石竖直向上传播的剪切波，其波幅为 A。如果土层不存在，在基岩露头处，因剪应力和剪应变为零的条件要求其运动振幅为 $2A$。由于土层的存在，根据式

(3.3.25) 和图 3.3.6，自由地表的位移振幅就变为

$$2A_s=\frac{4A}{(1+\alpha_z^*)e^{ik_s^*H}+(1-\alpha_z^*)e^{-ik_s^*H}} \tag{3.3.27}$$

定义传递函数 F_3，即土层顶面与基岩露头处的位移振幅之比：

$$F_3(\omega)=\frac{2A_s}{2A}=\frac{2}{(1+\alpha_z^*)e^{ik_s^*H}+(1-\alpha_z^*)e^{-ik_s^*H}} \tag{3.3.28}$$

进一步利用欧拉公式，式 (3.3.28) 可重写成

$$F_3(\omega)=\frac{1}{\cos k_s^*H+i\alpha_z^*\sin k_s^*H}=\frac{1}{\cos(\omega H/c_{Ss}^*)+i\alpha_z^*\sin(\omega H/c_{Ss}^*)} \tag{3.3.29a}$$

当土的阻尼存在时，$F_3(\omega)$ 的模就不能写成紧凑的形式。为了强调说明基岩刚度的影响，可令土的阻尼比 $\zeta=0$，放大因子 $|F_3(\omega)|$ 可表示为

$$|F_3(\omega,\zeta=0)|=\frac{1}{\sqrt{\cos^2k_sH+\alpha_z^2\sin^2k_sH}} \tag{3.3.29b}$$

由此可知，共振现象不可能发生，因为式 (3.3.29b) 中的分母永远大于零，即使土的阻尼为零。基岩的刚度对放大因子 $|F_3(\omega,\zeta=0)|$ 的影响体现在阻抗比上，如图 3.3.7 所示。进一步将该图与图 3.3.4 比较，可知土体的阻尼与基岩的刚度对位移放大因子的影响具有相似性——都阻止了分母取零。这种辐射阻尼效应在实际中很重要。基岩比上覆土层越硬，则阻抗比 $\alpha_z=\frac{\rho_s c_{Ss}}{\rho_r c_{Sr}}$ 越小，放大因子 $|F_3(\omega,\zeta=0)|$ 越大，即土体对位移的放大影响就越强。

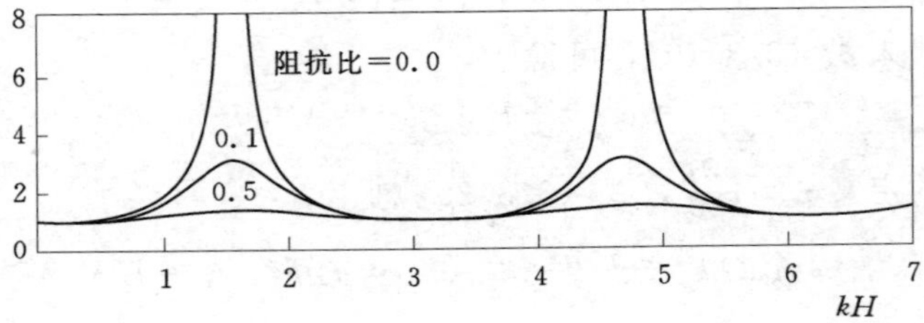

图 3.3.7 阻抗比对放大因子的影响，不计土的阻尼情况

(4) 弹性基岩上覆盖多层有阻尼土。实际问题中，场地土层通常是多层的，并有不同的刚度、阻尼及反射和透射波动能量的多个边界。下面来推导多层土的传递函数。

如图 3.3.8 所示，考虑某场地土由 N 层水平土层构成，第 N 层是基岩，其深度为无限∞。假定每层土均为开尔文-伏格特型的黏弹性体，满足波动方程的位移解具有如下形式：

$$u(z,t)=Ae^{i(\omega t+k^*z)}+Be^{i(\omega t-k^*z)} \tag{3.3.30}$$

式中 A 和 B 分别表示 $-z$ (向上) 和 $+z$ (向下) 传播的波所引起的位移振幅。因剪应力等于复剪切模量 G^* 和剪应变的乘积，并根据式 (1.6.9)，有

$$\tau(z,t)=G^*\frac{\partial u}{\partial z}=(G+i\omega\eta)\frac{\partial u}{\partial z}=G(1+2i\zeta)\frac{\partial u}{\partial z} \tag{3.3.31}$$

对每层土，引入一局部坐标系 Z。第 m 层土的顶部和底部位移为

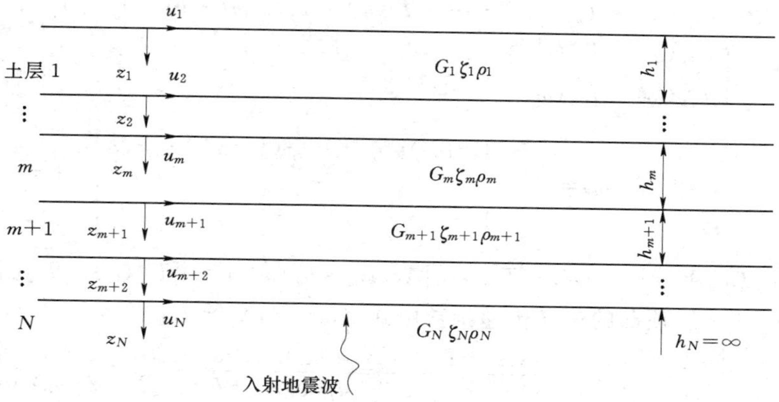

图 3.3.8 弹性基岩上覆盖有多层土

$$u_m(z_m=0,t)=(A_m+B_m)e^{i\omega t} \tag{3.3.32a}$$

$$u_m(z_m=h_m,t)=(A_m e^{ik_m^* h_m}+B_m e^{-ik_m^* h_m})e^{i\omega t} \tag{3.3.32b}$$

对于第 $m-1$ 和第 m 层土的交界面，由位移连续条件，有

$$u_m(z_m=h_m,t)=u_{m+1}(z_{m+1}=0,t) \tag{3.3.33}$$

将式（3.3.32）代入式（3.3.33），有

$$A_{m+1}+B_{m+1}=A_m e^{ik_m^* h_m}+B_m e^{-ik_m^* h_m} \tag{3.3.34}$$

第 m 层顶部和底部的剪应力为

$$\tau_m(z_m=0,t)=ik_m^* G_m^*(A_m-B_m)e^{i\omega t} \tag{3.3.35a}$$

$$\tau_m(z_m=h_m,t)=ik_m^* G_m^*(A_m e^{ik_m^* h_m}-B_m e^{-ik_m^* h_m})e^{i\omega t} \tag{3.3.35b}$$

在各层交界面处，应力也必须是连续的，所以有

$$\tau_m(z_m=h_m,t)=\tau_{m+1}(z_{m+1}=0,t) \tag{3.3.36}$$

将式（3.3.35）代入式（3.3.36），有

$$A_{m+1}-B_{m+1}=\frac{k_m^* G_m^*}{k_{m+1}^* G_{m+1}^*}(A_m e^{ik_m^* h_m}-B_m e^{-ik_m^* h_m}) \tag{3.3.37}$$

将式（3.3.34）和式（3.3.37）分别进行相加和相减，得到如下递归算式：

$$A_{m+1}=\frac{1}{2}A_m(1+\alpha_m^*)e^{ik_m^* h_m}+\frac{1}{2}B_m(1-\alpha_m^*)e^{-ik_m^* h_m} \tag{3.3.38a}$$

$$B_{m+1}=\frac{1}{2}A_m(1-\alpha_m^*)e^{ik_m^* h_m}+\frac{1}{2}B_m(1+\alpha_m^*)e^{-ik_m^* h_m} \tag{3.3.38b}$$

其中 α_m^* 是第 m 层与第 $m+1$ 层在交界处的复阻抗：

$$\alpha_m^*=\frac{k_m^* G_m^*}{k_{m+1}^* G_{m+1}^*}=\frac{\rho_m(c_S^*)_m}{\rho_{m+1}(c_S^*)_{m+1}} \tag{3.3.39}$$

在土层自由地表，剪应力必须等于零，故由式（3.3.35a）可得 $A_1=B_1$。将递归表达式（3.3.38）遍历第 1 到 m 层，则联系第 m 层和第 1 层的位移振幅关系式可表示为

$$\begin{Bmatrix} A_m \\ B_m \end{Bmatrix}=T(\omega)\begin{Bmatrix} A_1 \\ B_1 \end{Bmatrix} \tag{3.3.40}$$

其中

$$T(\omega)=T_{m-1}(\omega)\cdot T_{m-2}(\omega)\cdot\cdots\cdot T_j(\omega)\cdot T_{j-1}(\omega)\cdot\cdots\cdot T_2(\omega)\cdot T_1(\omega)$$
$$=\begin{bmatrix} T_{11}(\omega) & T_{12}(\omega)\\ T_{21}(\omega) & T_{22}(\omega)\end{bmatrix}$$

$$\text{而 } T_j(\omega)=\begin{bmatrix} \frac{1}{2}(1+\alpha_j^*)\mathrm{e}^{\mathrm{i}k_j^* h_j} & \frac{1}{2}(1-\alpha_j^*)\mathrm{e}^{-\mathrm{i}k_j^* h_j}\\ \frac{1}{2}(1-\alpha_j^*)\mathrm{e}^{\mathrm{i}k_j^* h_j} & \frac{1}{2}(1+\alpha_j^*)\mathrm{e}^{\mathrm{i}k_j^* h_j}\end{bmatrix}$$

$$A_m=a_m(\omega)A_1=[T_{11}(\omega)+T_{12}(\omega)]A_1,B_m=b_m(\omega)B_1=[T_{21}(\omega)+T_{22}(\omega)]B_1$$

联系第 i，j 土层顶部的位移传递函数由式（3.3.41）给出：

$$F_{ij}(\omega)=\frac{|u_i(z_i=0,t)|}{|u_j(z_j=0,t)|}=\frac{(A_i+B_i)\mathrm{e}^{\mathrm{i}\omega t}}{(A_j+B_j)\mathrm{e}^{\mathrm{i}\omega t}}=\frac{a_i(\omega)A_1+b_i(\omega)B_1}{a_j(\omega)A_1+b_j(\omega)B_1}=\frac{a_i(\omega)+b_i(\omega)}{a_j(\omega)+b_j(\omega)} \tag{3.3.41}$$

式（3.3.41）表明，任一土层的运动（位移、速度或加速度）都可从其他任一层的运动导出。因此，在场地土层中任一点的运动若已知，在其他点的运动就可以计算出来。

特别地，联系第 1 层和第 j 层的位移传递函数为

$$F_{1j}(\omega)=\frac{|u_1(z_1=0,t)|}{|u_j(z_j=0,t)|}=\frac{A_1+B_1}{a_j(\omega)A_1+b_j(\omega)B_1}=\frac{2}{a_j(\omega)+b_j(\omega)} \tag{3.3.42}$$

式（3.3.42）的推导中用到 $a_1(\omega)=1.0$，$b_1(\omega)=1.0$。

在基岩露头处，入射波与反射波传播方向虽相反，但振幅是相等的，所以

$$A_{N'}=a_{N'}(\omega)A_1=B_{N'}=b_{N'}(\omega)B_1 \tag{3.3.43}$$

式（3.3.43）中的下标 N' 表示相应于基岩露头的位移系数。考虑到在基岩层（第 N 层），无论上面是否有覆盖层，入射波与反射波的振幅相等这一事实，进一步结合上式，有

$$a_{N'}(\omega)=b_{N'}(\omega)=a_N(\omega) \tag{3.3.44}$$

因此，第一层土表面与基岩表面的位移传递函数可以表示为

$$F_{1N}(\omega)=\frac{|u_1(z_1=0,t)|}{|u_N(z_N=0,t)|}=\frac{A_1+B_1}{A_{N'}+B_{N'}}=\frac{A_1+B_1}{a_{N'}(\omega)A_1+b_{N'}(\omega)B_1}=\frac{1}{a_N(\omega)} \tag{3.3.45}$$

由式（3.3.45）可知，可用基岩的运动来确定覆盖土层表面的运动。

对于简谐运动，存在关系 $|\ddot{u}|=\omega|\dot{u}|=\omega^2|u|$，式（3.3.41）或式（3.3.45）也可用来作为加速度或速度的传递函数。

3.3.1.2　等效线性化方法

众所周知，土具有材料非线性。因此，要对线性方法进行修正以合理估计实际的场地响应问题。

土体在静力荷载作用下具有相当复杂的力学行为，更不用说在地震这种循环往复动力作用的情况了。如何采用简化、合理而又有足够精度的力学模型来描述土体的地震反应，是一个比较复杂的问题。

典型土在受到对称循环荷载作用产生大应变时，具有如图 3.3.9 所示的非线性滞回行为。滞回圈是由初始加载曲线 OB、卸载曲线（BC、DE）、再加载曲线（CD、EF）所围成，其形状可由两个重要几何特征即斜度（或倾角）和宽度来描述。

斜度依赖于土的刚度，可采用在加载过程曲线中任一点的切线剪切模量 G_{tan} 来表示。显然，G_{tan} 在一个加载循环中是变化的量，在低应变接近于零值处最大（为 G_{max}），并随着剪应变幅值 γ_c 的增加而降低，它在一个完整滞回圈中的平均值可用割线剪切模量 G_{sec} 来近似，且

$$G_{sec}=\frac{\tau_c}{\gamma_c} \tag{3.3.46}$$

式中的 τ_c 和 γ_c 分别是一个加载过程中剪应力幅值和剪应变幅值，如图 3.3.9 所示。这样，可采用 G_{sec} 描述滞回圈的斜度。

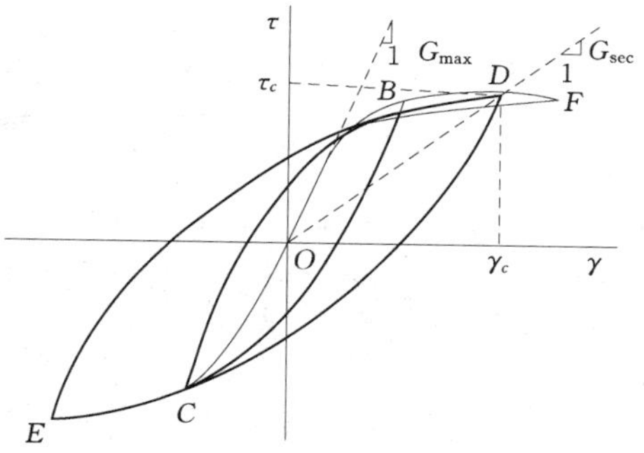

图 3.3.9 切线剪切模量 G_{tan} 和割线剪切模量 G_{sec}

至于滞回圈的宽度，则与滞回形状所围的面积有关。面积是循环过程中耗散能量的一种度量，可以方便地由阻尼比来描述（见 1.6.1 节）：

$$\zeta=\frac{1}{4\pi}\frac{\Delta W}{W}=\frac{A_{loop}}{2\pi G_{sec}\gamma_c{}^2} \tag{3.3.47}$$

式中：ΔW 和 W 分别为一个循环中耗散的能量和储存的最大应变能；A_{loop} 为滞回圈的面积。

等效线性模型不对滞回圈的形状作严格要求，只需要滞回圈的斜度及滞回圈所围的面积随剪应变幅值的变化与土体的实际性状保持大体相似即可，而不用考虑土体在循环往复动力荷载作用下的能量耗损的复杂本质。参数 G_{sec} 和 ζ 通常被认为是土的等效线性模型所采用的两个最重要的材料参数。

等效线性模型仅是土的实际非线性行为的一个近似，不能直接用来求解土体的永久变形或破坏问题。这是因为等效线性模型在循环荷载结束后应变会归于零，并且因为是线性材料故没有极限强度，失效不会发生。但是，在实际问题中对于一些特定类型的场地地震反应分析，等效线性化计算模型仍很有效并得到广泛应用。对于另外一些分析类型，则要求模拟滞回圈的实际路径，通常需采用循环非线性模型等复杂本构模型。

为了更好地理解等效线性化方法与模型，有必要先介绍哪些主要因素影响土的剪切模量 G_{sec} 和阻尼比 ζ。

（1）剪切模量。室内试验表明，土的刚度受土的循环剪应变幅值、孔隙比、平均有效主应力、塑性（用塑性指数 PI 表示）、超固结比及循环次数的影响。各循环应变幅值对应的滞回圈顶点的轨迹，称为骨架曲线，如图 3.3.10（a）所示，即图 3.3.9 中的曲线 $ECOBDF$。

最简单的确定剪切模量 G_{sec} 和阻尼比 ζ 的办法，是直接利用试验测定 G_{sec} 和 ζ 与动剪应变幅值 γ_c 关系的数据点进行插值查取，无需定义准确的骨架曲线和滞回圈，使用比较方便。有一些模型根据试验结果的规律，直接建立剪切模量 G_{sec} 和阻尼比 ζ 与动剪应变幅值 γ_c 的关系，不直接定义骨架曲线和滞回曲线的形式。

例如，常用的 Hardin－Drnevich 模型和 Ramberg－Osgood 模型都是根据假定的骨架

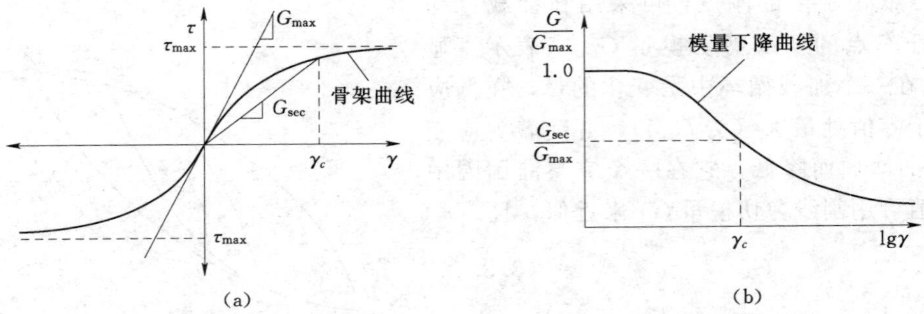

图 3.3.10　骨架曲线显示了割线剪切模量 G_{sec} 随剪应变幅值的典型变化

曲线和滞回圈的形式来确定剪切模量 G_{sec} 和阻尼比 ζ 与动剪应变幅值 γ_c 的关系。

1）Hardin - Drnevich 模型。该模型采用双曲函数来描述骨架曲线：

$$\tau_c=\frac{\gamma_c}{\dfrac{1}{G_{max}}+\dfrac{\gamma_c}{\tau_{max}}} \tag{3.3.48}$$

式中：G_{max} 为骨架曲线在原点处的斜率（对应接近于零的极低应变幅值），表示剪切模量的最大值；τ_{max} 为土的极限抗剪强度，为剪应变幅值趋于无穷大时的最大剪应力。

定义参考剪切应变为 $\gamma_{ref}=\dfrac{\tau_{max}}{G_{max}}$，则割线剪切模量为

$$\frac{G_{sec}}{G_{max}}=\frac{1}{1+\dfrac{\gamma_c}{\gamma_{ref}}} \tag{3.3.49}$$

由式（3.3.49）可见，土的割线剪切模量 G_{sec} 随循环剪应变幅值 γ_c 的增大而减小，而剪切模量的比值 $G_{sec}/G_{max}\leqslant 1$。式（3.3.49）包括了两个力学参数：最大剪切模量 G_{max} 和参考应变 γ_{ref}。只要根据实验确定了 G_{max} 和 γ_{ref}，即可求得相应于任意动剪应变幅 γ_c 的割线剪切模量 G_{sec}。

为便于书写起见，以后 G_{sec} 的下标 sec 将予忽略。土的刚度特征，要求考虑最大剪切模量 G_{max} 以及模量比 G/G_{max} 随循环剪应变幅值和其他参数的变化关系。模量比 G/G_{max} 随剪应变的变化可用模量下降曲线来描述［图 3.3.10（b）］。该曲线给出了与骨架曲线相同的信息，可由其中一个确定另外一个。

2）Ramberg - Osgood 模型。该模型假定当剪应变幅值 γ_c 小于屈服应变 γ_y 时，割线剪切模量不随应变幅值衰减，即 $G=G_{max}$；当剪应变幅值 γ_c 超过屈服应变 γ_y 时，骨架曲线为

$$G_{max}\gamma_c=\tau_c+\frac{\alpha\tau_c^r}{(G_{max}\gamma_y)^{r-1}} \tag{3.3.50}$$

式中：α 为一个正数；r 为大于 1 的奇数，表示超过屈服应变 γ_y 以后的非线性程度。α 和 r 的值随土的种类不同而不同。对于砂土，α 一般取 1.7～2.5，r 取 1.8～2.0。

相应于式（3.3.50）的模量比为

$$\frac{G}{G_{max}}=\frac{1}{1+\alpha\left(\dfrac{\tau_c}{\tau_y}\right)^{r-1}} \tag{3.3.51}$$

式中 $\tau_y = G_{max}\gamma_y$，相当于屈服应力。

最大剪切模量 G_{max}。如本章 3.1.2 节所述，在现场测得场地土层剪切波速 c_S 及土层密度 ρ 后，利用 $G_{max} = \rho c_S^2$ 可求得最大剪切模量 G_{max}。当无法测试土层剪切波速时，可由其他原位或室内试验来估计 G_{max}，例如 SL 237—99《土工试验规程》所推荐的共振柱试验法。表 3.3.1 归纳了影响正常固结土和中等超固结土的最大剪切模量 G_{max} 的一些环境及荷载因素。

表 3.3.1　环境及荷载因素对最大剪切模量 G_{max} 的影响，对于正常固结土和中等超固结土

影响因素	最大剪切模量 G_{max}
有效围压	随有效围压的增加而增加
孔隙比	随孔隙比的增加而降低
胶结程度	随胶结程度的增加而增加
超固结比	随超固结比的增加而增加
塑性指数	若超固结比大于 1，则随塑性指数的增加而增加；若超固结比等于 1，则保持常数
应变率	对非塑性土，无影响；对塑性土，随应变率的增加而增加
循环次数	对于大剪应变下的黏土，随循环次数的增加而降低，但随时间的增长而恢复；对于砂土，则随循环次数的增加而增加

剪切模量比 G/G_{max}。土的塑性、孔隙比、围压、循环次数都对其剪切模量比 G/G_{max} 产生影响。表 3.3.2 归纳了在应变水平给定的情况下，对于正常固结土和中等超固结土，影响剪切模量比 G/G_{max} 的一些环境及荷载因素。

表 3.3.2　对于正常固结和中等超固结土，环境及荷载因素对给定应变水平下模量比的影响

影响因素	模量比 G/G_{max}
围压	随有效围压的增加而增加，但围压对 G/G_{max} 的影响随塑性指数的增加而降低
孔隙比	随孔隙比的增加而增加
胶结程度	可能随胶结程度的增加而增加
地质年代	可能随地质年代的增加而增加
超固结比	无影响
塑性指数	随塑性指数的增加而增加
应变率	G 虽随应变率的增加而增加；但如果 G 和 G_{max} 在同一应变率下测得，G/G_{max} 可能不受应变率的影响
循环剪应变幅值	随循环剪应变幅值的增加而降低
循环次数	对于大剪应变下的黏土，随循环次数的增加而降低；对于砂土，可随循环次数的增加而增加（排水条件）或降低（不排水条件）

后来，还有一些学者给出了砂土、黏土等的 G/G_{max} 随剪应变幅值的变化关系。例如，I. Ishibashi 和 X. Zhang 给出了这样的表达式（3.3.52），同时考虑了有效围压 σ_m' 和塑性指数 PI 对模量比 G/G_{max} 的影响。其中，塑性指数 PI 对 G/G_{max} 的影响如图 3.3.11 所示，平均有效围压 σ_m' 对高、低塑性土 G/G_{max} 的影响如图 3.3.12 所示。

$$\frac{G}{G_{\max}}=K(\gamma,PI)(\sigma_m')^{m(\gamma,PI)-m_0} \tag{3.3.52}$$

式中

$$K(\gamma,PI)=0.5\left\{1+\tanh\left[\ln\left(\frac{0.000102+n(PI)}{\gamma}\right)^{0.492}\right]\right\}$$

$$m(\gamma,PI)-m_0=0.272\left\{1-\tanh\left[\ln\left(\frac{0.000556}{\gamma}\right)^{0.4}\right]\right\}\exp(-0.0145PI^{1.3})$$

$$n(PI)=\begin{cases}0.0, PI=0\\ 3.37\times10^{-6}PI^{1.404}, 0<PI<15\\ 7.0\times10^{-7}PI^{1.976}, 15<PI<70\\ 2.7\times10^{-5}PI^{1.115}, PI>70\end{cases}$$

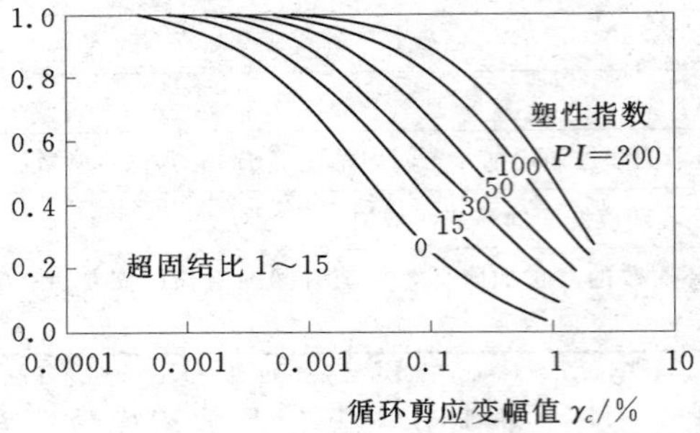

图 3.3.11　不同塑性指数 PI 的细颗粒土模量比 $G/G_{\max}$ 下降曲线

(2) 阻尼比。理论上，在低剪应变幅值 γ_c 情况下是不会发生能量耗散的。但试验表明，即使在很低的应变水平，也要耗散一些能量。因此，土体的阻尼比 ζ 总是不为零。从滞回曲线随剪应变幅值 γ_c 的增加而变得越来越宽，可知阻尼比是随剪应变幅值 γ_c 的增加而增加的。

表 3.3.3 归纳了对于正常固结土和中等超固结土，影响土阻尼比 ζ 的一些环境及荷载因素。

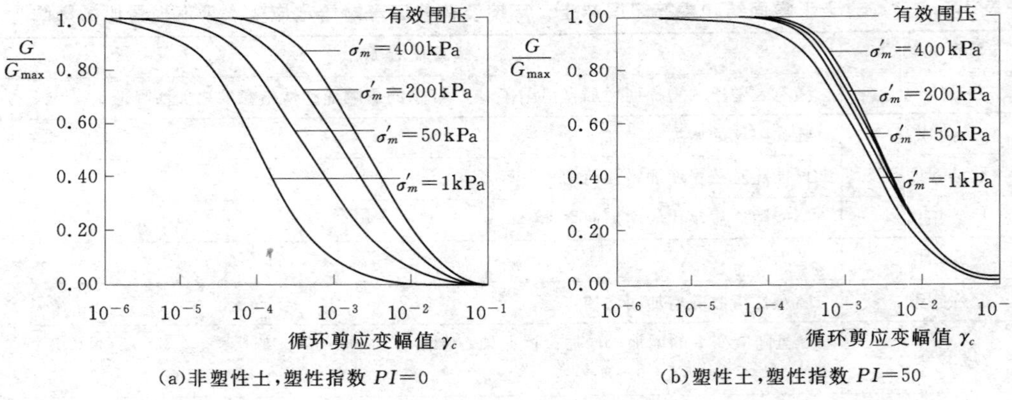

图 3.3.12　平均有效围压 σ_m' 对土模量比 $G/G_{\max}$ 的影响

表 3.3.3　　环境及荷载因素对阻尼比的影响，对于正常固结土和中等超固结土

影响因素	阻尼比 ζ
围压	随有效围压的增加而降低，但围压对 ζ 的影响随塑性指数 PI 的增加而降低
孔隙比	随孔隙比的增加而降低
胶结程度	可能随胶结程度的增加而降低
地质年代	随地质年代的增加而降低

续表

影响因素	阻尼比 ζ
超固结比	无影响
塑性指数	随塑性指数的增加而降低
应变率	保持常数，或随应变率的增加而增加
循环剪应变幅值	随循环剪应变幅值的增加而增加
循环次数	对于中等剪应变幅值和循环次数，影响不明显

如同割线剪切模量或模量比，有不少学者也给出了阻尼比随剪应变幅值的变化关系。

例如，在前面所述的 Hardin－Drnevich 模型中，阻尼比 ζ 由式（3.3.53）表达：

$$\zeta=\zeta_{max}(1-G/G_{max}) \tag{3.3.53}$$

式中，ζ_{max} 为最大阻尼比，可由试验确定。由于 G/G_{max} 随剪应变幅值 γ_c 而变化，因此阻尼比 ζ 也随 γ_c 而变化。

又如，在前面所述的 Ramberg－Osgood 模型中，阻尼比 ζ 由式（3.3.54）表达：

$$\zeta=\frac{2}{\pi}\frac{r-1}{r+1}(1-G/G_{max}) \tag{3.3.54}$$

即最大阻尼比 $\zeta_{max}=\frac{2}{\pi}\frac{r-1}{r+1}$；$r$ 是大于 1 的奇数，对于砂土，取 1.8～2.0。

再如，I. Ishibashi 和 X. Zhang 给出了一个估计塑性土和非塑性土的阻尼比 ζ 的经验关系：

$$\zeta=0.333\frac{1+\exp(-0.0145PI^{1.3})}{2}\left[0.586\left(\frac{G}{G_{max}}\right)^2-1.547\frac{G}{G_{max}}+1\right] \tag{3.3.55}$$

如图 3.3.13 所示，在同一塑性剪应变幅值下，由式（3.3.55）给出的高塑性土的阻尼比 ζ 小于低塑性土的。该曲线可适用于粗粒土和细粒土。

砾石土的阻尼性质非常类似于砂土。

（3）等效线性化方法基本思想。如前所述，土在循环加载下的实际非线性应力-应变关系可以采用两个等效线性参数，即剪切模量（割线模量）G 以及阻尼比 ζ（在一个循环中所耗散的能量等于在一个实际的滞回圈中所耗散的能量）进行描述，它们的变化都依赖于土的应变幅值 γ_c。一般在进行场地地震反应分析之前，曲线 $G-\gamma_c$ 和 $\zeta-\gamma_c$ 应先通过室内试验、经验或统计关系确定。典型的 $G-\gamma_c$、$\zeta-\gamma_c$ 的变化曲线如图 3.3.12、图 3.3.13 所示。

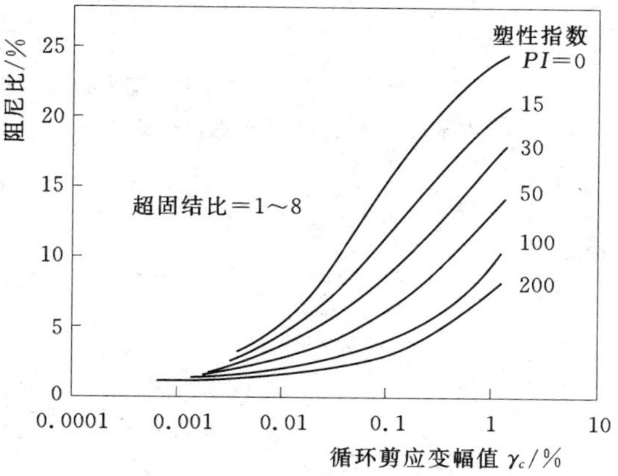

图 3.3.13 细颗粒土的阻尼比随循环剪应变幅值和塑性指数的变化

线性化方法要求每层土中 G 和 ζ 为常数。这样问题就变为如何确定与在每层土中产生的应变水平相一致的 G 和 ζ。为了解决这个问题，需要客观地定义应变水平。室内试验通常采用最大剪应变幅值来表征应变水平，并给出在简谐荷载作用下土的模量比与阻尼比随峰值剪应变幅值的变化曲线。在一个典型的实际地震动作用下，土的剪应变时程是高度不规则的，并具有为数不多的几个峰值。图3.3.14给出了具有同等峰值的简谐剪应变（典型的一个室内试验）与瞬态剪应变（典型的一个实际地震动）的时间历程曲线。很明显，尽管峰值相等，简谐剪应变比瞬态剪应变代表了更为不利的加载条件。因此，通常采用等效剪应变 γ_{eff} 来表征瞬态剪应变的应变水平，其经验值为时程中最大剪应变幅值的50%～70%。由于计算反应值对百分数的大小并不特别敏感，所以通常取65%。

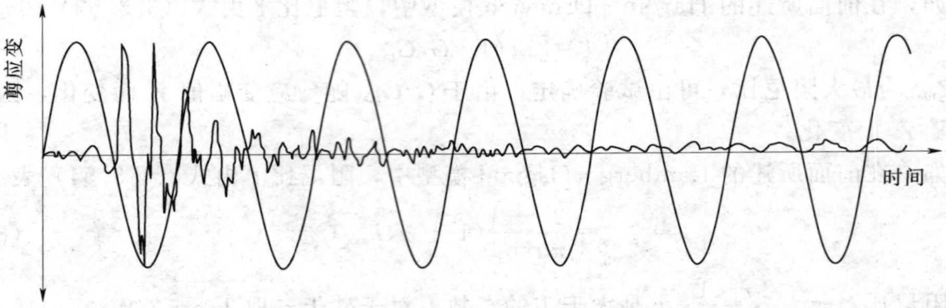

图3.3.14　具有相等峰值的简谐剪应变与瞬态剪应变时间历程

因为计算的应变水平依赖于等效线性参数 G 和 ζ，这就要求采用迭代过程来保证分析中的 G 和 ζ 与计算应变水平相适应。如图3.3.15所示，迭代流程如下。

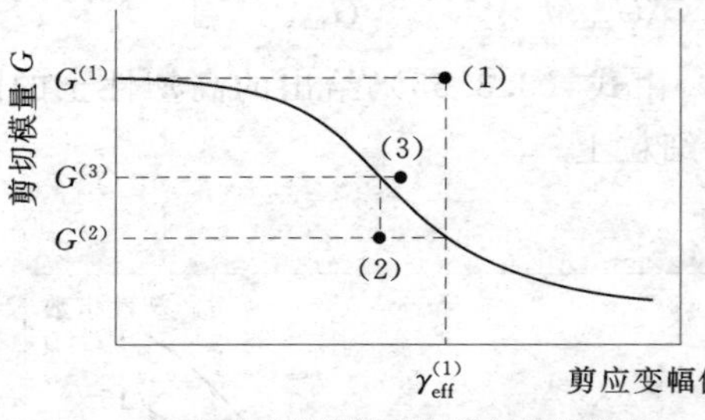

(a)与应变相容的剪切模量迭代流程

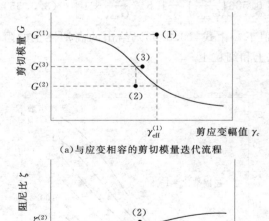

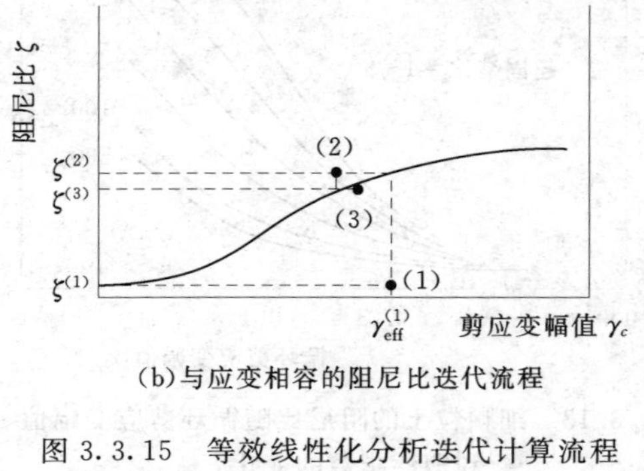

(b)与应变相容的阻尼比迭代流程

图3.3.15　等效线性化分析迭代计算流程

1）对于各土层，初始化给出小应变幅值 γ_c 下的 G 和 ζ 值。

2）根据 G 和 ζ 的估计值，采用上小节给出的针对多层有阻尼土的线性分析方法来计算场地反应，通过逆傅里叶变换（见附录E），得到各土层中点位置处的剪应变时间历程，并从中提取最大剪应变幅值 $\gamma_{\max}$。

3）确定等效剪应变 γ_{eff}。对于第 j 层，有

$$\gamma_{\text{eff},j}^{(i)}=0.65\gamma_{\max,j}^{(i)}$$

其中上标 i 表示迭代次数。

4）根据等效剪应变 γ_{eff} 及实测或经验的已知 $G-\gamma_c$ 和 $\zeta-\gamma_c$ 曲线，确定下一次迭代所需的新 $G^{(i+1)}$ 和 $\zeta^{(i+1)}$ 值。

5）重复第2）～4）步，直到前后两次每层土的计算剪切模量和阻尼比的迭代相对差值小于预定值而结束。通常经过若干个迭代就可使计算收敛。

尽管上述迭代过程看似可以考虑土的非线性，但由于采用了复反应分析法和叠加原理，所以仍属线性分析方法范畴。在地震持时过程中，与应变相容的 G 和 ζ 是常数，不论在特定时刻的应变是小应变还是大应变，这种方法不能反映地震过程中实际发生的土单元刚度的改变。尽管有不少缺点，但上述一维场地反应分析的等效线性化思想和方法，已被 SHAKE72、SHAKE91、SHAKE2000 等程序采纳并被工程界广泛应用。

3.3.1.3　非线性分析方法

尽管等效线性化方法计算方便，对于许多实际问题也能得到合理的结果，但对实际的场地非线性反应过程仍只是个近似。另外一种方法是，在时域中采用直接积分来分析场地的实际非线性反应。通过在微小时步内积分运动方程，任何线性或非线性应力一应变关系或复杂的本构模型都可以采用。通过一系列小的增量时间步，可以追踪土的非线性应力-应变曲线。对运动方程进行积分求解已经发展了不少技术，其中显式差分技术应用最为广泛。

当前应用的大多数非线性一维场地分析程序中，描述土的循环应力-应变模型有双曲线模型、修正的双曲线模型，Ramberg－Osgood 模型、Hardin－Drnevich－Cundall－Pyke 模型、Martin－Davidenkov 模型和 Iwan 类模型以及其他的一些复杂本构如套叠屈服面模型等。关于这部分内容，已经超出本书的范围，有兴趣的读者可以参考有关文献。

3.3.2　二维或三维地表反应分析

一维场地反应分析方法适用于水平或略微倾斜的场地土层并具有平行边界情况。实际中还存在一些不能采用一维波动理论来处理的问题。例如表面具有斜坡或不规则地形的场地、修建有重量很大或刚性埋入的结构或存在挡土墙及隧洞的场地，都需要进行二维甚至三维分析。可以采用二维平面应变动力分析的典型例子如图 3.3.16 所示；需要采用三维动力反应或土-结构相互作用分析的典型例子如图 3.3.17 所示。

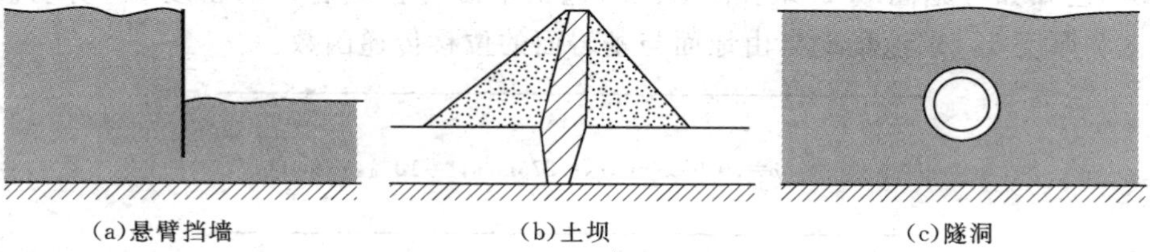
(a)悬臂挡墙
(b)土坝
(c)隧洞

图 3.3.16　可以进行二维平面应变动力反应分析的一些典型例子

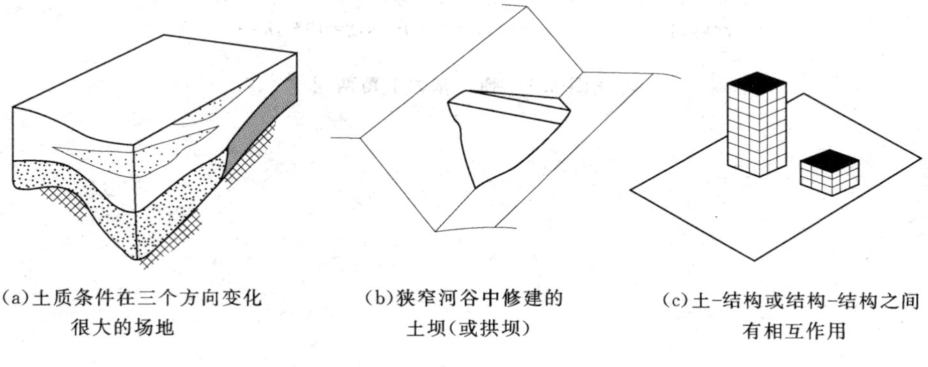
(a)土质条件在三个方向变化很大的场地
(b)狭窄河谷中修建的土坝(或拱坝)
(c)土-结构或结构-结构之间有相互作用

图 3.3.17　需要进行三维动力反应分析或土-结构相互作用分析的一些典型例子

频域方法（以频率为自变量的分析方法）或时域方法（以时间为自变量的分析方法），都可以用来分析图 3.3.16 或图 3.3.17 所示的二维和三维实际地震反映问题。但频域方法只能用在叠加原理适用的线弹性问题中，无法在需考虑非线性因素（来自材料、几何、边界、接触状态等方面的非线性）的场合使用。而时域方法结合直接积分技术，可以用来解决各种线性和非线性动力分析问题。目前，时域或频域分析最常用的手段是结合数值方法，如有限元法、有限差分法、边界元法等。

思 考 与 习 题

3.1　已知某场地的钻孔土层资料见习题表 3.1，试确定该场地的类别。

习题表 3.1　　**某场地土层波速测试成果**

层底深度/m	土层厚度/m	土的名称	剪切波速/(m/s)
2.5	2.5	填土	120
12.0	9.5	粉质黏土	190
26.5	14.5	砂质粉土	220
34.0	7.5	粉细沙	250
49.5	15.5	圆砾	420
53.0	3.5	卵石	520

3.2　某场地在基岩上覆盖厚 $h_{ov}=10\text{m}$，密度 $\rho=2000\text{kg/m}^3$ 的均质线弹性土层，其剪切波速为 $c_S=300\text{m/s}$，各阶阻尼比 ζ 为 10%。假设某次地震中，刚性基岩面受到的地震加速度为简谐函数 $a(t)=0.4g\sin(36t)$。求土层地表处的峰值加速度及放大系数。

3.3　已知如习题图 3.1 所示各层土（包括下卧弹性基岩）的密度 ρ，剪切波速 c_S，阻尼比 ζ 和厚度 h，求该场地自由地面与基岩面的位移传递函数。

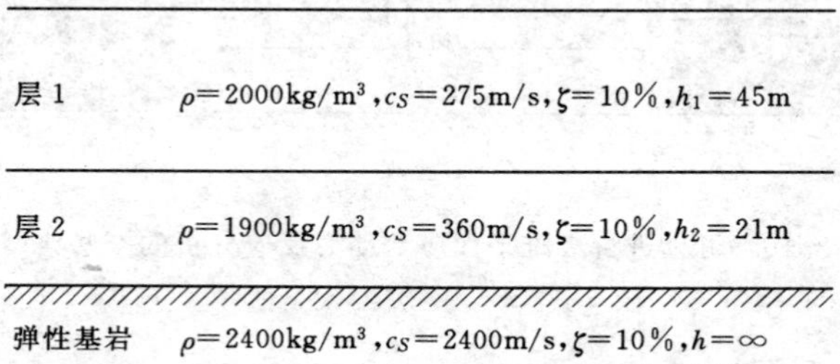

习题图 3.1　弹性基岩上覆两层土

第4章 水工建筑物抗震简介

4.1 水工建筑物的抗震设防水准

不同重要性的工程，其抗震设防要求和抗震设计方法不同。所谓抗震设防，就是各类工程结构按照规定的可靠性要求，针对可能遭遇的地震危害性所采取的工程和非工程的防御措施。合理建立水工建筑物的抗震设防水准框架是进行抗震设计的首要前提。水工建筑物按对其所作场址地震强度的预测、工程的重要性及其一旦失效造成后果的严重性，划分成不同的抗震类别，据以设定建筑物的设防水准和相应的功能目标。现行水工抗震设计规范划分为甲、乙、丙、丁4类，见表4.1.1。把场址基本烈度在6度以上、1级壅水建筑物或重要泄水建筑物划分为甲类。重要泄水建筑物是指其失效可能危及壅水建筑物安全的建筑物，例如1级拱坝的泄洪表孔、中孔或泄洪洞。

表4.1.1　工程抗震设防类别

工程抗震设防类别	建筑物级别	场地基本烈度
甲	1（壅水和重要泄水）	≥6
乙	1（非壅水）、2（壅水）	
丙	2（非壅水）、3（壅水）	≥7
丁	4、5	

各类水工建筑物的抗震设防标准，分两种情况确定。

（1）一般情况下，应采用GB 18306—2001《中国地震动参数区划图》给定的基岩峰值加速度和场地特征周期（附录B和C）进行抗震设计和施工建设，无需进行专门的地震危险性分析工作。该区划图对应的是50年超越概率10%的设防水准。

然而，目前现行的SL 203—1997《水工建筑物抗震设计规范》和DL 5073—2000《水工建筑物抗震设计规范》，仍以1990年颁布的中国地震烈度区划图所划分的地震烈度作为水工建筑物工程场地抗震设防依据的基本指标。水工建筑物抗震设计规范的修订，已以地震动参数（加速度和特征周期）作为一般建筑物抗震设防依据的基本指标来取代地震烈度。

（2）基本烈度为6度或6度以上地区的坝高超过200m或库容大于100亿m^3的大型工程，以及基本烈度为7度及7度以上地区坝高超过150m的大（1）型工程，其设防标准应依据专门的地震危险性分析提供的基岩峰值加速度反应谱及时程来评定。

国内外震害情况表明，水工建筑物一般从地震烈度达到7度时开始出现震害。因此，各国都以7度作为抗震计算和设防的起点。设计烈度为6度时，抗震计算不起控制作用，只需要对重要建筑物采取适当的抗震措施。设计烈度为9度以上的工程，国内外仅有个别实例，基本上未经过设计强震考验。因此，对于设计烈度高于 9 度的水工建筑物或高度大于 250m 的壅水建筑物，需要专门研究其抗震安全性，并报主管部门审查、批准。

凡专门进行地震危险性分析的工程，现行规范规定设计地震加速度代表值的概率水准，对壅水（挡水）建筑物应取基准期 100 年内超越概率 P_{100} 为 2%（意思是壅水建筑物所在场地今后 100 年内发生超过设计加速度代表值的可能性不应超过 2%）；对非壅水建筑物应取基准期 50 年内超越概率 P_{50} 为 5%。2008 年汶川特大地震发生后，国内多位水工抗震专家针对大坝的抗震设防标准提出了新的观点，见第 9 章。

下面结合上述关于水工建筑物的抗震设防水准的规定，介绍相应重现期 T_R（Return period，在同一地区某时段 t 内，某一强度的地震动每发生一次的平均时间间隔）的计算。

地震发生的时间、地点、强度及危害等均不确定，可看作一随机过程。假设地震的发生为泊松事件（解释参见附录 F），而场地上的地震动是周围的地震所造成的影响，因此，场地上的地震动强度超过给定值这一事件作为随机现象也可以看做一种泊松过程。其年平均发生率（Average annual occurrence rate，即某一区域内发生地震动强度大于给定下限值的地震总数与统计年数的比值）用 $\lambda|_{Y\geqslant y}$ 表示且假定已经求得，按照泊松过程理论，给定场地上在 t 年内地震动强度 $Y\geqslant y$ 发生一次以上的概率（t 年内的超越概率 $P_t|_{Y\geqslant y}$）与年平均发生率 $\lambda|_{Y\geqslant y}$ 的关系为

$$P_t|_{Y\geqslant y}=1-e^{-t\lambda|_{Y\geqslant y}} \tag{4.1.1}$$

那么，年平均发生率 $\lambda|_{Y\geqslant y}$ 为

$$\lambda|_{Y\geqslant y}=-\frac{\ln(1-P_t|_{Y\geqslant y})}{t} \tag{4.1.2}$$

地震重现期 $T_R|_{Y\geqslant y}$ 数值上等于地震年平均发生率 $\lambda(Y\geqslant y)$ 的倒数，即

$$T_R|_{Y\geqslant y}=\frac{1}{\lambda|_{Y\geqslant y}} \tag{4.1.3}$$

若水工壅水建筑物以 100 年基准期内发生超过设计加速度代表值的可能性不超过 2% 作为抗震设防的标准，下面计算对应的重现期。

首先计算年发生率：

$$\lambda|_{Y\geqslant y}=-\frac{\ln(1-P_t|_{Y\geqslant y})}{t}=-\frac{\ln(1-0.02)}{100}=0.000202$$

那么，重现期：

$$T_R|_{Y\geqslant y}=\frac{1}{\lambda|_{Y\geqslant y}}=\frac{1}{0.000202}=4949.832\approx 4950(\text{年})$$

这表示 100 年期限内设计加速度超越概率不大于 2% 的地震其重现期约为 4950 年，可近似取 5000 年。100 年期限内的超越概率不大于 2%，也就是说年超越概率不大于 0.02/100=0.0002。

4.2　地震危险性分析

为了使所采取的防震减灾措施最大限度地做到经济合理，那就要求防御的目标应该与将来实际遭受的地震作用比较接近。实际上，这是一种工程意义上的预测预报，不要求给

出具体发生的时间与地点，只要求给出预定时期（通常是指使用基准期或服役期）内的最大地震作用。在地震作用不能确切知道的情况下，如何确定抗震设防目标，是科学技术与安全和经济要求之间的协调结果。

地震危险性分析，又称地震危险性评定（Seismic hazard evaluation），是工程场地地震安全性评价工作的重要组成部分，目的是对某一给定的工程场址，评定其在将来不同时段内（比如1年、50年、100年等），其地面遭受一定地震动参数（如烈度、峰值加速度、峰值速度和反应谱等）的危险性。

地震危险性分析有两种方法，即确定性方法和概率性方法。确定性方法是将地震发生看作确定性的事件来分析场地的地震动参数，包括地震构造法和最大历史地震法；概率性方法是将地震和地震作用看作随机现象，采用概率统计方法分析场地地震动参数。这两种方法所依据的基础资料是当地和所在区域的地震活动状况和地震构造环境。当前，国际上多采用Cornell于1968年提出的概率性方法，计算给定场地在将来不同时段内可能遭遇的地震动参数的概率分布。我国在20世纪70—80年代在编制全国地震烈度区划图时曾采用了确定性方法。而现在，我国有关部门在为许多重大工程建设地点进行各种地震安全性评价和设计地震动参数的评定中逐渐形成了一套比较完整的评价方法，称为地震安全性评定的综合概率法。

对于特别重要的大坝坝址地震危险性分析，以及核电厂址的极限安全地震动参数确定，要求除采用确定性方法以外，还要采用概率性方法。例如，我国核电厂抗震设计规范要求SL-2级极限安全地震动应取采用确定性方法和概率性方法进行地震危险性分析结果的最大值，且水平加速度峰值不低于$0.15g$。

下面简要给出国际上常用的地震危险性概率分析方法的一般步骤。

（1）根据地震活动性和地震地质的研究，确定待分析场地或地区的潜在震源及其最大地震强度。

（2）按照该潜在震源区的震级-发生频度关系和对潜在震源区地震活动性的认识，给出潜在震源区的地震活动性参数。

（3）根据对该区等震线分布规律研究和强震记录的分析，确定该区的地震动（包括地震烈度、峰值加速度、峰值速度等）的衰减关系，拟合适于本地区的地震动随震级和距离的衰减关系式。

（4）计算此场地或地区在给定若干年限的地震动概率分布，并给出场地相关反应谱曲线及各周期点的反应谱值，以便为建筑物抗震设计计算提供基本输入数据。

目前，我国的工程场地地震安全性评价工作划分为以下4级：

（1）Ⅰ级工作包括地震危险性的概率分析和确定性分析、能动断层鉴定、场地地震动参数确定和地震地质灾害评价。适用于核电厂和极其重要的特大型水库高坝等重大建设工程项目中的主要工程。这些工程一旦遭遇地震破坏将导致极其严重的后果，可能会引发极其严重的次生灾害，造成巨大的人民生命财产的损失，对社会产生巨大的影响。对这类工程的抗震设计有严格的要求，国际上也有相关的规则，要采用极低的地震风险水平来确定抗震设防要求，要求进行科学、认真、严格的抗震设计，必须进行最为详细、最为深入的工程场地地震安全性评价工作。例如，核电厂的极限安全地震的年超越概率为0.0001，即重现周期为 10000 年；三峡水电工程中大坝的设防地震年超越概率为 0.0002，重现周期为 5000 年。

（2）Ⅱ级工作包括地震危险性的概率分析、场地地震动参数确定和地震地质灾害评价。适用于除Ⅰ级之外的重大建设工程项目中的主要工程。例如，大型水利工程中的壅水建筑物如大坝，设防地震的年超越概率水准为 0.001，即重现周期为 1000 年。

（3）Ⅲ级工作包括地震危险性的概率分析、区域性地震区划和地震小区划。适用于城镇、大型厂矿企业、经济建设开发区、重要生命线工程等。

（4）Ⅳ级工作包括地震危险性概率分析、地震动峰值加速度复核。适用于 GB 18306—2001《中国地震动参数区划图》区划分界线附近的新建、扩建、改建建设工程，以及某些地震研究程度和资料详细程度较差的边远地区内的新建、扩建、改建建设工程。

当应用不同概率水准的地震动对某建筑物进行抗震设防时，计算可能增加的投资和可能减少的损失（所减小的损失也就是效益），通过决策分析方法对投资和效益的综合评判决定抗震设防标准。

一项大型工程往往伴有许多其他附属设施或工程，它们的抗震设计要求相互之间不一样，更与主体工程不同。因此，在进行工程场地的地震安全性评价时，给出的地震危险性概率水准应是一组数据，并以表格（表 4.2.1）或曲线（图 4.2.1）的形式给出，使用时可根据各类建筑物的实际需要，选择使用年限和超越概率水平。

例如，某大型水电工程经地震危险性分析给出的设计地震动参数见表 4.2.1。根据该表，对于壅水建筑物大坝，应至少取对应 100 年超越概率为 2%的 0.33g（或 326gal）作为其水平向设计加速度代表值 a_h；对于非壅水建筑物，例如发电厂房、进水塔等，应至少取对应 50 年超越概率为 10%的 0.16g（或 157gal）作为其水平向设计加速度代表值 a_h。这里，gal 也是加速度的常用单位（译为伽），1gal=1cm/s^2。

该工程场地 50 年超越概率 10%、5%及 100 年超越概率 2%、1%水平下的基岩地震动反应谱如图 4.2.1 所示。该图纵坐标为加速度（gal），横坐标为周期（s）。据此场地相关反应谱，可利用振型分解反应谱法进行该枢纽各水工建筑物的抗震计算；或者，依据该谱生成人工地震波进行时程反应分析。这部分内容见第 5、7 章。

在我国的大坝建设中，首先采用地震危险性分析的是二滩水电工程。后来，几乎所有的地震区大坝工程都进行了专门的地震危险性分析工作。

表 4.2.1　　某水电工程场地基岩地震动参数设防值

设计地震动参数	50 年超越概率		100 年超越概率	
	10%	5%	2%	1%
最大加速度 A_{max}/gal	157	201	326	390
放大系数 β	2.25	2.25	2.0	2.0
场地特征周期 T_g/s	0.40	0.40	0.40	0.40
水平向设计加速度代表值 a_h	0.16g	0.21g	0.33g	0.40g

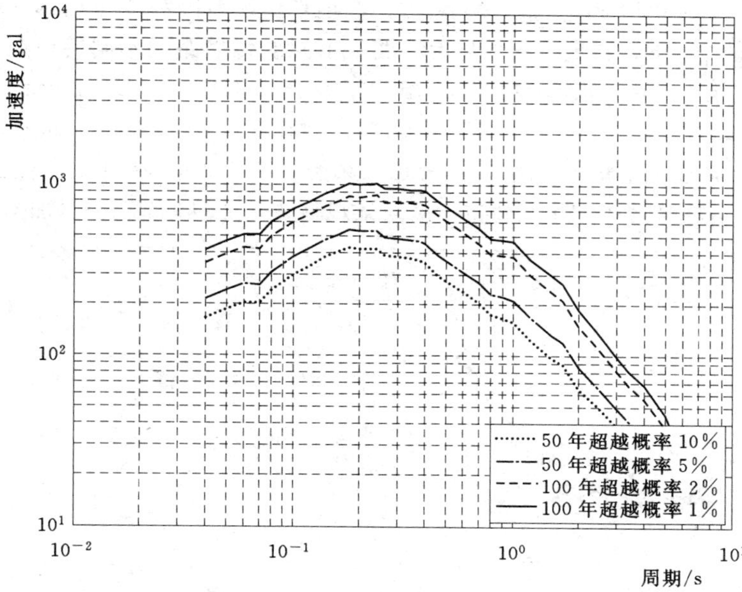

图 4.2.1 某水电工程厂址地震危险性分析成果，以不同超越概率下的反应谱表示

4.3 地 震 动

4.3.1 地震动量测

地震动（Ground motion），有时称为地面运动，是由震源释放出来的地震波引起的地表附近土层的振动。地震动难以精确估计，具有不确定性。人们对地震动的认识和理解是通过对其进行观测而得到的。通过对地震动记录的分析可以了解地震的特性，研究地震动参数与震级、震中距、场地条件的关系，进而确定用于设计的地震动，并通过计算分析进行结构抗震设计。

观测与记录强烈地震的仪器称为强震仪（Strong motion instrument）。有目的地布置多个强震仪，就构成了强震观测台站（Observation station），分为固定台站和流动台站。固定台站是用来长期观测的，而流动台站是在短期临近预报可能发生强震的地区，或者强震发生后在震区短期布设的观测台站。由多个台站或测点组成的观测系统称为观测台阵（Observation array）。针对特定研究和应用目的而专门布设的观测台阵称为专用台阵（Special array），包括地震动衰减观测台阵（主要研究地震动随距离的衰减规律）、场地影响观测台阵（主要研究场地条件对地震动的影响）、结构地震反应观测台阵（主要了解结构在强震作用下的反应特性，安装在结构上）、地下地震动台阵或三维台阵（主要是了解在几十米至 200 米左右的近地表区强震动加速度随地下深度的变化情况，以便更好地了解土一结构相互作用和设计地下构筑物）、水库诱发地震观测台阵等。

目前强震观测发展很快。不少地震活跃的国家如美国、日本及中国的大陆和台湾都布置了数量可观的强震仪。在 2008 年 5 月 12 日汶川大地震中中国数字强震动台网，有 420

个台站（其中包括 402 个固定自由场台站、1 个地形影响台阵和 2 个结构反应台阵）获得了震相（Seismic phase，在地震图上显示的性质不同或传播路径不同的地震波组）完整的强震动加速度记录。其中，布设在龙门山断裂带及其周围地区有 50 多个台站获得了大于 100gal 的加速度记录，有 46 组三分量加速度记录的断层距小于 100km。此外，截至 2008 年 9 月 30 日凌晨，还观测汇集了 2871 组三分量强余震。图 4.3.1 为汶川地震记录的台站分布图。图 4.3.2 为此次地震中四川绵竹市清平乡某观测站记录的典型三分量加速度时程。

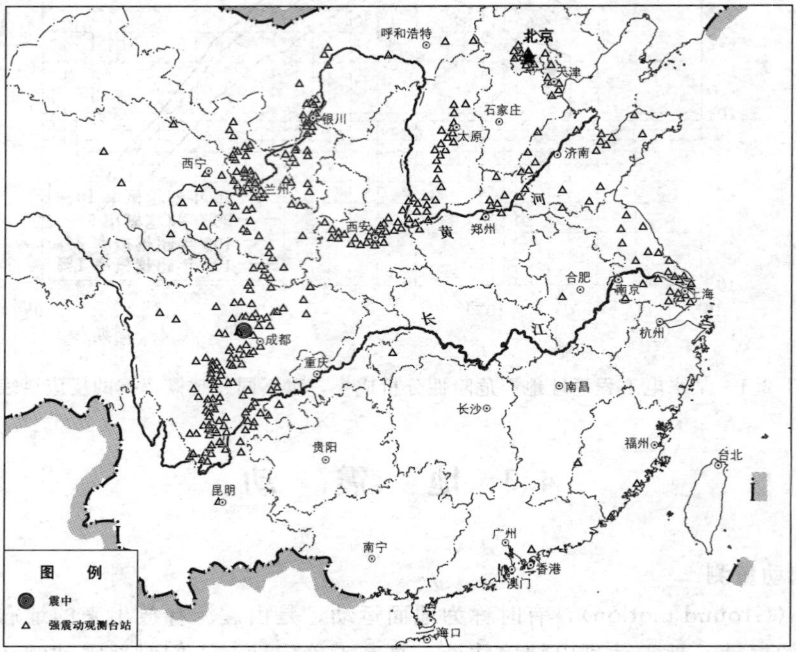

图 4.3.1　汶川 8.0 级地震获得记录台站分布图

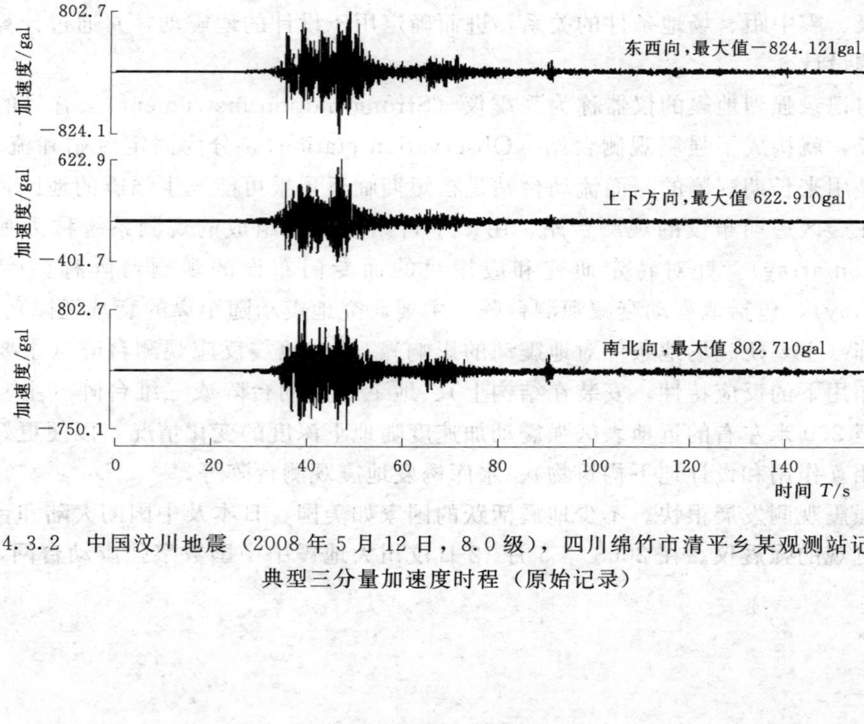

图 4.3.2　中国汶川地震（2008 年 5 月 12 日，8.0 级），四川绵竹市清平乡某观测站记录的典型三分量加速度时程（原始记录）

4.3.2 地震动参数

地震动是引起震害的外因，其作用相当于结构分析计算中的各种荷载，差别在于结构工程中常用的荷载以力的方式出现，而地震动是以运动方式出现；常用的荷载一般为短期内大小不变的静力，地震动则是迅速变化的振动；常用的荷载大多是沿一定方向作用的，例如，水工建筑物的重力与基础底板所受扬压力作用沿竖向，风压力与迎水面的静水压力垂直于作用面方向，而地震动则是水平、竖向甚至扭转同时作用且方向是在变化中的。地震动是工程结构抗震计算与设计的主要依据。

人们最早选用地面运动加速度作为反映破坏作用的主要参数，其理由是，根据牛顿第二定律，物体所受地震惯性力的大小等于其质量和加速度的乘积，符号与加速度方向相反。地震时建筑物所受的惯性力是导致破坏的根本原因，因此，结构抗震设计最重要和最基本的地震参数是加速度。一般来说，地震时任一点的地面运动加速度是随时间变化的复杂过程，但总是可将它分解为例如东西、南北和上下三个互相垂直的分量。实际上，一点处的地震动在空间具有六个方向的分量，包括水平两个方向和一个竖向的平动，以及一个绕竖直轴的扭转振动和两个绕水平轴旋转的摇摆振动，但转动分量不易记录，现今大量地震记录都是加速度的三个平动分量。这些运动分量都是随时间变化的。因此，地震时站立在地面上的人的感觉就像站在崎岖不平的道路上行驶的车辆中经受前后、左右和上下的颠簸一样。加速度的两个水平分量通常相差不大，垂直分量通常较水平分量小 30%～40%，但垂直震动大于水平震动的例子也不少见，特别是在近断层区域中时有发生。地面上任一点的振动过程实际上包括各种类型地震波的综合作用。因此，地震动的最明显特征是其不规则性。

由数字式强震仪记录到的原始加速度时程，通过基线校正（Baseline correction）、滤波（Filter）等处理后对时间进行积分，可方便地得到速度时程和位移时程。在地震动力分析中，输入原始波通常为加速度时程。若将输入的加速度进行积分得到的最终速度和最终位移将不为零，这将为结构的残余变形评价带来误差。此时，需要对加速度时程的基线（零线）偏移进行修正，即通过在原始加速度时程上增加一个低频波形（多项式或周期函数），使最终的速度和位移均为零。一般最终速度和最终位移很难调整为零，在多次调整中取一相对较小值即可。

滤波的目的是过滤原波形中的高频分量，最大频率对网格尺寸的影响较大，最大频率越高，满足精度条件下的网格尺寸越小。采用滤波的方式可以减小地震波的最大频率，从而增大计算所需的最小网格尺寸，减小单元数量，达到节约计算时间的目的。已有一些软件和程序可以实现这些功能和操作，例如，Seismo Signal 软件以及基于 Matlab 软件编制的程序。

图 4.3.3 中的上图为 1999 年台湾集集地震中记录到的一个加速度分量时程（已经过基线校正和滤波处理）。对加速度记录进行关于时间的积分，可以得到地面运动的速度（中图）和位移（下图）。在记录的开始阶段，振幅较小，周期较短；在中间阶段，振幅最大；在结束阶段，周期较长。从各时程曲线中，可得加速度最大值是 0.37g，发生在时刻 t=29.46s；最大速度为 30.97cm/s，发生在时刻 t=29.33s；最大位移为 11.47cm，发生在时刻 t=29.61s。

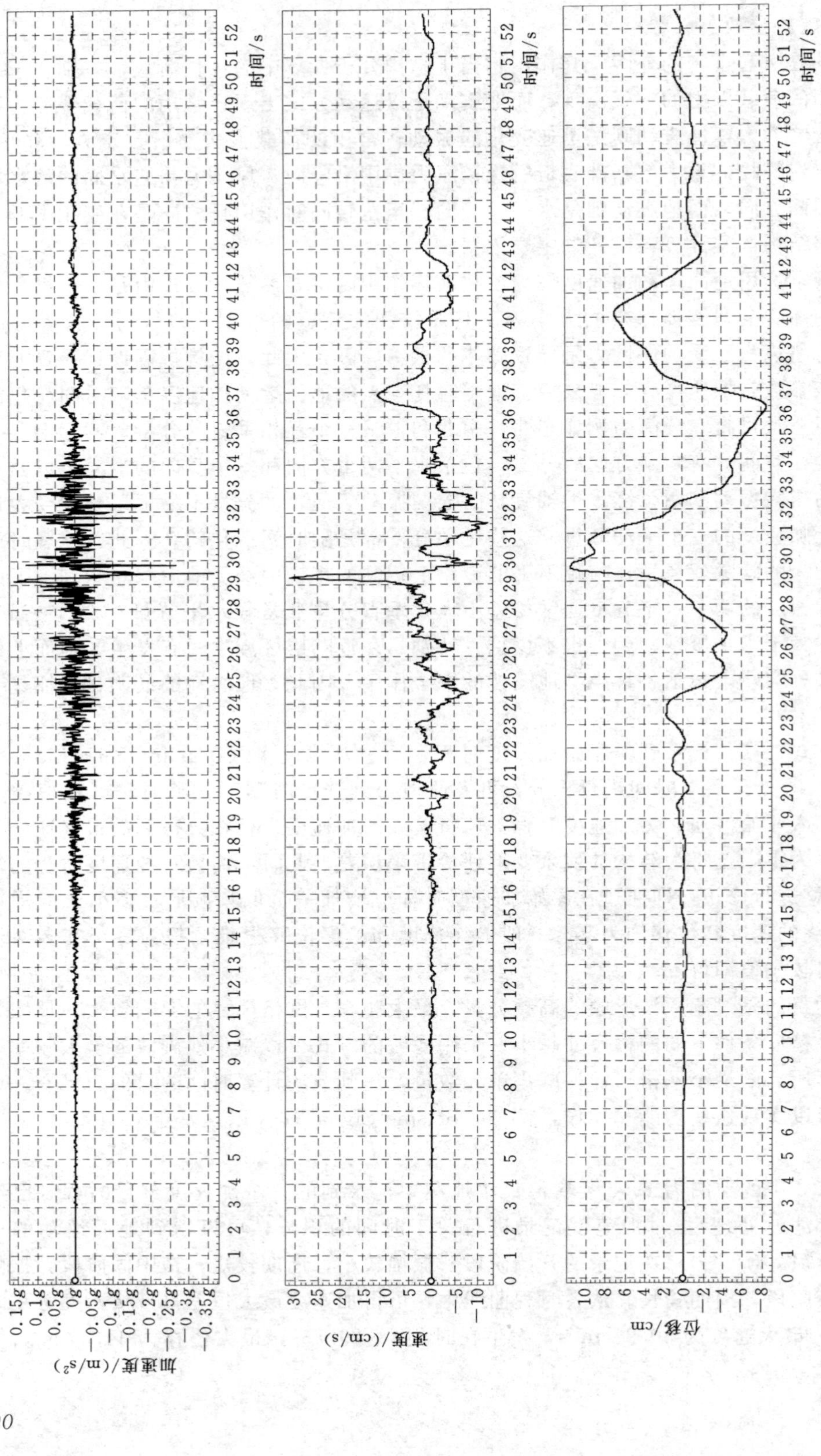

图 4.3.3　台湾集集地震（1999年9月21日），某场地一个典型加速度时程记录（上图，已经过基线校正、滤波等处理），对时间进行积分后获得的速度时程（中图）与位移时程（下图）

几十年来，各国已经记录到数以万计这样的强震记录。这些记录在工程结构抗震设计、结构地震反应分析及结构抗震试验中起到了十分重要的作用，常用来提供地震动输入。但是这些记录只代表当时的情况，对分析当次地震无疑是很有用的，但对建筑物将来会经受什么样的地震加速度还是不知道。要准确地预测三个方向的加速度，目前是不可能的。当前能做到的只是对不规则地震波的主要参数做出估计。幅值（Amplitude）、频率成分（Frequency contents）和持续时间（Duration）等参数，通常称为地震动的基本三要素。工程结构的地震破坏，与地震动的三要素密切相关。

1. 地震动幅值

地震动幅值受震级、震源机制、传播途径、震中距、局部场地条件的影响，可以是加速度、速度或位移三者之一的峰值、最大值或某种意义下的有效值，以反映地震动的强度特性。一般来说，幅值越大，对结构破坏的影响越严重。

最大值：地震动时程中的最大绝对值，常用的有峰值加速度（Peak ground acceleration，PGA），峰值速度（Peak ground velocity，PVA）及峰值位移（Peak ground displacement，PGD）。

均方根值（Root－mean－square value）：从随机过程观点看，加速度过程中的最大峰值是一个随机量，不宜表征地震动特性。若将地震动过程看作一平稳随机过程（附录 F），可用均方根加速度（a_{RMS}），均方根速度（v_{RMS}）及均方根位移（d_{RMS}）来表示地震动幅值，其定义为

$$a_{RMS}=\sqrt{\frac{1}{T_d}\int_0^{T_d}[a(t)]^2\mathrm{d}t} \tag{4.3.1}$$

$$v_{RMS}=\sqrt{\frac{1}{T_d}\int_0^{T_d}[v(t)]^2\mathrm{d}t} \tag{4.3.2}$$

$$d_{RMS}=\sqrt{\frac{1}{T_d}\int_0^{T_d}[d(t)]^2\mathrm{d}t} \tag{4.3.3}$$

式中：$a(t)$、$v(t)$ 和 $d(t)$ 分别表示为地震动的加速度、速度和位移时程；T_d 为强震的持续时间。

除了上述最大值和均方根值之外，还有其他一些描述地震动幅值的物理指标，这里不再介绍。

显然，同一次地震中，与震中的距离不同时，测出的地震波存在着很大差异。这是由于地震波在传播过程中，受到场地的多种影响。主要的影响是幅值的减小，工程上称之为强度的衰减。除此之外，场地还将改变震波的频率含量与局部放大振幅的作用。

地震动峰值加速度随震级增大而增大，随震源（震中）距离增大而减小。地震动强度衰减公式有很多，都是在对大量的强震观测仪器记录做统计分析的基础上得到的。但是，在同一地震中有强震观测仪器记录的地震波数量比较少，大量的历史地震只有关于烈度的衰减资料。因此，在工程地震学中常用烈度间接地反映地震动强度。例如，烈度与地震动水平向峰值加速度 PGA、峰值速度 PGV 及峰值位移 PGD 的一种经验关系见表 4.3.1。需要指出的是，表中给出的结果只能反映一种大概的对应关系。从最近几年记录的数据看，已显得偏小，特别是 PGV 和 PGD。

表 4.3.1　　不同烈度对应的地震动峰值

烈　度	PGA/(cm/s²)	PGV/(cm/s)	PGD/mm
5	12～25	1～2	0.5～1
6	25～50	2.1～4	1.1～2
7	50～100	4.1～8	2.1～4
8	100～200	8.1～16	4.1～8
9	200～400	16.1～32	8.1～16
10	400～800	32.1～64	16.1～32
相应周期/s	0.1～0.5	0.5～2.0	0.25

在我国现行水工建筑物抗震设计规范中，与设计烈度对应的地震动峰值加速度(PGA)，或者由专门的地震危险性分析按规定的超越概率所确定的地震动峰值加速度，称为设计地震加速度代表值。其中，与设计烈度对应的、无需专门作地震危险性分析的平坦基岩面上的水平向设计地震加速度代表值（以 a_h 表示），见表 4.3.2。

表 4.3.2　　按不同设计烈度采用的水平向设计地震加速度代表值 a_h

设计烈度	7	8	9
a_h	$0.1g$	$0.2g$	$0.4g$

2. 地震动频谱

强烈地震的破裂机制很复杂，从震源发射出的波的频率具有相当宽的频带。根据波动理论，在地壳内行进的P波速度比S波要快，频率较高，随距离衰减也快，因此在近场地面运动记录中高频分量相对丰富。在较远场地上，记录中的低频分量增多。任何一条真实的地震波都是不规则的随机波，没有固定的振动周期，其幅值也是随时间不断发生变化的。每条地震波中总有一个最大峰值，有很多地震波存在着相当数量的接近最大峰值的次高峰，在这种震波的作用下，起决定性作用的不一定是最大峰值，而是与这些较大峰值出现的间隔时间有很大的关系，这就涉及到震波的频谱特性。理论研究表明，任何一条地震波总可以由许多不同频率的简谐波组合而成，这就是通常所说的周期成分或频率含量。对于任何一条实测的地震波，其中的每一频率均有相应的谐波振幅，它们组成一对数据。将一条地震波中所有的这些成对数据排列在一起即组成一条曲线，这就是该条地震波的频谱曲线。它表示一次实测地震动中振幅与频率的关系。其中，振幅最大的频率称为卓越频率。当建筑物的自振频率与地震波的卓越频率重合或接近时，将出现类似于共振的现象，该建筑物将受到很大的振动，常常造成重大的破坏甚至倒塌。

通过地震记录的频谱分析，可以揭示地震动的周期或频率分布特征。通常可以用反应谱（Response spectrum）、功率谱（Power spectrum）和傅里叶谱（Fourier spectrum）来表示。这3种谱具有对应关系。其中，反应谱是各国抗震规范和工程中最常用的形式，现已成为工程结构抗震设计的基础。功率谱和傅里叶谱在数学上具有明确的意义，工程上也具有一定的实用价值，常用来分析地震动的频谱特性。

附录E给出了傅里叶幅值谱和相位谱，以及功率谱（功率谱密度函数）的定义。关于反应谱，将在第 5 章进一步详述。

对应于图 4.3.3 所示的地震动加速度时程，其傅里叶幅值谱和功率幅值谱分别如图 4.3.4 和图 4.3.5 所示。从图中可以看出，该加速度波的主要频率含量为 0.1～10Hz。

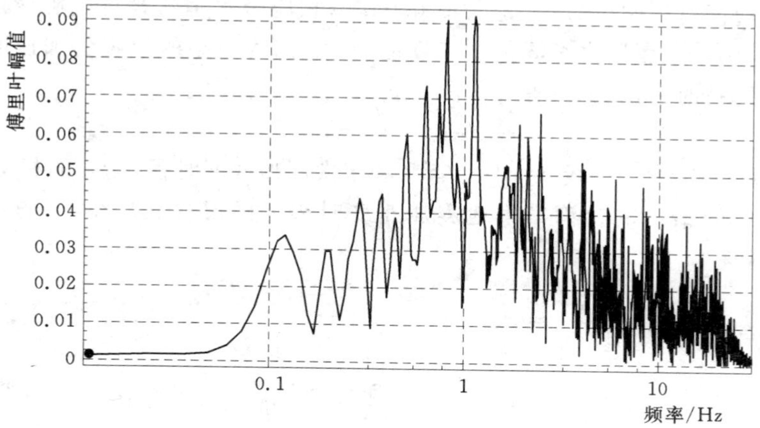

图 4.3.4 台湾集集地震（1999 年 9 月 21 日）加速度的傅里叶幅值谱

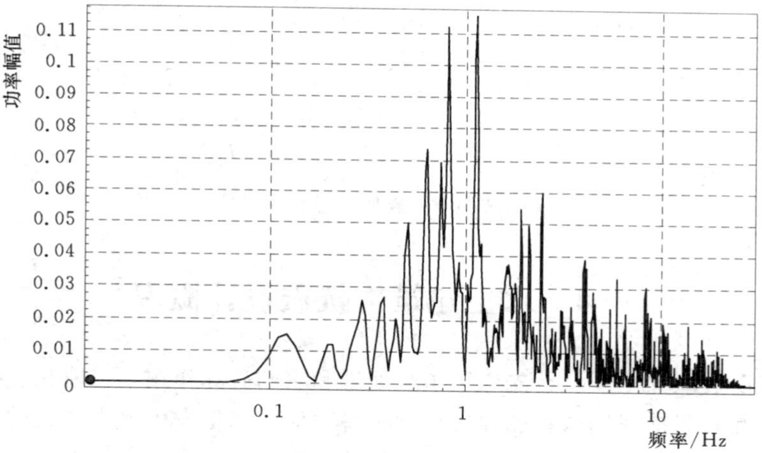

图 4.3.5 台湾集集地震（1999 年 9 月 21 日）加速度的功率谱

3. 地震动持时

当地震波最大振幅（较大冲击）比较大时，在它的袭击下的构筑物有可能仅仅因为这一个冲击就造成倒塌或严重破坏或出现一定程度的破坏。当该地震波中的其他振动幅值也较大时，没有倒塌的构筑物的破坏很可能进一步加重。这有两种可能性，一种是构筑物遭受地震作用破坏后它的抗震能力明显下降，即使后来的地震波幅值较小也足以加重构筑物的破坏或倒塌；另一种是第一个冲击波已使构筑物有了变形，再来第二、第三个较小的冲击波的重复作用，它的变形继续增加，从而加大裂缝的宽度或引起严重倾斜甚至倒塌。这两种破坏过程均存在着变形和破坏状态的积累。可以想象，地震波的持续时间较长，最大冲击波一般也比较大，引起的地层振动的时间较长，或是存在着几次较大的冲击波，致使一次地震延续较长时间，例如一分多钟。所以地震波的延续时间较长时，较大的冲击波一般也将增多，其破坏力将明显增大。地震波的历时或持续时间，工程上称为持时。

现在有好几种持时的定义，用得较多的持时定义（图 4.3.6）是：首次和末次达到 a_0 的波峰之间的时间（区间持时）。a_0 常取 0.05g（相应于水工建筑物抗震设计规范规定的设计烈度为 6 度），或者取水平峰值加速度的 5%。因为更小的地震动加速度不会引起结构的破坏。这时持时 T_d 的定义是

$$T_d=T_2-T_1 \tag{4.3.4}$$

式中：T_2 与 T_1 分别为水平线 $a=\pm a_0$ 首次和末次同加速度时程 $a(t)$ 的相交点。

对于图 4.3.3 给出的台湾集集地震加速度时程，根据式（4.3.4）的定义，其持时为 20.68s。

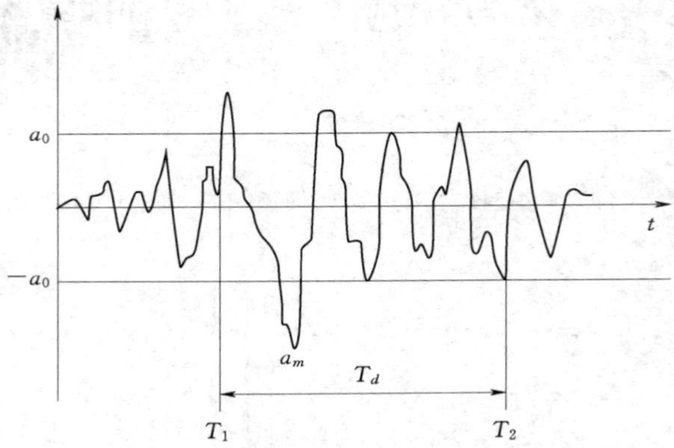

图 4.3.6　强震持时的一种定义

4.4　水工建筑物抗震设计概况

为了做好防震减灾工作，首先应该了解地震和它的破坏作用，采取相应措施，做到防患于未然。但是，目前我们还不能确切地预报将在何时何地发生多大强度的地震，更不能阻止它的发生。要解决这些问题，需要弄清楚地球内部特别是地壳内部物质运动和变化的规律及其与各种地球物理参数之间的联系，建立真正的数字地球科学，但这将是一个长期的研究和积累的过程。在现阶段，主要还得依靠工程手段来保护各类建筑物和设施免遭地震的严重破坏。

以往强震震害表明，在地震区凡按规范进行过精心的选址和抗震设计、具有严格的施工质量、且地震动参数与设计时所采用的参数相适应的工程结构，地震时的破坏虽不可避免但可减轻。由此可见，合理的抗震设计是保障各类建筑物地震安全的关键措施。

4.4.1　有关法规

为了防御与减轻地震灾害，保护人民生命和财产安全，1997 年中国人大通过了《中华人民共和国防震减灾法》并经 2008 年修订，对地震监测预报、地震灾害预防、地震应急、震后救灾与重建等作了明确规定。该法已于 2009 年 5 月 1 日开始实施。

根据《中华人民共和国防震减灾法》，国家质量技术监督局2001年颁布了《中国地震动参数区划图》（附录B、附录C）。工程抗震设计可直接采用地震动参数（地震动峰值加速度和反应谱特征周期）而不再采用国家地震局1990年颁布的地震基本烈度区划图中的基本烈度。由于现行的国家标准和许多行业标准仍然使用设计烈度这一概念，为保持规范的延续性，汶川地震后，仍对四川、陕西和甘肃等灾区的设防烈度进行了局部调整。在以后的有关抗震规范修订版本中，凡涉及烈度概念的，将逐步修正为由地震动参数来准确表达，但在一定时期内烈度这一概念仍将广泛使用。

在建筑、交通、水利、港口等专业主管部门已分别制定了各专业的工程抗震设计规范。例如，对于水工建筑物，水利行业现行的抗震设计规范为SL 203—97《水工建筑物抗震设计规范》，另外，也颁布了电力行业标准DL 5073—2000《水工建筑物抗震设计规范》，主要适用于设计烈度为6度、7度、8度、9度的1级、2级、3级碾压式土石坝、混凝土重力坝、混凝土拱坝、平原地区水闸、溢洪道、地面厂房、进水塔、地下结构等水工建筑物的抗震设计。虽然这两本规范分别适用于不同的行业，但在内容上二者差别并不大。以DL 5073—2000《水工建筑物抗震设计规范》为例，该规范制定时参考了当时的水利电力部颁布的SDJ 10—78《水工建筑物抗震设计规范》及如下标准和规范：

GBJ 11—89《建筑抗震设计规范》

GB 50119—94《水利水电工程结构可靠度设计统一标准》

DL T5077—1996《水工混凝土结构设计规范》

DL 5108—1999《混凝土重力坝设计规范》

SDJ 12—78《水利水电枢纽工程等级划分及设计标准（山区丘陵区部分）》

SD 133—84《水闸设计规范》

SD 134—84《水工隧洞设计规范》

SD 144—85《水电站压力钢管设计规范》

SD 145—85《混凝土拱坝设计规范》

SDJ 217—87《水利水电枢纽工程等级划分及设计标准（平原、滨海部分）》

SDJ 218—84《碾压式土石坝设计规范》

SD 303—88《水电站进水口设计规范》

SD 335—89《水电站厂房设计规范》

同时规定，按水工抗震规范进行水工建筑物抗震设计时，尚应符合以上有关标准、规范的要求。同级行业标准规范中，有关水工建筑物抗震方面的规定不符合水工抗震规范的，应以水工抗震规范为准。

从目前来看，水工抗震规范所参考的上述规范不少已更新修订。例如，建筑抗震设计规范2010年10月施行的版本是GB 50011—2010，早已替换规范GBJ 11—89。所以，现行水工建筑物的抗震设计规范已不能满足当前技术和科学发展的要求，新的版本正在修订之中。

抗震减灾工程是一门需要在实践中不断总结和发展的学科。50年来我国的水工建筑物设防标准已经历过多次不同程度的修订和完善，目前的设防标准是依据国家监测地震动参数区域分布，划分不同地方应该设防的水平。随着技术、经济和测量水平的提高，国家地震动参数也在修订，水工建筑物抗震标准也要进行相应的修订。汶川大地震必将为我国水工建筑物的抗震工作提供经验。

4.4.2　水工建筑物抗震设计基本要求

水工建筑物的抗震设计，宜符合下列基本要求：

（1）结合抗震要求选择有利的工程地段和场地。

（2）避免地基和邻近建筑物的岸坡失稳。

（3）选择安全、经济、合理的抗震结构方案和抗震措施。

（4）在设计中从抗震角度提出对施工质量的要求和措施。

（5）便于震后对遭受震害的建筑物进行检修。重要水库宜设置泄水建筑物、隧洞等，保证必要时能适当地降低库水位。

一般建筑结构抗震设防的目标是：小震不坏、中震可修、大震不倒。而水工建筑物，特别是水坝，遭受强震万一发生溃决，将导致严重次生灾害，因此，其设防目标应为中震不坏，大震可修，极震不倒，这是新修订水工抗震规范的要求。

水工建筑物在不同的设计阶段抗震设计的内容不同。建筑物选址阶段，抗震设计的主要内容就是选择对建筑物抗震相对有利的地段（如坝址8km范围内无活断层，库区无大于或等于5级的地震活动，见表3.1.1）；场地选择后，要选择抗震性能好的建筑物型式及建筑物布局。工程实施阶段，要根据地震动峰值加速度等对建筑物进行抗震计算，采取相应的抗震措施，包括软弱地基的加固处理。例如，小浪底枢纽选用地下厂房，而不采用半地下厂房，抗震安全是影响决策的一个重要因素。

地震时，大坝坝顶反应加速度大，相应地震惯性力大，坝顶附属结构容易产生断裂、倾斜或倒塌等震害，因此坝顶要采用轻型、简单、整体性好、具有足够强度的结构，减小附属结构突出于坝体的尺寸。

重力坝设计中的抗震措施，一般包括简化建筑物体形，在地形地质条件突变处设置横缝，并选用变形能力大的止水型式及止水材料。

对于土石坝，宜选用直线或向上游弯曲的坝轴线；由于刚性心墙抗震性不如塑性心墙，所以最好选用塑性心墙；大坝安全超高应包括地震涌浪高度；选用抗震性能和渗透稳定性较好的土石料筑坝；不宜在坝下埋设输水管等。当库区可能因地震出现大体积塌岸或滑坡引起涌浪时，应专门进行研究。

水闸底板可设置齿墙、尾坎等，防止地基与闸底板因震脱离而产生管涌或集中渗流；闸室结构布置力求匀称，并宜采用钢筋混凝土整体结构。尽量减轻机架顶部重量，采取防止落梁措施等。

在进水塔群设计中，一般采用多种稳定分析方法以及大型振动台试验进行整体稳定性评价，设计中采取适当放缓体型变化幅度、提高混凝土标号、加强配筋等抗震措施。

必须横跨活断层的建筑物，目前还没有有效的抗错断的工程措施。因此，在条件许可时，建筑物布置要避免横跨活断层。例如，地下结构（包括隧洞、地下厂房）布线时，应避开活动断裂带和浅薄山嘴；宜选用埋深大的线路；两条线路相交时，应避免过小的交角；转弯段、分岔段、断面尺寸或围岩性质突变的连接段的衬砌，宜设置防震缝。

另外，设计烈度为8、9度时，工程抗震设防类别为甲类的水工建筑物，应进行动力试验验证，并提出强震观测设计，必要时，在施工期宜布设场地效应台阵，以监测可能发生的强震；工程抗震设防类别为乙类的水工建筑物，宜满足类似要求。以小浪底工程为例，为研究水库诱发地震的诱发机理及发展趋势，预测、预报构造地震和水库诱发地震，小浪底水库在水利水电系统首次建立了水库诱发地震遥测台网，可监控大坝上游 40km、下游 8km，总计约 1400km^2 的范围，可以记录监控范围内 0.5 级以上地震，震中定位精度可达 0.5km。对于三峡工程，在其蓄水前，建立了我国第一个专门监测水库地震的数字遥测台网，包括 24 个固定台，3 个中继站、1 个台网中心、8 个流动台站和 2 个非遥测台站。最近，在金沙江下游 4 个梯级电站（乌东德、白鹤滩、溪洛渡和向家坝）库区，正建立由 62 个固定台站和 8 个流动台站组成空前规模的水库地震监测台网。

通过对国内外以往震害以及“5·12”汶川地震的震害调查表明，按照抗震规范设计的各类水工结构，其抗震减灾性能比未按抗震规范设计的都要好得多。显然，抗震设计规范所要求的抗震计算和工程措施在防灾抗震中发挥了很重要的作用。

在抗震设计中，我们需要多少地震作用方面的知识，取决于估算地震作用效应所采用的计算方法。如果采用静力法，知道一个地基的设计震动加速度就足够了；若采用拟静力法，除地基地震加速度外，还要知道建筑物加速度的近似分布特征（例如，不同的建筑物结构类型具有不同的加速度分布特征；沿建筑物的高度不同，加速度值也不同）；若采用反应谱法，需要知道场地地基设计加速度以及建筑物的加速度反应谱。此反应谱与不同类别场地的特征周期、建筑物的自振周期以及衰减参数有关。如果要了解建筑物随时间变化的地震反应过程，则一般还要知道强地震加速度数字化时程记录。

4.5 混凝土材料的本构关系和动力特性

土木水利建筑物或构筑物常用的建筑材料有岩土、混凝土及钢材。各类材料在常遇的静力及动力荷载作用下的应力-应变关系，已有大量文献资料进行了介绍。例如，在各类静力荷载作用下，一般岩土体的静力本构关系可采用各种合适的并经过长期验证的非线弹性模型及弹塑性模型；在地震作用下，岩土体的动力本构关系除了本书 3.3 节介绍的等效线性黏弹性模型外，还有很多非线性动力模型可供采用。对于一些特殊筑坝材料，例如堆石坝料，还发展了专门的静、动力本构模型。因此，全面详细介绍这些本构关系已超出了本书的能力和范围，有兴趣的读者可参阅相关文献资料。

本节拟围绕水工建筑物抗震设计规范、水工混凝土结构设计规范、混凝土结构设计规范等关于混凝土及钢筋的静、动力本构关系的大概情况，作一简要介绍。

4.5.1 混凝土材料的本构关系

本构关系（Constitutive relation），也称本构模型（Constitutive model）或应力-应变曲线。水工混凝土结构（包括素混凝土结构、钢筋混凝土结构、预应力混凝土结构等）大多属于非杆件体系的二维或三维结构，在工程设计计算和有限元分析中，其应力-应变关系不适合采用经试验与理论分析得出的单轴（一维）拉伸、压缩或剪切模型，而需要引入混凝土的多轴（二维或三维）本构模型，以计算结构的多轴应力状态并验算其强度。采用弹性分析或弹塑性分析求得混凝土结构内的应力或内力分布后，可根据受力情况，进一步采用多轴应力状态下的强度准则进行承载力计算。

在基于大量试验和理论研究的基础上，国内外许多学者提出了丰富多样的混凝土本构模型，可分为4大类：线弹性模型、非线弹性模型、塑性模型及断裂和损伤模型。

线弹性本构模型是最简单、最基本的材料本构模型，是迄今发展最成熟的材料本构模型，也是其他复杂本构模型的基础和特例。在几乎所有的数值计算软件中，都有这种本构关系。材料变形在加载和卸载时都沿同一直线变化，完全卸载后不产生残余应变，应力与应变有唯一的确定关系。

当然，混凝土的变形和受力，如单轴拉压，以及多轴应力状态下的应力-应变曲线，都是非线性的，从原则上讲线弹性本构模型不能应用。但是，在一些特定情况下，采用线弹性模型进行结构分析，仍不失为一种简捷有效的手段。例如，当混凝土的应力水平较低，内部微裂缝和塑性变形未有较大发展时；预应力结构或受约束结构开裂之前；体形复杂结构的初步分析或近似计算时；有些结构的计算结果对本构模型不敏感；线弹性模型在水工混凝土结构分析中仍占有一席之地。至今，国内外建成的几乎所有水工混凝土结构中，都是按照线弹性模型进行内力（应力）分析后，经过设计和配筋建造的。实践证明，这样做可使结构具有较高的安全裕度。例如，对于大坝及其他水工混凝土结构的抗震设计，我国基本上仍以线弹性分析为主，抗震安全评价多以最大拉、压应力不超过设计容许值为依据。

线弹性模型，最常见的是各向同性模型，具有弹性模量和泊松比这2个参数，例如，描述弹性地震波在岩石介质中的传播所采用的应力-应变关系式（1.5.3）。常用的还有正交各向异性模型，具有9个独立弹性常数，在弹性力学教科书中都有介绍，此不赘述。

在DL/T 5057—2009《水工混凝土结构设计规范》中：对于混凝土，该规范原则上建议通过制作试件由试验测定其本构关系，或选择合理形式的本构数学模型，由试验标定其中所需的参数值。另外，①分别给出了单轴受压应力-应变全曲线，以及考虑和不考虑软化效应两种情况下的单轴受拉应力-应变曲线；②二维本构关系建议采用非线弹性的正交异性模型及经过验证的其他本构模型，三维本构关系建议采用非线弹性的正交异性模型、弹塑性模型及经过验证的其他本构模型；③给出了单轴、二轴及三轴强度（破坏）准则。

对于钢筋的本构关系，以及钢筋和混凝土的黏结滑移关系，该规范并未给出具体建议。

在GB 50010—2010《混凝土结构设计规范》附录中，给出了钢筋和混凝土的推荐本构模型：

（1）对于钢筋，规范给出了单调加载和反复加载两种情况下的应力-应变曲线。

（2）对于混凝土，规范①通过引入拉伸和压缩两个损伤演化参数，分别给出了单轴受拉、受压应力-应变全曲线，所谓损伤，就是结构的强度、刚度等力学特性随荷载的增加出现退化和软化的现象；②给出了重复加载情况下，混凝土受压应力-应变曲线；③在双轴加、卸载条件下，建议采用损伤模型或弹塑性增量本构模型。对于损伤本构模型，分别给出了双轴受拉、受压、拉-压各分区的加载方程与卸载方程。

（3）对于钢筋与混凝土之间的黏结-滑移关系，给出热轧带肋钢筋的黏结应力-滑移本构关系。其余种类钢筋与混凝土的黏结滑移关系，需通过试验确定。

显然，GB 50010—2010《混凝土结构设计规范》比 DL/T 5057—2009《水工混凝土结构设计规范》在材料的本构关系介绍方面更加细致全面些，虽是针对普通混凝土，但对水工混凝土也可借鉴参考。

上述仅是择要进行介绍，更详细的内容请参考这两本规范。

4.5.2 混凝土材料的动力特性

在地震动力荷载作用下，混凝土材料的强度、变形特性与在静力荷载作用下有所不同。就混凝土材料的动态力学特性而言，在地震作用下，其最大应变率（应变对时间的导数）通常在 $10^{-3}\sim10^{-2}$/s 范围内，属于低、中加载速率水平。

水工建筑物，例如混凝土大坝，一般采用大体积混凝土进行浇筑，与建筑工业领域用普通混凝土的主要区别是大坝混凝土采用了 3～4 级配的多级配骨料，最大骨料尺寸可达 80～150mm。因此，其静、动态强度与变形特性与一般普通混凝土不同。

对普通混凝土，动力作用下已取得的单轴动态抗拉、抗压强度特性的共同认识是：混凝土静态强度、粗骨料、水灰比、养护和湿度条件、龄期、温度、尺寸效应、试验手段和动态加载方式等因素都影响其动态强度特性；随加载速率的增加，抗拉强度的率敏感性要高于抗压强度；应变率在 $10^{-5}\sim10^{0}$/s 范围内时，应变率每提高一个数量级，单轴抗压动强度提高 4%～10%，单轴抗拉动强度提高 15%左右。

一般混凝土结构都处于复杂应力状态，需要考虑其混凝土材料的多轴强度，但由于受到试验设备等诸多因素的影响，有规律性的统一结论还未取得。有研究表明，峰值应力处的应变值随着应变速率的增加而变化很小，可以取为常数；在不同的应变速率下，混凝土材料的动态压缩（拉伸）应力-应变曲线的基本形状相似，可以用同一曲线方程进行描述。

在水工建筑物抗震设计中，混凝土的动态力学特性参数主要为其动态抗拉、抗压强度和弹性模量，以剪切受拉和弯曲受拉的抗拉强度最为关键。因此，以采用基于全级配试件抗折试验得出的弯拉强度作为坝体抗拉强度的标准值为宜。在强震作用下，坝体的开裂损伤主要由混凝土的抗拉强度控制，因此，应明确规定混凝土抗拉强度的标准值及其相应的安全准则。

现行水工建筑物抗震设计规范规定，混凝土动态强度和动态弹性模量的标准值，可较其静态标准值提高 30%；混凝土动态抗拉强度的标准值可取为动态抗压强度标准值的 8%。

新修订的水工建筑物抗震设计规范，拟规定将进行循环动态加载抗折试验的全级配混凝土的动态强度标准值较其静态标准值的提高改为 20%。对于不进行全级配试件的抗折试验的一般工程，抗拉强度标准值取为抗压强度的 10%，动态弹性模量标准值较其静态标准值的提高改为 50%。并且规定，动态强度和变形参数与应变速率无关。

有关大坝混凝土与地基岩体及有缝隙岩体的动态抗剪强度试验资料，目前国内外都很少见。从已有资料中尚难以判断其动、静态抗剪强度的差异，因此，规定在地震作用下水工建筑物的抗滑稳定计算中，动态抗剪强度参数的标准值可取其静态的标准值。迄今，在确定性方法中均取静态均值为标准值。

思 考 与 习 题

4.1　水工建筑物的抗震设防水准是如何规定的？什么情况下要进行地震危险性分析？

4.2　地震动的三要素是什么？

4.3　查阅文中提到的设计规范，理解钢筋和混凝土的本构模型。

4.4　我国水工建筑物抗震设计规范，对大体积混凝土材料的动弹性模量、动态抗拉和抗压强度是如何规定取值的？

第5章　水工建筑物的抗震计算

5.1 抗震计算概述

地震波，不论是体波还是面波，对建筑物的作用都是先引起场地岩土介质的运动，继而引发建筑物的运动。所以，现在多将地震作用（Earthqauke action，过去曾称为地震荷载或地震力）当成一种间接作用。众所周知，自重、迎水面产生的静水压力、风压力等，是对结构的一种直接作用，不需通过介质来传递。从广义上说，在地震作用下，建筑物的地震反应可视为一种受迫运动（Forced vibration）。对于一般地面建筑物，地震作用主要是指地震惯性力，因为具有质量的结构在地震发生过程中具有运动加速度。对于直接与水接触的水工建筑物，例如大坝、进水塔等，有时还需考虑地震引起的附加动水压力。对于高度较大的挡土结构或挡土墙，研究其地震时的强度和稳定性能时，也需要考虑由于地震附加产生的动土压力。对于地下建筑物，例如隧洞（洞径不大）支护，地震作用则常指通过岩土介质施加给初期支护及后期支护的变形或位移，地震惯性力一般较小。

地震是一种极为复杂的自然现象，地震波的传播及其引起的场地土运动是十分复杂的，地上建筑物又各具不同的动力特性（地下建筑物因受周围岩土介质的束缚，其动力特性一般难于显现），因此，建筑物的地震反应计算也是一个复杂的问题。就目前的科学技术发展水平而言，要全面地、精确地考虑各种因素来计算建筑物的地震反应是不可能的，只能在作出一系列的简化假定之后，采用一些比较成熟而又简单的理论和方法，近似估计出地震反应。近年来，随着计算软硬件的飞速发展及计算技术的提高，借助计算机已能实现大型复杂结构的地震反应仿真计算，并可适当考虑多种实际影响因素，例如施工过程、各类荷载加卸载历史、各种非线性（来自材料、几何、边界、接触）等。

在地震作用下，传统上对建筑物一般采取抗震加强措施，或者说，按照估计的地震作用大小，给建筑物提供一定的抗震能力以策安全。其发展过程，大体可以分为两个阶段：静力理论阶段和动力理论阶段。其区别在于，前者将地震作用视为水平向的静力荷载，后者则以地震的实际地面运动作为抗震设计的基本参数。近几十年来出现了另一种抗震思路，简而言之，就是将地震作用拒之门外，或减少其对建筑物的破坏作用，将建筑物的地震反应（包括位移、速度、加速度、变形或内力等）控制在允许的范围内，这就是隔震、减震与控震的设计思想。这种设计思想已在国内外不少高层建筑、桥梁等结构中得到了应用，但在水工建筑物上应用还不多，主要是因为水工建筑物体积庞大、地形地质条件复杂，造价高昂的隔震、减震与控震技术不太容易实施。

相应于处理地震作用的两个发展阶段，当前进行结构抗震计算的方法大体上也可以归为两类。一类是假定地震对建筑物的作用可以用一种等效的静荷载来代替，然后按静力计算的方法来计算建筑物的地震反应，这类方法称为拟静力法（Pseudo－static method 或

Quasi - static method)。另一类方法称为动力法（Dynamic method），即根据设计反应谱或实测的地震加速度记录（或人工生成的模拟地震加速度记录）直接计算出建筑物的地震反应，分为反应谱法（Response spectrum method）和时间历程法（Time history method）。下面以地上结构为例，在此对这两类方法作一简单介绍。

拟静力法的最初雏形为静力法。位于太平洋板块与亚欧大陆板块交接处的日本，是地震最频繁的国家之一，也是抗震设计（在日本被称为耐震设计）发展最早的国家之一。20世纪初，日本明确提出震度法：将地震作用简化为一个水平等效静力 P，作用在建筑物上，其大小为

$$P = ma_h = \frac{a_h}{g}W = k_h W \tag{5.1.1}$$

式中：a_h 为水平设计地震加速度代表值；W 为建筑物的总重力荷载，也就是通常说的总重量；m 为建筑物的总质量；k_h 为水平地震系数。

这种静力法的基本假定为结构物是刚体，不考虑场地运动的特性，也不考虑结构物本身固有的动力特性，认为结构物各处的最大加速度相同，将最大加速度与质量的乘积作为地震荷载加到结构上，按静力学方法计算结构物的反应。因此，人们常称这种地震力理论为静力理论。该理论无视结构的动力特性而将其作为刚体显然是不合理的。理论与实践均表明，建筑物是可以变形的，在地震影响下将会产生振动。由于结构物具有弹性，使得振动过程中加速度沿结构高度的分布是不均匀的。考虑到加速度分布是顶部大、底部小这一特点，采用了随高度变化的加速度动态分布系数，这就是计算地震作用的拟静力法。不同类型的水工建筑物，加速度动态分布系数不同。在现行的水工抗震规范中，对于不同的水工建筑物，例如重力坝、土石坝、水电站厂房、水闸、进水塔等均有相应的规定。总体来看，拟静力法是一种虽然粗糙但比静力法先进合理的方法。

最接近实际的是将地震作用作为一种随时间变化的动力荷载。将地震作用作为动力作用的基本概念是：任何复杂的结构均可简化成具有多个质点的振动体系，而地震作用是施加在建筑物基础上的一种不规则动荷载。地震反应动力计算方法可分为反应谱法和时程分析法。

反应谱理论是一种能与现代技术发展水平相适应，并且可以作为设计规范依据的理论，它以单自由度弹性体系在实际地震过程中的反应为基础。按照这个理论，首先要从现有的地震记录中寻找有代表意义的标准反应谱曲线（即设计反应谱曲线），其次是计算结构物的动态特性（包括周期、振型、阻尼等），再就是计算各阶振型的地震作用并进行组合，得到设计所需的地震作用。这些问题现在都有大量的研究成果，可以获得较完满的解决。我国的水工建筑物抗震设计规范就是以反应谱理论为依据的。设计用的标准反应谱曲线一般是许多次地震的反应谱曲线的外包线或平均线，它对各种建筑物都能适用。这种理论的缺点是只能根据它求出结构各个振型可能出现的最大值，而不能求出这些最大值之间的相位关系。因为各振型的最大值，并不是同时发生的。

时程分析法的计算模型可以尽可能地描述建筑物在地震作用下的实际情况，可以考虑结构与介质（主要是指岩土和水体）的相互作用，以及材料的非线性、大位移、大变形等，但计算工作量很大，计算成本较高，可以直接用来计算的实测地震加速度记录也较

少，因此应用起来还有一定的局限性。但是，由于它可以在已知场地运动加速度过程的条件下了解体系动力反应的全过程，是一个“动”的概念，因此，随着电子计算机软硬件的发展，这种抗震分析方法对于重要结构已广为应用。我国水工建筑物抗震设计规范规定，对重要大坝要求除了采用反应谱法外，应该补充时程反应分析。

值得指出的是，对于重要水工建筑物进行时程动力分析时，由于土、混凝土、土石坝等材料的非线性特性及动态本构关系、非线性动力分析方法及相应的抗震安全性判别准则等，都仍处于发展之中尚未达成共识，所以，拟静力法目前在水工建筑物的抗震计算中仍有不少应用。我国水工建筑物抗震设计规范所推荐的拟静力法，是在对地震区设计或已建的各类水工建筑物进行大量动力分析的基础上，按不同结构类型和高度，归纳出大体上能反映结构动态反应特性的地震作用沿高度的分布规律，以动态分布系数进行表征。对不同的水工建筑物，它可以是地震惯性力或地震加速度分布，并可根据震害和工程设计实践经验确定总的最大地震惯性力，由此得出分布的地震作用仍以静态作用形式给出，从而使设计避免了繁复的动力分析。此外，根据我国具体情况，对量大面广的中小型水工建筑物，目前也只能采用拟静力法进行抗震计算。

现行水工建筑物抗震设计规范规定，对不同工程抗震设防类别（见 4.1 节）的水工建筑物，除土石坝、水闸外，应按表 5.1.1 选用拟静力法或动力法进行抗震设计计算。对于 50m 以下的小型工程，可采用拟静力法计算地震反应。在采用动力法计算地震反应时，应考虑结构和地基的动力相互作用；与水体接触的建筑物，还应考虑结构和水体的动力相互作用。

表 5.1.1　　地震反应的计算方法

工程抗震设防类别	计　算　方　法
甲	动力法
乙、丙	动力法或拟静力法
丁	拟静力法或着重采取抗震措施

本章首先介绍反应谱的概念，然后介绍水工建筑物抗震设计规范给出的标准设计反应谱曲线，其次介绍抗震计算的振型分解反应谱法、拟静力法及典型动力时程分析法。最后，介绍规范采用的地震惯性力、地震动水压力、地震动土压力的计算公式及其产生背景。

5.2 地 震 反 应 谱

5.2.1 弹性反应谱的导出

由于地震是一种复杂的场地运动过程，建筑物本身也是非常复杂的体系，需要用很多参数（通常称为自由度，Degree of freedom）才能描述其运动过程。即使是计算机已很普及的今天，对建筑物进行精细的动力学分析也是比较困难和耗时费力的工作。为易于理解，下面从最简单的单自由度结构体系开始。

我们先研究单自由度结构沿水平方向的运动。图 5.2.1（a）中所示的供水水塔其质量为 m，通过具有水平抗侧移刚度为 k 的弹性支撑固定于地面，如图 5.2.1（b）所示。

所谓水平抗侧移刚度，就是使水塔相对于地面发生单位水平位移时在质量块 m 上所需施加的水平推力。另一个例子，是图 5.2.1（c）给出的由两列轻质钢管柱支撑的长廊。它也可简化成质量为 m、抗侧移刚度为 k 的单自由度振动体系，如图 5.2.1（d）所示。单自由度结构表示结构仅能沿一个方向运动而不受约束。

假设地震波引起的地面震动位移为 $u_g(t)$。它在每次地震都不一样，波形杂乱而很难找出规律，工程上统称为随机波。

(a)供水水塔

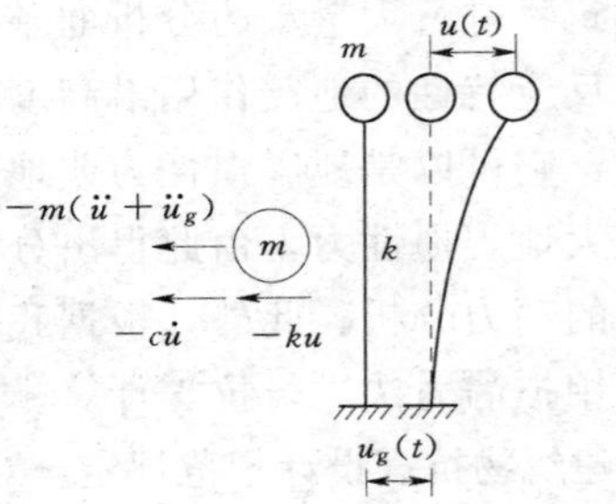

(b)仅关心水塔的横向左右平动时，可将其等效成单自由度振动体系

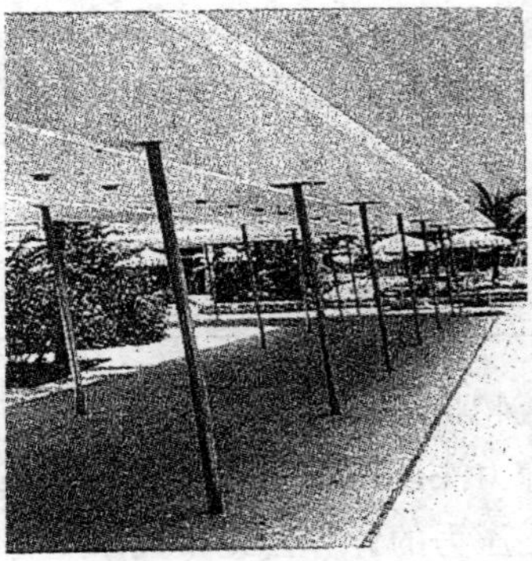

(c)由两列钢管柱支撑的廊亭

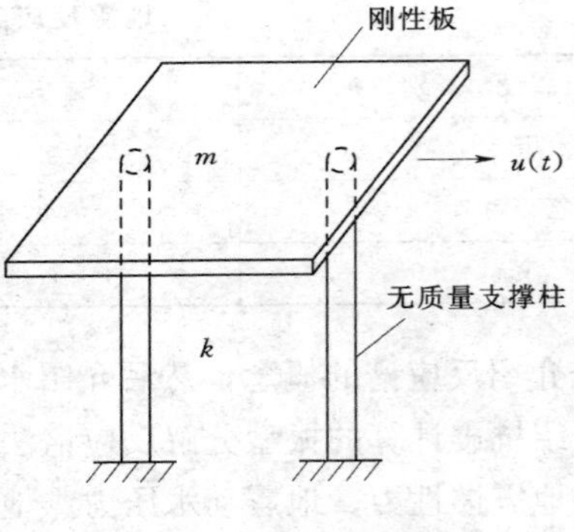

(d)仅关心廊亭的横向左右平动时，可将其等效成单自由度振动体系

图 5.2.1　可近似成单自由度的振动体系例子

实际上，一般通过强震仪测取的是地面运动加速度 $\ddot{u}_g(t)$ 记录［地面位移 $u_g(t)$ 上加两点表示对时间的两次求导］。虽然地面运动很杂乱无规律性，但质量块 m 相对于地面产生的水平振动位移 $u(t)$（以水平向右为正）、速度 $\dot{u}(t)$ 和加速度 $\ddot{u}(t)$，却具有一定的规律性，通常具有相对稳定的周期或频率。所谓周期就是质量块 m 围绕其平衡位置往复循环振动一次所需的时间。

由图 5.2.1（b）可知，在任一瞬时作用在质量块 m 上的力保持运动平衡：

$$-m(\ddot{u}+\ddot{u}_g)+(-c\dot{u})+(-ku)=0 \tag{5.2.1}$$

式（5.2.1）左边第一式表示作用在 m 上的惯性力，数值上为质量与其绝对加速度（等于结构相对地面的加速度与地面运动加速度之和）的乘积，方向与绝对加速度方向相反。

左边第二式表示使结构振动逐渐衰减的力，主要由材料内摩擦、连接件摩擦、空气阻尼等引起。对于水工建筑物的抗震计算，通常采用黏滞阻尼理论，即假定阻尼力与质点相对速度成正比，方向相反。

左边第三式表示使结构从振动位置恢复到平衡位置所需的恢复力，小变形弹性情况下，它与结构相对位移成正比，方向相反。

将式（5.2.1）移项，得

$$m\ddot{u}(t)+c\dot{u}(t)+ku(t)=-m\ddot{u}_g(t) \tag{5.2.2}$$

式（5.2.2）表明，地面运动对结构的影响相当于地面保持不动而在 m 上作用等效动荷载 $P(t)=-m\ddot{u}_g(t)$。因此，结构的地震反应实际上是一种受迫运动，进而可按结构动力学或振动理论进行分析计算。

根据式（5.2.2），由一般的结构动力学知识，很容易得到描述单自由度结构固有振动特性的几个量：

无阻尼固有周期（或自振周期）：$T=2\pi\sqrt{\dfrac{m}{k}}$

无阻尼固有圆频率（或自振圆频率）：$\omega=\dfrac{2\pi}{T}$

无阻尼固有自然频率（或自振频率）：$f=\dfrac{1}{T}$

临界阻尼比（简称阻尼比）：$$\zeta=\frac{\text{实际阻尼系数}}{\text{临界阻尼系数}}=\frac{c}{c_r}=\frac{c}{2\sqrt{km}}=\frac{c}{2m\omega} \tag{5.2.3}$$

所谓固有振动特性，就是它们的存在不依赖于外荷载，是振动体系的内在特性。从图5.2.2中的曲线（a）、（b）与（c）对比可以发现，无论地面如何运动，结构的地震反应总要顽强地表现其自身的固有周期特性。图5.2.2（a）所示的单自由度结构1具有周期 $T_1=0.5\text{s}$，图5.2.2（b）所示的单自由度结构2具有周期 $T_2=1.5\text{s}$。

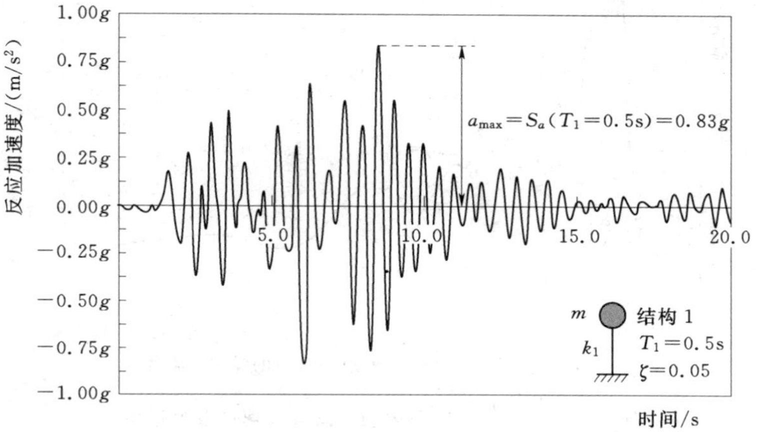

（a）单自由度结构1（质量为 m，刚度 k_1，周期 $T_1=0.5\text{s}$）的地震反应加速度时程

图5.2.2（一） 地面运动，反应加速度及反应谱

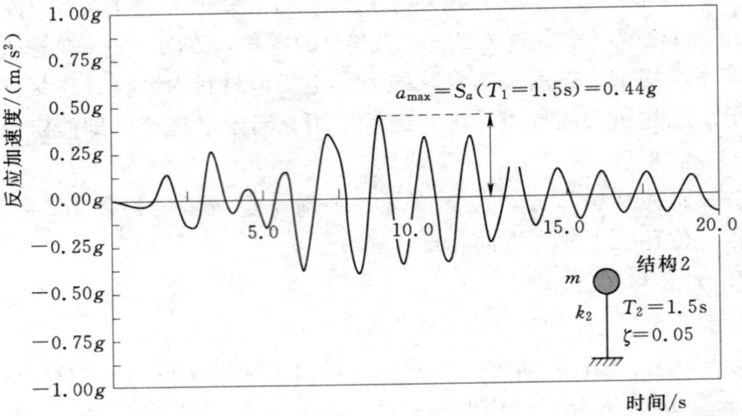

(b)单自由度结构 2(质量为m，刚度 k_2，周期 $T_2=1.5s$)的地震反应加速度时程

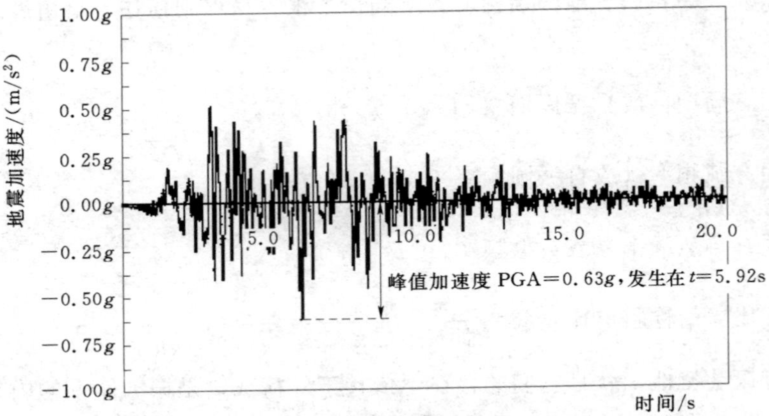

(c)地面运动加速度时程曲线

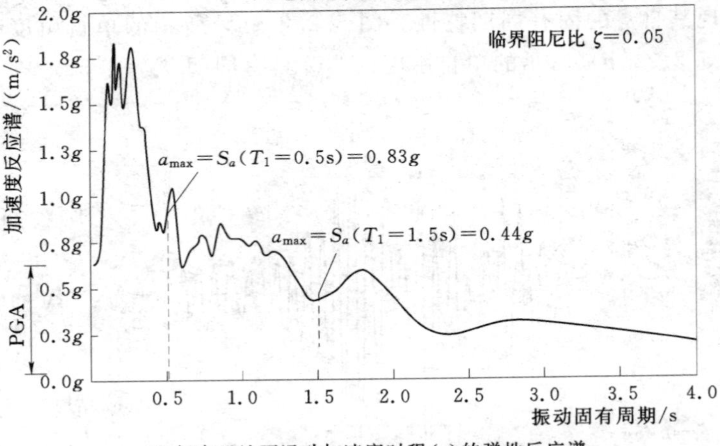

(d)相应于地面运动加速度时程(c)的弹性反应谱

图 5.2.2（二）　地面运动，反应加速度及反应谱

如果地面运动 $\ddot{u}_g(t)$ 的周期与结构的固有周期相同或接近，则结构的地震反应例如位

移 $u(t)$ 将随时间不断增大，这就是所谓的共振现象，如图 5.2.3（a）所示。但这只是理想中的情况。由于在实际结构中总是存在使振动衰减的因素（工程上称为阻尼作用），故结构的振动反应，即使在共振的条件下也不可能无限增大，至多趋向于比将等效地震作用力 $m\ddot{u}_g(t)$ 的幅值当做静荷载时产生的相应位移放大 $1/(2\zeta)$ 倍的稳定状态振动，如图 5.2.3（b）所示，显示了阻尼比 ζ 在削减共振方面的作用。显然，阻尼比 ζ 越大，共振时的放大倍数越小。

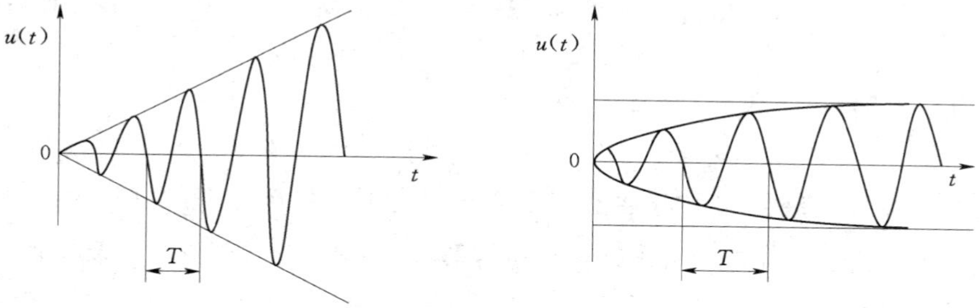

(a)无阻尼时共振波　　(b)有阻尼时共振波

图 5.2.3　共振波

一般结构的阻尼比 ζ 在 0.01～0.1 之间。对于钢筋混凝土结构，阻尼比常取 0.05，在稳态振幅简谐荷载作用下，发生共振时的结构位移放大倍数约为 $1/(2\zeta)=1/(2\times 0.05)=10$ 倍，如图 5.2.4 所示。但是，地面运动作用下的“共振”与简谐力作用下的“共振”现象仍有不同之处。在地震反应中，由于地面加速度 $\ddot{u}_g(t)$ 不是时间的稳态函数而是瞬态的，地震时明显的晃动往往只有 2～3 次或稍多一些，这表明地震主要脉冲波的循环次数是不多的，一般不会出现常幅简谐力作用下的“共振”，地震反应的放大倍数一般不超过 3～4 倍。在这个意义上，地震作用下的最大反应只能说是“类共振”。这一现象显然在抗震设计中属于不利情况，应注意使结构的自振周期尽量避开地震波的主要周期。

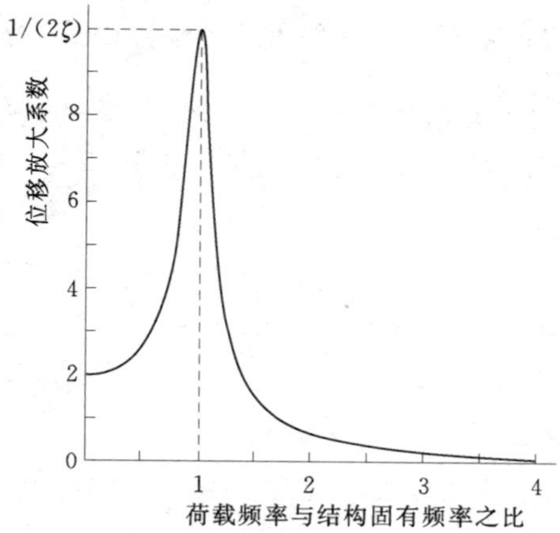

图 5.2.4　简谐荷载作用下稳态振动反应位移的放大因子

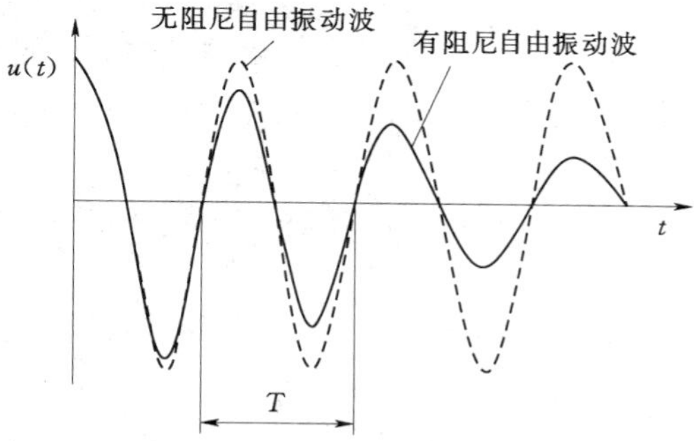

图 5.2.5　有无阻尼的自由振动波

结构的阻尼特性在自由振动中也有明显地反映。假设给图 5.2.1 所示的单质点体系施加水平力，使质点相对于地面有一个初始位移，然后突然将这个水平力去掉，即存在初始位移的条件下将结构突然释放，使其不再受任何外力作用，这时该单质点结构将做如图 5.2.5 所示的自由振动。图中，虚线表示阻尼比为零时的无阻尼自由振动曲线，也是随时间推移并不衰减的过程；实线表示有阻尼时的衰减振动曲线，阻尼比越大，衰减越快。以上是单自由度振动系统自振特性的简单描述。对于大坝、厂房、进水塔等实际水工建筑物，情况就要复杂得多，但自振周期和阻尼的特性依然存在，所不同的是存在着多个振型或模态。

将式（5.2.3）代入式（5.2.2），可得

$$\ddot{u}(t)+2\zeta\omega\dot{u}(t)+\omega^2u(t)=-\ddot{u}_g(t) \tag{5.2.4}$$

数学上，式（5.2.4）的位移通解等于齐次解叠加上特解。齐次解对应 $\ddot{u}_g(t)=0$ 时的情况，表示结构不受外力作自由振动；特解对应 $\ddot{u}_g(t)\neq0$ 时的情况，表示结构在地面运动下作受迫振动。

若 $t=0$ 时结构有初始位移 u_0 和初始速度 $\dot{u}_0$，那么齐次解（自由振动）为

$$u_1(t)=\mathrm{e}^{-\zeta\omega t}\left(u_0\cos\omega_Dt+\frac{\dot{u}_0+u_0\zeta\omega}{\omega_D}\sin\omega_Dt\right) \tag{5.2.5}$$

式中：$\omega_D=\sqrt{1-\zeta^2}\omega$，表示有阻尼情况下的自振圆频率。

特解可由杜哈梅（Duhamel）积分表示，即

$$u_2(t)=-\int_0^t\frac{\ddot{u}_g(t)}{\omega_D}\mathrm{e}^{-\zeta\omega(t-\tau)}\sin\omega_D(t-\tau)\mathrm{d}\tau \tag{5.2.6}$$

所以，位移通解为

$$\begin{aligned}u(t)&=u_1(t)+u_2(t)\\&=\mathrm{e}^{-\zeta\omega t}\left(u_0\cos\omega_Dt+\frac{\dot{u}_0+u_0\zeta\omega}{\omega_D}\sin\omega_Dt\right)-\frac{1}{\omega_D}\int_0^t\ddot{u}_g(t)\mathrm{e}^{-\zeta\omega(t-\tau)}\sin\omega_D(t-\tau)\mathrm{d}\tau\end{aligned} \tag{5.2.7}$$

由于阻尼的存在，体系的自由振动 $u_1(t)$ 很快衰减至零，一般可不考虑。因此，

$$u(t)=-\frac{1}{\omega_D}\int_0^t\ddot{u}_g(t)\mathrm{e}^{-\zeta\omega(t-\tau)}\sin\omega_D(t-\tau)\mathrm{d}\tau \tag{5.2.8}$$

式（5.2.8）即是单自由度弹性体系在地震作用下的相对位移反应。

相对速度反应 $\dot{u}(t)$ 可由式（5.2.8）对 t 求导得

$$\dot{u}(t)=\int_0^t\ddot{u}_g(\tau)\mathrm{e}^{-\zeta\omega(t-\tau)}\left[\frac{\zeta}{\sqrt{1-\zeta^2}}\sin\omega_D(t-\tau)-\cos\omega_D(t-\tau)\right]\mathrm{d}\tau \tag{5.2.9}$$

由式（5.2.4），可得绝对加速度反应或总加速度反应 $\ddot{u}(t)+\ddot{u}_g(t)$ 为

$$\ddot{u}(t)+\ddot{u}_g(t)=-2\zeta\omega\dot{u}(t)-\omega^2u(t) \tag{5.2.10}$$

将式（5.2.8）和式（5.2.9）代入式（5.2.10），有

$$\ddot{u}(t)+\ddot{u}_g(t)=\frac{\omega^2}{\omega_D}\int_0^t\ddot{u}_g(\tau)\mathrm{e}^{-\zeta\omega(t-\tau)}\sin\omega_D(t-\tau)\mathrm{d}\tau$$

$$-2\zeta\omega\int_0^t \ddot{u}_g(\tau)e^{-\zeta\omega(t-\tau)}\left[\frac{\zeta}{\sqrt{1-\zeta^2}}\sin\omega_D(t-\tau)-\cos\omega_D(t-\tau)\right]d\tau \tag{5.2.11}$$

考虑到阻尼比 ζ 很小，$\omega_D=\omega\sqrt{1-\zeta^2}\approx\omega$，并忽略掉式(5.2.8)、式(5.2.9)、式(5.2.11)中含 ζ 的小项，可重写为

$$\left.\begin{aligned}
u(t)&=-\frac{1}{\omega}\int_0^t \ddot{u}_g(\tau)e^{-\zeta\omega(t-\tau)}\sin\omega(t-\tau)d\tau\\
\dot{u}(t)&=-\int_0^t \ddot{u}_g(\tau)e^{-\zeta\omega(t-\tau)}\cos\omega(t-\tau)d\tau\\
\ddot{u}(t)+\ddot{u}_g(t)&=\omega\int_0^t \ddot{u}_g(\tau)e^{-\zeta\omega(t-\tau)}\sin\omega(t-\tau)d\tau
\end{aligned}\right\} \tag{5.2.12}$$

根据式（5.2.12）可知，当已知地震时地面运动的加速度 $\ddot{u}_g(t)$ 后，由于不同的单自由度弹性体系具有不同的动力特性（自振周期 T 或圆频率 ω，临界阻尼比 ζ 等），因此，它们就有不同的位移、速度和加速度反应。对每一确定的体系（ζ 和 T 值已知），给定某次地面运动 $\ddot{u}_g(t)$，便可计算出位移、速度和加速度随时间 t 变化的曲线。例如，图 5.2.2（a）和图 5.2.2（b）给出了在图 5.2.2（c）所给地面运动作用下不同结构的加速度反应曲线。

在抗震设计中，人们常关心的是最大反应，即沿时间历程的最大值。由式（5.2.12）分别定义最大相对位移，最大相对速度，最大绝对加速度为

$$\left.\begin{aligned}
S_d&=|u(t)|_{max}=\frac{1}{\omega}\left|\int_0^t \ddot{u}_g(\tau)e^{-\zeta\omega(t-\tau)}\sin\omega(t-\tau)d\tau\right|_{max}\\
S_v&=|\dot{u}(t)|_{max}=\left|\int_0^t \ddot{u}_g(\tau)e^{-\zeta\omega(t-\tau)}\cos\omega(t-\tau)d\tau\right|_{max}\\
S_a&=|\ddot{u}(t)+\ddot{u}_g(t)|_{max}=\omega\left|\int_0^t \ddot{u}_g(\tau)e^{-\zeta\omega(t-\tau)}\sin\omega(t-\tau)d\tau\right|_{max}
\end{aligned}\right\} \tag{5.2.13}$$

从设计实际出发，给定一个阻尼比 ζ（如取 0.05）和地震动 $\ddot{u}_g(t)$，由式（5.2.13）可知，结构反应的最大值 S_d、S_v、S_a 仅是其自振周期 T 或自振圆频率 ω（因为 $T=2\pi/\omega$）的函数。连续变化 T，则可计算得到相应的 $S_d(T)$ 曲线、$S_v(T)$ 曲线和 $S_a(T)$ 曲线，分别称为该结构对应此次地震的所谓位移反应谱、速度反应谱和加速度反应谱。由于式（5.2.13）是式（5.2.8）、式（5.2.9）和式（5.2.11）在 ζ 很小时最大值的近似值，并不是实际的最大反应值，因此，有人把 S_d、S_v、S_a 称为拟位移谱、拟速度谱和拟加速度谱。本书为简便计，将“拟”字去掉，仍称之为位移谱、速度谱和加速度谱。

例如，图 5.2.2（d）所示曲线就是相应于地面运动时程图 5.2.2（c）的加速度反应谱，其中纵坐标谱值 $S_a(T_1=0.5\text{s})=0.83g$，$S_a(T_2=1.5\text{s})=0.44g$ 分别是图 5.2.2（a），图 5.2.2（b）加速度反应的最大值。

在此，简单地对谱（Spectrum）这个概念进一步解释，以便于理解。我们知道，白色或无色光通过棱镜可分成按波长从大到小依次排列的赤、橙、黄、绿、青、蓝、紫七色光谱；声谱是将复杂的声音分解为多个音高并按频率大小顺序排列而成；物质质量谱是将粒子按其质量大小依次排列。若对谱的概念下一个通俗的定义，可以这样说：将含有复杂组成的物理量分解为单纯的成分，然后按照这些成分特征值的大小依次排列而成的东西。地震加速度反应谱就是将单自由度体系的最大加速度反应 S_a，按自振周期 T（或圆频率 ω）的大小依次排列（给定阻尼比 ζ）所构成的图谱。由于自振周期 T 可连续变化并代表不同的单自由度结构，因此 S_a 随 T 的变化就是一条连续曲线。

同理，我们也可以算得一次地震的最大位移反应 $S_d = |u(t)|_{\max}$ 和最大速度反应 $S_v = |\dot{u}(t)|_{\max}$ 随自振周期 T 的关系曲线，分别称为地震的相对位移反应谱和相对速度反应谱。同样，阻尼比 ζ 取值不同（例如取 0.02，0.07 等），可得到不同的反应谱。

结构在地震持续过程中，经受的最大地震惯性力为

$$
\begin{aligned}
F &= |F(t)|_{\max} = m|\ddot{u}(t)+\ddot{u}_g(t)|_{\max} = mS_a \\
&= \frac{S_a}{|\ddot{u}_g(t)|_{\max}}\frac{|\ddot{u}_g(t)|_{\max}}{g}mg = \beta k_h G = \alpha G
\end{aligned}
\tag{5.2.14}
$$

式中：$\beta = \dfrac{S_a}{|\ddot{u}_g(t)|_{\max}}$ 为动力放大系数，表示结构的最大绝对加速度反应 S_a 与地震动峰值加速度 $|\ddot{u}_g(t)|_{\max}$ 之比（地震动峰值加速度，即前文的 PGA）；$k_h = \dfrac{|\ddot{u}_g(t)|_{\max}}{g}$ 称为水平地震系数，表示水平地震动峰值加速度与重力加速度之比；$\alpha = k_h\beta$ 称为地震影响系数。在现行水工抗震设计规范中，给出的就是放大系数 β 谱，而不是加速度反应谱 $S_a(T)$。

需要指出的是，由于地面运动加速度 $\ddot{u}_g(t)$ 随时间的变化规律很难用简单的确定函数来表达，因此在利用式（5.2.12）计算位移、速度和加速度反应时，包含有 $\ddot{u}_g(t)$ 的积分项无法以解析式表达出来。实际计算中，通常将仪器监测到的地面运动加速度记录进行数字化后，采用中心差分法、线性加速度法、纽马克（Newmark）法等动力时程分析算法，编制计算机程序逐步算出各种反应在每一时刻的具体数值。这样，整个时间历程中的反应最大值就很容易得到了。关于动力时程分析算法及例子，将在第 5.9 节进行介绍。

5.2.2　弹性反应谱的性质

5.2.2.1　位移谱、速度谱和加速度谱间的关系

当地震动持续时间足够长时，式（5.2.13）中积分号内的 $\sin\omega(t-\tau)$、$\cos\omega(t-\tau)$ 只差一个相位 $\pi/2$，当仅考虑最大值时，可以近似将 sin() 和 cos() 互换而差别不大。这样，相对位移反应谱 S_d、相对速度反应谱 S_v 和绝对加速度反应谱 S_a 之间存在以下近似关系：

$$
\left.\begin{aligned}
S_v &\approx \omega S_d \\
S_a &\approx \omega S_v
\end{aligned}\right\}
\tag{5.2.15}
$$

对式（5.2.15）两边取对数，有

$$\left.\begin{aligned}\lg S_v &= \lg S_d + \lg\omega \\ \lg S_v &= \lg S_a - \lg\omega\end{aligned}\right\} \quad (5.2.16)$$

由此可看出，当谱值 S_d 或 S_a 保持为常数时，$\lg S_v - \lg\omega$ 为线性关系，斜率分别为$+1$或-1。

5.2.2.2 绝对刚体与无限柔体

下面考察一下绝对刚体和无限柔体的地震反应。

对于绝对刚体的情况，即结构的刚度 k 非常大，自振频率 ω 很大而自振周期 T 接近于零。质量 m 相对于地面的运动位移和速度为零，绝对运动加速度等于地面加速度：

$$\left.\begin{aligned}S_d &= |u(t)|_{\max} = 0 \\ S_v &= |\dot{u}(t)|_{\max} = 0 \\ S_a &= |\ddot{u}(t) + \ddot{u}_g(t)|_{\max} = |0 + \ddot{u}_g(t)|_{\max} = |\ddot{u}_g(t)|_{\max}\end{aligned}\right\} \quad (5.2.17)$$

此时 m 的运动和地面运动完全一致。

对于无限柔性体情况，即结构刚度 k 非常小，自振频率 ω 趋于零而自振周期 T 很大。当地面发生运动 $u_g(t)$ 时，质量 m 处于绝对不动状态（绝对加速度为零），但具有相对于地面的反向位移和反向速度，即

$$\left.\begin{aligned}S_d &= |u(t)|_{\max} = |-u_g(t)|_{\max} = |u_g(t)|_{\max} \\ S_v &= |\dot{u}(t)|_{\max} = |-\dot{u}_g(t)|_{\max} = |\dot{u}_g(t)|_{\max} \\ S_a &= |\ddot{u}(t) + \ddot{u}_g(t)|_{\max} = |-\ddot{u}_g(t) + \ddot{u}_g(t)|_{\max} = 0\end{aligned}\right\} \quad (5.2.18)$$

5.2.2.3 阻尼的影响

阻尼对位移谱、速度谱和加速度谱的影响很大。图 5.2.6 是台湾集集地震中某次加速度时程（图 4.3.3）在不同阻尼比 $\zeta=5\%$、10%、15%时的绝对加速度谱、速度谱和位移谱。

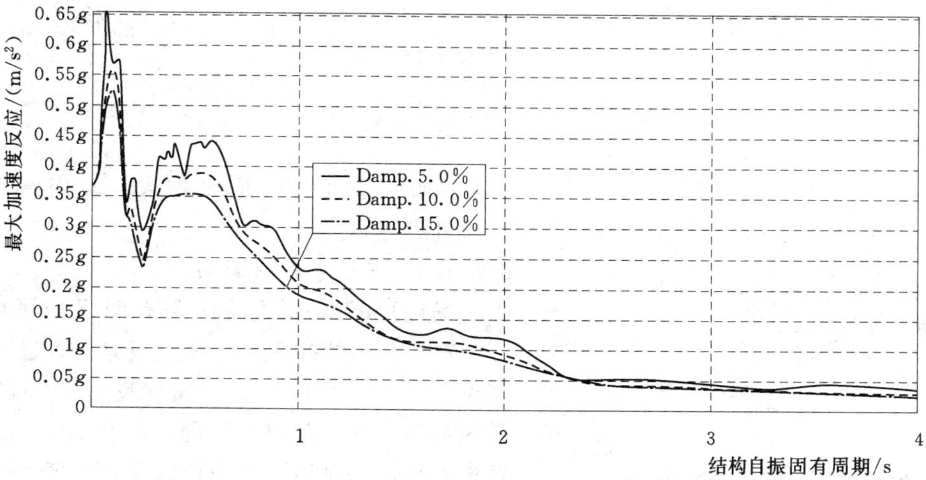

(a)加速度反应谱

图 5.2.6（一） 不同阻尼比的典型地震反应谱

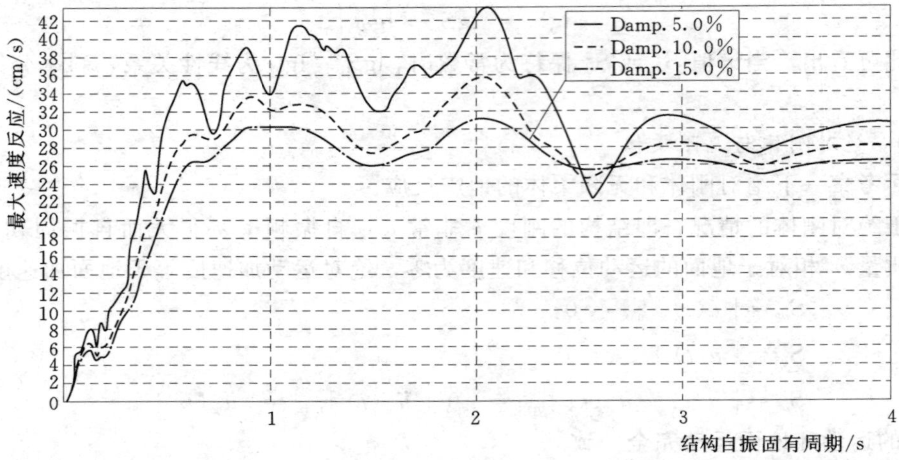

(b)速度反应谱

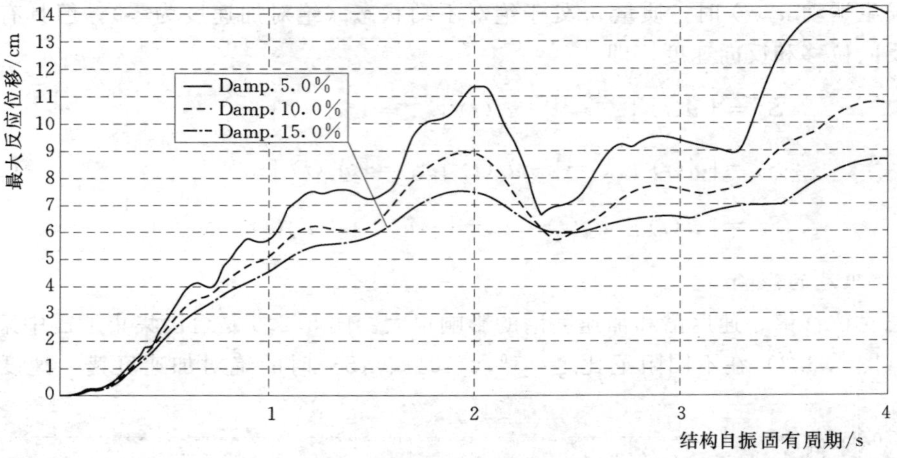

(c)位移反应谱

图 5.2.6（二）　不同阻尼比的典型地震反应谱

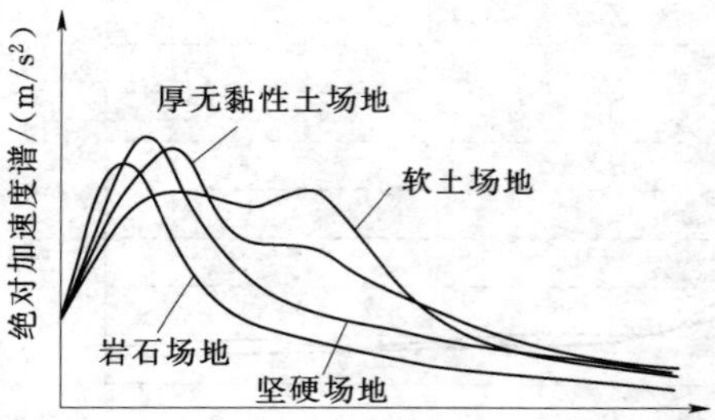

图 5.2.7　场地条件对加速度反应谱的影响曲线

由此可看出，阻尼比越大，反应谱峰值越低，且尖峰越少。

5.2.2.4　场地条件的影响

场地地基条件对反应谱有明显的影响。图 5.2.7 给出了岩石场地、硬土场地、软土场地和厚无黏性土场地对地震加速度反应谱（震中距、震级都很接近，阻尼比取同一值）的影响。可以看出，场地越刚硬，反应谱峰范围越瘦窄；场地越柔软，反应谱峰范围越胖宽。

5.3 设计反应谱

近几十年来，各国研究工作者根据强震记录的水平加速度资料进行了大量的加速度反应谱的计算与统计工作。

关于反应谱，这里要区分两个不同的概念：即实际地震的反应谱和抗震设计反应谱。

实际地震的反应谱是根据一次地震中强震仪记录的加速度时程数据计算得到的谱，也就是具有不同自振周期和一定阻尼的单质点结构在该次地震地面运动影响下最大反应与自振周期的关系曲线。这在上节已进行详细介绍。

抗震设计反应谱是建筑物在其使用期限内可能经受的地震作用的预测结果。通常是根据对大量实际地震记录的反应谱进行统计分析并结合经验加以规定的。这是因为每一次地震，由于震源机制、传播介质、场地条件等参数的不同，地震动的反应谱变化较大。另外，现有的科学水平也无法准确预测某一工程场地未来的地震动情况及其反应谱。因此，通用的做法是将不同的地震记录计算所得的反应谱曲线加以统计平均，在此基础上，再利用数学上的平滑拟合，并考虑安全和经济因素的修正，便成了设计反应谱。由此可见，设计反应谱不是某个特定地震的地面运动的描述，而是基于大量地震动表现的综合认识所做出的对结构地震作用的一种规定。

下面对现行的水工建筑物抗震设计规范所采用的标准设计反应谱进行介绍。

在现行水工抗震设计规范中，给出的标准反应谱曲线是加速度水平分量的放大系数 β 与结构自振周期 T 的关系曲线，如图 5.3.1 所示。这是一种弹性反应谱。

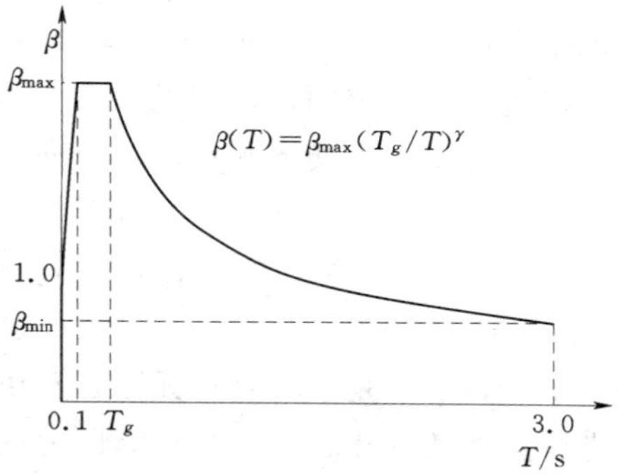

图 5.3.1 水工建筑物抗震设计规范，动力放大系数 β 与自振周期 T 的关系曲线

结构自振周期 $T=0.0$s 时代表刚体，其加速度反应趋于地面加速度，最大加速度等于地震动峰值加速度 PGA，规范以水平设计地震加速度代表值 a_h 表示，因此，$\beta=1.0$。

结构自振周期 T 在 $0.0\text{s}\leqslant T\leqslant 0.1\text{s}$ 范围内取值时，β 在 $1.0\leqslant\beta\leqslant\beta_{max}$ 范围内以斜直线规律变化。设计反应谱最大值 β_{max} 的取值，对各类不同的水工建筑物有所不同，见表 5.3.1。

表 5.3.1　水工建筑物抗震设计规范，设计反应谱最大值的代表值 β_{max}

建筑物类型	土石坝	重力坝	拱坝	水闸、进水塔及其他混凝土建筑物
β_{max}	1.60	2.00	2.50	2.25

结构自振周期 T 在 $0.1\text{s}\leqslant T\leqslant T_g$ 范围内取值时，$\beta=\beta_{max}$，即保持平直线。其中 T_g 为设计特征周期，与场地类别有关，取值见表 5.3.2。例如，对于Ⅰ类场地如岩石地基取 0.2s；对于Ⅳ类场地如软弱地基，饱和松砂、淤泥和淤泥质土等取 0.65s。场地类别的划分及判定，见第 3 章。对于设计烈度不超过 8 度，且基本自振周期 T 大于 1.0s 的结构，

T_g 宜延长 0.05s。

表 5.3.2　　水工建筑物抗震设计规范，场地设计特征周期 T_g　　单位：s

场地类别	Ⅰ	Ⅱ	Ⅲ	Ⅳ
T_g	0.20	0.30	0.40	0.65

结构自振周期 T 在 $T_g \leqslant T \leqslant 3.0$s 范围内取值时，$\beta$ 随 T 以双曲函数规律下降：

$$\beta = \beta_{max}(T_g/T)^{\gamma} \tag{5.3.1}$$

式中：γ 为衰减指数，在现行水工抗震规范中取为 0.9。正在修订的水工建筑物抗震设计规范则建议对于基本周期不大于 1.0s 的混凝土高坝，γ 取为 0.6。

β 的最小值 β_{min}，规范规定不得低于 $0.2\beta_{max}$。

现有的反应谱计算资料多在周期 $T<3.0$s 的范围内。对于长周期 $T>3.0$s 的低频段的研究不多，震害资料也少。近年来，随着工程结构物建设的规模越来越大、体型越来越复杂，出现了一批超高层与空间大跨度建筑物、大跨度桥梁、超高水坝等柔性较大的建筑物，由于它们的自振周期较长，所以考虑地震动长周期分量、地震动扭转分量、地震动场时空变化作用下的地震反应分析及其抗震设计越来越得到重视，也是当前正在研究的热点。

地面运动也有竖向分量，同样可以给出竖向反应谱。过去常用的做法是，竖向谱值取为水平向谱值的 2/3，而谱形状与水平谱基本取为相同。

最近的研究表明，地面的竖向运动作用效应需要重新评价。在一些国家或地区规范里，已经建议了不同于水平谱的竖向反应谱，例如欧盟抗震设计规范。

5.4　振型分解反应谱法

水工建筑物是一种具有无限多自由度的结构体系。为了进行地震反应计算，应首先将其进行空间离散化，比如采用有限元法进行网格剖分，化为有限多自由度体系。当网格划分足够多时，可以逼近原无限多自由度体系。

我们先研究图 5.4.1 所示的多层楼房。假设每层楼面是一刚性板（不能在板的自身平面内产生任何变形），支承在柱子上，只能在水平左右方向发生振动。设其 i 层质量为 m_i，层间水平刚度为 k_i，相对于地面的水平位移为 $u_i(i=1,2,3,\cdots,N)$，此体系在任意时刻上的变形状态都可以用这 N 个独立变量 u_i 来描述，则该楼房可以被视为具有 N 个自由度的振动体系。实际的多层和高层建筑显然要比图 5.4.1 所示的模型复杂得多。首先，水平方向的位移就应该有两个，即图上的左右和前后方向；此外，楼面还会有竖向位移以及绕竖轴扭转和绕两个水平轴的摇摆，楼板也不可能是绝对刚体。因此，需要更多的独立变量或自由度才能描述其运动状态，也就是自由度的数量 N 可达几十甚至数百万个之多，分析起来比较复杂。但是，这里简单例子的基本概念对任何复杂结构都是适用的。

仿照单自由度结构，图 5.4.1 所示的 N 个自由度弹性体系在地面水平运动 $\ddot{u}_g(t)$（假定地震波为竖向入射的剪切波）下，作用于 i 质点上的力有

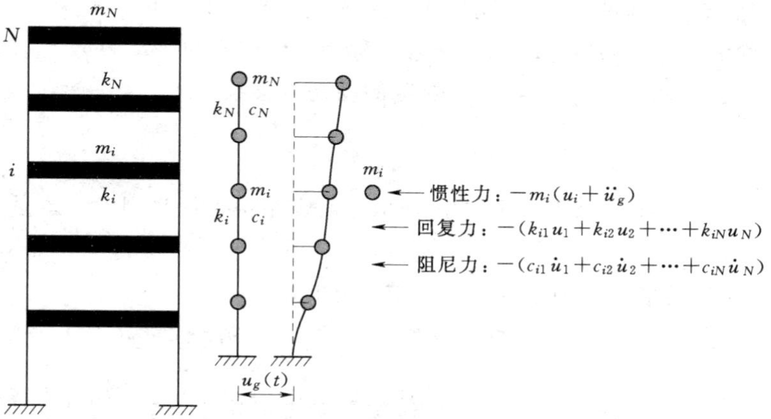

图 5.4.1 多自由度楼房结构，在水平地震动作用下第 i 个质点的受力示意图

$$\left.\begin{array}{l}\text{惯性力：}-m_i(u_i+\ddot{u}_g)\\ \text{恢复力：}-(k_{i1}u_1+k_{i2}u_2+\cdots+k_{iN}u_N)\\ \text{阻尼力：}-(c_{i1}\dot{u}_1+c_{i2}\dot{u}_2+\cdots+c_{iN}\dot{u}_N)\end{array}\right\} \tag{5.4.1}$$

式中：k_{i1} 表示使 1 点沿运动方向产生单位位移（i 点位移保持为零）时在 i 点需施加的弹性恢复力；c_{i1} 表示 1 点沿运动方向产生单位速度（i 点速度保持为零）时在 i 点的阻尼力。

作用在 i 点上力（惯性力、阻尼力和恢复力）的平衡方程为

$$m_i(u_i+\ddot{u}_g)+\sum_{j=1}^{N}c_{ij}\dot{u}_i+\sum_{j=1}^{N}k_{ij}u_i=0, i=1,2,\cdots,N \tag{5.4.2}$$

写成矩阵与向量形式：

$$[\boldsymbol{m}]\{\ddot{\boldsymbol{u}}(t)\}+[\boldsymbol{c}]\{\dot{\boldsymbol{u}}(t)\}+[\boldsymbol{k}]\{u(t)\}=-[\boldsymbol{m}]\{\boldsymbol{J}\}\ddot{u}_g(t) \tag{5.4.3}$$

式中：[$\boldsymbol{m}$] 为 $N\times N$ 阶质量矩阵，对于现在所考察的问题，其对角线元素为 m_i，其他非对角元素为零；[$\boldsymbol{c}$] 和 [$\boldsymbol{k}$] 分别为 $N\times N$ 阶阻尼矩阵和 $N\times N$ 阶刚度矩阵，其对角线元素和非对角线元素都不为零。{$\boldsymbol{J}$} 是以 1 为元素的 $N\times 1$ 阶列向量，称为标识向量，用来标识地震动的作用方向。

在上述推导中，假定地震波竖直向上传播，沿高度方向结构上所有的点同时具有相对加速度 $\ddot{u}_g(t)$，不计波动（能量）从地基传播至结构中 i 点所需的时间，结构的运动是一种整体振动而各点没有相位差别。这对于高度不大的建筑物来说，是可以忽略这种影响因素的。但当结构高度很大时，例如我国西部高烈度地震区修建的众多 300m 级高坝，在研究其地震反应时可能需要计入波动传播的影响。

一般情况下，式（5.4.3）中 $N\times N$ 阶质量矩阵 [$\boldsymbol{m}$]、阻尼矩阵 [$\boldsymbol{c}$] 和刚度矩阵 [$\boldsymbol{k}$] 并非都是对角矩阵，因此，上面的方程组对未知量 {$\boldsymbol{u}(t)$} 而言是耦合的。为了使方程组能够解耦，以无阻尼自由振动时的振型为坐标基底进行坐标变换。设

$$\{\boldsymbol{u}(t)\}=[\boldsymbol{\Phi}]\{\boldsymbol{q}(t)\}=\sum_{j=1}^{N}\{\boldsymbol{\phi}\}_j q_j(t) \tag{5.4.4}$$

式中：[$\boldsymbol{\Phi}$] 为振型矩阵，$[\boldsymbol{\Phi}]=[\{\boldsymbol{\phi}\}_1,\{\boldsymbol{\phi}\}_2,\cdots,\{\boldsymbol{\phi}\}_N]$ 中的列向量 $\{\boldsymbol{\phi}\}_j=\{\boldsymbol{\phi}\}_{\omega_j}$ 表示对应

自振圆频率 ω_j 的第 j 个振型向量，元素 ϕ_{ji} 表示质点 i 在 j 振型时的位移；$\{\boldsymbol{q}\}$ 为广义坐标列向量，其中的元素 $q_j(t)$ 是时间的函数，称为第 j 振型的广义坐标。

将式（5.4.4）展开，质点 i 在任意时刻的振动位移是

$$u_i(t)=\sum_{j=1}^{N}\phi_{ji}q_j(t) \tag{5.4.5}$$

采取工程上常用的瑞雷比例阻尼，这种阻尼假定结构阻尼与刚度和质量成正比，即

$$[\boldsymbol{c}]=c_\alpha[\boldsymbol{m}]+c_\beta[\boldsymbol{k}] \tag{5.4.6}$$

式中 c_α 和 c_β 为质量阻尼系数和刚度阻尼系数，通常取

$$c_\alpha=\frac{2\omega_i\omega_j(\zeta_i\omega_j-\zeta_j\omega_i)}{\omega_j{}^2-\omega_i{}^2},c_\beta=\frac{2(\zeta_j\omega_j-\zeta_i\omega_i)}{\omega_j{}^2-\omega_i{}^2} \tag{5.4.7}$$

实际计算时，一般取前两阶 i，$j=1$，2，假定振型阻尼比 $\zeta_i=\zeta_j$。对于钢筋混凝土结构，通常取阻尼比为 $\zeta_i=\zeta_j=\zeta=0.05$。

将式（5.4.4）代入式（5.4.3），两端同时乘以 $\{\phi\}_i^{\mathrm{T}}$，并利用振型向量关于质量矩阵和刚度矩阵的正交性质：

$$i\neq j:\{\boldsymbol{\phi}\}_i^{\mathrm{T}}[\boldsymbol{m}]\{\boldsymbol{\phi}\}_j=0,\{\boldsymbol{\phi}\}_i^{\mathrm{T}}[\boldsymbol{k}]\{\boldsymbol{\varphi}\}_j=0 \tag{5.4.8}$$

可得到广义坐标系下的解耦的运动方程：

$$\ddot{q}_j(t)+2\zeta_j\omega_j\dot{q}_j(t)+\omega_j^2q_j(t)=-\frac{\{\boldsymbol{\phi}\}_j^{\mathrm{T}}[\boldsymbol{m}]\{\boldsymbol{J}\}}{\{\boldsymbol{\phi}\}_j^{\mathrm{T}}[\boldsymbol{m}]\{\boldsymbol{\phi}\}_j}\ddot{u}_g(t)=-\frac{\sum_{i=1}^{N}m_i\phi_{ji}}{\sum_{i=1}^{N}m_i\phi_{ji}^2}\ddot{u}_g(t) \tag{5.4.9}$$

其中，

$$\left.\begin{aligned}&\text{第 } j \text{ 阶自振圆频率}:\omega_j=\sqrt{\tilde{k}_j/\tilde{m}_j}\\&\text{第 } j \text{ 阶振型阻尼比}:\zeta_j=\frac{\tilde{c}_j}{2\omega_j\tilde{m}_j}\\&\text{第 } j \text{ 阶振型刚度}:\tilde{k}_j=\{\boldsymbol{\phi}\}_j^{\mathrm{T}}[\boldsymbol{k}]\{\boldsymbol{\phi}\}_j\\&\text{第 } j \text{ 阶振型质量}:\tilde{m}_j=\{\boldsymbol{\phi}\}_j^{\mathrm{T}}[\boldsymbol{m}]\{\boldsymbol{\phi}\}_j\\&\text{第 } j \text{ 阶振型阻尼}:\tilde{c}_j=\{\boldsymbol{\phi}\}_j^{\mathrm{T}}[\boldsymbol{c}][\boldsymbol{\phi}]_j\end{aligned}\right\} \tag{5.4.10}$$

定义第 j 阶振型参与系数：

$$\gamma_j=\frac{\sum_{i=1}^{N}m_i\phi_{ji}}{\sum_{i=1}^{N}m_i\phi_{ji}^2} \tag{5.4.11}$$

它具有性质：

$$\sum_{i=1}^{N}\gamma_j\phi_{ji}=1 \tag{5.4.12}$$

这样，原互相耦合的运动方程（5.4.3）经过坐标变换（5.4.4），可得 N 个互相独立的由广义坐标 $q_j(t)$ 表达的运动方程：

$$\ddot{q}_j(t)+2\zeta_j\omega_j\dot{q}_j(t)+\omega_j^2q_j(t)=-\gamma_j\ddot{u}_g(t) \tag{5.4.13}$$

根据式（5.2.8），仿照单自由度结构可求得广义坐标为

$$q_j(t)=-\frac{\gamma_j}{\omega_j}\int_0^t \ddot{u}_g(t)\ \mathrm{e}^{-\zeta_j\omega_j(t-\tau)}\sin\omega_j(t-\tau)\mathrm{d}\tau=\gamma_j\Delta_j(t) \tag{5.4.14}$$

这里定义

$$\Delta_j(t)=-\frac{1}{\omega_j}\int_0^t \ddot{u}_g(t)\mathrm{e}^{-\zeta_j\omega_j(t-\tau)}\sin\omega_j(t-\tau)\mathrm{d}\tau \tag{5.4.15}$$

$\Delta_j(t)$ 如同单自由度结构的地震反应式（5.2.12）。从而，由式（5.4.5），有

$$u_i(t)=\sum_{j=1}^{N}\phi_{ji}\gamma_j\Delta_j(t) \tag{5.4.16}$$

$$\ddot{u}_i(t)=\sum_{j=1}^{N}\phi_{ji}\gamma_j\ddot{\Delta}_j(t) \tag{5.4.17}$$

这样，作用在质点 i，第 t 时刻的水平地震惯性力为

$$F_i(t)=m_i[\ddot{u}_i(t)+\ddot{u}_g(t)]=\sum_{j=1}^{N}m_i[\phi_{ji}\gamma_j\ddot{\Delta}_j(t)+\gamma_j\phi_{ji}\ddot{u}_g(t)]=\sum_{j=1}^{N}F_{ji}(t) \tag{5.4.18}$$

这里定义

$$F_{ji}(t)=m_i\phi_{ji}\gamma_j[\ddot{\Delta}_j(t)+\ddot{u}_g(t)] \tag{5.4.19}$$

表示在 t 时刻第 j 振型下，作用在质点 i 的水平地震惯性力。

由式（5.4.18）可知，作用在某一质点 i 上的地震惯性力 $F_i(t)$ 等于各振型地震惯性力 $F_{ji}(t)$ 之和。

进一步，可定义作用在结构上第 j 振型、第 i 质点的水平地震惯性力最大值：

$$F_{ji}=|F_{ji}(t)|_{\max}=m_i\gamma_j\phi_{ji}|\ddot{\Delta}_j(t)+\ddot{u}_g(t)|_{\max}=\phi_{ji}\gamma_jk_n\beta_jG_i=\phi_{ji}\gamma_j\alpha_jG_i \tag{5.4.20}$$

式中：$\beta_j=\dfrac{|\ddot{\Delta}_j(t)+\ddot{u}_g(t)|_{\max}}{|\ddot{u}_g(t)|_{\max}}=\dfrac{S_a(T_j)}{|\ddot{u}_g(t)|_{\max}}$ 为第 j 振型的动力放大系数；$k_h=\dfrac{|\ddot{u}_g(t)|_{\max}}{g}$ 为地震系数；$\alpha_j=k_h\beta_j$ 为第 j 振型的地震影响系数；G_i 为第 i 质点的重力。

将第 j 振型中各质点的水平地震惯性力，直接作用在结构上并按静力分析方法可计算出结构在第 j 振型下的最大地震反应。记结构振型最大地震反应（即振型地震作用效应，如结构应力和位移等）为 S_j，而该结构总的最大地震反应为 S，可通过该振型反应 S_j 估计 S，这称为振型组合。

由于各振型最大反应不在同一时刻发生，因此直接由各振型最大反应叠加估计结构的最大反应，结果会偏大。通过随机振动理论分析，采用平方和方根法（Square root of the sum of the squares，简写为 SRSS）估计结构的最大反应，可获得较好的结果。即

$$S=\sqrt{\sum S_j^2} \tag{5.4.21}$$

当两个相邻振型的频率差的绝对值与其中一个较小的频率之比小于 0.1 时，地震反应宜采用完全二次型方根法（Complete Quadratic Combination，简写为 CQC）组合：

$$S=\sqrt{\sum_{i=1}^{m}\sum_{j=1}^{m}\rho_{ij}S_iS_j} \tag{5.4.22}$$

$$\rho_{ij} = \frac{8\sqrt{\xi_i\xi_j}(\xi_i + \gamma_\omega\xi_j)\gamma_\omega^2}{(1-\gamma_\omega^2)^2 + 4\xi_i\xi_j\gamma_\omega(1+\gamma_\omega^2) + 4(\xi_i^2 + \xi_j^2)\gamma_\omega^2} \tag{5.4.23}$$

式中：S_i 、S_j 分别为第 i 阶振型地震作用和第 j 阶振型地震作用下的地震反应；m 为计算采用的振型数；ρ_{ij} 为第 i 阶和第 j 阶的振型相关系数；ξ_i 、ξ_j 分别为第 i 阶和第 j 阶振型的阻尼比；γ_ω 为圆频率比，$\gamma_\omega = \omega_j/\omega_i$ ；ω_i 、ω_j 分别为第 i 阶和第 j 阶振型的圆频率。

高阶振型的地震反应，若其影响不超过 5%，可略去不计。

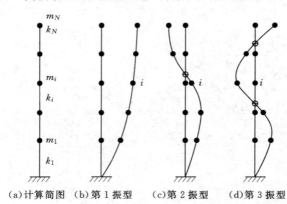

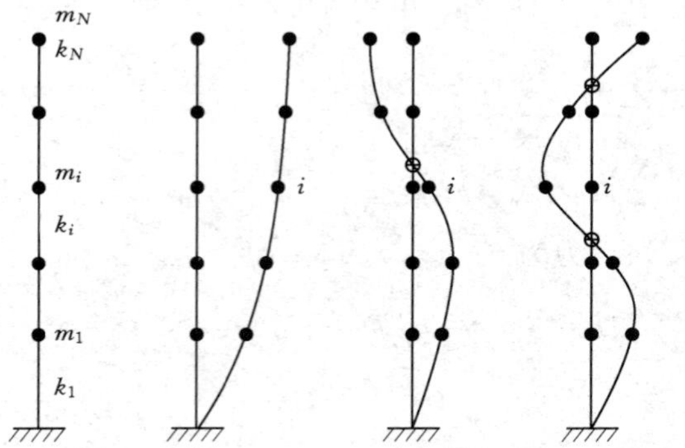

(a)计算简图　(b)第 1 振型　(c)第 2 振型　(d)第 3 振型

图 5.4.2　多自由度振型示意图

由式（5.4.16）和式（5.4.19），在 t 时刻作用在 i 质点的水平地震惯性力以及相对位移和加速度反应，都和体系振型有关。可见，振型在多自由度体系动力分析中非常重要。图 5.4.2 画出了多质点体系的前三个振型。所谓振型，是指多自由度体系在没有外荷载情况下可能出现的振动形态，或者说各质点相对于某点位移的比例关系，因此，可以假设各振型顶端的位移都等于 1.0。振型的特点是每个振型都与一个自振周期相对应。图 5.4.2 中的第 1、2、3 振型分别与第 1、2、3 个自振周期相对应。图 5.4.2 中的第 1 振型对应于最长的自振周期，第 2 振型对应于次长的自振周期，第 3 振型和其他高阶振型依次对应于更短的周期。对于图 5.4.2 中所示的多质点体系，按第 1 振型振动时，各个质点都朝着同一方向移动，其形态曲线是向同一边倾斜的；第 2 振型的形态曲线则出现一次反向；第 3 振型的形态曲线则出现两次反向，并可这样以此类推下去，一直到 N 阶振型。由于按第 2 振型振动时，结构上下两部分的运动方向相反，因此必然有一个点在振动过程中始终是不动的，这就是图 5.4.2 中用符号⊕表示的点，称为节点。同样在第 3 振型曲线上，我们可以见到两个节点。对四阶和更高阶振型也可以这样类推。

为了使读者对按振型振动的过程有一个直观的了解，我们将顶点（质点 m_N ）的振动波形（随时间变化的位移）画在图 5.4.3 的上方，假设其振幅为 1。在其下方画出了在不同时刻上各质点的运动状态或位移。从图 5.4.3 可以看到，在顶部曲线的 A 和 E 点上，多质点体系的各点都没有位移，即处于静止状态；在 B 点上，各质点都达到最大位移；在 D 点上，各质点都达到最大位移的一半左右；在 C 点和 F 点上，各质点也都处于位移最大状态，但 C 点同 B、F 点上的方向相反。从图 5.4.3 的描述中可以看到，所谓振型振动是各质点按一定比例运动的状态，在振动过程中，各质点的位移始终保持同样的比例关系。第 2 阶及其他高阶振型也都具有同样的特性。

实际上，振型是确实存在的并可以观测到。一般说来，在下述条件下都可能出现按比例的振型振动。

(1) 强迫结构产生与某一振型（如第 1 振型）形状相同的初始位移，然后同时突然释放这些初始位移，即任其自然，结构将按这一振型作相应的周期振动。在振动过程中各质

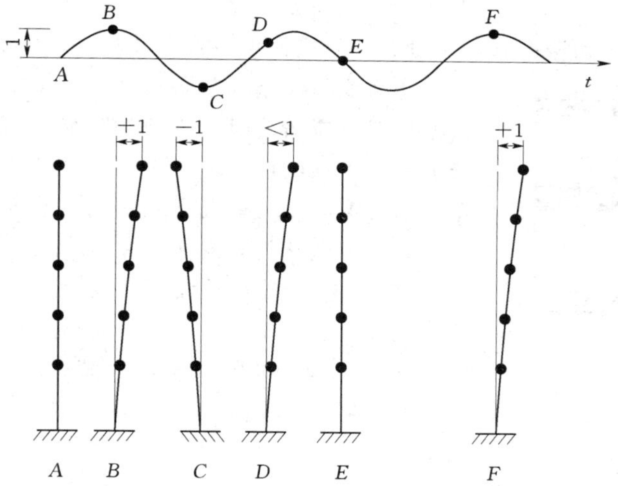

图 5.4.3 振动形态示意图

点的位移与该振型的位移比例始终保持一致。结构一般存在着消耗振动能量的作用（也就是前面所说的阻尼），使这一振动过程逐渐衰减并趋于静止状态。这时的衰减系数工程上称阻尼比 ζ，即是这一振型的阻尼比。不过，由于阻尼的存在，常会使这一衰减自由振动过程趋于复杂。因此，以上理想化的情况是很难出现的。

(2) 使结构的基础按某一振型的周期作简谐振动，其振幅放大倍数与单自由度结构一样，约为 $1/(2\zeta)$。这种情况比以上自由振动过程实施起来更容易一些。

(3) 在结构的各个振动点上按与振型曲线同样的比例施加动力荷载，并保证各点的动力荷载具有同样的时间变化规律。一般说来，在这样的动力荷载激励下，结构将按该振型振动，其他振型是不容易参与进来的。

这第 3 个条件实际上可由式（5.4.19）看出来：当按某一振型作自由振动时，地震惯性力沿高度的分布与振型曲线是完全一致的。或者说，质点 i 在 t 时刻受到的地震惯性力可分解为 N 个独立的振型地震惯性力之和，即式（5.4.18）最后一式。式（5.4.16）或式（5.4.17）也表明，多自由度结构的地震反应（位移、加速度、应力、内力等）同样可分解为 N 个独立的单自由度结构地震反应的叠加。

由于每一个振型荷载作用下的地震反应是相互独立的，并且可以通过解算单自由度体系来获得，这样一来就如同是将多自由度体系分解为 N 个单自由度体系了。这就是动力理论中振型分解这一基本概念的由来。

由此看来，在动力反应分析中对单自由度体系的分析仍然是最基本的，因为对若干单自由度结构分析结果进行叠加，便可以得到任意多自由度复杂结构的地震反应。

由结构动力学可知，对具有 N 个自由度的体系，具有 N 个自振频率（周期）和 N 个振型。在求体系自振频率时，一般不考虑阻尼。自振频率由以下频率特征方程给出：

$$|[\boldsymbol{m}]-\omega^2[\boldsymbol{k}]|=0 \qquad (5.4.24)$$

式中的 $|\cdot|$ 表示求矩阵的行列式。求出各阶频率 $\omega_j(j=1,2,\cdots,N)$ 后，相应的第 j 阶振型由以下方程求出：

$$([\boldsymbol{m}]-\omega_j{}^2[\boldsymbol{k}])\{\boldsymbol{\phi}\}_j=0 \tag{5.4.25}$$

求出第 j 阶频率和振型后，该阶振型阻尼比可由式（5.4.10）中的第二式求出。

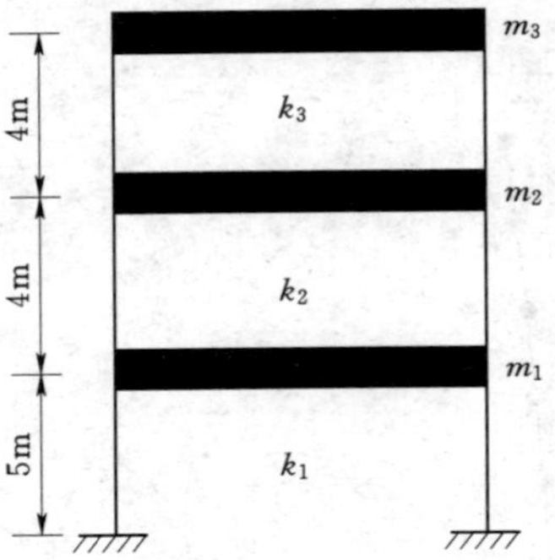

例图 5.4.1　三层剪切型结构

作为线弹性结构的混凝土建筑物，地震反应计算采用振型分解反应谱法时，拱坝的阻尼比可在 3%～5%范围内选取，重力坝的阻尼比可在 5%～10%范围内选取，其他建筑物可取 5%。有人提出，若考虑地基的辐射阻尼，结构混凝土及地基的阻尼比宜在 2%～4%范围内取值。

【例 5.1】 三层剪切型结构，只考虑水平左右方向的运动，如例图 5.4.1 所示，各层的质量 $m_1=2000\text{kg}$，$m_2=1500\text{kg}$，$m_3=1000\text{kg}$。各层的抗侧移刚度 $k_1=1800\text{kN/m}$，$k_2=1200\text{kN/m}$，$k_3=600\text{kN/m}$。求该结构的自振圆频率和振型。

解： 该结构为三自由度体系，质量矩阵和刚度矩阵分别为

$$[\boldsymbol{m}]=\begin{bmatrix}2 & 0 & 0\\ 0 & 1.5 & 0\\ 0 & 0 & 1\end{bmatrix}\times 10^3\text{kg},[\boldsymbol{k}]=\begin{bmatrix}3 & -1.2 & 0\\ -1.2 & 1.8 & -0.6\\ 0 & -0.6 & 0.6\end{bmatrix}\times 10^6\text{N/m}$$

先由特征方程求自振频率，令

$$B=\frac{\omega^2}{600}$$

得

$$|[\boldsymbol{K}]-\omega^2[\boldsymbol{M}]|=\begin{vmatrix}5-2B & -2 & 0\\ -2 & 3-1.5B & -1\\ 0 & -1 & 1-B\end{vmatrix}=0$$

或

$$B^3-5.5B^2+7.5B-2=0$$

由上式可解得

$$B_1=0.351,B_2=1.61,B_3=3.54$$

从而由 $\omega=\sqrt{600B}$，得

$$\omega_1=14.5\text{rad/s},\omega_2=31.3\text{rad/s},\omega_3=46.1\text{rad/s}$$

由自振周期与自振频率的关系 $T=2\pi/\omega$，可得结构的各阶自振周期分别为

$$T_1=0.433\text{s},T_2=0.202\text{s},T_3=0.136\text{s}$$

为求第 1 阶振型，将 $\omega_1=14.5\text{ rad/s}$ 代入式（5.4.25）后，有

$$([\boldsymbol{k}]-\omega_1^2[\boldsymbol{m}])\{\boldsymbol{\phi}\}_1=\begin{bmatrix}2579.5 & -1200 & 0\\ -1200 & 1484.6 & -600\\ 0 & -600 & 389.8\end{bmatrix}\begin{Bmatrix}\phi_{11}\\ \phi_{12}\\ \phi_{13}\end{Bmatrix}=\begin{Bmatrix}0\\ 0\\ 0\end{Bmatrix}$$

则第 1 阶振型为

$$\{\boldsymbol{\phi}\}_1=\begin{Bmatrix}0.301\\0.648\\1.0\end{Bmatrix}$$

同样可求得第 2 阶和第 3 阶振型为

$$\{\boldsymbol{\phi}\}_2=\begin{Bmatrix}-0.676\\-0.601\\1.0\end{Bmatrix},\{\boldsymbol{\phi}\}_3=\begin{Bmatrix}2.47\\-2.57\\1.0\end{Bmatrix}$$

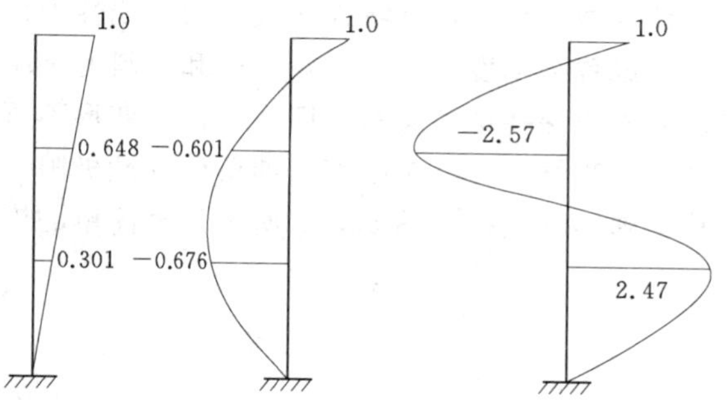

例图 5.4.2 结构各阶振型：从左至右分别为第 1、2、3 阶振型

各阶振型用图形表示，如例图 5.4.2 所示。振型具有如下特征：对于图 5.4.2 或例图 5.4.1 所示的“糖葫芦串”模型（或称集中质量模型 Lumped parameter model），其第几阶振型，在振型图上就有几个节点（振型曲线与体系平衡位置的交点）。利用振型图的这一特征，可以定性判别所得振型是否正确。

5.5 地震作用的效应折减系数

水工钢筋混凝土结构一部分与水直接接触，出于保护钢筋减少锈蚀的考虑，在与水接触部位一般严格限制裂缝。因此，大多数水工建筑物的抗震计算可按弹性反应谱理论进行计算。强震作用下，结构的地震反应按其大变形（产生损伤和裂缝）的特点来说，应以非弹性反应谱理论来计算。但是，结构的非弹性动力分析在力学上是非线性问题，叠加原理不能应用，使得计算难度和计算工作量比线弹性分析大为增加。有些情况下，结构的非弹性抗震计算可采用“两步走”策略。

首先，把结构当作假想的弹性体系，即假定结构没有屈服点，荷载可按初始弹性无限增加（一般把它称为结构的“对应弹性体系”），按照弹性结构动力分析的方法求其解答，作为实际地震反应的上限。

然后，把结构当作实际的非弹性体系，根据分析结果，通过一个小于 1 的系数对前述弹性动力分析结果予以折减，以此考虑结构非弹性性质及其他因素的影响。

显然，采用这种办法，结构非弹性地震反应分析便可以利用成熟而又简单的弹性结构反应谱理论进行，使分析大大简化。许多研究表明，这种步骤对于较简单的结构体系是可行的，对于重要和复杂的结构体系则有一定的局限性，但仍有一定的参考使用价值。我国现行水工抗震设计规范中，地震作用效应折减系数 ξ 的引入就是这种策略的体现。下面介绍结构塑性变形对地震反应的影响。

在前述分析中，假定结构是线弹性的，也就是结构的弹性恢复力与位移之间的关系为一直线。一般地，结构物仅在变形很小时才能近似地认为是线弹性的，这对一般水工结构是适用的。但是，当结构的变形比较大时，一般都表现出明显的非线性。例如，混凝土大坝坝顶，水电站厂房上部排架结构、进水塔塔顶或附属机房在强震作用下可能会出现非线弹性，在表观上将引起混凝土的损伤或开裂。

如果结构的恢复力 F 与位移 u 之间不成正比，但仍然保持如图 5.5.1 所示的 F 与 u

的单值函数关系，这种特性通常称为非线性弹性。图 5.5.1 所示曲线的斜率即是结构的弹性系数或称为刚度系数。实际结构和材料的试验研究表明，当变形比较大时，恢复力和位移之间不再保持单值关系，即在卸荷时变形不再回到零点，总是存在一定的残余变形或塑性变形。当结构在一定限度（即所谓弹性极限）内保持弹性，超过此极限出现塑性时，通常称为弹塑性结构。图 5.5.2 所示是最简单的恢复力 F 与位移 u 的双直线型弹塑性模型。

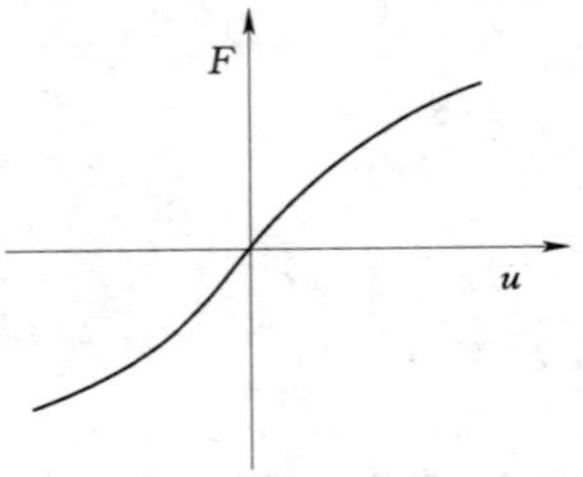

图 5.5.1　非线性弹性模型

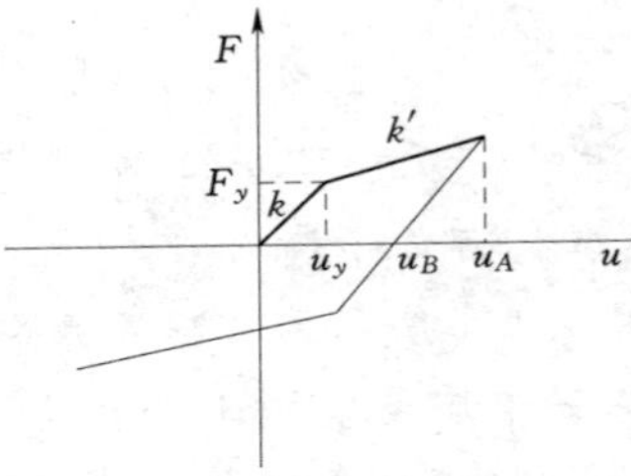

图 5.5.2　双直线型弹塑性模型

假如在弹性极限以内结构的刚度系数为 k，当超过此极限时，则刚度系数降低为 k'。在卸荷时刚度系数又恢复到 k，但出现了塑性变形。当反向荷载达到极限时，结构又一次进入塑性区。这种弹塑性一般称为双直线型弹塑性。在稳态振动中，其恢复力 F 与位移 u 之间的关系曲线如图 5.5.3 所示，具有封闭曲线的型式。当 k' 等于零时，称为理想弹塑性（此时，塑性阶段的直线平行于位移轴，如图 5.5.4 所示）。如果结构具有硬化性能，在稳态振动中，将不再是上述封闭曲线，而呈现为螺旋形滞回曲线的形式。这种弹塑性一般称为具有滞回特性的双直线型弹塑性，或简称为硬化弹塑性。严格说，结构地震反应应按硬化弹塑性的模型来分析，但是这种分析是极为复杂的。在弹塑性地震反应的分析中，理想弹塑性的情况因其最简单所以使用频繁。

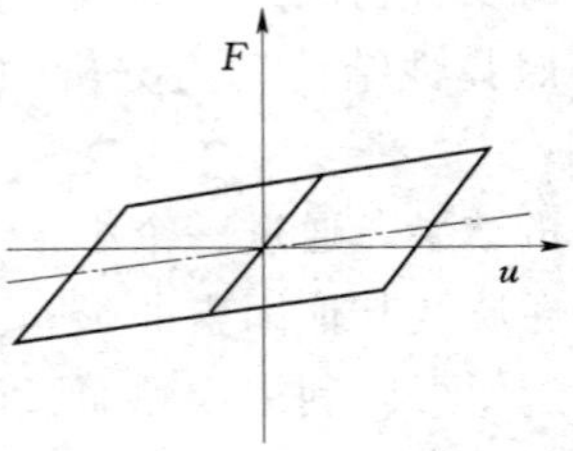

图 5.5.3　双直线型模型循环一次振动

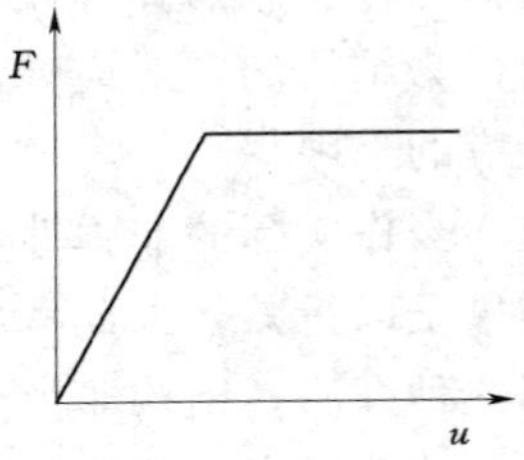

图 5.5.4　理想弹塑性模型

现在再分析当结构是理想弹塑性体系时，地震作用将会发生什么变化。图 5.5.5（a）表示一个可简化为单质点的弹性体系，其上作用有地震等效惯性力。我们由式（5.2.2）知，地面运动对结构的影响，相当于地面保持不动而在质量块 m 上作用等效动力荷载 $P(t)=-m\ddot{u}_g(t)$。图 5.5.5（b）是这个体系的位移随等效荷载变化的关系图。实线 $OA_1A_2A_3$ 代表属于理想弹塑性实际结构的荷载-位移曲线；虚线 OA_1A_0 代表“对应的弹性结构”的荷载-位移曲线。

假定在地震作用下，A_0 点对应结构的弹性受力状态，此时地震荷载为 P_0，位移为 Δ_0。但是实际结构为其强度所限，在 A_1 点就不得不屈服，达不到 A_0 点，而是发生塑性流动，变形延伸到某 A_2 点，此时荷载为 P_1，位移为 Δ_2。显然，如果结构能够承受 Δ_2 这样大的位移，地震荷载将从 P_0 折减到 P_1。若令 $\mu=\Delta_2/\Delta_1$，$R_\mu=P_1/P_0$，那么，μ 可称为延性系数，表示整体结构在地震作用下的延伸率（相对屈服点 Δ_1 而言）；R_μ 则表示由于整体结构的弹塑性对地震作用的折减率（相对弹性结构的地震作用 P_0 而言）。

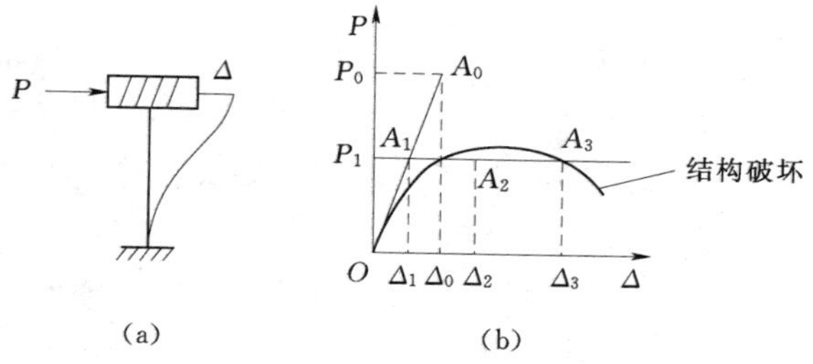

图 5.5.5　理想弹塑性体系的荷载-位移曲线图

从以上分析中可以看到，在地震作用时，结构的塑性变形蕴藏着巨大的能量储备，是结构抗震潜力所在。塑性变形可以使地震作用大大降低，可采用 R_μ 考虑地震作用的折减。

由于折减率 R_μ 是弹塑性结构和对应弹性结构地震作用的比值，所以应通过弹塑性地震反应谱和弹性地震反应谱的对比来确定。对比分析表明，在一定条件下，单质点体系的两种反应谱存在一些共同性，据此可以方便地得出折减率 R_μ 与结构延性 μ 之间的定量关系。具体比较表明：

（1）在自振周期大于 1.0s 时的低频段，理想弹塑性结构和对应弹性结构反应谱大致相同。当自振周期大于 3.0s 时，两种结构的最大相对位移皆趋近于地面位移。因此可以近似认为，低频理想弹塑性结构的最大相对位移与对应弹性结构的最大相对位移相等，据此可以得出低频结构的 R_μ 值。

如果弹塑性结构的最大相对位移为 Δ_2，如图 5.5.5（b）所示，则其地震作用为

$$P_1=k\Delta_1=\frac{k\Delta_1}{\Delta_2}\Delta_2=\frac{k}{\mu}\Delta_2 \tag{5.5.1}$$

此时 $\Delta_0\rightarrow\Delta_2$，故对应弹性结构的地震荷载为

$$P_0\approx k\Delta_2 \tag{5.5.2}$$

因此，

$$R_\mu=\frac{P_1}{P_0}=\frac{1}{\mu} \tag{5.5.3}$$

即低频弹塑性结构的地震作用可比对应弹性结构的数值折减 μ 倍。

（2）在自振周期小于 0.05s 的高频段时，理想弹塑性结构和对应弹性结构的加速度反应谱大致相同。两种结构的最大绝对加速度均趋近于地面加速度。因此可近似认为，在此频段理想弹塑性结构与对应弹性结构的最大绝对加速度相等，据此可得此频段的 R_μ 值，即

$$P_1=P_0=m\left|\ddot{u}_g(t)\right|_{\max}$$

$$R_\mu=\frac{P_1}{P_0}=1 \tag{5.5.4}$$

（3）在中频段（0.12s＜T＜0.5s）。理想弹塑性结构和对应弹性结构的相对速度反应谱大致相同。但是此时不像上述两种情况那样——反应值均趋近于常数。因此需考察在弹塑性结构和对应弹性结构自振周期并不相同的情况下，两者的速度反应值是否相同（因为当结构出现塑性变形时，刚度显著降低，因而周期要比对应弹性结构长一些）。经过研究

发现：

1）在中频段，相对速度反应谱近乎是一条水平线。即在这一段中，相对速度反应接近是一个常数。

2）结构出现塑性后，阻尼将增大，弹塑性结构相对速度反应比弹性结构相对速度反应略有减小。

3）根据某些弹塑性的分析结果来看，随着塑性变形的增大（屈服极限降低），地震输入能量略有减小的趋势。

因而，完全可以认为中频弹塑性结构的最大相对速度和对应弹性结构的最大相对速度相等，这将偏于安全。此时可以认为，地震时输入两种结构的最大能量大致相等。如果不考虑阻尼耗能，输入结构的总能量将全部转化为结构的变形能。因此可利用两者的变形能相等的关系来确定 R_μ 值。由图 5.5.5（b）可见，当弹塑性结构的最大位移为 Δ_2 时，它所吸收的总能量等于图中 $OA_1A_2\Delta_2O$ 所包围的面积；当对应弹性结构的最大位移为 Δ_0 时，它所吸收的总能量等于图中 $OA_1A_0\Delta_0O$ 所包围的面积。根据两者能量相等的关系，则有

$$\frac{P_0\Delta_0}{2}=\frac{P_1\Delta_1}{2}+P_1(\Delta_2-\Delta_1) \tag{5.5.5}$$

由图 5.5.5（b），可知：

$$\Delta_0=\frac{P_0}{P_1}\Delta_1 \tag{5.5.6}$$

将式（5.5.6）代入式（5.5.5），可得

$$\frac{P_0^2\Delta_1}{2P_1}=\frac{P_1\Delta_1}{2}+P_1(\Delta_2-\Delta_1)$$

将上式两端同除以 $\frac{P_0^2\Delta_1}{2P_1}$，并简化，得

$$1=\frac{P_1^2}{P_0^2}+2\frac{P_1^2}{P_0^2}\left(\frac{\Delta_2}{\Delta_1}-1\right)\Rightarrow R_\mu^2+2R_\mu^2(\mu-1)=0$$

所以

$$R_\mu=1/\sqrt{2\mu-1} \tag{5.5.7}$$

由此可知，中频段弹塑性结构的地震作用可比对应弹性结构的数值折减 $\sqrt{2\mu-1}$ 倍。

以上结果是根据理想弹塑性结构的地震反应谱得出的。研究表明，硬化弹塑性结构的地震反应也显示出类似的特点，因而上述结果可用于实际单质点结构。

由于大多数建筑物结构属于低频和中频结构，因而当结构容许出现较大塑性变形而不致破坏时，地震作用可以比对应弹性结构的数值折减 R_μ 取值范围为 $\left(\frac{1}{\mu}\sim\frac{1}{\sqrt{2\mu-1}}\right)$。由此可见，结构的延性 μ 是结构抗震能力的一个重要指标。

根据上述可知，实际结构的地震作用取决于结构允许延性的大小。但是允许延性是与结构的材料、类型以及连接构造方式等因素有关的、较为复杂的问题根据试验结果，以抗震设防规定的破坏状态作为判断依据，可得出允许延性的一个粗略的数值。对于钢筋混凝土结构，一般认为允许延伸率 μ 可取 4.0，对于钢结构可取 3.5。这样，$R_m\approx0.25\sim0.40$。

研究表明，实际结构与对应弹性结构地震反应之间存在的差异，除去结构塑性变形影响这一主要原因之外，还来自其他方面。例如，建筑物的破坏机理不清，在理论计算中不得不引入某些简化和假定；也没有计入建筑物基础面各点的相位差，以及建筑物与地基的相互作用等因素的影响。虽然塑性变形是一项主要因素，但其他因素仍不能忽视。此外，在计算地震反应谱时采用的是一般建筑物的平均阻尼值（$\zeta=0.05$），对于实际阻尼较小的结构，实际反应将要大一些。因此，在水工抗震设计中，采用反映上述多种影响的综合折减系数 ξ，而不采用只考虑塑性单一影响的 R_μ。

对于水工钢筋混凝土结构，水工建筑物抗震设计规范称 ξ 为地震作用（惯性力、动水压力和动土压力）的效应折减系数。当采取动力法确定弹性地震作用效应时，ξ 取 0.35；当按拟静力法确定地震作用效应时，根据我国的具体情况并对水工建筑物进行综合分析，ξ 取 0.25。

5.6 地震作用一：地震惯性力

5.6.1 动力法公式

大量国内外的震害调查和研究表明，地震惯性力是引起水工建筑物产生位移、变形、应力及破坏等的主要原因。估算一般水工结构所承受的水平地震惯性力标准值，应考虑地震作用的效应折减系数 ξ。

对于单自由度结构，在式（5.2.14）中引入折减系数 ξ，地震惯性力变为

$$F=\xi\alpha G \tag{5.6.1}$$

对于多自由度结构，在式（5.4.20）中也引入折减系数 ξ。当采用振型分解反应谱法时，质点 i 在 j 振型下的水平地震惯性力标准值应为

$$F_{ji}=\xi\phi_{ji}\gamma_j\alpha_j G_i \tag{5.6.2}$$

注意，式（5.6.1）和式（5.6.2）中，ξ 取 0.35，因为采用了动力法。

5.6.2 拟静力法公式

水工抗震规范中规定的拟静力法计算惯性力公式以加速度及其分布规律为基础。当采用拟静力法时（对于高度在 50m 以下的小型工程），沿建筑物高度作用于质点 i 的水平向地震惯性力标准值（代表值）为

$$F_i=\xi\lambda_i a_h G_i/g \tag{5.6.3}$$

式中：a_h 为水平设计地震加速度代表值，一般指平坦基岩地表或露头基岩（见第 3.3 节定义）处的水平地面运动加速度峰值，即 $|\ddot{u}_g(t)|_{\max}$；λ_i 为质点 i 的加速度动态分布系数，一般规律是顶部大、底部小（即常说的鞭梢效应），随高度而变化。

规范中对土石坝、重力坝、拱坝、水闸、进水塔、压力管道、地面厂房的 λ_i 取值都作了具体规定。

例如，对于拱坝，规定加速度动态分布系数坝顶取 3.0，坝基取 1.0，其他部位沿高程线性内插，沿拱圈均匀分布。

对于重力坝，加速度动态分布系数为

$$\lambda_i = 1.4 \frac{1+4(h_i/H)^4}{1+4\sum_{i=1}^{n}\frac{G_i}{G}(h_i/H)^4} \tag{5.6.4}$$

式中：h_i 为质点 i 的高度；H 为坝高；G 为产生地震惯性力的建筑物总重力。

对于土石坝，加速度动态分布系数 λ_i 如图 5.6.1 所示。图中 a_{max} 在设计水平地震加速度为 $0.1g$、$0.2g$ 和 $0.4g$ 时，分别取 3.0、2.5 和 2.0。

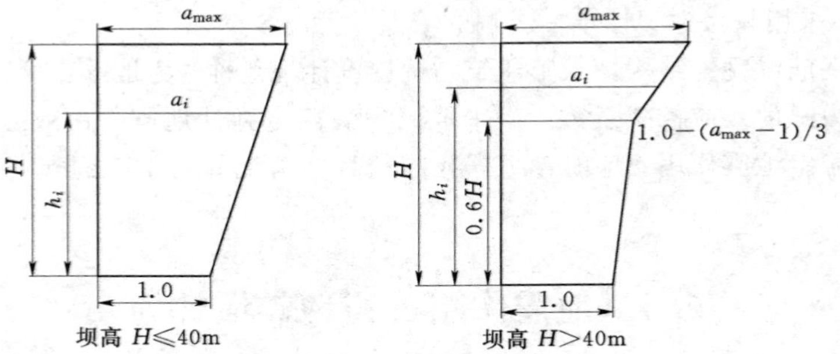

图 5.6.1　土石坝坝体加速度分布系数

对于水闸，动态分布系数如图 5.6.2 所示。

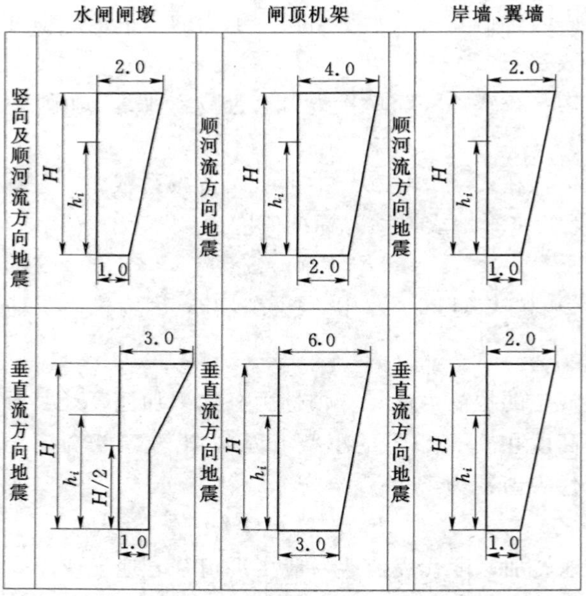

图 5.6.2　水闸动态分布系数

以土石坝为例，现行规范关于加速度动态分布系数的规定适合于高度在 150m 以下的坝。但目前土石坝坝高已发展到超过 300m 级。根据研究，土石坝的动力反应与坝高关系密切：100m 以下的低坝，在中等地震作用下，其地震反应以第一振型为主；当坝高超过 150m 时，坝体地震反应中高振型参与量增大，坝的上部地震加速度反应显著，坝体上部变形加大，坝顶的鞭梢效应使坝体上部产生高应力区，有可能导致坝顶失稳。因此，高坝、特高坝与低坝的加速度沿坝高的分布将有所不同，在高坝的不同部位、不同工况、不同坝型下，加速度放大倍数也有不同。因此，结合模型试验、数值分析等手段应进一步加强高坝加速度动态分布系数分布的相关研究。

下面给出采用振型分解反应谱法进行水平地震惯性力计算的例子。

【例 5.2】 剪切型结构同［例 5.1］，已求得各阶周期为 $T_1=0.433\text{s}$，$T_2=0.202\text{s}$，$T_3=0.136\text{s}$。结构振型为

$$\{\boldsymbol{\phi}_1\}=\begin{Bmatrix}0.301\\0.648\\1\end{Bmatrix},\{\boldsymbol{\phi}_2\}=\begin{Bmatrix}-0.676\\-0.601\\1\end{Bmatrix},\{\boldsymbol{\phi}_3\}=\begin{Bmatrix}2.47\\-2.57\\1\end{Bmatrix}$$

假定该结构水平设计地震加速度代表值为 $0.20g$，处在Ⅱ类场地上，振型阻尼比为 0.05。试采用振型分解反应谱法，根据水工建筑物抗震设计规范反应谱（图 5.3.1），求结构在此地震下的各振型水平地震惯性力最大底部剪力和最大顶点位移。

解： 由式（5.4.11），振型参与系数为

$$\gamma_j=\frac{\sum_{i=1}^{n}m_i\phi_{ji}}{\sum_{i=1}^{n}m_i\phi_{ji}^2}$$

有

$$\gamma_1=\frac{2\times0.301+1.5\times0.648+1}{2\times0.301^2+1.5\times0.648^2+1}=1.421$$

$$\gamma_2=\frac{2\times(-0.676)+1.5\times(-0.601)+1}{2\times(-0.676)^2+1.5\times(-0.601)^2+1}=-0.510$$

$$\gamma_3=\frac{2\times2.47+1.5\times(-2.57)+1}{2\times2.47^2+1.5\times(-2.57)^2+1}=0.090$$

该结构既不属于重力坝，也不属于拱坝，查表 5.3.1，得反应谱最大值 $\beta_{\max}=2.25$。结构处于Ⅱ类场地，查表 5.3.2，得设计特征周期 $T_g=0.30\text{s}$。下面计算各振型下的放大系数 β。由图 5.3.1 及式（5.3.1），衰减指数 γ 取为 0.9。

由于 $T_g=0.30<T_1=0.433<3.0$，所以，

$$\beta_1=\beta_{\max}\left(\frac{T_g}{T_1}\right)^{0.9}=2.25\times\left(\frac{0.3}{0.433}\right)^{0.9}=1.617$$

由于 $0.1<T_2=0.202<T_g=0.30$，$\beta_2=\beta_{\max}=2.25$

由于 $0.1<T_3=0.136<T_g=0.30$，$\beta_3=\beta_{\max}=2.25$

水平地震系数 $k_h=\dfrac{|\ddot{x}_g(t)|_{\max}}{g}=\dfrac{0.2g}{g}=0.2$，地震影响系数 $\alpha_j=k_h\beta_j$ 为

$$\alpha_1=k_h\beta_1=0.2\times1.617=0.323$$

$$\alpha_2=k_h\beta_2=0.2\times2.25=0.55$$

$$\alpha_3=k_h\beta_3=0.2\times2.25=0.55$$

当采取动力法中的振型分解反应谱法确定弹性地震作用效应时，应考虑折减系数 ξ，取 0.35。由式（5.6.2），即 $F_{ji}=\xi\phi_{ji}\gamma_j\alpha_jG_i$，则第 1 振型各质点的水平地震惯性力为 F_{1i}

$= \xi\phi_{1i}\gamma_1\alpha_1 G_i$：

$$F_{11} = 0.35 \times 0.301 \times 1.421 \times 0.323 \times 2000 \times 9.81 = 0.949(\text{kN})$$

$$F_{12} = 0.35 \times 0.648 \times 1.421 \times 0.323 \times 1500 \times 9.81 = 1.532(\text{kN})$$

$$F_{13} = 0.35 \times 1.0 \times 1.421 \times 0.323 \times 1000 \times 9.81 = 1.576(\text{kN})$$

第 2 振型各质点的水平地震惯性力为 $F_{2i} = \xi\phi_{2i}\gamma_2\alpha_2 G_i$：

$$F_{21} = 0.35 \times (-0.676) \times (-0.510) \times 0.55 \times 2000 \times 9.81 = 1.302(\text{kN})$$

$$F_{22} = 0.35 \times (-0.601) \times (-0.510) \times 0.55 \times 1500 \times 9.81 = 0.868(\text{kN})$$

$$F_{23} = 0.35 \times 1.0 \times (-0.510) \times 0.55 \times 1000 \times 9.81 = -0.963(\text{kN})$$

第 3 振型各质点的水平地震惯性力为 $F_{3i} = \xi\phi_{3i}\gamma_3\alpha_3 G_i$：

$$F_{31} = 0.35 \times 2.47 \times 0.090 \times 0.55 \times 2000 \times 9.81 = 0.840(\text{kN})$$

$$F_{32} = 0.35 \times (-2.57) \times 0.090 \times 0.55 \times 1500 \times 9.81 = -0.655(\text{kN})$$

$$F_{23} = 0.35 \times 1.0 \times 0.090 \times 0.55 \times 1000 \times 9.81 = 0.170(\text{kN})$$

由各振型水平地震作用产生的底部剪力为

$$V_{11} = F_{11} + F_{12} + F_{13} = 4.057(\text{kN})$$

$$V_{21} = F_{21} + F_{22} + F_{23} = 1.207(\text{kN})$$

$$V_{31} = F_{31} + F_{32} + F_{33} = 0.355(\text{kN})$$

通过平方和方根法（SRSS 法）进行振型组合，求结构的最大底部剪力为

$$V_1 = \sqrt{\sum_{j=1}^{3} V_{j1}^2} = \sqrt{4.057^2 + 1.207^2 + 0.355^2} = 4.248(\text{kN})$$

若仅取前两阶振型反应进行组合：

$$V_1 = \sqrt{4.057^2 + 1.207^2} = 4.233(\text{kN})$$

由各振型水平地震作用产生的结构顶点位移为

$$U_{13} = \frac{F_{11} + F_{12} + F_{13}}{k_1} + \frac{F_{12} + F_{13}}{k_2} + \frac{F_{13}}{k_3} = \frac{4.057}{1800} + \frac{1.532 + 1.576}{1200} + \frac{1.576}{600}$$

$$= 7.47 \times 10^{-3}(\text{m})$$

$$U_{23} = \frac{F_{21} + F_{22} + F_{23}}{k_1} + \frac{F_{22} + F_{23}}{k_2} + \frac{F_{23}}{k_3} = \frac{1.207}{1800} + \frac{0.868 + (-0.963)}{1200} + \frac{-0.963}{600}$$

$$= -1.01 \times 10^{-3}(\text{m})$$

$$U_{33} = \frac{F_{31} + F_{32} + F_{33}}{k_1} + \frac{F_{32} + F_{33}}{k_2} + \frac{F_{33}}{k_3} = \frac{0.355}{1800} + \frac{(-0.655) + 0.170}{1200} + \frac{0.170}{600}$$

$$= 0.076 \times 10^{-3}(\text{m})$$

通过平方和方根法(SRSS 法)进行振型组合，求结构的最大顶点位移：

$$U_3 = \sqrt{\sum_{j=1}^{3} U_{j3}^2} = \sqrt{7.47^2 + (-1.01)^2 + 0.076^2} \times 10^{-3}(\text{m}) = 7.539\text{mm}$$

若仅取前两阶振型反应进行组合：

$$U_3 = \sqrt{7.47^2 + (-1.01)^2} \times 10^{-3} = 7.538(\text{mm})$$

从上例可以看出，结构的低阶振型反应大于高阶振型的，振型阶数越高，振型反应越小。结构的总地震反应以低阶振型为主，而高阶振型反应对结构总地震反应的贡献较小。

因此，求结构的总地震反应时，不需取结构的全部振型反应进行组合。所以，水工建筑物抗震设计规范规定，地震作用效应影响不超过5%的高阶振型可略去不计。

5.7 地震作用二：地震动水压力

在静止状态下，凡与水接触的结构面上都存在静水压力作用，其计算我们已经熟知。当发生地震动力作用时，由于水体具有质量以及结构为弹性变形体，在静水压力基础上将产生附加的变化动水压力，这可能对结构的动力反应产生较大影响，而这种影响往往趋向于不利的方面，如增大结构的动位移和动应力等。在水工抗震设计规范中，将地震作用引起的水体对结构产生的动态压力称为地震动水压力。计算水工建筑物的地震反应时，应考虑水的这种动力作用，其大小及分布与结构特性直接相关。

以大坝为例，坝的上游面与水相邻，地震中坝体的振动必然引起水体的振动，这时研究坝的地震反应就成了一个典型的液体和弹性体的耦合振动问题，或者称为结构－水体动力相互作用问题。1933年，韦斯特伽特（Westergaard）首先研究了刚性坝面（不计坝体的弹性变形）上的地震动水压力。后来，许多学者发表了大量关于坝面地震动水压力的论文。目前，动水压力的精确计算模型和计算方法仍处于发展之中。随着计算机软硬件及计算技术的发展，现在已能将水-结构-地基组成的整体作为研究对象，可考虑结构及地基的弹性或塑性变形、水的可压缩性及黏性、淤沙及库底对能量的吸收、库水面的波动、有限范围的计算水域等因素的影响，采用有限元或边界元等数值方法进行动力分析，从而确定地震动水压力。这种方法一般限于学术研究且较繁复，设计上并不常应用。各国规范广泛采用的基本上是韦斯特伽特公式或拟静力法以进行简化计算，其精度一般可满足工程设计要求。

为了使读者对在地震时作用于水工建筑物上的动水压力的产生机理有初步的了解，下面对其进行简要介绍。

我们已在水力学（或流体力学）中知道，根据动量守恒，可导出考虑牛顿内摩擦黏性的水体微团需要满足的流动方程为

$$\left.\begin{aligned}\overline{X}-\frac{1}{\rho_w}\frac{\partial p}{\partial x}+\nu\nabla^2 u_x&=\frac{\partial u_x}{\partial t}+u_x\frac{\partial u_x}{\partial x}+u_y\frac{\partial u_x}{\partial y}+u_z\frac{\partial u_x}{\partial z}=\frac{\mathrm{D}u_x}{\mathrm{D}t}\\\overline{Y}-\frac{1}{\rho_w}\frac{\partial p}{\partial y}+\nu\nabla^2 u_y&=\frac{\partial u_y}{\partial t}+u_x\frac{\partial u_y}{\partial x}+u_y\frac{\partial u_y}{\partial y}+u_z\frac{\partial u_y}{\partial z}=\frac{\mathrm{D}u_y}{\mathrm{D}t}\\\overline{Z}-\frac{1}{\rho_w}\frac{\partial p}{\partial z}+\nu\nabla^2 u_z&=\frac{\partial u_z}{\partial t}+u_x\frac{\partial u_z}{\partial x}+u_y\frac{\partial u_z}{\partial y}+u_z\frac{\partial u_z}{\partial z}=\frac{\mathrm{D}u_z}{\mathrm{D}t}\end{aligned}\right\}\tag{5.7.1}$$

式中：$\overline{X}$、$\overline{Y}$、$\overline{Z}$为单位质量力，当只考虑重力时，有$\overline{X}=0$，$\overline{Y}=0$，$\overline{Z}=-g$（竖向z轴向上为正）；ρ_w为水体密度；$p(x,y,z,t)$为流场中任一点的压力；ν为水体的运动黏度，在室温20℃时约为$1.003\times10^{-6}\mathrm{m^2/s}$，当不考虑黏性（即$\nu=0$）时的水体称为理想流体；$u_x(x,y,z,t)$、$u_y(x,y,z,t)$、$u_z(x,y,z,t)$为水体质点在直角坐标系$x$、$y$、$z$三轴上的速度分量；$\nabla^2()$为拉普拉斯算子，其定义为$\nabla^2(\cdot)=\frac{\partial^2(\cdot)}{\partial x^2}+\frac{\partial^2(\cdot)}{\partial y^2}+\frac{\partial^2(\cdot)}{\partial z^2}$；$\frac{\mathrm{D}u_x}{\mathrm{D}t}$、$\frac{\mathrm{D}u_y}{\mathrm{D}t}$、

$\frac{\mathrm{D}u_z}{\mathrm{D}t}$ 分别为 x、y、z 方向的加速度。

式（5.7.1）即为著名的纳维-斯托克斯（Navier - Stokes）方程。需要指出的是，这里并没考虑地震情况。

对于理想水体（$\nu=0$），假定流动为微幅运动情况，则式（5.7.1）右边的二次项与一次项相比为小量可忽略。若平动位移分量表示为 u、v、w，它们与速度分量的关系为

$$\left.\begin{aligned}\frac{\partial u}{\partial t}&=u_x\\ \frac{\partial v}{\partial t}&=u_y\\ \frac{\partial w}{\partial t}&=u_z\end{aligned}\right\}\tag{5.7.2}$$

仅考虑动水压力（不计静态水压力 $\rho_w g z$ 项和大气压强），则由式（5.7.1）及式（5.7.2）得

$$\left.\begin{aligned}\frac{\partial p}{\partial x}&=-\rho_w\frac{\partial^2 u}{\partial t^2}\\ \frac{\partial p}{\partial y}&=-\rho_w\frac{\partial^2 v}{\partial t^2}\\ \frac{\partial p}{\partial z}&=-\rho_w\frac{\partial^2 w}{\partial t^2}\end{aligned}\right\}\tag{5.7.3}$$

将理想水体微团看作连续、均质、各向同性弹性体；考虑到连续水体只能承受压力而不能承受拉力及剪力，即 $\sigma_x=-p$、$\sigma_y=-p$、$\sigma_z=-p$，则由式（1.5.8），可知所要满足的物理关系为

$$p=-K_w\left(\frac{\partial u}{\partial x}+\frac{\partial v}{\partial y}+\frac{\partial w}{\partial z}\right)\tag{5.7.4}$$

式中：K_w 为水的体积模量，常温下取 2.067MPa。

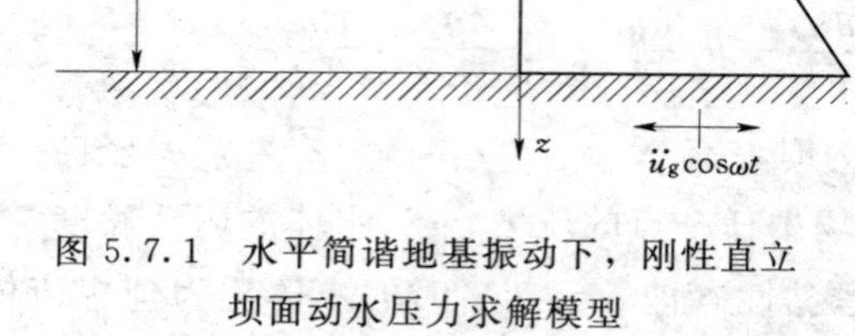

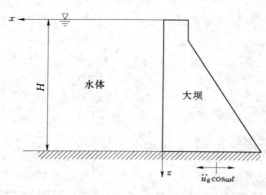

图 5.7.1　水平简谐地基振动下，刚性直立坝面动水压力求解模型

式（5.7.3）及式（5.7.4）构成了以位移 u、v、w 和动水压力 p 为未知量的偏微分方程组。根据具体问题的边界条件和初始条件，联合上述方程组理论上可进行求解。下面考虑地震情况。

考虑图 5.7.1 所示的重力坝，上游面垂直且水库满水，水位直至坝顶（这是一种假想情况）。不计坝体的弹性变形而将其视为刚体，刚性地基上的水平地震动加速度假定以简谐规律 $\ddot{u}_g\cos\omega t$ 变化，现在计算作用于坝体上游面的动水压力 p。为方便计，坐标系取如图所示，坝前总水深为 H。

由于重力坝沿轴向（y 向）几何尺寸及受力条件不变化，可简化成平面应变问题处

理。这样，式（5.7.3）与式（5.7.4）化为

$$\frac{\partial p}{\partial x}=-\rho_w\frac{\partial^2 u}{\partial t^2}$$

$$\frac{\partial p}{\partial z}=-\rho_w\frac{\partial^2 w}{\partial t^2}$$

$$p=-K_w\left(\frac{\partial u}{\partial x}+\frac{\partial w}{\partial z}\right) \tag{5.7.5}$$

由于考虑的地震波为稳态简谐波，可不计初始条件的影响。为求解未知量 p、u、w，下面寻求问题的边界条件。不考虑由地震激发形成的重力波在水面上产生的波动压强，则

$$\text{在水面上}, z=0\text{处}, p=0 \tag{5.7.6}$$

$$z=H\text{处,边界不透水,即 } w=0 \text{ 或} \frac{\partial p}{\partial z}=0 \tag{5.7.7}$$

$$x=0\text{处}, \frac{\partial^2 u}{\partial t^2}=\ddot{u}_g\cos\omega t \Rightarrow \frac{\partial p}{\partial x}=-\rho_w\ddot{u}_g\cos\omega t \tag{5.7.8}$$

$$x=\infty\text{处}, p=0 \text{ 或 } u=0 \tag{5.7.9}$$

韦斯特伽特求得满足上面条件的解答是

$$u(x,z,t)=\frac{4\ddot{u}_g}{\pi\omega^2}\cos\omega t\sum_{n=1,3,5,\cdots}^{\infty}\frac{1}{n}e^{-x\sqrt{\lambda_n{}^2-\frac{\omega^2}{c^2}}}\sin\lambda_n z \tag{5.7.10}$$

$$w(x,z,t)=\frac{4\ddot{u}_g}{\pi\omega^2}\cos\omega t\sum_{n=1,3,5,\cdots}^{\infty}\frac{1}{nC_n}e^{-x\sqrt{\lambda_n{}^2-\frac{\omega^2}{c^2}}}\sin\lambda_n z \tag{5.7.11}$$

$$p(x,z,t)=\frac{4\ddot{u}_g\rho_w}{\pi}\cos\omega t\sum_{n=1,3,5,\cdots}^{\infty}\frac{1}{n\sqrt{\lambda_n{}^2-\frac{\omega^2}{c^2}}}e^{-x\sqrt{\lambda_n{}^2-\frac{\omega^2}{c^2}}}\sin\lambda_n z \tag{5.7.12}$$

式中：

$$\left.\begin{aligned}\lambda_n&=\frac{n\pi}{2H}\\ C_n&=\sqrt{\lambda_n^2-\frac{\omega^2}{c^2}}\\ c&=\sqrt{\frac{K_w}{\rho_w}}\text{,为水中的声速}\end{aligned}\right\} \tag{5.7.13}$$

在水体与坝体紧密接触的上游面（$x=0$），动水压力为

$$p(z,t)\big|_{x=0}=\frac{4\ddot{u}_g\rho_w}{\pi}\cos\omega t\sum_{n=1,3,5,\cdots}^{\infty}\frac{1}{n\sqrt{\lambda_n{}^2-\frac{\omega^2}{c^2}}}\sin\lambda_n z \tag{5.7.14}$$

当 $\cos\omega t=1$ 时，动水压力最大，记为 $p_{\max}(z)$。由式（15.7.14）：

$$p_{\max}(z)=\frac{4\ddot{u}_g\rho_w}{\pi}\sum_{n=1,3,5,\cdots}^{\infty}\frac{1}{n\sqrt{\lambda_n{}^2-\frac{\omega^2}{c^2}}}\sin\lambda_n z \tag{5.7.15}$$

观察式（5.7.15），有

$$z=0\text{处}, p_{\max}=0 \text{ 且} \frac{\mathrm{d}p_{\max}}{\mathrm{d}z}=\infty \tag{5.7.16}$$

$$z=H \text{ 处}, p_{\max}=\frac{4\ddot{u}\rho_w}{\pi}\sum_{n=1,3,5,\cdots}^{\infty}\frac{1}{n\sqrt{\lambda_n^2-\frac{\omega^2}{c^2}}}\sin\frac{n\pi}{2} \text{ 且 } \frac{\mathrm{d}p_{\max}}{\mathrm{d}z}=0 \tag{5.7.17}$$

最大动水压力 $p_{\max}$ 的分布曲线如图 5.7.2 (a) 所示。

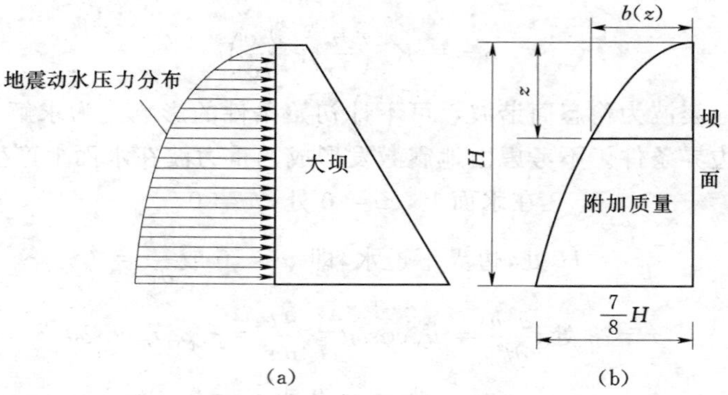

图 5.7.2　刚性直立坝面动水压力的分布曲线

假定 $p_{\max}$ 沿 z 以抛物线变化，即

$$p_{\max}(z)=C\frac{\ddot{u}_g}{g}\sqrt{Hz} \tag{5.7.18}$$

式中，参数 C 值可根据式（5.7.18）与式（5.7.15）在坝底处的动水压力相等，或沿坝高总压力相等，或对坝基的最大弯矩相等条件确定。这里，根据最大弯矩相等，可求得 $C=0.8768\rho_w g$。

由于坝面动水压力的大小与加速度幅值 $\ddot{u}_g$ 成正比，但方向与加速度方向相反，与惯性力的性质相似，所以可用附着于坝面的一定质量的水体来代替动水压力的作用。若设附加水体质量的宽度为 $b(z)$，如图 5.7.2（b）所示，根据附加水体的惯性力与动水压力 $p_{\max}(z)$ 相等的条件：

$$p_{\max}(z)=\rho_w b(z)\ddot{u}_g=C\frac{\ddot{u}_g}{g}\sqrt{Hz} \tag{5.7.19}$$

将 $C=0.8768\rho_w g$ 代入式（5.7.19），可得

$$b(z)=0.8768\sqrt{Hz}\approx\frac{7}{8}\sqrt{Hz} \tag{5.7.20}$$

从而，作用于坝面的最大动水压力为

$$p_{\max}(z)=\frac{7}{8}\rho_w\sqrt{Hz}\,\ddot{u}_g \tag{5.7.21}$$

式（5.7.21）即为著名的韦斯特伽特公式，是 1933 年韦斯特伽特在进行美国胡佛（Hoover）大坝抗震计算时首先导出的。

观察式（5.7.21），动水压力在水面处为零；在水底动水压力为该处静水压力的 $\frac{7}{8}\frac{\ddot{u}_g}{g}$ 倍。例如，对于烈度为 7 度的地震（设计水平地震加速度代表值 $a_h=|\ddot{u}_g(t)|_{\max}=\ddot{u}_g$ 取 $0.1g$），水底的动水压力是静水压力的 9%左右，8 度（$\ddot{u}_g$ 取 $0.2g$）时则为 18%，9 度时（$\ddot{u}_g$ 取 $0.4g$）则为 36%。可见，强地震时动水压力的量级与静水压力相比还是相当大的。

水深 H 范围内的总地震动水压力及作用位置，可由式（5.7.21）与水深 z 所围成的图形进行计算。

在冯卡门（Theodor von Karman）一篇享有盛名的论文中，基于不可压缩流体模型和椭圆形压力近似假设，得到了如下作用于直立坝面的动水压力：

$$p_{\max}(z) = 0.707\rho_w \sqrt{Hz}\ddot{u}_g \tag{5.7.22}$$

式（5.7.22）与式（5.7.21）的差异不是很大。

由式（5.7.15）或式（5.7.14）可见，若 $\lambda_n^2 - \frac{\omega^2}{c^2} = 0$ 即当振动频率 $\omega = c\frac{n\pi}{2H}$ 时，动水压力 p 将趋于无穷大，这就是所谓的库水共振现象。由于式（5.7.5）是根据小位移、小振动及不计液体黏性情况下导出的，所以共振时水体的位移及动水压力都达到相当大的数值，库水共振仅具有定性意义。另一方面，若假设库水不可压缩，即体积模量趋于无穷，则 $K_w \rightarrow \infty \Rightarrow c \rightarrow \infty \Rightarrow \frac{\omega}{c} \rightarrow 0$，则由式（5.7.14），坝面动水压力：

$$p_s(z,t) = \frac{4\ddot{u}_g\rho_w}{\pi}\cos\omega t \sum_{n=1,3,5,\cdots}^{\infty} \frac{1}{n\lambda_n}\sin\lambda_n z \tag{5.7.23}$$

上式右边为一确定有限的值，库水共振现象将不会发生。

还有一个需要指出的是，以上推导假定库底不吸收所产生的波动能量而发生完全反射。实际上库底存在着淤积物，地震过程中将有部分能量被淤积物及其下卧岩土介质所吸收（即发生透射），若再计入水的黏滞耗散作用，库水共振现象一般不会发生。1958 年、1965 年日本的田野正在原型和室内试验中没有观察到库水共振现象。1982 年，中美专家合作对响洪甸拱坝和泉水拱坝进行了原型激振试验。响洪甸拱坝的实测动水压力与不可压缩模型得到的计算结果基本一致，而泉水拱坝的实测动水压力与不可压缩模型计算结果差别较大。1986 年，克拉夫（R. W. Clough）等又对美国加州 Monticello 拱坝进行了原型激振试验，但仍不能证实水体可压缩性的影响。

在我国现行水工建筑物抗震设计规范中，已经明确对于大坝的抗震设计，可不考虑库水的可压缩性、库底淤积物的吸收作用以及水面波动的影响。

在推导式（5.7.10）～式（5.7.12）的过程中，韦斯特伽特将挡水坝看作为刚性，不考虑坝体的弹性变形。他事先假设坝体自振周期远小于 1.0s，地震周期大于 1.0s（基于对 1932 年日本关东大地震测得的地震周期为 1.35s 的认识作出的假设），这是不完全符合事实的。

一些强震观测资料表明，地震的主震周期常常低于 1.0s，甚至低于坝体的基本周期，这样，式（5.7.10）～式（5.7.12）就会出现 $\lambda_n < \frac{\omega}{c}$ 的项，这时坝体的弹性变形就不能忽略。随后，许多学者利用有限单元法、边界元法、比例边界有限元法等数值方法，考虑了诸多复杂影响因素包括结构的弹性，作出了许多重要补充和改进。然而，韦斯特伽特公式至今仍为许多国家的坝工抗震设计规范所采用。

5.7.1 动力法公式

规范规定，由式（5.7.21）可折算成动水附加质量。这是因为对于重要的大坝，需要采用动力法并考虑动水压力进行抗震计算。目前的发展水平是通常采用有限单元法等数值方法进行复杂结构体系的动力计算，将坝体剖分为有限数目的单元，并通过节点进行连接。对于迎水面的任一节点 i，水深为 z_i，其控制面积为 A_i，对于水平地震作用，则附联于该节点的动水附加质量 $m_w(z_i)$ 为

$$m_w(z_i)=\frac{7}{8}\rho_w A_i\sqrt{Hz_i} \tag{5.7.24}$$

式（5.7.24）即是水工抗震设计规范中重力坝在进行水平地震作用效应计算时所采用的坝面附加质量公式。

考虑不可压缩水体，对照式（5.4.3），水平地震加速度沿顺流向作用时坝体结构的动力平衡方程为

$$[\boldsymbol{m}+\boldsymbol{m}_w]\{\ddot{\boldsymbol{u}}\}+[\boldsymbol{c}]\{\dot{\boldsymbol{u}}\}+[\boldsymbol{k}]\{\boldsymbol{u}\}=-[\boldsymbol{m}+\boldsymbol{m}_w]\{\boldsymbol{J}\}\{\ddot{\boldsymbol{u}}_g(\boldsymbol{t})\} \tag{5.7.25}$$

式中：$[\boldsymbol{m}]$、$[\boldsymbol{c}]$、$[\boldsymbol{k}]$ 分别为结构有限单元节点的质量、阻尼及刚度矩阵；$[\boldsymbol{m}_w]$ 为节点动水压力附加质量矩阵，其对角线元素为式（5.7.24）中的 $m_w(z_i)$，非对角元素可取为零。这样的处理虽然有些简单，没有考虑结构变形和结构与河谷复杂边界形状对动水压力的影响，但由于在抗震设计中对未来地面运动预测的可靠性并不高，所以有人认为附加质量阵也没有必要算得很精确，因此，在重力坝和拱坝抗震设计时经常采用这般简化的处理。

若考虑水体的可压缩性，则结构-水体动力相互作用运动方程为以位移和动水压力为未知数的耦合矩阵方程组，其求解就比式（5.7.25）相对要复杂一些，有兴趣的读者可参考有关文献。

对于水闸及混凝土面板堆石坝，其动水压力及附加质量计算可参照重力坝进行。对于拱坝，当采用动力法时，按韦斯特伽特公式（5.7.24）折算成坝面径向的附加动水质量。

对于进水塔，正常运行时由于大部分浸没于水中，需要考虑内、外动水压力换算成的附加质量，计算公式稍麻烦些。用动力法计算单个进水塔地震作用效应时，塔内外动水压力可分别作为塔内外表面的附加质量考虑，按式（5.7.26）计算：

$$m_w(z)=\psi_m(z)\rho_w\eta_w A\left(\frac{a}{2H}\right)^{-0.2} \tag{5.7.26}$$

式中：$m_w(z)$ 为水深 z 处单位高度动水压力附加质量代表值；$\psi_m(z)$ 为附加质量分布系数，对塔内动水压力取 0.72，对塔外，动水压力按表 5.7.1 的规定取值；η_w 为形状系数，塔内和圆形塔外取 1.0，矩形塔塔外按表 5.7.2 的规定取值；A 为塔体沿高度平均截面与水体交线包络面积；a 为塔体垂直地震作用方向的迎水面最大宽度沿高度的平均值。

表 5.7.1　　进水塔塔外动水附加质量分布系数 $\psi_m(z)$

z/H	$\psi_m(z)$	z/H	$\psi_m(z)$
0.0	0.00	0.6	0.59
0.1	0.33	0.7	0.59
0.2	0.44	0.8	0.60
0.3	0.51	0.9	0.60
0.4	0.54	1.0	0.60
0.5	0.57		

表 5.7.2　　矩形进水塔塔外形状系数 η_w

a/b	η_w	a/b	η_w
1/5	0.28	3/2	1.66
1/4	0.34	2	2.14
1/3	0.43	3	3.04
1/2	0.61	4	3.90
2/3	0.81	5	4.75
1	1.15	—	—

对于相连成一排的塔体群，垂直于地震作用方向的迎水面平均宽度 a 与塔前最大水深 H 比值 a/H 大于 3.0 时，水深 h 处单位高度的塔外动水压力，采用动力法时附加质量 $m_w(z)$ 可按式（5.7.27）计算：

$$m_w(z) = 1.75\rho_w a\ \sqrt{Hz} \tag{5.7.27}$$

前述式（5.7.26）或式（5.7.27）给出的是进水塔动水附加质量沿水深 z 的分布规律。至于在水平截面的分布，规范规定：对矩形柱状塔体，可取沿垂直地震作用方向的塔体前后迎水面均匀分布；对圆形柱状塔体，可取按 $\cos\theta_i$ 规律分布，其中 θ_i 为迎水面 i 点法线方向和地震作用方向所交的锐角。

进水塔动水附加质量在水深 z 处水平截面的最大分布强度 $m_\theta(z)$ 可按式（5.7.28）计算：

$$m_\theta(z) = \frac{2}{\pi a} m_w(z) \tag{5.7.28}$$

塔体前后水深不同时，各高程的动水压力代表值或附加质量代表值，可分别按两种水深计算后取平均值。

5.7.2 拟静力法公式

不同的结构形式，具有不同的动水压力或动水附加质量简化计算公式。严格来讲，都应从流-固耦合角度考察这种动态相互作用力。但为了实用设计计算需要，按拟静力法公式计算动水压力有时是受欢迎的。综合 SL 203—1997《水工建筑物抗震设计规范》、DL 5073—2000《水工建筑物抗震设计规范》及 JTJ 225—98《水运工程抗震设计规范》的相关规定，根据建筑物与水的接触形式，本节粗略地进行了以下分类：

第 1 类：建筑物仅在外表面即上、下游迎水面上与水接触（忽略坝内排水廊道等小尺寸的孔洞含水），例如各类大坝、重力式防波堤等。

第 2 类：建筑物内含有水，例如输水隧洞、管道等（不考虑围岩介质内的地下水）。对于地下有压输水管道，水电站厂房蜗壳和尾水管，以及渡槽等，在满流时一般将内含水体质量作为附加质量。

第 3 类：建筑物浸没于水中，例如水闸、进水塔（进水口）、重力墩、桩柱式建筑物。

各类水工建筑物按拟静力法计算动水压力的公式，可参考水工建筑物抗震设计规范及水运工程抗震设计规范的具体规定。下面以水工重力坝和进水塔等建筑物为例进行简要介绍。

(1) 对于不太高的重力坝，在顺流向设计地震 a_h 作用下，采用拟静力法估算动水压力的公式为

$$P(z) = a_h \xi \phi(z) \rho_w H \tag{5.7.29}$$

式中：ξ 为折减系数，采用拟静力法时取 0.25；$\phi(z)$ 为重力坝动水压力分布系数，随水深 z 取值见表 5.7.3。

表 5.7.3　重力坝动水压力分布系数 $\phi(z)$

z/H	$\phi(z)$	z/H	$\phi(z)$
0.0	0.00	0.6	0.76
0.1	0.43	0.7	0.75
0.2	0.58	0.8	0.71
0.3	0.68	0.9	0.68
0.4	0.74	1.0	0.67
0.5	0.76	—	—

单位宽度重力坝面的总地震动水压力，作用点在水面以下 0.54H 深度处，其代表值 F_0 按式 (5.7.30) 计算：

$$F_0 = 0.65 a_h \xi \rho_w H^2 \tag{5.7.30}$$

在式 (5.7.29) 和式 (5.7.30) 中，假定迎水坝面是直立的，并没有考虑坝面的倾斜。为此，规范规定，与水平面夹角为 θ [以角度 (°) 为单位] 的倾斜迎水坝面，按式 (5.7.29) 和式 (5.7.30) 计算的动水压力代表值应乘以 $\theta/90$ 的折减系数。当迎水坝面有折坡时，若水面以下直立部分的高度等于或大于水深 H 的一半，可近似取作直立坝面；否则，取水面点与坡脚点连线代替坡度。

动水压力 (附加质量) 的存在，使得大坝在满库条件下的自振频率比空库情况有所降低，周期加长，但振型差别不大。

(2) 用拟静力法计算单个进水塔地震作用效应时，可按式 (5.7.31) 直接计算动水压力代表值：

$$F_T(z) = \xi \rho_w \psi(z) \eta_w A \left(\frac{a}{2H}\right)^{-0.2} a_h \tag{5.7.31}$$

式中：$F_T(z)$ 为水深 z 处单位高度塔面动水压力合力的代表值；$\psi(z)$ 为水深 z 处动水压力分布系数，对塔内，动水压力取 0.72，对塔外，动水压力按表 5.7.4 的规定取值。

作用于整个塔面的动水压力合力的代表值为

$$F_T(z) = 0.5 \xi \rho_w \eta_w A H \left(\frac{a}{2H}\right)^{-0.2} a_h \tag{5.7.32}$$

作用点位置在水面以下 0.42H 深处。

表 5.7.4 进水塔动水压力分布系数$\psi(z)$

z/H	$\psi(z)$	z/H	$\psi(z)$
0.0	0.00	0.6	0.48
0.1	0.68	0.7	0.37
0.2	0.82	0.8	0.28
0.3	0.79	0.8	0.20
0.4	0.70	1.0	0.17
0.5	0.60	—	—

塔体前后水深不同时，各高程的动水压力代表值可分别按两种水深计算后取平均值。

对于相连成一排的塔体群，垂直于地震作用方向的迎水面平均宽度与塔前最大水深比值 a/H 大于 3.0 时，按拟静力法，水深 h 处单位高度的塔外动水压力的合力可按式（5.7.33）计算：

$$F_T(z) = 1.75\xi\rho_w a\ \sqrt{Hz}a_h \tag{5.7.33}$$

动水压力代表值在水平截面的分布，对矩形柱状塔体可取沿垂直地震作用方向的塔体前后迎水面均匀分布；对圆形柱状塔体可取按 $\cos\theta_i$ 规律分布，其中 θ_i 为迎水面 i 点法线方向和地震作用方向所交的锐角。动水压力最大分布强度可按式（5.7.34）计算：

$$F_\theta(z)=\frac{2}{\pi a}F_T(z) \tag{5.7.34}$$

式中：$F_\theta(z)$ 为动水压力在水深 z 处水平截面的最大分布强度，塔体前后迎水面的 $F_\theta(z)$ 应取同向。

5.8 地震作用三：地震动土压力

图 2.1.5、图 2.2.20 和图 2.2.21 介绍了重力式挡土墙的震害。除因砂土液化、港口码头和河岸堤防发生滑移和沉降，以及地基软弱而带来的间接破坏以外，未按规范设计的老旧土石墙、砂浆砌筑挡土墙通常也会受到地震的直接破坏。总的来讲，重力式挡墙-土体系统在地震作用下产生的滑移、倾斜、沉降等破坏，严重地影响工程建设和交通运输业的健康发展，造成很大的经济损失。挡土墙的这些震害，从力学角度分析是由于在地震时产生了动土压力所致。

本节主要介绍地震时作用在挡土墙或挡土结构上的动土压力问题。这个问题实质上是土-结构动力相互作用问题，但为了设计上的简化需要，一般把挡土墙或挡土结构视为刚性隔离体，采用拟静力法，在主动土压力的基础上附加上地震惯性力，即可得地震动土压力。根据动土压力的大小与分布，结合其他荷载作用，就可对建筑物进行强度和稳定性分析。

地震作用引起的土体对结构产生的动态压力称为地震动土压力。由于受地震时的动力作用，墙背上的动土压力不论其大小或者分布形式，都不同于无震动情况下的土压力。动土压力的确定，不仅与地震强度有关，还受地基土、挡土墙及墙后填土等的振动特性所影响，是一个比较复杂的问题。

目前国内外工程实践中仍多用拟静力法进行地震土压力计算，即以静力条件下的库伦土压力理论为基础，考虑竖向和水平向地震加速度的影响，对原库伦公式加以修正。其中物部-冈部（Mononobe - Okabe，1926）提出的计算公式使用较为普遍，统称为物部-冈部法，下面对该法作一简要介绍。

图 5.8.1（a）表示一具有倾斜墙背 α（挡土墙面与垂直面的夹角）和倾斜填土面 β（土表面与水平面的夹角）的挡土墙，土的高度为 H，重度为 γ，土的内摩擦角 φ，挡土墙面-土之间的摩擦角为 δ。ABC 为无地震情况下的滑动土楔体，其重量为 W。假定挡墙对滑动楔体的作用总反力为 E_a，土体支撑总反力为 R。力 W、E_a、R 构成的平衡力系三角形为图 5.8.1（b）中的$\triangle edf$。根据土力学中库伦土压力公式，作用在墙背上的主动土压力 E_a 为

$$E_a = \frac{1}{2}\gamma H^2 K_a \tag{5.8.1}$$

其中，K_a 称为库伦主动土压力系数，其表达式为

$$K_a = \frac{\cos^2(\varphi-\alpha)}{\cos^2\alpha\cos(\alpha+\delta)\left[1+\sqrt{\dfrac{\sin(\varphi+\delta)\sin(\varphi-\beta)}{\cos(\alpha+\delta)\cos(\alpha-\beta)}}\right]^2} \tag{5.8.2}$$

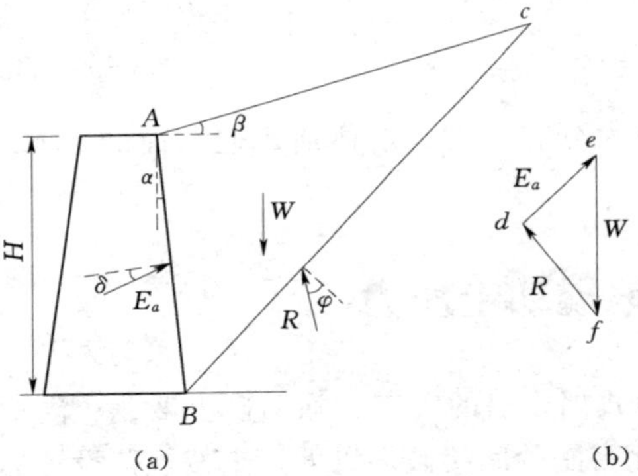

图 5.8.1　无地震时滑动楔体受力分析

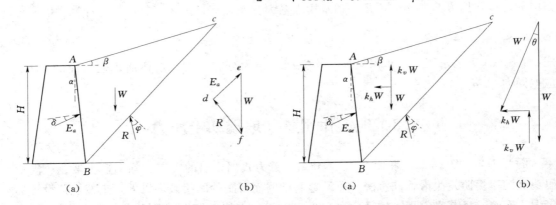

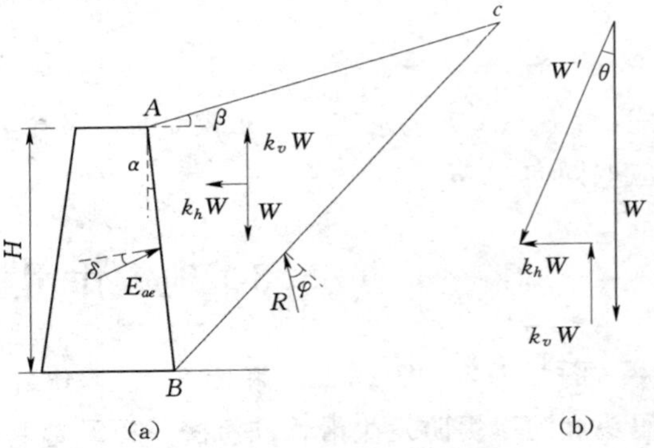

图 5.8.2　地震时滑动楔体受力分析

地震时，假定结构物（挡土墙）及墙后填土如同刚体固定在地面上，结构物及墙后土体上任意一点的加速度与地面加速度相同。土体产生的惯性力作为一种附加力作用在滑动土楔体上。地震惯性力可分为水平方向和竖直方向两个分量。假定水平地震惯性力 k_hW 取朝向挡土墙，竖向地震惯性力 k_vW 取竖直向上，如图 5.8.2（a）所示。

其中

$$k_h = \frac{\text{地震加速度的水平分量 } a_h}{\text{重力加速度 } g}\text{，称为水平向地震系数}$$

$$k_v = \frac{\text{地震加速度的竖直分量 } a_v}{\text{重力加速度 } g}\text{，称为竖向地震系数}$$

将这两个惯性力当成静载与土楔体重量 W 组成合力 W'［图 5.8.2（b）］，则 W' 与铅直线的夹角为 θ，称 θ 为地震偏角。显然：

$$\theta=\tan^{-1}\left(\frac{k_h W}{W-k_v W}\right)=\tan^{-1}\left(\frac{a_h}{g-a_v}\right)$$

$$W'=\frac{(1-k_v)}{\cos\theta}W \tag{5.8.3}$$

这样，若假定在地震条件下，土的内摩擦角 φ 与挡土墙面-土之间的摩擦角 δ 均不改变，则墙后滑动楔体的平衡力系如图 5.8.3（a）所示。可以看出，该平衡力系图与原库伦理论力系图 5.8.1（a）的差别仅在于 W' 与垂直方向倾斜了 θ 角。为了直接利用库伦公式计算 W' 作用下的地震主动土压力 E_{ae}，物部-冈部（1926）提出了将墙背及填土均逆时针旋转 θ 角的方法［图 5.8.3（b）］，使 W' 仍处于竖直方向［图 5.8.3（d）］。由于这种转动并未改变平衡力系中三力间的相互关系，即没有改变图 5.8.3（c）中的力系三角形 $\triangle edf$，故这种改变不会影响对 E_{ae} 的求算，但需将原挡土墙及填土的边界参数加以改变，成为

$$\left.\begin{aligned}\beta' &= \beta+\theta\\ \alpha' &= \alpha+\theta\\ H' &= AB\cos(\alpha+\theta) = H\frac{\cos(\alpha+\theta)}{\cos\alpha}\end{aligned}\right\} \tag{5.8.4}$$

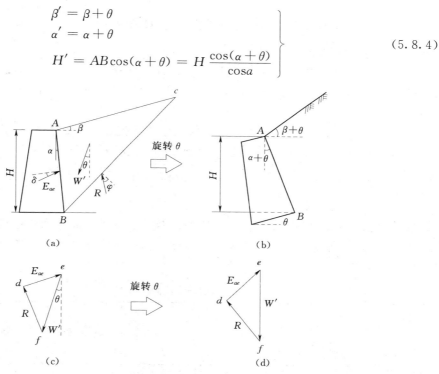

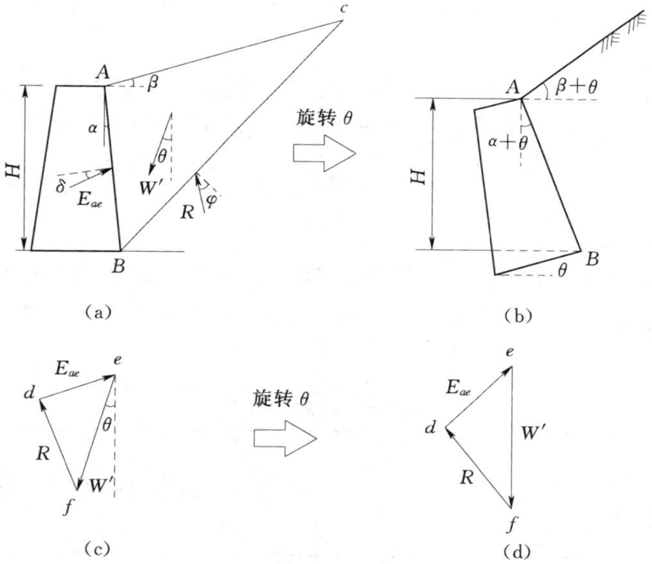

图 5.8.3 物部-冈部法求地震主动土压力

另外，由式（5.8.3）第二式，土楔体的容重变为 $\gamma'=\gamma(1-k_v)/\cos\theta$。用这些变换后的新参数 β'、α'、H'、γ' 代替原库伦主动土压力式（5.8.1）中的 β、α、H 和 γ，整理后得出地震条件下的主动土压力 E_{ae}：

$$E_{ae}=\frac{1}{2}\gamma(1-k_v)H^2K_{ae} \tag{5.8.5}$$

其中

$$K_{ae}=\frac{\cos^2(\varphi-\alpha-\theta)}{\cos\theta\cos^2\alpha\cos(\alpha+\theta+\delta)\left[1+\sqrt{\dfrac{\sin(\varphi+\delta)\sin(\varphi-\beta-\theta)}{\cos(\alpha-\beta)\cos(\alpha+\theta+\delta)}}\right]^2}$$

K_{ae} 为考虑了地震影响的主动土压力系数。通常称式（5.8.5）为物部-冈部主动土压力公式。

从式（5.8.5）可看出，若 $(\varphi-\beta-\theta)<0$，则 K_{ae} 没有实数解，意味着不满足平衡条件。因此，根据平衡要求，回填土的极限坡角应为 $\beta\leqslant\varphi-\theta$。

当墙背填土有地下水时，在水下填土的重量按浮容重计算。此时水下部分填土的地震系数应乘以系数 $\lambda=\dfrac{\gamma_s}{\gamma_s-\gamma_w}$，式中 γ_s 为饱和土的容重，γ_w 为水的容重，故此时水平地震系数为 $k'_h=\lambda k_h$，竖直地震系数为 $k'_v=\lambda k_v$。

按物部-冈部公式，墙后动土压力仍为三角形，合力作用点在距墙底 $H/3$ 处，但有些理论分析和实测资料表明，作用点的位置高于 $H/3$，约在 $\left(\dfrac{1}{3}\sim\dfrac{1}{2}\right)H$ 之间，随水平地震作用的加强而提高。

除上述方法外，还有不少其他动土压力的简化计算方法，例如将土的内摩擦角 φ 适当减小后，仍按静土压力公式计算的方法，或将静土压力增加一个百分数，作为地震作用下的动土压力。

我国 1978 年颁布的 SDJ 10—78《水工建筑物抗震设计规范》给出了水平向地震作用下主动和被动土压力计算公式。动土压力作为在静土压力基础上的附加压力，总土压力为

$$F'_E=(1\pm k_h\xi C_e\tan\varphi)F_E \tag{5.8.6}$$

式中：k_h 为水平向地震系数；ξ 为综合影响系数，也就是前面提到的地震作用效应折减系数，取 0.25；C_e 为地震动土压力系数，按表 5.8.1 采用；φ 为土的内摩擦角；F_E 为静止土压力。

表 5.8.1　地震动土压力系数 C_e

动土压力	填土坡度　C_e　φ	21°～25°	26°～30°	31°～35°	36°～40°	41°～45°
主动	0°	4.0	3.5	3.0	2.5	2.0
	10°	5.0	4.0	3.5	3.0	2.5
	20°	—	5.0	4.0	3.5	3.0
	30°	—	—	—	4.0	3.5
被动	0°～20°	3.0	2.5	2.0	1.5	1.0

我国现行的 SL 203—1997《水工建筑物抗震设计规范》、DL 5073—2000《水工建筑物抗震设计规范》建议，包括地震主动土压力的总土压力代表值 F'_E 可按式（5.8.7）计算，并取其按“＋”“－”号计算结果中的大值（考虑到地震竖向惯性力向上、向下都有

可能，取其不利方向）：

$$F'_E=\left[q_0\frac{\cos\alpha}{\cos(\alpha-\beta)}H+\frac{1}{2}\gamma H^2\right]\left(1\pm\xi\frac{a_v}{g}\right)K_{ae} \tag{5.8.7}$$

$$K_{ae}=\frac{\cos^2(\varphi-a-\theta_e)}{\cos\theta_e\cos^2 a\cos(a+\theta_e+\delta)[1+\sqrt{Z}]^2} \tag{5.8.8}$$

$$Z=\frac{\sin(\varphi+\delta)\sin(\varphi-\beta-\theta_e)}{\cos(\alpha-\beta)\cos(a+\theta_e+\delta)} \tag{5.8.9}$$

$$\theta_e=\tan^{-1}\frac{\xi a_h}{g\pm\xi a_v} \tag{5.8.10}$$

与式（5.8.5）相比，式（5.8.7）进一步考虑了填土表面作用有单位长度荷重 q_0 的情况，并引入了计算系数 ξ。现行水工抗震设计规范规定：动力法计算地震作用效应时，ξ 取 1.0；拟静力法计算地震作用效应时，ξ 取 0.25；对钢筋混凝土结构，ξ 取 0.35。另外，在式（5.8.10）中修正地震系数角 θ 为 θ_e。

式（5.8.6）和式（5.8.7）均适用于砂性土，不适用具有黏聚力的黏性土。土的内摩擦角 φ 与挡土墙面-土之间的摩擦角 δ 一般应由实验确定，初步计算时可按 DL 5077—1997《水工建筑物荷载设计规范》的建议取值。

由于近似计算时一般认为土体的破坏面为平面，在计算被动土压力时与实际情况相差较远，结果不合理。所以 SL 203—1997《水工建筑物抗震设计规范》、DL 5073—2000《水工建筑物抗震设计规范》规定，地震被动土压力应经专门研究确定。

在 JTJ 225—98《水运工程抗震设计规范》中，分别给出了地震主动压力和被动土压力的计算公式，并能考虑不同土层的分层以及土的黏聚力影响。有关公式本节不再介绍，有兴趣的读者可以参考该规范。

挡土墙-土之间构成的墙土体系构成了一个复杂的非线性动力相互作用体系，影响地震反应的因素较多，实验与分析面临着力学模型、本构特性和数值计算等诸多方面的困难。由于问题的复杂性，地震动土压力的计算目前仍在发展中。

5.9 动力时程分析法

对于抗震设防类别为甲、乙类的水工建筑物，当采用时程分析法计算地震作用反应时，水工建筑物抗震设计规范规定：

（1）应至少选择与研究场地具有类似地震地质条件的 2 条实测加速度记录和 1 条以设计反应谱为目标谱的人工生成模拟地震加速度时程。关于依据设计反应谱如何生成人工地震波，见第 7 章。

（2）不同地震加速度时程的计算结果应进行综合分析，以确定设计验算采用的地震作用效应。

对于实际工程结构，一般需采用一定的空间离散方法，例如有限元法，将无限多自由度连续介质离散成有限多自由度体系，得到形如式（5.4.3）的运动方程组。对其进行求解，一般分为两类方法。一类方法是坐标变换法，例如前面讲的振型分解反应谱法。它是利用坐标变换技术［如式（5.4.4），以无阻尼自由振动时的振型为坐标基底进行坐标变换］将耦联的多自由度运动方程转换成非耦联的单自由度运动方程，求出每一阶振型的反应，然后通过振型叠加得到总反应。方法的精度取决于参与计算的模态数。这种方法的缺点是：结构必须为线性体系，不能考虑来自材料、几何及接触状态等各方面的非线性因素；只能考虑能量封闭体系，不能考虑结构与无限地基或水体之间波动能量的交换；计算采用的阻尼矩阵必须为正交矩阵，否则，就不能采用广义坐标进行方程组的解耦。而另一类方法即时程分析法（也常称为直接积分法）则可克服这些缺点，它直接对运动方程组进行数值积分，不需做任何形式的数学变换。

在没有介绍典型的动力时程分析法之前，首先对式（5.4.3）进行推广。

在图 5.4.1 中，在地震水平运动 $\ddot{u}_g(t)$ 作用下，每一质点 m_i 仅假定具有一个水平方向的运动自由度，其运动方程如式（5.4.3）。如前所述，每一质点实际上具有多个自由度。考虑如图 5.9.1 所示的柔性多自由度平面框架结构，结构的质量一般集中在离散化后的节点处。由于考虑的是平面运动，该框架任一节点 i 具有 3 个自由度：一个沿水平 x 向的平动位移，记为 u_i；一个沿竖直 y 向的平动位移，记为 u_{i+1}；一个绕 z 轴的转角，记为 u_{i+2}。也就是说，节点 i 可以自由地进行转动及水平、竖向的平动，结构变形后的构形完全可由各节点的平动和转动来描述。假定框架基底的水平运动为 $\ddot{u}_g(t)$。下面列出这种更一般情况下的结构体系运动方程。

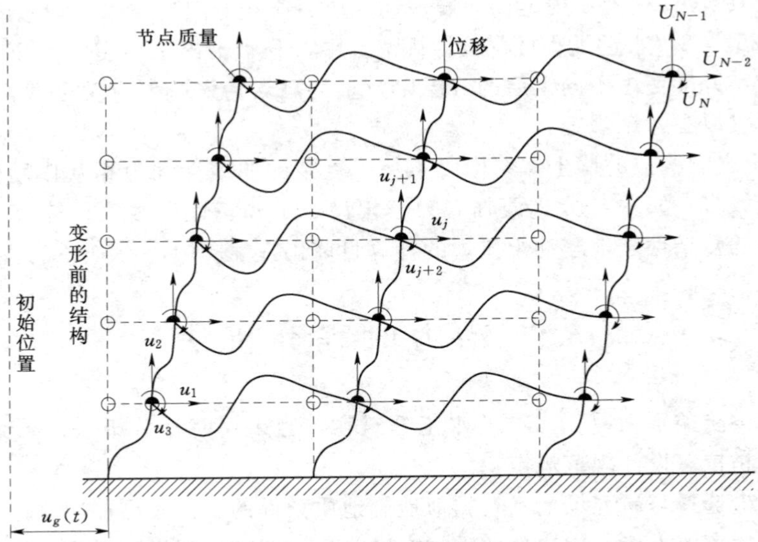

图 5.9.1　地震动 $u_g(t)$ 作用下，多自由度结构的位移和变形

令 N 表示平面框架结构的总自由度数（＝节点总数×3），$u_g(t)$ 表示在 t 时刻距初始位置的地面水平位移，$u_i(t)$ 表示在 t 时刻第 i 个结构节点相对于地面的位移或转角，向量 $\{\boldsymbol{u}(t)\}$ 表示在 t 时刻所有节点的相对位移和转角，即

$$\{\boldsymbol{u}(\boldsymbol{t})\}=\begin{Bmatrix} u_1(t) \\ u_2(t) \\ u_3(t) \\ \cdots \\ u_{N-2}(t) \\ u_{N-1}(t) \\ u_N(t) \end{Bmatrix} \tag{5.9.1}$$

令向量 $\{\boldsymbol{U}(\boldsymbol{t})\}$ 表示在 t 时刻所有节点的绝对位移和转角，即

$$\{\boldsymbol{U}(\boldsymbol{t})\}=\begin{Bmatrix} U_1(t) \\ U_2(t) \\ U_3(t) \\ \cdots \\ U_{N-2}(t) \\ U_{N-1}(t) \\ U_N(t) \end{Bmatrix} \tag{5.9.2}$$

由于绝对位移等于相对位移加上牵连位移（即地面位移），所以 $\{\boldsymbol{U}(\boldsymbol{t})\}$ 也可写为

$$\{\boldsymbol{U}(\boldsymbol{t})\}=\begin{Bmatrix} u_1(t)+u_g(t) \\ u_2(t) \\ u_3(t) \\ \cdots \\ u_{N-2}(t)+u_g(t) \\ u_{N-1}(t) \\ u_N(t) \end{Bmatrix}=\begin{Bmatrix} u_1(t) \\ u_2(t) \\ u_3(t) \\ \cdots \\ u_{N-2}(t) \\ u_{N-1}(t) \\ u_N(t) \end{Bmatrix}+\begin{Bmatrix} 1 \\ 0 \\ 0 \\ \cdots \\ 1 \\ 0 \\ 0 \end{Bmatrix}u_g(t)=\{\boldsymbol{u}(\boldsymbol{t})\}+\{\boldsymbol{J}\}u_g(t) \tag{5.9.3}$$

其中，向量 $\{\boldsymbol{J}\}$ 称为标识向量，用来标识地震动沿某个或某几个自由度方向进行作用：

$$\{\boldsymbol{J}\}=\begin{Bmatrix} 1 \\ 0 \\ 0 \\ \cdots \\ 1 \\ 0 \\ 0 \end{Bmatrix} \tag{5.9.4}$$

根据达朗伯原理，结构的运动平衡方程为

$$-[\boldsymbol{m}]\{\ddot{\boldsymbol{U}}(\boldsymbol{t})\}-\{\boldsymbol{F_S}(\boldsymbol{t})\}-\{\boldsymbol{F_D}(\boldsymbol{t})\}=\{0\} \tag{5.9.5}$$

式中：$\{\boldsymbol{F_S}(\boldsymbol{t})\}$ 为由体系变形引起的使质点从振动位置恢复到平衡位置的恢复力；$\{\boldsymbol{F_D}(\boldsymbol{t})\}$ 表示使结构振动逐渐衰减的阻尼力。

恢复力和阻尼力分别可写成如下形式：

$$\{\boldsymbol{F_S}(\boldsymbol{t})\} = [\boldsymbol{k}]\{\boldsymbol{u}(\boldsymbol{t})\}$$
$$\{\boldsymbol{F_D}(\boldsymbol{t})\} = [\boldsymbol{c}]\{\ddot{\boldsymbol{u}}(\boldsymbol{t})\} \tag{5.9.6}$$

根据式（5.9.3），绝对加速度重写为

$$\{\ddot{\boldsymbol{U}}(\boldsymbol{t})\} = \{\ddot{\boldsymbol{u}}(\boldsymbol{t})\} + \{\boldsymbol{J}\}\ddot{u}_g(t) \tag{5.9.7}$$

将式（5.9.6）、式（5.9.7）代入式（5.9.5），可得运动方程：

$$-[\boldsymbol{m}](\{\ddot{\boldsymbol{u}}(\boldsymbol{t})\} + \{\boldsymbol{J}\}\ddot{u}_g(t)) - [\boldsymbol{k}]\{\boldsymbol{u}(\boldsymbol{t})\} - [\boldsymbol{c}]\{\dot{u}(t)\} = \{0\} \tag{5.9.8}$$

或

$$[\boldsymbol{m}]\{\ddot{\boldsymbol{u}}(\boldsymbol{t})\} + [\boldsymbol{c}]\{\dot{\boldsymbol{u}}(\boldsymbol{t})\} + [\boldsymbol{k}]\{\boldsymbol{u}(\boldsymbol{t})\} = -[\boldsymbol{m}]\{\boldsymbol{J}\}\ddot{u}_g(t) \tag{5.9.9}$$

在地面运动 $\ddot{u}_g(t)$ 已知的情况下，求解位移 $\{\boldsymbol{u}(\boldsymbol{t})\}$ 的过程就相当于对关于时间 t 的微分方程（5.9.9）进行两次积分的过程。对于运动方程（5.9.9），令方程的右端记为 $\{\boldsymbol{p}(\boldsymbol{t})\} = -[\boldsymbol{m}]\{\boldsymbol{J}\}\ddot{u}_g(t)$ 。我们将整个持续时间 t 分割成一列等间距的微小时间间隔（或称时间步）Δt，根据 t_i 时刻的已知反应和荷载值，采用一定的方法来求解 t_{i+1} 时刻的反应，这里 $i=0$，1，2，…，$M-1$。顺次在逐个时间点进行求解，最后可得到系统在地震整个时段 t 内的反应。这个过程如图 5.9.2 所示。

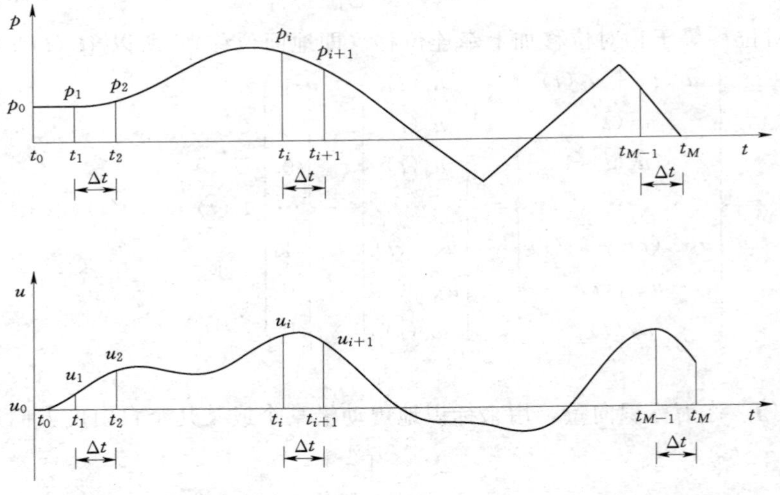

图 5.9.2　用等间距时间间隔 Δt 离散荷载 $p(t)$，并求得位移的离散解 $u(t_i)$

一般地，时程分析法分为两类：显式法（Explicit method）和隐式法（Implicit method）。显式分析方法的特点是，在任一时间步结束时的反应值仅仅依赖于先前时刻的已知反应值，计算过程是从一个时间步直接到下一时间步。隐式分析方法的特点是，在任一时间步的反应值依赖于同一时间步的一个或多个其他未知反应值，即求解的方程组是一耦联的方程组。因此，隐式法计算要求采用迭代过程，即需先假定未知反应量的试探值，然后通过迭代不断进行反应值的更新，其编程计算比显式法要复杂。然而，显式法的一个缺点是，其计算时间步长 Δt 要求比隐式法小得多，否则其解答随着时间步的增加将变得数值上不稳定（计算中某个时间步产生的误差，将在随后多步的计算中被人为放大而使解变得无界）。时间步长越小，整个反应计算耗时就越长，计算代价就越高。相对地，隐式法的另一个优点是，在外动载有界的情况下，大部分隐式方法都能得到有界的解。也就是说，显式方法是有条件稳定的算法，而隐式方法是无条件稳定的算法。

对于自由度较少的线性体系，采用隐式法求解耦联方程组并不会给其应用带来麻烦；但对于大型实际工程结构的地震动力时程分析，求解的自由度数目巨大，若还要考虑非线性因素，则计算工作量非常巨大，隐式方法将会遇到很大的困难。而显式方法则可以克服这个困难，它不需求解耦联方程组，可以大大节省计算存储空间和计算量。显式法受稳定条件限制，计算步长取得较小，但比较来看，对于自由度数目巨大且包含材料非线性的问题，显式法比隐式法所需的计算量要小得多。因此，随着所考虑问题复杂性的增加，条件稳定的显式逐步积分法日益受到重视。

面对一个问题进行初步考虑时要选择哪一类时程分析方法，出发点是看其计算效率，即以多大的计算代价达到所要求满足的精度。

下面介绍常用的中心差分法（Central difference method）和线性加速度法（Linear acceleration method），它们分别属于显式法和隐式法。

5.9.1 中心差分法

5.9.1.1 线性分析

式（5.9.9）在任一时刻都是成立的。对于 $t = t_i = i\Delta t$，i 为整数，式（5.9.9）为

$$[\boldsymbol{m}]\{\ddot{\boldsymbol{u}}\}_i + [\boldsymbol{c}]\{\dot{\boldsymbol{u}}\}_i + [\boldsymbol{k}]\{\boldsymbol{u}\}_i = -[\boldsymbol{m}]\{\boldsymbol{J}\}\ddot{u}_g(t_i) \tag{5.9.10}$$

式中的下标 i 表示相对加速度 $\{\ddot{\boldsymbol{u}}(\boldsymbol{t})\}$、相对速度 $\{\dot{\boldsymbol{u}}(\boldsymbol{t})\}$ 和相对位移 $\{\boldsymbol{u}(\boldsymbol{t})\}$ 在时刻 $t = t_i = i\Delta t$ 的值。为了求解，可将位移 $u(t)$ 在 $t_i + \Delta t$ 和 $t_i - \Delta t$ 展开成泰勒（Taylor）级数：

$$\{\boldsymbol{u}(\boldsymbol{t}_i + \boldsymbol{\Delta t})\} = \{\boldsymbol{u}(\boldsymbol{t}_i)\} + \{\dot{\boldsymbol{u}}(\boldsymbol{t}_i)\}\Delta t + \{\ddot{\boldsymbol{u}}(\boldsymbol{t}_i)\}\frac{\Delta t^2}{2!} + \cdots \tag{5.9.11}$$

$$\{\boldsymbol{u}(\boldsymbol{t}_i - \boldsymbol{\Delta t})\} = \{\boldsymbol{u}(\boldsymbol{t}_i)\} - \{\dot{\boldsymbol{u}}(\boldsymbol{t}_i)\}\Delta t + \{\ddot{\boldsymbol{u}}(\boldsymbol{t}_i)\}\frac{\Delta t^2}{2!} + \cdots \tag{5.9.12}$$

式（5.9.11）减去式（5.9.12），忽略高阶小项，求 $\{\dot{\boldsymbol{u}}(\boldsymbol{t}_i)\}$，有

$$\{\dot{\boldsymbol{u}}(\boldsymbol{t}_i)\} \approx \frac{\{\boldsymbol{u}(\boldsymbol{t}_i + \boldsymbol{\Delta t})\} - \{\boldsymbol{u}(\boldsymbol{t}_i - \boldsymbol{\Delta t})\}}{2\Delta t} \tag{5.9.13}$$

式（5.9.11）加上式（5.9.12），忽略高阶小项，求 $\{\ddot{u}(t_i)\}$，有

$$\{\ddot{\boldsymbol{u}}(\boldsymbol{t}_i)\} \approx \frac{\{\boldsymbol{u}(\boldsymbol{t}_i + \boldsymbol{\Delta t})\} + \{\boldsymbol{u}(\boldsymbol{t}_i - \boldsymbol{\Delta t})\} - 2\{\boldsymbol{u}(\boldsymbol{t}_i)\}}{\Delta t^2} \tag{5.9.14}$$

这样，式（5.9.10）中的加速度及速度可由中心差分近似为

$$\{\ddot{\boldsymbol{u}}\}_i \approx \frac{\{\boldsymbol{u}\}_{i+1} - 2\{\boldsymbol{u}\}_i + \{\boldsymbol{u}\}_{i-1}}{\Delta t^2} \tag{5.9.15}$$

$$\{\dot{\boldsymbol{u}}\}_i \approx \frac{\{\boldsymbol{u}\}_{i+1} - \{\boldsymbol{u}\}_{i-1}}{2\Delta t} \tag{5.9.16}$$

$\{\boldsymbol{u}\}_{i+1}$、$\{\boldsymbol{u}\}_i$、$\{\boldsymbol{u}\}_{i-1}$ 分别表示位移 $\{\boldsymbol{u}(\boldsymbol{t})\}$ 在时刻 $t=t_i+\Delta t$、$t=t_i$、$t=t_i-\Delta t$ 的值。

将式（5.9.15）和式（5.9.16）代入式（5.9.10），得到在 $t = t_i = i\Delta t$ 时刻的运动方程为

$$[\boldsymbol{m}]\left(\frac{\{\boldsymbol{u}\}_{i+1} - 2\{\boldsymbol{u}\}_i + \{\boldsymbol{u}\}_{i-1}}{\Delta t^2}\right) + [\boldsymbol{c}]\left(\frac{\{\boldsymbol{u}\}_{i+1} - \{\boldsymbol{u}\}_{i-1}}{2\Delta t}\right) + [\boldsymbol{k}]\{\boldsymbol{u}\}_i = -[\boldsymbol{m}]\{\boldsymbol{J}\}\ddot{u}_g(t_i) \tag{5.9.17}$$

整理上式，可写为

$$[\hat{m}]\{u\}_{i+1}=\{\hat{p}\}_i \tag{5.9.18}$$

其中，$[\hat{m}]$ 为有效刚度矩阵，$\{\hat{p}\}$ 为有效荷载向量，分别定义为

$$[\hat{m}]=\frac{[m]}{\Delta t^2}+\frac{[c]}{2\Delta t} \tag{5.9.19}$$

$$\{\hat{p}\}_i=-[m]\{J\}\ddot{u}_g(t_i)+\left(\frac{2}{\Delta t^2}[m]-[k]\right)\{u\}_i+\left(\frac{1}{2\Delta t}[c]-\frac{1}{\Delta t^2}[m]\right)\{u\}_{i-1} \tag{5.9.20}$$

两式的右端都是已知量或先前已经求出。因此，$t=t_i+\Delta t$ 时刻的位移向量 $\{u\}_{i+1}$ 可由式（5.9.18）解得

$$\{u\}_{i+1}=[\hat{m}]^{-1}\{\hat{p}\}_i \tag{5.9.21}$$

若要求解 $t=t_i=i\Delta t$ 时刻的速度 $\{\dot{u}\}_i$ 和加速度 $\{\ddot{u}\}_i$，可从式（5.9.15）和式（5.9.16）求得。

若要按式（5.9.21）进行递归求解，需要已知初始时刻 $t=0$(即 $i=0$) 和 $t=-\Delta t$(即 $i=-1$) 时刻的反应。初始时刻 $t=0$ 的位移 $\{u\}_0$ 和速度 $\{\dot{u}\}_0$ 一般是已知的，但 $t=-\Delta t$ 时刻的位移 $\{u\}_{-1}$ 是未知的。下面来确定 $\{u\}_{-1}$。

从式（5.9.15）和式（5.9.16），可以得出 $t=0$ 时的加速度和速度：

$$\{\ddot{u}\}_0\approx\frac{\{u\}_1-2\{u\}_0+\{u\}_{-1}}{\Delta t^2} \tag{5.9.22}$$

$$\{\dot{u}\}_0\approx\frac{\{u\}_1-\{u\}_{-1}}{2\Delta t} \tag{5.9.23}$$

从以上两式消去 $\{u\}_1$，得

$$\{u\}_{-1}=\frac{\Delta t^2}{2}\{\ddot{u}\}_0-\Delta t\{\dot{u}\}_0+\{u\}_0 \tag{5.9.24}$$

其中，$\{\ddot{u}\}_0$ 表示初始时刻 $t=0$ 的加速度，可从式（5.9.10）求得

$$\{\ddot{u}\}_0=[m]^{-1}(-[c]\{\dot{u}\}_0-[k]\{u\}_0)-\{J\}\ddot{u}_g(0) \tag{5.9.25}$$

这样，根据初始位移 $\{u\}_0$、速度 $\{\dot{u}\}_0$ 和加速度 $\{\ddot{u}\}_0$，由式（5.9.24）可求得 $\{u\}_{-1}$，进而由式（5.9.21）递归求解出 $\{u\}_1$、$\{u\}_2$、…、$\{u\}_M$。同时，各时刻的速度 $\{\ddot{u}\}_i$ 和加速度 $\{\ddot{u}\}_i$ 由式（5.9.15）和式（5.9.16）求出。

从上述求解过程可以看出，中心差分法是一种显式分析方法。计算中，最耗时间的环节是对于质量矩阵的求逆，即 $[m]^{-1}$。如果质量阵是对角阵，$[m]^{-1}$ 的计算就很简捷。虽然中心差分法求解效率很高，但它是属于有条件稳定的算法。数值稳定性条件要求采用的时间步长 Δt 需满足式（5.9.26）：

$$\Delta t\leqslant\frac{1}{\pi}T_N=0.318T_N \tag{5.9.26}$$

式中，T_N 为待求结构系统的最高阶振动周期（最短振动周期）。

对于线性系统，中心差分法的求解步骤可归纳如下。

（1）Step 1.0　初始计算。

Step 1.1 形成结构系统的刚度矩阵 $[\boldsymbol{k}]$、质量矩阵 $[\boldsymbol{m}]$ 和阻尼矩阵 $[\boldsymbol{c}]$。

Step 1.2 建立初始位移向量 $\{\boldsymbol{u}\}_0$ 和初始速度向量 $\{\ddot{\boldsymbol{u}}\}_0$。

Step 1.3 计算初始加速度向量：

$$\{\ddot{\boldsymbol{u}}\}_0=[\boldsymbol{m}]^{-1}(-[\boldsymbol{c}]\{\dot{\boldsymbol{u}}\}_0-[\boldsymbol{k}]\{\boldsymbol{u}\}_0)-\{\boldsymbol{J}\}\ddot{u}_g(0)$$

Step 1.4 选择时间步长 Δt。

Step 1.5 计算在 $t=-\Delta t$ 时刻的位移向量：

$$\{\boldsymbol{u}\}_{-1}=\frac{\Delta t^2}{2}\{\ddot{\boldsymbol{u}}\}_0-\Delta t\{\dot{\boldsymbol{u}}\}_0+\{\boldsymbol{u}\}_0$$

Step 1.6 计算有效质量矩阵：

$$[\hat{\boldsymbol{m}}]=\frac{[\boldsymbol{m}]}{\Delta t^2}+\frac{[\boldsymbol{c}]}{2\Delta t}$$

Step 1.7 计算常量矩阵 $[\boldsymbol{a}_1]$ 和 $[\boldsymbol{a}_2]$：

$$[\boldsymbol{a}_1]=\frac{2}{\Delta t^2}[\boldsymbol{m}]-[\boldsymbol{k}]$$

$$[\boldsymbol{a}_2]=\frac{1}{2\Delta t}[\boldsymbol{c}]-\frac{1}{\Delta t^2}[\boldsymbol{m}]$$

Step 1.8 设置 $i=0$。

(2) Step 2.0 第 i 步（$t=t_i=i\Delta t$）的计算。

Step 2.1 计算 $t_i=i\Delta t$ 时刻的有效荷载向量：

$$\{\hat{\boldsymbol{p}}\}_i=-[\boldsymbol{m}]\{\boldsymbol{J}\}\ddot{u}_g(t_i)+[\boldsymbol{a}_1]\{\boldsymbol{u}\}_i+[\boldsymbol{a}_2]\{\boldsymbol{u}\}_{i-1}$$

Step 2.2 计算 $t_{i+1}=(i+1)\Delta t=t_i+\Delta t$ 时刻的位移向量：

$$\{\boldsymbol{u}\}_{i+1}=[\hat{\boldsymbol{m}}]^{-1}\{\hat{\boldsymbol{p}}\}_i$$

Step 2.3 如果需要，计算 $t_i=i\Delta t$ 时刻的速度和加速度向量：

$$\{\dot{\boldsymbol{u}}\}_i\approx\frac{\{\boldsymbol{u}\}_{i+1}-\{\boldsymbol{u}\}_{i-1}}{2\Delta t}$$

$$\{\ddot{\boldsymbol{u}}\}_i\approx\frac{\{\boldsymbol{u}\}_{i+1}-2\{\boldsymbol{u}\}_i+\{\boldsymbol{u}\}_{i-1}}{\Delta t^2}$$

(3) Step 3.0 进行下一个时间步的计算。用 $i+1$ 替换 i，重复 Step 2.1～Step 2.3，直至荷载终了，结束计算。

【例 5.3】 结构同［例 5.1］，质量阵 $[\boldsymbol{m}]=\begin{bmatrix}2&0&0\\0&1.5&0\\0&0&1\end{bmatrix}\times10^3\text{kg}$，$[\boldsymbol{k}]=\begin{bmatrix}3&-1.2&0\\-1.2&1.8&-0.6\\0&-0.6&0.6\end{bmatrix}\times10^6\text{N/m}$。已求得各阶周期为 $T_1=0.433\text{s}$、$T_2=0.202\text{s}$、$T_3=0.136\text{s}$。假定该结构在未受地震作用之前，初始位移和初始速度均为零。从 $t=0$ 时刻开始，结构底部受到的水平地震动为简谐运动 $\ddot{u}_g(t)=0.2g\sin(2\pi\times5t)$，具有主频 $f=5.0\text{Hz}$。假设结构振型阻尼比为 0.05，只考虑水平左右方向的运动，试采用瑞雷型阻尼，利用中心差分法求结构在此地震下的顶点位移时程。

解：(1) 求 $t=-\Delta t$ 时刻的位移 $\{\boldsymbol{u}\}_{-1}$。由于结构具有零初始位移 $\{\boldsymbol{u}\}_0=\{0\}$ 和零初始速度 $\{\dot{\boldsymbol{u}}\}_0=\{0\}$，且 $t=0$ 时，$\ddot{u}_g(0)=0$，因此，从式（5.9.24）、式（5.9.25）求得 $\{\ddot{\boldsymbol{u}}\}_0=\{0\}$、$\{\boldsymbol{u}\}_{-1}=\{0\}$。

(2) 选择时间步长。由式（5.9.26），$\Delta t\leqslant 0.318T_3=0.318\times 0.136=0.043\text{s}$，计算选择 $\Delta t=0.03\text{s}$。

(3) 求阻尼矩阵。采用瑞雷阻尼，由式（5.4.6），阻尼矩阵具有形式 $[\boldsymbol{c}]=c_\alpha[\boldsymbol{m}]+c_\beta[\boldsymbol{k}]$，其中 c_α 和 c_β 由式（5.4.7）求得。一般取前 2 阶自振圆频率进行计算。由于假定各阶振型阻尼比都相同即 $\zeta_1=\zeta_2=\zeta=0.05$，$c_\alpha$ 和 c_β 为

$$c_\alpha=\frac{2\omega_1\omega_2(\zeta_1\omega_2-\zeta_2\omega_1)}{\omega_2{}^2-\omega_1{}^2}=\frac{2\omega_1\omega_2\zeta}{\omega_2+\omega_1}=\frac{2\times(2\pi/0.433)\times(2\pi/0.202)\times 0.05}{(2\pi/0.433)+(2\pi/0.202)}=0.989$$

$$c_\beta=\frac{2(\zeta_1\omega_2-\zeta_2\omega_1)}{\omega_2{}^2-\omega_1{}^2}=\frac{2\zeta}{\omega_2+\omega_1}=\frac{2\times 0.05}{2\times 3.14/0.433+2\times 3.14/0.202}=0.00219$$

所以，阻尼矩阵：

$$[\boldsymbol{c}]=\boldsymbol{c}_\alpha[\boldsymbol{m}]+\boldsymbol{c}_\beta[\boldsymbol{k}]=0.989\begin{bmatrix}2&0&0\\0&1.5&0\\0&0&1\end{bmatrix}\times 10^3+0.00219\begin{bmatrix}3&-1.2&0\\-1.2&1.8&-0.6\\0&-0.6&0.6\end{bmatrix}\times 10^6$$

$$=\begin{bmatrix}8548&-2628&0\\-2628&5425.5&-1314\\0&-1314&2303\end{bmatrix}$$

(4) 求有效质量阵和有效荷载向量。根据式（5.9.19），有效质量阵为

$$[\hat{\boldsymbol{m}}]=\frac{[\boldsymbol{m}]}{\Delta t^2}+\frac{[\boldsymbol{c}]}{2\Delta t}=\frac{1}{0.03^2}\begin{bmatrix}2&0&0\\0&1.5&0\\0&0&1\end{bmatrix}\times 10^3+\frac{1}{2\times 0.03}\begin{bmatrix}8548&-2628&0\\-2628&5425.5&-1314\\0&-1314&2303\end{bmatrix}$$

$$=\begin{bmatrix}2.36469&-0.0438&0\\-0.0438&1.75709&-0.0219\\0&-0.0219&1.14949\end{bmatrix}\times 10^6$$

根据式（5.9.20），有效荷载向量为

$$\{\hat{\boldsymbol{p}}\}_i=-[\boldsymbol{m}]\{\boldsymbol{J}\}\ddot{u}_g(t_i)+\left(\frac{2}{\Delta t^2}[\boldsymbol{m}]-[\boldsymbol{k}]\right)\{\boldsymbol{u}\}_i+\left(\frac{1}{2\Delta t}[\boldsymbol{c}]-\frac{1}{\Delta t^2}[\boldsymbol{m}]\right)\{\boldsymbol{u}\}_{i-1}$$

$$=-\begin{bmatrix}2&0&0\\0&1.5&0\\0&0&1\end{bmatrix}\times 10^3\times\begin{Bmatrix}1\\1\\1\end{Bmatrix}\times 0.2\times 9.81\times\sin(31.4t_i)$$

$$+\left\{\frac{2}{0.03^2}\begin{bmatrix}2&0&0\\0&1.5&0\\0&0&1\end{bmatrix}\times 10^3-\begin{bmatrix}3&-1.2&0\\-1.2&1.8&-0.6\\0&-0.6&0.6\end{bmatrix}\times 10^6\right\}\begin{Bmatrix}u_1\\u_2\\u_3\end{Bmatrix}_i$$

$$+\left\{\frac{1}{2\times 0.03}\begin{bmatrix}8548&-2628&0\\-2628&5425.5&-1314\\0&-1314&2303\end{bmatrix}-\frac{1}{0.03^2}\begin{bmatrix}2&0&0\\0&1.5&0\\0&0&1\end{bmatrix}\times 10^3\right\}\begin{Bmatrix}u_1\\u_2\\u_3\end{Bmatrix}_{i-1}$$

$$=\begin{Bmatrix} 1.44444(u_1)_i-2.07976(u_1)_{i-1}+1.2(u_2)_i-0.0438(u_2)_{i-1}+0.003924\sin(31.4t_i) \\ 1.2(u_1)_i-0.0438(u_1)_{i-1}+1.53333(u_2)_i-1.57624(u_2)_{i-1}+0.6(u_3)_i-0.0219(u_3)_{i-1}+0.002943\sin(31.4t_i) \\ 0.6(u_2)_i-0.0219(u_2)_{i-1}+1.62222(u_3)_i-1.07273(u_3)_{i-1}+0.001962\sin(31.4t_i) \end{Bmatrix}$$

$\times 10^6$

(5)求位移响应。将上面求得的有效质量矩阵和有效荷载向量代入式(5.9.21)，可得位移向量为

$$\begin{Bmatrix} u_1 \\ u_2 \\ u_3 \end{Bmatrix}_{i+1} = [\hat{\boldsymbol{m}}]^{-1}\{\hat{\boldsymbol{p}}\}_i$$

展开得

$$(u_1)_{i+1} = 0.62378(u_1)_i - 0.880373(u_1)_{i-1} + 0.523996(u_2)_i - 0.0351632(u_2)_{i-1} + 0.0066554(u_3)_i - 0.000446616(u_3)_{i-1} - 0.00169162\sin(31.4t_i)$$

$$(u_2)_{i+1} = 0.698662(u_1)_i - 0.0468842(u_1)_{i-1} + 0.892434(u_2)_i - 0.898402(u_2)_{i-1} + 0.359314(u_3)_i - 0.024112(u_3)_{i-1} - 0.00173878\sin(31.4t_i)$$

$$(u_3)_{i+1} = 0.0133108(u_1)_i - 0.000893232(u_1)_{i-1} + 0.538971(u_2)_i - 0.0361681(u_2)_{i-1} + 1.41809(u_3)_i - 0.933676(u_3)_{i-1} - 0.00173996\sin(31.4t_i)$$

其中，$t_i=i\Delta t=0.03i$，i 为从零开始的正整数。前 0.45s 的计算过程见例表 5.9.1。

例表 5.9.1　中心差分法计算三自由度线弹性结构的地震反应位移（前 15 步，步长 0.03s）

step	time/s	u_1/m	u_2/m	u_3/m
$i=0$	0.00	0.00000	0.00000	0.00000
$i=1$	0.03	0.00000	0.00000	0.00000
$i=2$	0.06	−0.00137	−0.00141	−0.00141
$i=3$	0.09	−0.00321	−0.00437	−0.00443
$i=4$	0.12	−0.00359	−0.00691	−0.00785
$i=5$	0.15	−0.00194	−0.00630	−0.00959
$i=6$	0.18	0.00053	−0.00212	−0.00770
$i=7$	0.21	0.00210	0.00272	−0.00184
$i=8$	0.24	0.00182	0.00476	0.00562
$i=9$	0.27	0.00012	0.00339	0.01052
$i=10$	0.30	−0.00122	0.00098	0.00992
$i=11$	0.33	−0.00042	0.00027	0.00462
$i=12$	0.36	0.00231	0.00195	−0.00120
$i=13$	0.39	0.00442	0.00425	−0.00329
$i=14$	0.42	0.00339	0.00442	0.00072
$i=15$	0.45	−0.00060	0.00110	0.00330

结构的顶点位移即 u_3 的时程（前 6s）如例图 5.9.1 所示。由该图可知，最大位移约为 14.53mm，发生在时刻 $t=1.35$s。随着时间的增长，位移趋于正弦形状。

结构的顶点稳态位移 u_3 的傅里叶频谱如例图 5.9.2 所示。由该图可知，$f=5.0$Hz 时

位移幅值最大并与地震动主频一致，表现为受迫振动。其他点的位移反应特点与顶点类似。

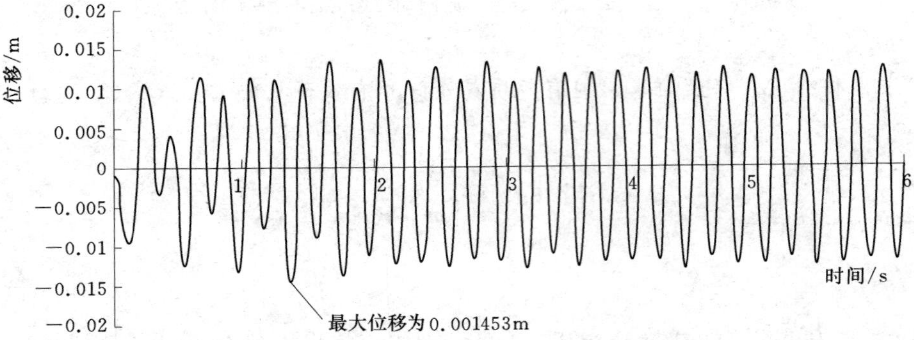

例图5.9.1　三自由度结构的顶点位移时程（前6s）

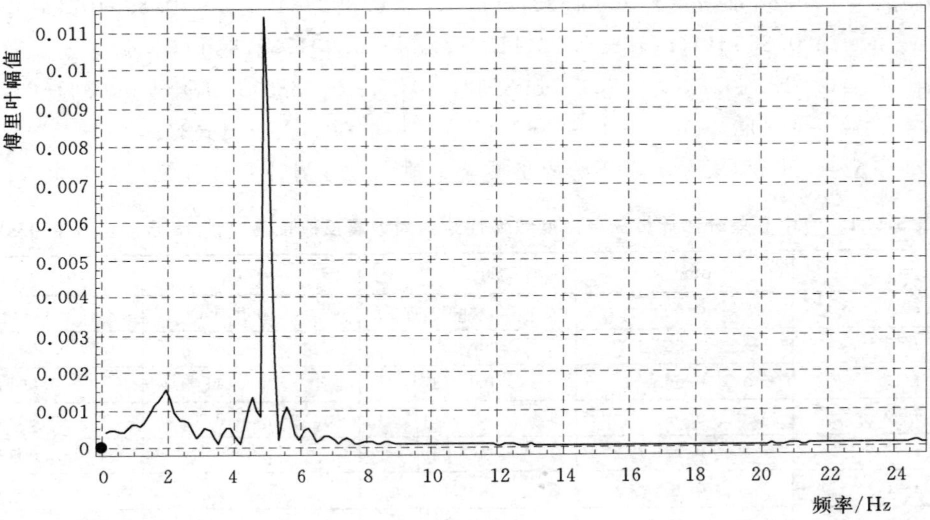

例图5.9.2　三自由度结构的顶点位移傅里叶幅值谱

5.9.1.2　非线性分析

对于强震作用下，结构将进入非弹性阶段，上节介绍的线弹性动力分析就不适用了。结构所受到的恢复力向量用 $\{\boldsymbol{F_S}(t)\}$ 表示。对于弱震线弹性情况，$\{\boldsymbol{F_S}(t)\}=[\boldsymbol{k}]\{\boldsymbol{u}(t)\}$。对于强震非弹性情况，结构的恢复力不再是 $[\boldsymbol{k}]\{\boldsymbol{u}(t)\}$，而是与结构运动的时间历程 $\{\boldsymbol{u}(t)\}$、结构的非弹性性质有关。因此，仿照式（5.9.9），结构的非弹性运动方程可表达为

$$[\boldsymbol{m}]\{\ddot{\boldsymbol{u}}(t)\}+[\boldsymbol{c}]\{\ddot{\boldsymbol{u}}(t)\}+\{\boldsymbol{F_S}(t)\}=-[\boldsymbol{m}]\{\boldsymbol{J}\}\ddot{u}_g(t) \tag{5.9.27}$$

既然式（5.9.27）适用于结构任意时刻，那么对时刻 t_i、$t_i+\tau$、$t_i+\Delta t$ 同样适用。局部时间变量 τ 在 $0\leqslant\tau\leqslant\Delta t$ 变化。那么

$$[\boldsymbol{m}]\{\ddot{\boldsymbol{u}}(t_i)\}+[\boldsymbol{c}]\{\ddot{\boldsymbol{u}}(t_i)\}+\{\boldsymbol{F_S}(t_i)\}=-[\boldsymbol{m}]\{\boldsymbol{J}\}\ddot{u}_g(t_i) \tag{5.9.28}$$

$$[\boldsymbol{m}]\{\ddot{\boldsymbol{u}}(t_i+\tau)\}+[\boldsymbol{c}]\{\dot{\boldsymbol{u}}(t_i+\tau)\}+\{\boldsymbol{F}_S(t_i+\tau)\}=-[\boldsymbol{m}]\{\boldsymbol{J}\}\ddot{u}_g(t_i+\tau) \tag{5.9.29}$$

令

$$\{\Delta\ddot{\boldsymbol{u}}(\tau)\}=\{\ddot{\boldsymbol{u}}(t_i+\tau)\}-\{\ddot{\boldsymbol{u}}(t_i)\} \tag{5.9.30}$$

$$\{\Delta\dot{\boldsymbol{u}}(\tau)\}=\{\dot{\boldsymbol{u}}(t_i+\tau)\}-\{\dot{\boldsymbol{u}}(t_i)\} \tag{5.9.31}$$

$$\{\Delta\boldsymbol{u}(\tau)\}=\{\boldsymbol{u}(t_i+\tau)\}-\{\boldsymbol{u}(t_i)\} \tag{5.9.32}$$

$$\Delta\ddot{u}_g(\tau)=\ddot{u}_g(t_i+\tau)-\ddot{u}_g(t_i) \tag{5.9.33}$$

$$\{\Delta\boldsymbol{F}_S(\tau)\}=\{\boldsymbol{F}_S(t_i+\tau)\}-\{\boldsymbol{F}_S(t_i)\} \tag{5.9.34}$$

式（5.9.29）减去式（5.9.28），得

$$[\boldsymbol{m}]\{\Delta\ddot{\boldsymbol{u}}(\tau)\}+[\boldsymbol{c}]\{\Delta\dot{\boldsymbol{u}}(\tau)\}+\{\Delta\boldsymbol{F}_S(\tau)\}=-[\boldsymbol{m}]\{\boldsymbol{J}\}\Delta\ddot{u}_g(\tau) \tag{5.9.35}$$

若假定在时间间隔 Δt 内，结构的刚度性质不变（图 5.9.3），并等于第 i 时间步开始时即 $t=t_i$ 的值，且

$$\{\Delta\boldsymbol{F}_S(\tau)\}=[\boldsymbol{k}]_i\{\Delta\boldsymbol{u}(\tau)\} \tag{5.9.36}$$

则式（5.9.35）为

$$[\boldsymbol{m}]\{\Delta\ddot{\boldsymbol{u}}(\tau)\}+[\boldsymbol{c}]\{\Delta\dot{\boldsymbol{u}}(\tau)\}+[\boldsymbol{k}]_i\{\Delta\boldsymbol{u}(\tau)\}=-[\boldsymbol{m}]\{\boldsymbol{J}\}\Delta\ddot{u}_g(\tau) \tag{5.9.37}$$

式（5.9.37）即为进行非线性动力分析的增量方程，未知向量为 $\{\Delta\boldsymbol{u}(\tau)\}$，系数矩阵 $[\boldsymbol{k}]_i$ 在 $t_i\leqslant t\leqslant t_i+\Delta t$ 内是一常量。

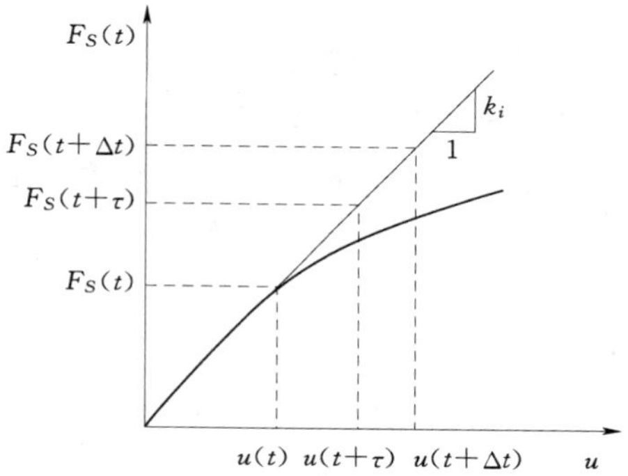

图 5.9.3 弹性恢复力与位移的关系

式（5.9.37）的求解可利用针对线性系统的中心差分法进行求解，但需要修正有效荷载向量，即式（5.9.19）的第二式变为

$$\{\hat{\boldsymbol{p}}\}_i=-[\boldsymbol{m}]\{\boldsymbol{J}\}\ddot{u}_g(t_i)+\frac{2}{\Delta t^2}[\boldsymbol{m}]\{\boldsymbol{u}\}_i-\{\boldsymbol{F}_S\}_i+\left(\frac{1}{2\Delta t}[\boldsymbol{c}]-\frac{1}{\Delta t^2}[\boldsymbol{m}]\right)\{\boldsymbol{u}\}_{i-1} \tag{5.9.38}$$

式中的 $\{\boldsymbol{F}_S\}_i$ 可由式（5.9.39）以增量形式确定：

$$\{\boldsymbol{F}_S\}_i=\{\boldsymbol{F}_S\}_{i-1}+[\boldsymbol{k}]_i(\{\boldsymbol{u}\}_i-\{\boldsymbol{u}\}_{i-1}) \tag{5.9.39}$$

对于非线性系统，中心差分法的求解步骤可归纳如下。

（1）Step 1.0 初始计算：

Step 1.1 形成结构系统的初始刚度矩阵 $[\boldsymbol{k}]_0$、质量矩阵 $[\boldsymbol{m}]$ 和阻尼矩阵 $[\boldsymbol{c}]$。

Step 1.2 建立初始位移向量 $\{\boldsymbol{u}\}_0$ 和初始速度向量 $\{\dot{\boldsymbol{u}}\}_0$。

Step 1.3 计算初始加速度向量：

$$\{\ddot{\boldsymbol{u}}\}_0=[\boldsymbol{m}]^{-1}(-[\boldsymbol{c}]\{\dot{\boldsymbol{u}}\}_0-[\boldsymbol{k}]_0\{\boldsymbol{u}\}_0)-\{\boldsymbol{J}\}\ddot{u}_g(0)$$

Step 1.4 计算初始恢复力向量：

$$\{\boldsymbol{F}_S\}_0=[\boldsymbol{k}]_0\{\boldsymbol{u}\}_0$$

Step 1.5 选择时间步长 Δt。

Step 1.6 计算在 $t=-\Delta t$ 时刻的位移向量：

$$\{\boldsymbol{u}\}_{-1}=\frac{\Delta t^2}{2}\{\ddot{\boldsymbol{u}}\}_0-\Delta t\{\boldsymbol{u}\}_0+\{\boldsymbol{u}\}_0$$

Step 1.7 计算在 $t=-\Delta t$ 时刻的恢复力向量：

$$\{\boldsymbol{F}_S\}_{-1}=[\boldsymbol{k}]_0\{\boldsymbol{u}\}_{-1}$$

Step 1.8 计算有效刚度矩阵：

$$[\hat{\boldsymbol{m}}]=\frac{[\boldsymbol{m}]}{\Delta t^2}+\frac{[\boldsymbol{c}]}{2\Delta t}$$

Step 1.9 计算常量矩阵 $[\boldsymbol{a}_1]$ 和 $[\boldsymbol{a}_2]$：

$$[\boldsymbol{a}_1]=\frac{2}{\Delta t^2}[\boldsymbol{m}]$$

$$[\boldsymbol{a}_2]=\frac{1}{2\Delta t}[\boldsymbol{c}]-\frac{1}{\Delta t^2}[\boldsymbol{m}]$$

Step 1.10 设置 $i=0$。

(2) Step 2.0 第 i 步（$t=t_i=i\Delta t$）的计算：

Step 2.1 计算 $t=t_i=i\Delta t$ 时刻的荷载向量：

$$\{\boldsymbol{F}_S\}_i=\{\boldsymbol{F}_S\}_{i-1}+[\boldsymbol{k}]_i(\{\boldsymbol{u}\}_i-\{\boldsymbol{u}\}_{i-1})$$

Step 2.2 计算 $t=t_i=i\Delta t$ 时刻的有效荷载向量：

$$\{\hat{\boldsymbol{p}}\}_i=-[\boldsymbol{m}]\{\boldsymbol{J}\}\ddot{u}_g(t_i)+[\boldsymbol{a}_1]\{\boldsymbol{u}\}_i+[\boldsymbol{a}_2]\{\boldsymbol{u}\}_{i-1}-\{\boldsymbol{F}_S\}_i$$

Step 2.3 计算 $t_{i+1}=(i+1)\Delta t=t_i+\Delta t$ 时刻的位移向量：

$$\{\boldsymbol{u}\}_{i+1}=[\hat{\boldsymbol{m}}]^{-1}\{\hat{\boldsymbol{p}}\}_i$$

Step 2.4 如果需要，计算 $t=t_i=i\Delta t$ 时刻的速度和加速度向量：

$$\{\dot{\boldsymbol{u}}\}_i\approx\frac{\{\boldsymbol{u}\}_{i+1}-\{\boldsymbol{u}\}_{i-1}}{2\Delta t}$$

$$\{\ddot{\boldsymbol{u}}\}_i\approx\frac{\{\boldsymbol{u}\}_{i+1}-2\{\boldsymbol{u}\}_i+\{\boldsymbol{u}\}_{i-1}}{\Delta t^2}$$

Step 2.5 根据结构 $t=t_i=i\Delta t$ 时刻的反应，形成刚度矩阵 $[\boldsymbol{k}]_i$。

(3) Step 3.0 进行下一个时间步的计算。用 $i+1$ 替换 i，重复 Step 2.1～Step 2.5 直至荷载终了，结束计算。

5.9.2 线性加速度法

隐式法的研究历史较长且方法很多，例如线性加速度法、常加速度法、Newmark 方法、Wilson - θ 法、各种组合方法等。本节只介绍有条件稳定的线性加速度法，它是 Newmark 法的一个特例。当某些参数取值满足一定的条件时，Newmark 法可以实现无条件稳定。

5.9.2.1 线性分析

运动方程式 (5.9.9) 在任一时刻都是成立的。对于 $t=t_{i+1}=(i+1)\Delta t$ 时刻，当然也成立：

$$[\boldsymbol{m}]\{\ddot{\boldsymbol{u}}\}_{i+1}+[\boldsymbol{c}]\{\dot{\boldsymbol{u}}\}_{i+1}+[\boldsymbol{k}]\{\boldsymbol{u}\}_{i+1}=-[\boldsymbol{m}]\{\boldsymbol{J}\}\ddot{u}_g(t_{i+1}) \tag{5.9.40}$$

在时间区间 $[t_i,t_{i+1}]$ 内，假定反应加速度是线性变化的函数，即

$$\ddot{u}(\tau)=\ddot{u}_i+\frac{\ddot{u}_{i+1}-\ddot{u}_i}{\Delta t}\tau \tag{5.9.41}$$

式中的 $\ddot{u}_i$ 和 $\ddot{u}_{i+1}$ 分别表示在时刻 $t_i=i\Delta t$ 和 $t_{i+1}=(i+1)\Delta t$ 的值，τ 是时间变量，定义为 $\tau=t-t_i$，$0\leqslant\tau\leqslant\Delta t$。对式（5.9.41）在［0，$\tau$］内进行积分，有

$$\dot{u}(\tau)=\dot{u}_i+\int_0^\tau\left[\ddot{u}_i+\frac{\ddot{u}_{i+1}-\ddot{u}_i}{\Delta t}\tau\right]\mathrm{d}\tau=\dot{u}_i+\ddot{u}_i\tau+\frac{\ddot{u}_{i+1}-\ddot{u}_i}{\Delta t}\frac{\tau^2}{2} \tag{5.9.42}$$

再次对式（5.9.42）进行积分，有

$$u(\tau)=u_i+\int_0^\tau\left(\dot{u}_i+\ddot{u}_i\tau+\frac{\ddot{u}_{i+1}-\ddot{u}_i}{\Delta t}\frac{\tau^2}{2}\right)\mathrm{d}\tau=u_i+\dot{u}_i\tau+\frac{\tau^2}{2}\ddot{u}_i+\frac{\tau^3}{6}\frac{\ddot{u}_{i+1}-\ddot{u}_i}{\Delta t} \tag{5.9.43}$$

令 $\tau=\Delta t$，代入式（5.9.42）和式（5.9.43），有

$$\dot{u}_{i+1}=\dot{u}_i+\frac{\Delta t}{2}(\ddot{u}_{i+1}+\ddot{u}_i) \tag{5.9.44}$$

$$u_{i+1}=u_i+\Delta t\dot{u}_i+\frac{\Delta t^2}{3}\ddot{u}_i+\frac{\Delta t^2}{6}\ddot{u}_{i+1} \tag{5.9.45}$$

将上两式写成向量形式，有

$$\{\dot{\boldsymbol{u}}\}_{i+1}=\{\dot{\boldsymbol{u}}\}_i+\frac{\Delta t}{2}(\{\ddot{\boldsymbol{u}}\}_{i+1}+\{\ddot{\boldsymbol{u}}\}_i) \tag{5.9.46}$$

$$\{\boldsymbol{u}\}_{i+1}=\{\boldsymbol{u}\}_i+\Delta t\{\dot{\boldsymbol{u}}\}_i+\frac{\Delta t^2}{3}\{\ddot{\boldsymbol{u}}\}_i+\frac{\Delta t^2}{6}\{\ddot{\boldsymbol{u}}\}_{i+1} \tag{5.9.47}$$

根据式（5.9.47），得出 $\{\ddot{\boldsymbol{u}}\}_{i+1}$：

$$\{\ddot{\boldsymbol{u}}\}_{i+1}=\frac{6}{\Delta t^2}(\{\boldsymbol{u}\}_{i+1}-\{\boldsymbol{u}\}_i)-\frac{6}{\Delta t}\{\dot{\boldsymbol{u}}\}_i-2\{\ddot{\boldsymbol{u}}\}_i \tag{5.9.48}$$

代入式（5.9.46），有

$$\{\dot{\boldsymbol{u}}\}_{i+1}=\frac{3}{\Delta t}(\{\boldsymbol{u}\}_{i+1}-\{\boldsymbol{u}\}_i)-2\{\dot{\boldsymbol{u}}\}_i-\frac{\Delta t}{2}\{\ddot{\boldsymbol{u}}\}_i \tag{5.9.49}$$

将式（5.9.48）和（5.9.49）代入运动方程（5.9.40），有

$$[\boldsymbol{m}]\left(\frac{6}{\Delta t^2}(\{\boldsymbol{u}\}_{i+1}-\{\boldsymbol{u}\}_i)-\frac{6}{\Delta t}\{\dot{\boldsymbol{u}}\}_i-2\{\ddot{\boldsymbol{u}}\}_i\right)+[\boldsymbol{c}]\left(\frac{3}{\Delta t}(\{\boldsymbol{u}\}_{i+1}-\{\boldsymbol{u}\}_i)-2\{\dot{\boldsymbol{u}}\}_i-\frac{\Delta t}{2}\{\ddot{\boldsymbol{u}}\}_i\right)$$
$$+[\boldsymbol{k}]\{\boldsymbol{u}\}_{i+1}=-[\boldsymbol{m}]\{\boldsymbol{J}\}\ddot{u}_g(t_{i+1}) \tag{5.9.50}$$

将式（5.9.50）重新整理成：

$$[\hat{\boldsymbol{k}}]\{\boldsymbol{u}\}_{i+1}=\{\hat{\boldsymbol{p}}\}_{i+1} \tag{5.9.51}$$

式中有效刚度矩阵 $[\hat{\boldsymbol{k}}]$ 及有效荷载向量 $\{\hat{\boldsymbol{p}}\}_{i+1}$ 分别为

$$[\hat{\boldsymbol{k}}]=[\boldsymbol{k}]+\frac{3}{\Delta t}[\boldsymbol{c}]+\frac{6}{\Delta t^2}[\boldsymbol{m}] \tag{5.9.52}$$

$$\{\hat{\boldsymbol{p}}\}_{i+1}=-[\boldsymbol{m}]\{\boldsymbol{J}\}\ddot{u}_g(t_{i+1})+[\boldsymbol{m}]\left(\frac{6}{\Delta t^2}\{\boldsymbol{u}\}_i+\frac{6}{\Delta t}\{\dot{\boldsymbol{u}}\}_i+2\{\ddot{\boldsymbol{u}}\}_i\right)$$
$$+[\boldsymbol{c}]\left(\frac{3}{\Delta t}\{\boldsymbol{u}\}_i+2\{\dot{\boldsymbol{u}}\}_i+\frac{\Delta t}{2}\{\ddot{\boldsymbol{u}}\}_i\right) \tag{5.9.53}$$

则 $t_{i+1}=(i+1)\Delta t$ 时刻的位移为

$$\{\boldsymbol{u}\}_{i+1}=[\hat{\boldsymbol{k}}]^{-1}\{\hat{\boldsymbol{p}}\}_{i+1} \tag{5.9.54}$$

$t_{i+1}=(i+1)\Delta t$ 时刻的速度可由式（5.9.49）求得。一旦位移和速度已求出，则加速度可由式（5.9.40）得到，有

$$\{\ddot{\boldsymbol{u}}\}_{i+1}=-\{\boldsymbol{J}\}\ddot{u}_g(t_{i+1})-[\boldsymbol{m}]^{-1}([\boldsymbol{c}]\{\dot{\boldsymbol{u}}\}_{i+1}+[\boldsymbol{k}]\{\boldsymbol{u}\}_{i+1}) \tag{5.9.55}$$

式（5.9.49）、式（5.9.54）和式（5.9.55）就构成了用线性加速度法逐步求解结构系统的位移、速度和加速度的递归表达式。

线性加速度法属于有条件稳定的算法。数值稳定性条件要求采用的时间步长 Δt 需满足式（5.9.56）：

$$\Delta t\leqslant\frac{\sqrt{3}}{\pi}T_N=0.551T_N \tag{5.9.56}$$

式中 T_N 为待求结构系统的最高阶振动周期（最短振动周期）。

对于线性系统，线性加速度法的求解步骤可归纳如下。

（1）Step 1.0　初始计算：

Step 1.1　形成结构系统的刚度矩阵 $[\boldsymbol{k}]$、质量矩阵 $[\boldsymbol{m}]$ 和阻尼矩阵 $[\boldsymbol{c}]$。

Step 1.2　建立初始位移向量 $\{\boldsymbol{u}\}_0$ 和初始速度向量 $\{\dot{\boldsymbol{u}}\}_0$。

Step 1.3　计算初始加速度向量：

$$\{\ddot{\boldsymbol{u}}\}_0=[\boldsymbol{m}]^{-1}(-[\boldsymbol{c}]\{\ddot{\boldsymbol{u}}\}_0-[\boldsymbol{k}]\{\boldsymbol{u}\}_0)-\{\boldsymbol{J}\}\ddot{u}_g(0)$$

Step 1.4　选择时间步长 Δt。

Step 1.5　计算常量矩阵 $[\boldsymbol{a}_1]$、$[\boldsymbol{a}_2]$ 和 $[\boldsymbol{a}_3]$：

$$[\boldsymbol{a}_1]=\left(\frac{6}{\Delta t^2}[\boldsymbol{m}]+\frac{3}{\Delta t}[\boldsymbol{c}]\right)$$

$$[\boldsymbol{a}_2]=\left(\frac{6}{\Delta t}[\boldsymbol{m}]+2[\boldsymbol{c}]\right)$$

$$[\boldsymbol{a}_3]=\left(2[\boldsymbol{m}]+\frac{\Delta t}{2}[\boldsymbol{c}]\right)$$

Step 1.6　计算有效刚度矩阵：

$$[\hat{\boldsymbol{k}}]=[\boldsymbol{k}]+[\boldsymbol{a}_1]$$

Step 1.7　设置 $i=0$。

（2）Step 2.0　第 i 步（$t=t_i=i\Delta t$）的计算：

Step 2.1　计算有效荷载向量：

$$\{\hat{p}\}_{i+1}=-[\boldsymbol{m}]\{\boldsymbol{J}\}\ddot{u}_g(t_{i+1})+[\boldsymbol{a}_1]\{\boldsymbol{u}\}_i+[\boldsymbol{a}_2]\{\dot{\boldsymbol{u}}\}_i+[\boldsymbol{a}_3]\{\ddot{\boldsymbol{u}}\}_i$$

Step 2.2　计算 $t_{i+1}=(i+1)\Delta t=t_i+\Delta t$ 时刻的位移向量：

$$\{\boldsymbol{u}\}_{i+1}=[\hat{\boldsymbol{k}}]^{-1}\{\hat{\boldsymbol{p}}\}_{i+1}$$

Step 2.3　如果需要，计算 $t_{i+1}=(i+1)\Delta t=t_i+\Delta t$ 时刻的速度和加速度向量：

$$\{\dot{\boldsymbol{u}}\}_{i+1}=\frac{3}{\Delta t}(\{\boldsymbol{u}\}_{i+1}-\{\boldsymbol{u}\}_i)-2\{\dot{\boldsymbol{u}}\}_i-\frac{\Delta t}{2}\{\dot{\boldsymbol{u}}\}_i$$

$$\{\ddot{\boldsymbol{u}}\}_{i+1}=-\{\boldsymbol{J}\}\ddot{u}_g(t_{i+1})-[\boldsymbol{m}]^{-1}([\boldsymbol{c}]\{\dot{\boldsymbol{u}}\}_{i+1}+[\boldsymbol{k}]\{\boldsymbol{u}\}_{i+1})$$

（3）Step 3.0　进行下一个时间步的计算。用 $i+1$ 替换 i，重复 Step 2.1～Step 2.3，

直至荷载终了，结束计算。

5.9.2.2 非线性分析

增量形式的非线性运动方程（5.9.37）在任一时刻都是成立的。对于 $t=t_{i+1}=(i+1)\Delta t$ 时刻，当然也成立：

$$[\boldsymbol{m}]\{\boldsymbol{\Delta\ddot{u}}\}_{i+1}+[\boldsymbol{c}]\{\boldsymbol{\Delta\dot{u}}\}_{i+1}+[\boldsymbol{k}]_i\{\boldsymbol{\Delta u}\}_{i+1}=-[\boldsymbol{m}]\{\boldsymbol{J}\}(\Delta\ddot{u}_g)_{i+1} \tag{5.9.57}$$

在式（5.9.48）两边同时减去 $\{\dot{\boldsymbol{u}}\}_i$，并令 $\{\boldsymbol{\Delta\dot{u}}\}_{i+1}=\{\dot{\boldsymbol{u}}\}_{i+1}-\{\dot{\boldsymbol{u}}\}_i$，有

$$\{\boldsymbol{\Delta\ddot{u}}\}_{i+1}=\frac{6}{\Delta t^2}(\{\boldsymbol{u}\}_{i+1}-\{\boldsymbol{u}\}_i)-\frac{6}{\Delta t}\{\dot{\boldsymbol{u}}\}_i-3\{\ddot{\boldsymbol{u}}\}_i \tag{5.9.58}$$

在式（5.9.49）两边同时减去 $\{\dot{\boldsymbol{u}}\}_i$，并令 $\{\boldsymbol{\Delta\dot{u}}\}_{i+1}=\{\dot{\boldsymbol{u}}\}_{i+1}-\{\dot{\boldsymbol{u}}\}_i$，有

$$\{\boldsymbol{\Delta\dot{u}}\}_{i+1}=\frac{3}{\Delta t}(\{\boldsymbol{u}\}_{i+1}-\{\boldsymbol{u}\}_i)-3\{\dot{\boldsymbol{u}}\}_i-\frac{\Delta t}{2}\{\ddot{\boldsymbol{u}}\}_i \tag{5.9.59}$$

令

$$\{\boldsymbol{\Delta u}\}_{i+1}=\{\boldsymbol{u}\}_{i+1}-\{\boldsymbol{u}\}_i \tag{5.9.60}$$

将式（5.9.58）～式(5.9.60）代入式（5.9.57），得

$$[\boldsymbol{m}]\left(\frac{6}{\Delta t^2}\{\boldsymbol{\Delta u}\}_{i+1}-\frac{6}{\Delta t}\{\dot{\boldsymbol{u}}\}_i-3\{\ddot{\boldsymbol{u}}\}_i\right)+[\boldsymbol{c}]\left(\frac{3}{\Delta t}\{\boldsymbol{\Delta u}\}_{i+1}-3\{\dot{\boldsymbol{u}}\}_i-\frac{\Delta t}{2}\{\ddot{\boldsymbol{u}}\}_i\right)$$
$$+[\boldsymbol{k}]_i\{\boldsymbol{\Delta u}\}_{i+1}=-[\boldsymbol{m}]\{\boldsymbol{J}\}(\Delta\ddot{u}_g)_{i+1} \tag{5.9.61}$$

式（5.9.61）可写成

$$[\hat{\boldsymbol{k}}_N]_i\{\Delta\boldsymbol{u}\}_{i+1}=\{\Delta\hat{\boldsymbol{p}}_N\}_{i+1} \tag{5.9.62}$$

式中

$$[\hat{\boldsymbol{k}}_N]_i=[\boldsymbol{k}]_i+\frac{3}{\Delta t}[\boldsymbol{c}]+\frac{6}{\Delta t^2}[\boldsymbol{m}] \tag{5.9.63}$$

$$\{\boldsymbol{\Delta}\hat{\boldsymbol{p}}_N\}_{i+1}=-[\boldsymbol{m}]\{\boldsymbol{J}\}(\Delta\ddot{u}_g)_{i+1}+[\boldsymbol{m}]\left(\frac{6}{\Delta t}\{\dot{\boldsymbol{u}}\}_i+3\{\ddot{\boldsymbol{u}}\}_i\right)+[\boldsymbol{c}]\left(3\{\dot{\boldsymbol{u}}\}_i+\frac{\Delta t}{2}\{\ddot{\boldsymbol{u}}\}_i\right) \tag{5.9.64}$$

从而增量位移为

$$\{\boldsymbol{\Delta u}\}_{i+1}=[\hat{\boldsymbol{k}}_N]_i^{-1}\{\boldsymbol{\Delta}\hat{\boldsymbol{p}}_N\}_{i+1} \tag{5.9.65}$$

对于非线性系统，线性加速度法的求解步骤可归纳如下。

(1) Step 1.0 初始计算：

Step 1.1 形成结构系统的初始刚度矩阵 $[\boldsymbol{k}]_0$、质量矩阵 $[\boldsymbol{m}]$ 和阻尼矩阵 $[\boldsymbol{c}]$。

Step 1.2 建立初始位移向量 $\{\boldsymbol{u}\}_0$ 和初始速度向量 $\{\dot{\boldsymbol{u}}\}_0$。

Step 1.3 计算初始加速度向量：

$$\{\ddot{\boldsymbol{u}}\}_0=[\boldsymbol{m}]^{-1}(-[\boldsymbol{c}]\{\dot{\boldsymbol{u}}\}_0-[\boldsymbol{k}]_0\{\boldsymbol{u}\}_0)-\{\boldsymbol{J}\}\ddot{u}_g(0)$$

Step 1.4 选择时间步长 Δt。

Step 1.5 设置 $i=0$。

(2) Step 2.0 第 i 步（$t=t_i=i\Delta t$）的计算：

Step 2.1 计算地震加速度增量：

$$(\Delta\ddot{u}_g)_{i+1}=\ddot{u}_g(t_{i+1})-\ddot{u}_g(t_i)$$

Step 2.2　计算有效荷载向量的增量：

$$\{\Delta\hat{\boldsymbol{p}}_N\}_{i+1}=-[\boldsymbol{m}]\{\boldsymbol{J}\}(\Delta\ddot{u}_g)_{i+1}+[\boldsymbol{m}]\left(\frac{6}{\Delta t}\{\dot{\boldsymbol{u}}\}_i+3\{\ddot{\boldsymbol{u}}\}_i\right)+[\boldsymbol{c}]\left(3\{\dot{\boldsymbol{u}}\}_i+\frac{\Delta t}{2}\{\ddot{\boldsymbol{u}}\}_i\right)$$

Step 2.3　计算有效刚度矩阵：

$$[\hat{\boldsymbol{k}}_N]_i=[\boldsymbol{k}]_i+\frac{3}{\Delta t}[\boldsymbol{c}]+\frac{6}{\Delta t^2}[\boldsymbol{m}]$$

Step 2.4　计算位移、速度、加速度向量的增量：

$$\{\Delta\boldsymbol{u}\}_{i+1}=[\hat{\boldsymbol{k}}_N]_i^{-1}\{\Delta\hat{\boldsymbol{p}}_N\}_{i+1}$$

$$\{\Delta\dot{\boldsymbol{u}}\}_{i+1}=\frac{3}{\Delta t}(\{\boldsymbol{u}\}_{i+1}-\{\boldsymbol{u}\}_i)-3\{\dot{\boldsymbol{u}}\}_i-\frac{\Delta t}{2}\{\ddot{\boldsymbol{u}}\}_i$$

$$\{\Delta\ddot{\boldsymbol{u}}\}_{i+1}=\frac{6}{\Delta t^2}(\{\boldsymbol{u}\}_{i+1}-\{\boldsymbol{u}\}_i)-\frac{6}{\Delta t}\{\dot{\boldsymbol{u}}\}_i-3\{\ddot{\boldsymbol{u}}\}_i$$

Step 2.5　计算位移、速度、加速度向量：

$$\{\boldsymbol{u}\}_{i+1}=\{\boldsymbol{u}\}_i+\{\Delta\boldsymbol{u}\}_{i+1}$$

$$\{\dot{\boldsymbol{u}}\}_{i+1}=\{\dot{\boldsymbol{u}}\}_i+\{\Delta\dot{\boldsymbol{u}}\}_{i+1}$$

$$\{\ddot{\boldsymbol{u}}\}_{i+1}=\{\ddot{\boldsymbol{u}}\}_i+\{\Delta\ddot{\boldsymbol{u}}\}_{i+1}$$

Step 2.6　根据当前的应力及变形状态，更新刚度矩阵 $[\boldsymbol{k}]_i$。

(3) Step 3.0　进行下一个时间步的计算。用 $i+1$ 替换 i，重复 Step 2.1～Step 2.6 直至荷载终了，结束计算。

5.9.3　时空步长的要求

对于工程结构的静力分析或不考虑波动传播及能量交换的动力分析（例如，采用振型分解反应谱法进行的地震反应分析），在空间离散化时对网格尺寸即空间步长 Δx（或 Δy、Δz）没有特殊的要求，只需满足空间离散方法如有限元法对于收敛性及精度方面的一般要求。一般而言，Δx 越小，解答越趋于真实解。若前后两次计算采用大小不同的 Δx，相应结果的相对差值较小，则采用的 Δx 是合适的。否则，应加密网格即减小 Δx，直至满足收敛及精度要求。

对于涉及到能量开放体系的动力分析问题，需要有效地模拟地震波在结构及介质内的传播。此时，空间离散采用的空间步长 Δx 以及求解运动方程采用的时间步长 Δt，就需要满足额外的条件。

(1) 空间步长 Δx 应满足：

$$\Delta x=\phi\lambda_{\min}=\phi c_{\min}T_{\min}=\phi c_{\min}/f_{\max} \tag{5.9.66}$$

式中：$c_{\min}$ 为含有多种材料组分的结构或介质的最小波速；$\lambda_{\min}$ 表示最小波长；$f_{\max}$ 为输入地震波的最高频率，可通过频谱分析来确定，$f_{\max}$ 上限可取至 25Hz 或 33Hz；$T_{\min}$ 为相应于 $f_{\max}$ 的最短周期；ϕ 为经验系数，可取 1/12～1/3（见 GB 50267—1997《核电厂抗震设计规范》），也常取 1/10～1/6，这是模拟长度为 $\lambda_{\min}$ 的波动的一个完整周期变化的空间离散点数要求。

由于结构的最小波速与介质的最小波速不同，对结构或介质进行空间离散时采取的 Δx 也可相应不同。

(2) 时间步长 Δt 应满足数值稳定性条件及精度要求。例如，求解运动方程的中心差分法及线性加速度法，数值稳定条件要求时间步长 Δt 应满足式(5.9.26)或式(5.9.56)的要求。除此之外，还应满足：

$$\Delta t \leqslant \min\left(\frac{\Delta x}{c_S},\frac{\Delta y}{c_S}\right) \text{或}\ \Delta t \leqslant \min\left(\frac{\Delta x}{c_P},\frac{\Delta y}{c_P}\right) \tag{5.9.67}$$

式中，c_S 和 c_P 分别为结构或介质的横波波速和纵波波速。

在初步选了满足稳定性条件的 Δt 后，可通过对其进行数次减半，将得到的计算结果进行对比，考察解是否收敛。若收敛，则可以认为达到了要求的精度，此时的 Δt 可以正式应用于详细的或后续的计算分析。

经验表明，对于显式分析方法，数值稳定方面所需的时间步长比精度方面的要求要小。

5.10 基于承载能力极限状态的抗震设计

水工建筑物在正常运行期间，受到来自周围介质和环境的荷载或作用有：建筑物的自重，水流对建筑物的水压力、扬压力，温度变化，风压力，浪压力，淤沙压力，冰压力，雪荷载，活荷载等。因此，进行地震工况计算时，需要考虑地震作用与其他荷载作用的组合(线性分析)。对于非线性分析，其他荷载作用效应可作为地震工况的初始条件。

(1) 一般情况下，水工建筑物作抗震计算时的上游水位可采用正常蓄水位。大地震与非常洪水位同时发生的概率非常小，此种组合一般不予考虑。多年调节水库经论证后可采用低于正常蓄水位的上游水位。

(2) 由于土石坝的上游坝坡的抗震稳定性并非是最高水位控制，因此应根据运用条件选用对坝坡抗震稳定最不利的常遇水位进行抗震计算。对于抽水蓄能电站，水位降落属于正常运行工况，对于这类电站的上、下池的土石坝，在抗震稳定计算中也考虑水位降落的常遇水位。

(3) 已有研究表明，高拱坝在遭遇强震时，在顶部动力放大效应明显的抗震薄弱部位，地震产生的动应力较大，在和静态应力叠加后，拱向仍有较大拉应力，可导致经灌浆的伸缩横缝张开，从而增大梁向拉应力。由于静水压力作用下各坝段间伸缩横缝被压紧，因而在低水位时遭遇地震所产生的拱向拉应力可能是控制的，因此对于重要拱坝，宜补充地震作用和常遇低水位组合的验算。水闸边墩和翼墙在低水位时，若地下水位较高，此时在垂直河流向地震作用下，可能会控制配筋，因此，对重要水闸也宜补充地震作用和常遇低水位组合的验算。

在对水工建筑物进行抗震强度和稳定计算时，水工建筑物抗震设计规范规定，应采用基于可靠度概念的承载能力极限状态设计表达式：

$$\gamma_0 \psi S(\gamma_G G_k, \gamma_Q Q_k, \gamma_E E_k, a_k) \leqslant \frac{1}{\gamma_d} R\left(\frac{f_k}{\gamma_m}, a_k\right) \tag{5.10.1}$$

式中：γ_0 为结构重要性系数，按 GB 50199—94《水利水电工程结构可靠度设计统一标准》的规定取值；ψ 为设计状况系数。地震工况取 0.85；$S(\cdot)$ 为结构的作用效应函数；γ_G 为永久作用的分项系数；G_k 为永久作用的标准值；γ_Q 为可变作用的分项系数；Q_k 为可变作用的标准值；γ_E 为偶然地震作用（包括地震惯性力、地震动水压力或地震动土压力）的分项系数，取 1.0；E_k 为偶然地震作用的代表值；γ_d 为承载能力极限状态的结构系数；$R(\cdot)$ 为结构的抗力函数；f_k 为材料性能的标准值；γ_m 为材料性能分项系数；a_k 为几何参数的标准值。

各类水工建筑物（土石坝、重力坝、拱坝、进水塔、压力钢管、厂房、水闸等）在地震作用下应验算的极限状态及其相应的结构系数，可按规范相应建筑物章节中的有关规定采用。

与地震作用组合的各种静态作用的分项系数和标准值，应按各类建筑物相应的设计规范规定采用。凡在这些规范中未规定分项系数的作用和抗力，或在抗震计算中引入地震作用的效应折减系数时，分项系数均可取为 1.0。

普通钢筋混凝土结构构件的抗震设计，在按规范确定地震作用效应后应按水工混凝土结构设计规范进行截面承载力抗震验算。

5.11　水工抗震设计计算原则

本节给出现行水工建筑物抗震设计规范关于进行水工抗震计算的一些原则。

5.11.1　地震动分量及其组合

（1）地震动可分解为 3 个互相垂直的分量（例如南北向、东西向和竖向）。根据现阶段已有的大量强震记录的统计分析，地震动竖向峰值加速度平均为水平向的 1/2～2/3，设计反应谱形状与水平向的基本相同。

（2）一般情况下，水工建筑物可只考虑水平向地震作用（地震惯性力、动水压力、动土压力），而对设计烈度 8、9 度的 1、2 级土石坝、重力坝等壅水建筑物，以及长悬臂、大跨度或高耸的水工混凝土结构，应同时计入水平向和竖向地震作用。这是因为竖向地震作用效应对上述建筑物的抗震强度及稳定性的影响已不可忽略。严重不对称、空腹等特殊型式的拱坝，以及设计烈度为 8、9 度的 1、2 级双曲拱坝，宜对其竖向地震作用效应作专门研究。

另外，一般情况下的土石坝、混凝土重力坝，在抗震设计中可只计入顺河流方向的水平向地震作用。重要的土石坝，宜专门研究垂直河流方向的水平向地震作用。两岸陡坡上的重力坝段，宜计入垂直河流方向的水平向地震作用。混凝土拱坝应同时考虑顺河流方向和垂直河流方向的水平向地震作用。闸墩、进水塔、闸顶机架和其他两个主轴方向刚度接近的水工混凝土结构，应考虑结构的两个主轴方向的水平向地震作用。

（3）由于地震动的 3 个分量的峰值并非同时出现，而当其分别作用于建筑物时，其最大反应也不同时出现，因而各向峰值在时间上存在遇合的问题。

一般地，当同时计算互相垂直方向地震的作用效应时，总的地震作用效应可取各方向地震作用效应平方总和的方根值（即前述 SRSS 法）。

当同时计算水平向和竖向地震作用效应时，总的地震作用效应也可将竖向地震作用效应乘以 0.5 的遇合系数后与水平向地震作用效应直接相加，其结果与 SRSS 法大致相当。

5.11.2 地震作用的类别

(1) 一般情况下，水工建筑物抗震计算应考虑的地震作用为：建筑物自重和其上的荷重所产生的地震惯性力，地震动土压力和水平向地震作用的动水压力。各地震作用已在前述各节进行了介绍。

(2) 除面板堆石坝外，土石坝的地震动水压力可以不计。这是因为一般土石坝上游坝坡较缓，动水压力的影响可忽略不计。

(3) 瞬时的地震作用对渗透压力、浮托力的影响很小，地震引起的浪压力数值也不大，在抗震计算中可以忽略。

(4) 地震淤沙压力的机理比较复杂。目前在国内外的抗震设计中，大多是计算地震动水压力时，将建筑物前的水深取至库底而不再单独考虑地震淤沙压力。当坝前的淤沙厚度特别大时，这样的近似处理可能偏于不安全，对于高坝情况，地震对淤沙压力的影响应作专门研究。

思 考 与 习 题

5.1 对于水工建筑物的抗震计算，什么情况下需要考虑竖向地震作用？

5.2 水工建筑物的抗震计算有几种方法？各种方法在什么情况下采用？

5.3 采用振型分解反应谱法进行抗震计算时，总的地震作用效应怎样由各阶计算结果得到？

5.4 对建筑物进行动力时程分析时，应怎样选择地震波？

5.5 地震动的3个分量作用效应都需要考虑时，总的地震作用效应如何计算？

5.6 通常情况下，水工建筑物的地震作用包括哪些？

5.7 什么是地震反应谱，什么是设计反应谱，有何区别与联系？

5.8 在采用拟静力法计算地震惯性力时，什么是水工建筑物的动态分布系数？

5.9 采用拟静力法式（5.6.4）进行单宽重力坝水平地震惯性力代表值的计算，可将重力坝断面水平分为 n 层（n 个质点）。试证明，作用在该单宽坝体上的总地震惯性力为

$$F=\sum_{i=1}^{n}F_i=1.4\xi a_h G/g$$

5.10 某混凝土重力坝如习题图5.1所示，大坝的抗震设防烈度为8度，水平向设计地震加速度取 $a_h=0.2g$，$g=9.81\text{m/s}^2$，坝前水深为30m，下游水深为2m。混凝土的密度取 2.4t/m^3。

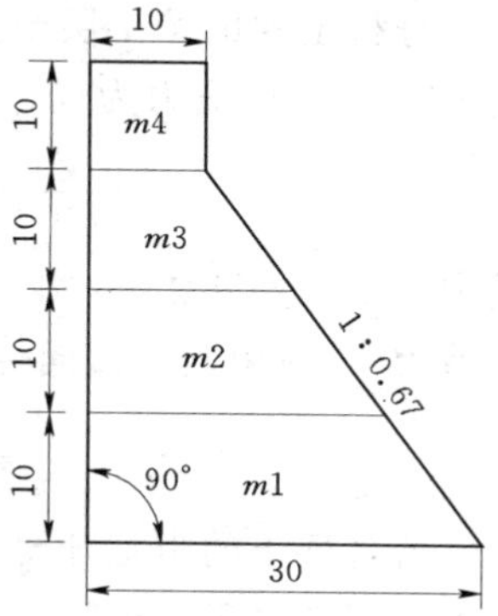

习题图5.1 重力坝分块

(1) 试用拟静力法计算单宽（1m）坝段的总地震动水压力及作用位置。

(2) 沿坝高方向分为4块，用拟静力法计算单宽（1m）坝段的水平地震惯性力。

(3) 在排水失效条件下，计算作用在单宽（1m）坝基上的总扬压力。

(4) 采用安全系数法试考察地震发生时坝体沿坝基面能否发生滑动失稳？已知抗剪断摩擦系数取1.2，抗剪断凝聚力取1.1MPa，抗滑稳定安全系数取2.3。

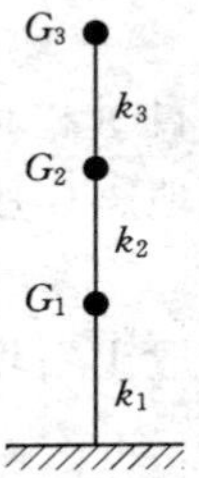

习题图 5.2　3 质点结构系统水平方向振动

5.11　根据水工建筑物抗震设计规范，试用振型分解反应谱法计算习题图 5.2 所示 3 质点结构系统在设计地震时的顶点最大水平位移（仅考虑水平左右运动）。设计地震加速度为 $0.2g$，Ⅱ类场地。图中参数 $G_1=345\text{kN}$、$G_2=360\text{kN}$、$G_3=340\text{kN}$；各层刚度为 $k_1=250\text{MN/m}$、$k_2=200\text{MN/m}$、$k_3=150\text{MN/m}$。

5.12　如习题图 5.3 所示，在竖直入射剪切波作用下水平土层的地震反应，与同一地震作用下多层楼房在性态上相似。假设在多层土中沿深度取一土柱，其顶端自由而底部固定，水平宽度及横截面面积均为 1。该土柱类似一多层楼房，只不过各层是由高度为 h_i 的土层顺序搭建而成。楼房第 i 层的质量集中在楼板处并设为 m_i，每层的抗侧移刚度为 k_i，确定方法如下：

$$m_i=\frac{1}{2}\rho_i h_i+\frac{1}{2}\rho_{i+1}h_{i+1}$$

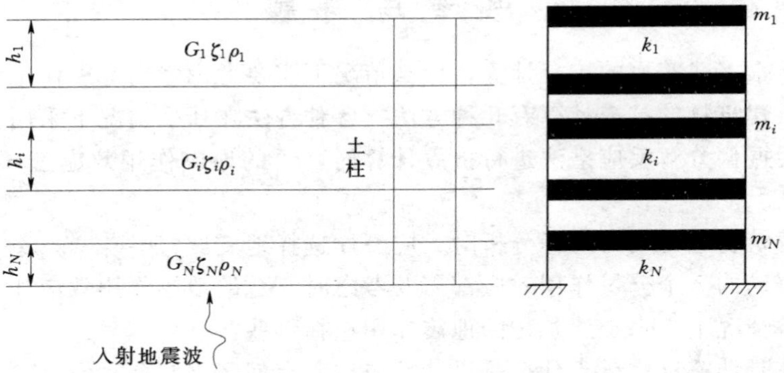

习题图 5.3　场地地震反应分析的集中参数模型

分析土柱的第 i 层受力（习题图 5.4），在层间剪力 V_i 作用下的剪应力为

$$\tau_i=\frac{V_i}{1.0\times1.0}=G_i\gamma_i=G_i\frac{\Delta_i}{h_i}$$

式中：G_i、γ_i 和 Δ_i 分别为土层 i 的剪切模量，剪应变及由剪力 V_i 所引起的侧向位移。所以，侧向刚度的定义为

$$k_i=\frac{V_i}{\Delta_i}=\frac{G_i}{h_i}$$

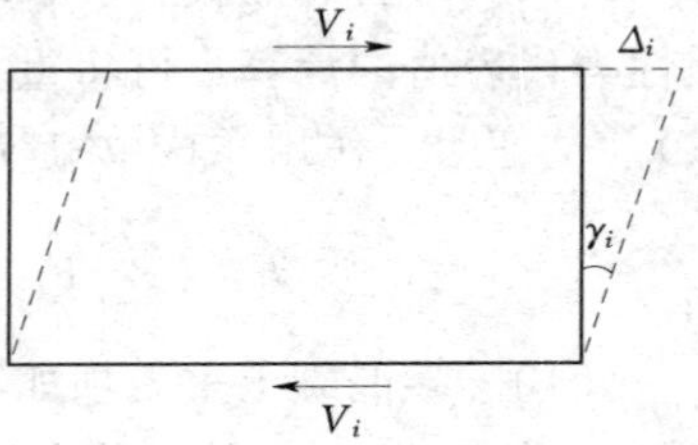

习题图 5.4　土柱 i 在剪切波作用下的受力与变形示意图

若各层土的阻尼比 ζ_i 已知，这样，在地震剪切波作用下的运动方程就可写成式（5.4.3）的形式，可采用振型分解反应谱法或时程积分法进行求解。这种把场地连续土层等效成离散参数（质量、刚度及阻尼）的模型称为集中参数模型。该模型的优点是动力分析可以在频域内或时域内进行，也可考虑材料非线性等因素。

假定从基岩竖直入射的剪切波为简谐波 $a(t)=2\sin12.56t$，各层土的阻尼比 ζ_i 假设为 10%，采用瑞雷型阻尼，试采用上述集中参数模型分别采用（1）传递函数法（第 3

章）；（2）振型分解反应谱法来计算习题表5.1中钻孔揭示土层顶面的加速度和位移幅值。

习题表5.1　　某土层物理力学参数

层底深度/m	土的名称	剪切波速/(m/s)	密度/(kg/m³)
11.0	软黏土	51.0	1230
34.5	黏土夹砂	90.0	1250
46.0	砾石砂	105.5	1370
70.0	黏土	134.0	1750
∞	基岩	1050	1760

5.13　结构同［例5.1］，质量阵 $[\boldsymbol{m}]=\begin{bmatrix}2&0&0\\0&1.5&0\\0&0&1\end{bmatrix}\times 10^3\text{kg}$，$[\boldsymbol{k}]=\begin{bmatrix}3&-1.2&0\\-1.2&1.8&-0.6\\0&-0.6&0.6\end{bmatrix}\times 10^6\text{N/m}$。已求得各阶周期为 $T_1=0.433\text{s}$、$T_2=0.202\text{s}$、$T_3=0.136\text{s}$。假定该结构在未受地震作用之前，初始位移和初始速度均为零。从 $t=0$ 时刻开始，结构底部受到的水平地震动为简谐运动 $\ddot{u}_g(t)=0.2g\sin(2\pi\times 5t)$，具有主频 $f=5.0\text{Hz}$。假设结构振型阻尼比为0.05，只考虑水平左右方向的运动，试采用瑞雷型阻尼，利用线性加速度法求结构在此地震下的顶点位移时程，并与［例5.3］的计算结果进行比较。

第 6 章　土-结构的动力相互作用

6.1 概　　述

在第 5 章里，我们是将建筑物作为隔离体，在分析施加于其上的各种荷载包括地震作用（地震惯性力、地震动水压力和地震动土压力）的基础上，依据水工建筑物抗震设计规范的有关规定就可进行抗震计算。由于各类荷载或作用的大小、分布、方向相对比较明确，采用一定的计算方法如拟静力法或动力法（振型分解反应谱法，时程直接积分法）进行静动力分析，现今已非难事。

但是，水工建筑物与地基及其周围的土体和水体等介质之间总存在着接触。地震动发生过程中，结构、土、水之间存在的相互作用对结构动力反应的影响有时将十分明显，并且相互作用力的大小、分布与方向是时刻在变化的。此时，就无法将结构处理成隔离体进行单独分析，而必须将结构和介质作为一个整体进行考虑。

第 5 章已对水-结构动力相互作用有所介绍，本章将重点对土-结构（Soil - structure interaction，SSI）的动力相互作用进行介绍。

6.2　土-结构动力相互作用分析的基本方法

人们所修建的结构物（包括地上与地下结构）与其周围的岩土介质之间总是存在相互作用。以地上结构与其下部地基的相互作用来说，当上部结构的刚度远低于地基的刚度时，可以认为结构坐落在相对刚性的地基之上，结构的动力特性完全取决于上部结构而不受地基的影响。另一方面，地基震动或地面运动也不受上部结构存在的影响。这时，土-结构相互作用对结构地震反应的影响可忽略不计。前面在推导地震反应谱、地震惯性力、地震动水压力以及地震动土压力的表达式时，都采用了刚性地基即不考虑土-结构动力相互作用的假定。这个假设对于许多建筑结构是可行的，因为这些结构物内含 90%以上的孔洞，相对于地基较柔、较轻。另外，当地基开挖土体的重量与修建的结构基本相当时，也常忽略土-结构相互作用影响。

当结构非常庞大、刚度很硬时（与下部地基的刚度相比），例如混凝土重力坝，并且地基相对较软，结构底部的运动可能就与自由场运动差别很大，土-结构相互作用的影响就会改变上部结构的动力特性，并影响着下部地基的运动。这时，计算建筑物的动力反应就须考虑土和结构的动力相互作用。不过，有些情况下，土-结构动力相互作用的结果降低了地面运动的高频分量，增加了结构的自振周期，阻尼会由于能量向地基扩散而加大（后一影响常称为辐射阻尼或几何扩散阻尼），从而降低了结构的地震反应，使得设计中对结构的要求可以放松要求。但是由于地基能够平动和转动，这样结构的整体位移就会有所增加。土和结构的相互作用影响对工程设计是保守还是危险，一般依赖于待研究问题的具体情况而需具体分析。然而，一个事实是，即使是对于非常极端的情况，相互作用效应只是发生在结构近旁，随着距结构底部越来越远、越来越深，位移将趋于恢复到原自由场地震动。所谓自由场（Free field），就是未受工程扰动、结构没有修建之前的场地，或者结构及其附近之外原有的介质区域。

土与结构相互作用的研究最早始于20世纪30年代针对动力机器基础振动问题。第二次世界大战以来，随着各种常规武器及核武器所产生的爆炸、冲击等动载的出现，土-结构相互作用研究得到了高度重视和发展。60年代以来，强震区各种大型建筑物或构筑物的大量兴建，电子计算机软硬件的迅猛发展及计算水平的提高，以及世界范围内破坏性大地震的频繁发生，推动了地震作用下土-结构动力相互作用理论和应用的深入研究。水坝与地基的相互作用问题也是从这时开始引起了研究者们的兴趣。

早期在研究动力机器基础的振动时，动力荷载作用下地基土的应变量级通常约为10^{-5}或更小，此时土体处于微小变形状态，可将其视为弹性或黏弹性介质，并且基础与地基之间一般不会发生脱开，多简化为线性问题。当研究爆炸、冲击、强震等持时较短且幅值较大的动力荷载作用效应时，土与结构材料均可能呈现出明显的非线性，土体和结构之间的接触面还可能出现局部脱开、滑动、错位、张闭等非连续变形现象，土体-结构系统的破坏通常是渐进性的、局部化的、相互关联的，这时土-结构相互作用研究就变得复杂多了。本节不准备对此进行过多和深入的综述，仅结合水工建筑物抗震设计规范的有关规定，介绍基本概念和方法理论。

土-结构动力相互作用问题的高等分析方法基本上有两大类，一类是子结构法（Substructure method），另一类是直接法（Direct method）。无论哪一种方法，一般都需采用数值离散化方法，如有限单元法或有限差分法等对结构及部分土体进行网格离散。

6.2.1 子结构法

子结构法是将结构和地基分别作为两个子结构看待，根据交界面上力的平衡条件和运动的连续条件进行求解。此类方法一般适用于线弹性系统且多在频域内进行分析。

结构与地基具有不同的材料，并且结构的范围是有限的（有限域），而地基的范围是无限的（无限域）。因此，很自然地就想把结构和地基分开处理，分别作为整个系统的子结构。每个子结构的自由度数和计算容量存储要求将大幅减少，这样计算时间可望大幅降低，并且每个子结构的解答可方便核查。在求得各子结构的反应后，再进行综合以求得整个系统的地震反应。子结构法已在不少结构力学领域得以应用。例如，在航空工业，考察飞机机翼的动力特性就需考虑与其相连的机身的柔性，这样机翼-机身就构成了相互作用系统。

若结构直接坐落在基础上，埋入深度很浅甚至不考虑埋入深度，在这种情况下，简单子结构法就易于实施。然而，大多数结构具有一定的埋入深度，计算时需要考虑这种影响，这样，简单的子结构方法就不太合适了。主要的问题在于，沿着结构埋入部分的边界条件难以给出。针对埋入结构-土相互作用分析，发展了几种子结构分析方法。根据土-结构交界面处的自由度数，这些方法分为①刚性边界法；②柔性边界法；③柔性体积法。下面以柔性体积法为例说明子结构法的基本思想。

在柔性体积法中，结构和地基土并不是沿着交界面分开的，而是按如图6.2.1所示的方式分开。也就是说，土和结构分别考虑，被划分为土子结构和结构子结构两个子结构。但是土子结构包括了已被挖去的土体，而结构子结构虽包括了埋置在地下的部分，但在物理力学性质（比如密度、弹性模量等）上好比是结构“去掉”了所挖除的土体。以这种方式，被埋入土中的所有结构结点都发生与土的相互作用。这种处理的优势在于消除了因地基存在而引起的波散射问题，并且土子结构在表面具有规则的几何形状，简化了土的动刚度的计算。下面求解考虑土-结构相互作用影响的结构响应。

对于受外荷载 $\{p(t)\}$ 作用的土-结构系统（结构与一定范围内的地基），经离散化后在时间域内的运动方程为

$$[\boldsymbol{m}]\{\ddot{\boldsymbol{u}}(\boldsymbol{t})\}+[\boldsymbol{c}]\{\dot{\boldsymbol{u}}(\boldsymbol{t})\}+[\boldsymbol{k}]\{\boldsymbol{u}(\boldsymbol{t})\}=\{\boldsymbol{p}(\boldsymbol{t})\} \tag{6.2.1}$$

对式（6.2.1）进行傅里叶变换（连续信号的傅里叶变换的定义参见附录 E），令 $U(\omega)=\int_{-\infty}^{\infty}u(t)\mathrm{e}^{-\mathrm{i}\omega t}\mathrm{d}\omega$，$P(\omega)=\int_{-\infty}^{\infty}p(t)\mathrm{e}^{-\mathrm{i}\omega t}\mathrm{d}\omega$，i 为虚数单位，则得在频率域内的运动方程为

$$(-\omega^2[\boldsymbol{m}]+\mathrm{i}\omega[\boldsymbol{c}]+[\boldsymbol{k}])\{\boldsymbol{U}(\boldsymbol{\omega})\}=\{\boldsymbol{P}(\boldsymbol{\omega})\} \tag{6.2.2}$$

令 $[\boldsymbol{S}(\boldsymbol{\omega})]=-\omega^2[\boldsymbol{m}]+\mathrm{i}\omega[\boldsymbol{c}]+[\boldsymbol{k}]$，一般称 $[\boldsymbol{S}(\boldsymbol{\omega})]$ 为在频域内土-结构系统的复动力刚度阵（或阻抗阵）。式（6.2.2）变为

$$[\boldsymbol{S}(\boldsymbol{\omega})]\{\boldsymbol{U}(\boldsymbol{\omega})\}=\{\boldsymbol{P}(\boldsymbol{\omega})\} \tag{6.2.3}$$

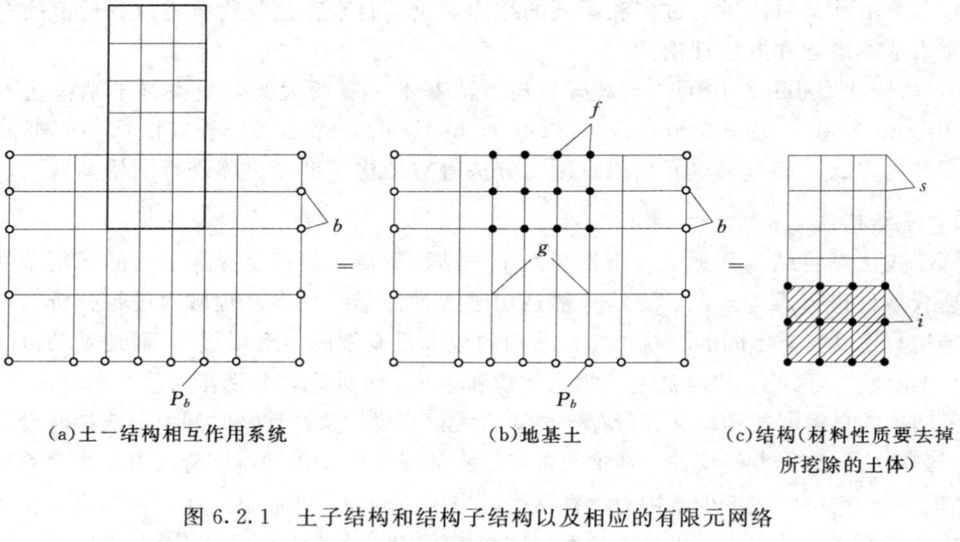

图 6.2.1　土子结构和结构子结构以及相应的有限元网络

下面考虑图 6.2.1 所示的土-结构离散系统有限元模型，假定系统受到沿土体外边界的地震位移来表示地震的激励作用，不考虑作用在结构上的其他常规（非地震）外荷载。用下标 s、f、g 和 b 分别表示结构节点、地基节点、土体节点和边界节点。用下标 i 表示土-结构相互作用区域的节点。注意，结构节点 s 和土体节点 g 都排除了这些相互作用区域的节点 i。

对相互作用区域的节点 i 和结构节点 s 进行分区分块，并用子矩阵表示的频域结构运动方程［图 6.2.1（c）］可写为（频率 ω 略去不写）

$$\begin{bmatrix} \boldsymbol{S}_{ss} & \boldsymbol{S}_{si} \\ \boldsymbol{S}_{is} & \boldsymbol{S}_{ii}-\boldsymbol{S}_{ff} \end{bmatrix} \begin{Bmatrix} \boldsymbol{U}_s \\ \boldsymbol{U}_i \end{Bmatrix} = \begin{Bmatrix} 0 \\ \boldsymbol{P}_i \end{Bmatrix} \tag{6.2.4}$$

式（6.2.4）中子矩阵 $\boldsymbol{S}_{ii}-\boldsymbol{S}_{ff}$ 表示在相互作用区域的结构刚度扣除同区域的地基刚度；P_i 为施加在相互作用区域结构节点上的力。由于相互作用区域的结构节点位移 U_i 应等于同区域的地基节点位移 U_f（即位移连续条件），以及施加在相互作用区域结构节点上的力 P_i 应与施加在同区域的地基节点上的力 P_f 在大小上相等、在方向上相反（即力的平衡条件，$P_i+P_f=0$），式（6.2.4）就变为

$$\begin{bmatrix} \boldsymbol{S}_{ss} & \boldsymbol{S}_{si} \\ \boldsymbol{S}_{is} & \boldsymbol{S}_{ii}-\boldsymbol{S}_{ff} \end{bmatrix} \begin{Bmatrix} \boldsymbol{U}_s \\ \boldsymbol{U}_f \end{Bmatrix} = \begin{Bmatrix} 0 \\ -\boldsymbol{P}_f \end{Bmatrix} \tag{6.2.5}$$

类似地，当考虑土-结构相互作用，对于土子结构的运动方程［图 6.2.1（b）］，有

$$\begin{bmatrix} \boldsymbol{S}_{ff} & \boldsymbol{S}_{fg} & \boldsymbol{S}_{fb} \\ \boldsymbol{S}_{gf} & \boldsymbol{S}_{gg} & \boldsymbol{S}_{gb} \\ \boldsymbol{S}_{bf} & \boldsymbol{S}_{bg} & \boldsymbol{S}_{bb} \end{bmatrix} \begin{Bmatrix} \boldsymbol{U}_f \\ \boldsymbol{U}_g \\ \boldsymbol{U}_b \end{Bmatrix} = \begin{Bmatrix} \boldsymbol{P}_f \\ 0 \\ \boldsymbol{P}_b \end{Bmatrix} \tag{6.2.6}$$

当不考虑与结构的相互作用，在自由场条件下，对于土体，有

$$\begin{bmatrix} \boldsymbol{S}_{ff} & \boldsymbol{S}_{fg} & \boldsymbol{S}_{fb} \\ \boldsymbol{S}_{gf} & \boldsymbol{S}_{gg} & \boldsymbol{S}_{gb} \\ \boldsymbol{S}_{bf} & \boldsymbol{S}_{bg} & \boldsymbol{S}_{bb} \end{bmatrix} \begin{Bmatrix} \boldsymbol{U}_f^* \\ \boldsymbol{U}_g^* \\ \boldsymbol{U}_b^* \end{Bmatrix} = \begin{Bmatrix} 0 \\ 0 \\ \boldsymbol{P}_b^* \end{Bmatrix} \tag{6.2.7}$$

注意，式（6.2.7）中带“＊”表示自由场条件下的位移，并且隐含假定土的外边界（以下标 b 表示）距离结构足够远，于是 $\boldsymbol{P}_b^*=\boldsymbol{P}_b$。

式（6.2.6）减去式（6.2.7），有

$$\begin{bmatrix} \boldsymbol{S}_{ff} & \boldsymbol{S}_{fg} & \boldsymbol{S}_{fb} \\ \boldsymbol{S}_{gf} & \boldsymbol{S}_{gg} & \boldsymbol{S}_{gb} \\ \boldsymbol{S}_{bf} & \boldsymbol{S}_{bg} & \boldsymbol{S}_{bb} \end{bmatrix} \begin{Bmatrix} \boldsymbol{U}_f-\boldsymbol{U}_f^* \\ \boldsymbol{U}_g-\boldsymbol{U}_g^* \\ \boldsymbol{U}_b-\boldsymbol{U}_b^* \end{Bmatrix} = \begin{Bmatrix} \boldsymbol{P}_f \\ 0 \\ 0 \end{Bmatrix} \tag{6.2.8}$$

消去 $\boldsymbol{U}_g-\boldsymbol{U}_g^*$ 和 $\boldsymbol{U}_b-\boldsymbol{U}_b^*$，得

$$\boldsymbol{X}_f(\boldsymbol{U}_f-\boldsymbol{U}_f^*)=\boldsymbol{P}_f \tag{6.2.9}$$

式中，$\boldsymbol{X}_f$ 是占据结构埋入区域的地基节点刚度矩阵（用 f 表示），可以在这些节点上施加集中荷载并计算相应的位移来得到。

将式（6.2.9）代入式（6.2.5），有

$$\begin{bmatrix} \boldsymbol{S}_{ss} & \boldsymbol{S}_{si} \\ \boldsymbol{S}_{is} & \boldsymbol{S}_{ii}-\boldsymbol{S}_{ff} \end{bmatrix} \begin{Bmatrix} \boldsymbol{U}_s \\ \boldsymbol{U}_f \end{Bmatrix} = \begin{Bmatrix} 0 \\ \boldsymbol{X}_f\boldsymbol{U}_f^* \end{Bmatrix} \tag{6.2.10}$$

从式（6.2.10），我们可以得到考虑土-结构相互作用影响时的结构位移 $\boldsymbol{U}_s$。

采用子结构法进行土-结构相互作用分析，有以下步骤：

（1）进行自由场分析以确定 $\boldsymbol{U}_f^*$。这是占据结构埋入区域的那些地基节点在自由场条件下的位移。自由场分析，可以按第 3 章给出的场地反应分析程序进行。

（2）确定占据结构埋入区域的那些地基节点刚度矩阵 $\boldsymbol{X}_f$。

（3）确定结构的刚度矩阵。

（4）求解式（6.2.10），得到结构位移 $\boldsymbol{U}_s$ 及 $\boldsymbol{U}_i=\boldsymbol{U}_f$。

本质上，上述子结构法将得到联系结构反应位移与施加在结构-地基交界面上的力之间关系的一组方程。这些力需要从自由场分析以及交界面上的力和位移关系中求得。由此可见，自由场是地震波将地震作用传递给结构的中间桥梁。已有强震观测资料和理论分析结果表明，自由场地地震波场包含不同入射方向的 P 波、S 波以及水平方向的 Rayleigh 波、Love 波，各种波动的相对重要性与震源、传播途径及局部场地条件有关。在抗震计算时，一般假定地震波为竖直向上入射的 S 波或 P 波，这样自由场分析就相对简单了。关于自由场应力的进一步讨论参见 6.4 节。

前文提到，设计中采用子结构法的一个主要优势在于比直接法简单，计算代价低，尤其是对结构位于均质半空间地表上的情况。然而，对于结构埋置在层状地基中这种更为实际的大多数情况，子结构方法并不比直接法简单。主要的问题是，土子结构和结构子结构都需要用有限元法或有限差分法进行分析，这样的话子结构法总体计算量几乎与直接法相当。因此，在许多情况下，子结构法的计算代价并不比直接法低。

现在已有不少专用程序可求解土-结构相互作用问题，诸如 DYNA4，FLUSH，SASSI 以及 CLASSI 等。这些程序有的采用直接法，有的采用子结构法，但基本上基于有限元方法。一些大型通用有限元或有限差分商业软件，例如 ANSYS、ABAQUS、ADINA、FLAC 等，也可用其自带编程语言编制土-结构相互作用分析程序。

6.2.2　直接法

直接法就是从无限域或半无限域中切取一定范围的土体与结构一起作动力分析，只要把离散网格的范围扩展到足够大即可。早期的工作是将这种扩大的计算边界（人工边界）作为刚性边界，在此边界上输入基岩地震动即可进行计算。这种处理办法的主要缺点是：结构运动作为一波源，其产生的波动本应完全通过人工边界向远域处传播散逸，但是，刚性人工边界的存在会将此波动能量反射回结构体系，相当于给所研究的振动体系增加了能量输入而带来计算失真。为了改进这一缺点，人们先后采用了无质量地基法（只考虑地基的弹性而不考虑其质量放大效应），非反射边界法（包括黏性边界，透射边界、旁置边界

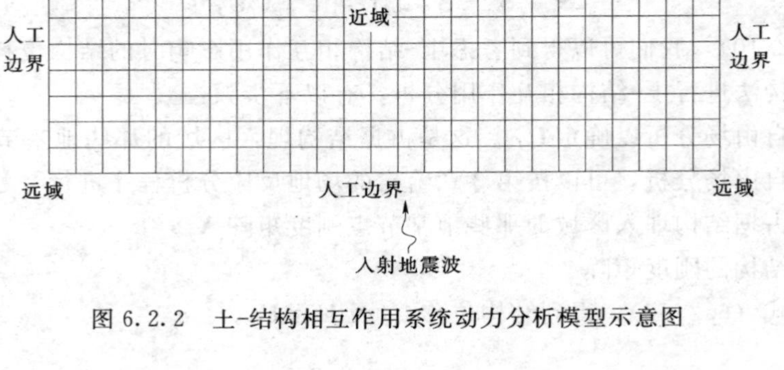

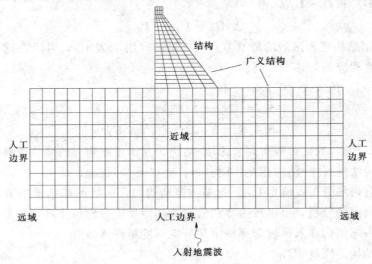

图 6.2.2　土-结构相互作用系统动力分析模型示意图

等，在人工边界上附加某种条件，使之能代替此边界以外的无限域作用，如图 6.2.2 所示)，尽量消除波动在人工边界上的反射。其中，非反射边界的设置可以近似模拟波动透过人工边界向外辐射这种现象，另外还可使地基的计算范围取得相对小些，以减少计算体系的自由度，降低计算代价。

直接法的基本思想，将在下节结合常用的动力人工边界进行介绍。

6.3 动力人工边界

人工边界（Artificial boundary）是对无限连续介质进行有限离散化处理时，在介质中人为引入的虚拟边界。人工边界条件就是该边界上节点所需满足的应力或位移边界条件，用于模拟在边界截断的无限域影响，在物理上构成近场波动问题计算区对应的偏微分方程的边界条件。人工边界条件理论上应当实现对原连续介质的精确模拟，保证波在人工边界处的传播特性与原连续介质一致，使波通过人工边界时无反射效应，发生完全的透射或被人工边界完全吸收。因此，人工边界条件也被称为无反射边界条件、透射边界条件或吸收边界条件。

近几十年来，国内外对人工边界条件进行了广泛而深入的研究，基于各种不同的思想提出了许多人工边界方法。最早期的处理方法是避开人工边界问题，将人工边界到待研究结构的距离设置得足够大，即设置远置边界。早在 20 世纪 60 年代末，Alterman 和 Karal 对单层覆盖弹性半空间爆炸内源产生的近场波动进行了数值模拟。迄今，利用远置人工边界法求得的消除边界影响的精确数值解常常用于各种建议的人工边界条件的精度检验工作。然而远置人工边界的方法有其局限性，它本身要求边界设置非常远，这样在三维情况下将使问题的自由度数目呈几何级数增长，求解计算量将是无法接受的，与数值模拟的高效率目标相悖。

此后，这方面的研究工作大致朝着两个方向进行：一类是全局人工边界条件（积分型)。这类方法保证穿出整个人工边界的外行波满足无限域的所有场方程和物理边界条件，对无限地基的模拟是精确的，但其在空间和时间上是耦联的，通常要求在频域内求解。这类人工边界包括边界元法、一致边界法、级数解法、无穷元法等。另一类是仅模拟外行波穿过人工边界向无穷远传播的性质，并不严格满足所有的物理方程和辐射条件，一个边界点在某一时刻的运动仅与邻近节点邻近时刻的运动有关，也即所谓的局部人工边界条件(微分型)，它的主要特征是可以实现时空解耦。由于这个优势和特点，局部人工边界条件受到学术界和工程界的广泛关注，出现了旁轴近似边界、黏性边界、叠加边界、Higdon 边界、Clayton - Engquist 边界、多次透射边界、黏弹性边界等各种局部人工边界。目前，工程和研究中应用最广泛的当属集中黏性边界和集中黏弹性边界。

6.3.1 黏性边界

1. 基本理论

黏性边界（Viscous boundary）自 1969 年由 Lysmer 和 Kuhlemeyer 提出以来，得到了广泛应用。该理论具有以下优点：第一，物理模型简单，其构成为一端固定的阻尼元件；第二，经受了数十年的应用考验；第三，易于编程实现并可与通用数值软件相结合。

黏性边界的这些特点使其受到学术和工程界的普遍关注，多个大型商业结构与岩土分析软件包括了此边界，并且中、美两国核电站建筑物抗震设计规范都明确给予了推荐。

基于单侧一维平面波动的概念，在岩土体无限域中只考虑沿一个方向例如 $+z$ 向传播的剪切波，颗粒位移为 $u_s(z,t)$，由式（1.5.26），此位移可写成如下形式：

$$u_s(z,t)=f(z-c_S t) \tag{6.3.1}$$

式中：ρ，c_S 分别为介质的密度与剪切波波速。

由式（6.3.1），可得介质中任一点的速度和剪应力表达式为

$$\dot{u}_s(z,t)=\frac{\partial u_s(z,t)}{\partial t}=-c_S f'(z-c_S t) \tag{6.3.2}$$

$$\sigma_s(z,t)=G\gamma=\rho c_S^2\frac{\partial u(z,t)}{\partial z}=\rho c_S^2 f'(z-c_S t) \tag{6.3.3}$$

式中：G 为介质的剪切模量。观察式（6.3.2）和式（6.3.3），$\sigma_s(z,t)$ 与 $\dot{u}(z,t)$ 之间存在简单的线性关系：

$$\sigma_s(z,t)=-\rho c_S\dot{u}_s(z,t) \tag{6.3.4}$$

式（6.3.4）表明，如果在一维波动场中某一特定平面 $z=z_1$ 处截断，并设置连续分布的阻尼系数为 ρc_S 的黏性阻尼器，其效果等同于原波场。以上就是黏性边界的推导过程。对于一维压缩波场，也可得到类似式（6.3.4）的表达式。经验表明，当波动入射角小于 60°时，黏性边界对于体波的吸收是有效的。

对于二维波场，黏性边界某点（例如图 6.3.1 中的节点 B）的法向应力 $\sigma_n(x,z,t)$ 与法向速度 $\dot{u}_n(z,t)$、切向应力 $\sigma_s(x,z,t)$ 与切向速度 $\dot{u}_s(z,t)$ 之间的关系为

$$\sigma_n(x_B,z_B,t)=-\rho c_P\ddot{u}_n(x_B,z_B,t) \tag{6.3.5}$$

$$\sigma_s(x_B,z_B,t)=-\rho c_S\ddot{u}_s(x_B,z_B,t) \tag{6.3.6}$$

式中：c_P 为介质的 P 波波速。

三维问题可类推。

2. 地震动输入

对于求结构地震反应分析这样的散射问题而言，人工边界点的运动由散射外行波动和输入内行波动组成。散射外行波可由人工边界吸收，输入内行波由地震自由波场提供。为了实现地震动输入，可将地震波场化为作用在人工边界上的等效荷载。在人工边界上，入射波场和散射波场互不影响，满足力的叠加原理，因此，可以将入射波和散射波分开处理。以下讨论入射波场的实现方法。

实现波动输入的原则是应使人工边界上的应力与自由场相同。

以一维竖直向上（$-z$ 方向）入射的剪切波为例，施加到人工边界某点 B 处黏性阻尼器上的等效切向应力为

$$\sigma_s(z_B,t)=\sigma_{s0}(z_B,t)+\rho c_S\dot{u}_s(z_B,t) \tag{6.3.7}$$

式中：$\sigma_{s0}(z_B,t)$ 为自由场在边界 B 点的切向应力；$\dot{u}_s(z_B,t)$ 为黏性边界上的入射切向速度，可由已知的切向地震加速度时程进行积分得出。

式（6.3.7）的第 1 项表示由输入地震动在人工边界上产生的自由场切向应力 $\sigma_{s0}(z_B,t)$，第 2 项 $\rho c_S\dot{u}_s(z_B,t)$ 表示用于抵消或克服人工阻尼器产生的切向应力。

根据第 1.5.1 节的分析，在一维沿 $-z$ 方向入射的剪切波作用下，均匀弹性介质内任一点的自由场位移为 $u_{s0}(z,t)=f(z+c_St)$，速度为 $\dot{u}_{s0}(z,t)=c_Sf'(z+c_St)$，剪应力为 $\sigma_{s0}(z,t)=G\dfrac{\partial u_{s0}}{\partial z}=Gf'(z+c_St)=\rho c_S\dot{u}_{s0}(z,t)$。特别地，在底边界 B 点有 $\sigma_{s0}(z_B,t)=\rho c_S\dot{u}_{s0}(z_B,t)$。而在该点，自由场运动应等于输入运动，即 $\dot{u}_{s0}(z_B,t)=\dot{u}_s(z_B,t)$，这样式（6.3.7）可进一步写为

$$\sigma_s(z_B,t)=\sigma_{s0}(z_B,t)+\rho c_S\dot{u}_s(z_B,t)=\rho c_S\dot{u}_{s0}(z_B,t)+\rho c_S\dot{u}_s(z_B,t)=2\rho c_S\dot{u}_s(z_B,t) \tag{6.3.8}$$

类似地，对于竖直向上入射一维拉压 P 波情况，可推导得

$$\sigma_n(z_B,t)=\sigma_{n0}(z_B,t)+\rho c_P\dot{u}_n(z_B,t)=2\rho c_P\dot{u}_n(z_B,t) \tag{6.3.9}$$

推广到二维波动问题，仍假定竖直向上（$-z$ 方向）入射体波（拉压波和剪切波），施加到人工底边界 B 点处黏性阻尼器上的等效法向应力和切向应力（图 6.3.1 和图 6.3.2）分别为

$$\sigma_n(x_B,z_B,t)=\sigma_{n0}(x_B,z_B,t)+\rho c_P\dot{u}_n(x_B,z_B,t) \tag{6.3.10}$$

$$\sigma_s(x_B,z_B,t)=\sigma_{s0}(x_B,z_B,t)+\rho c_S\dot{u}_s(x_B,z_B,t) \tag{6.3.11}$$

式中：$\sigma_{n0}(x_B,z_B;t)$，$\sigma_{s0}(x_B,z_B,t)$ 分别为自由场在边界 B 点的法向应力和切向应力；$\dot{u}_n(x_B,z_B;t)$，$\dot{u}_s(x_B,z_B;t)$ 分别为黏性边界上的入射法向速度和切向速度，可由已知的法向和切向地震加速度时程进行积分得出。

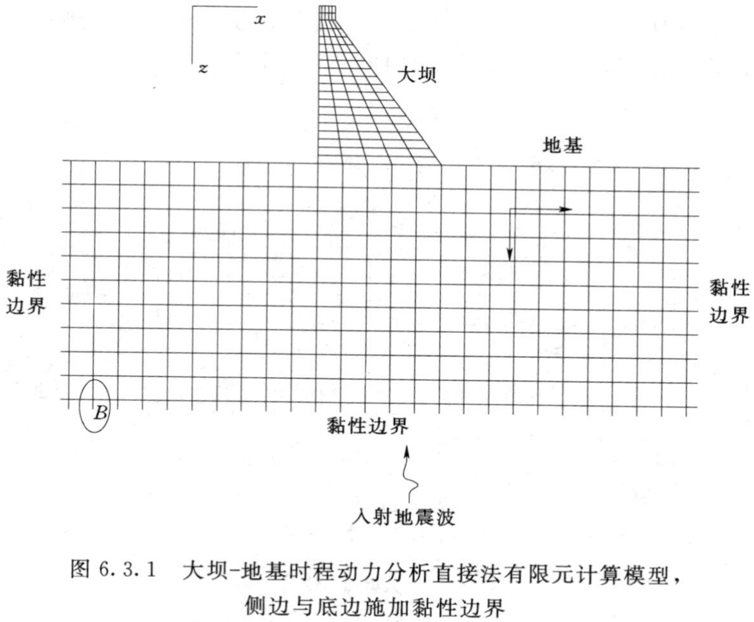

图 6.3.1 大坝-地基时程动力分析直接法有限元计算模型，侧边与底边施加黏性边界

式（6.3.10）或式（6.3.11）的第 1 项表示由输入地震动在人工边界上产生的自由场应力分布，第 2 项表示用于平衡或抵消人工阻尼器产生的阻尼应力。类似式（6.3.8）和式（6.3.9）的推导，式（6.3.10）和式（6.3.11）进一步可写成

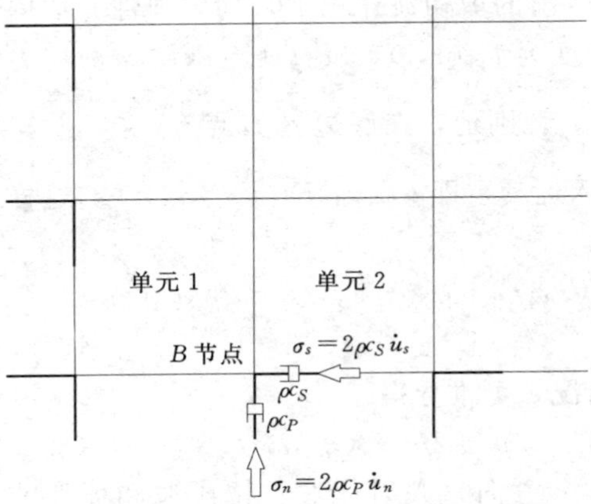

图 6.3.2　人工黏性底边界节点 B 处竖直入射地震等效应力

$$\sigma_n(x_B, z_B, t) = 2\rho c_P \dot{u}_n(x_B, z_B, t) \tag{6.3.12}$$

$$\sigma_s(x_B, z_B, t) = 2\rho c_S \dot{u}_s(x_B, z_B, t) \tag{6.3.13}$$

而在侧边界，其上点的运动稍显复杂。在均匀弹性半空间内，要考虑从基底输入波传播到该侧边界点的行波效应以及从半空间自由地表由入射波产生反射波的叠加效应，这个比较容易实现。但对于非均匀成层介质，需要事先进行第 3 章介绍的场地地震反应分析以得到各高程各土层的地震反应，作为广义结构地震反应分析时侧边界各点的运动输入。

以上方法和思路可推广至三维问题。对于地震波非竖直入射情况，输入地震运动的表达式就比较复杂了，读者可进一步参阅有关参考文献。

6.3.2　黏弹性边界

1. 基本理论

相比于黏性边界，黏弹性边界（Visco - elastic boundary）为一并联的弹簧元件和阻尼元件，如图 6.3.3 所示。黏性边界中没有弹簧元件，仅包含一单向黏滞阻尼器，它不能考虑介质的弹性恢复作用，只能考虑介质的能量吸收作用。

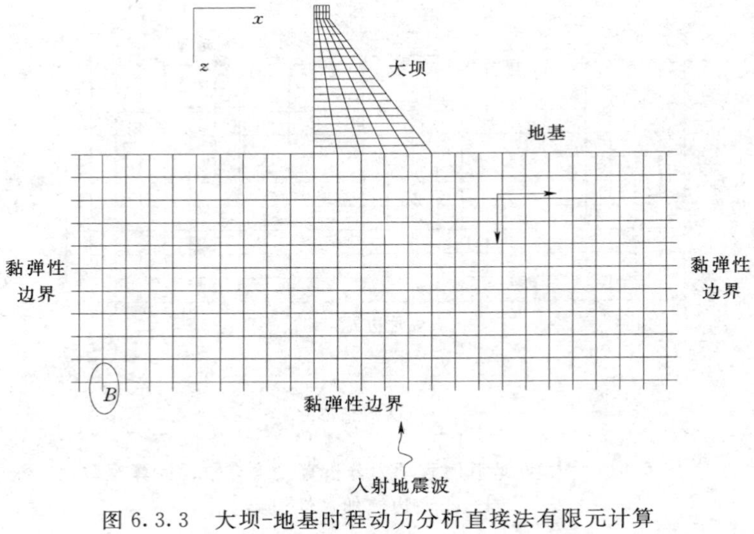

图 6.3.3　大坝-地基时程动力分析直接法有限元计算模型，侧边与底边施加黏弹性人工边界

为获得切向黏弹性人工边界弹簧刚度系数及阻尼器的阻尼系数，基于单侧波动概念，考查扩散的柱面剪切波。在柱面坐标系中，按照质点运动方向的不同，柱面剪切波可以分为平面内剪切波和出平面（平面外）剪切波，两者位移场的近似解均可以表示为

$$u_s(r,t)=\frac{1}{\sqrt{r}}f(r-c_St) \tag{6.3.14}$$

根据式（6.3.14），可以确定介质中任一点的剪应力 $\sigma_s(r,t)$。

对于出平面剪切波：

$$\sigma_s(r,t)=G\frac{\partial u}{\partial r}=G\left[-\frac{1}{2r\sqrt{r}}f(r-c_St)+\frac{1}{\sqrt{r}}f'(r-c_St)\right] \tag{6.3.15}$$

对于平面内剪切波：

$$\sigma_s(r,t)=G\left(\frac{\partial u}{\partial r}-\frac{u}{r}\right)=G\left[-\frac{3}{2r\sqrt{r}}f(r-c_St)+\frac{1}{\sqrt{r}}f'(r-c_St)\right] \tag{6.3.16}$$

两种剪切波的波速场可以统一表示为

$$\dot{u}_s(r,t)=\frac{\partial u_s(r,t)}{\partial t}=-\frac{c_S}{\sqrt{r}}f'(r-c_St) \tag{6.3.17}$$

式中：G 为介质剪切模量。

将式（6.3.17）分别与式（6.3.15）和式（6.3.16）联立，可以得到在某一距离 $r=R$ 处：

出平面剪切波：

$$\sigma_s(R,t)=-\frac{G}{2R}u_s(R,t)-\rho c_S\dot{u}_s(R,t) \tag{6.3.18}$$

平面内剪切波：

$$\sigma_s(R,t)=-\frac{3G}{2R}u_s(R,t)-\rho c_S\dot{u}_s(R,t) \tag{6.3.19}$$

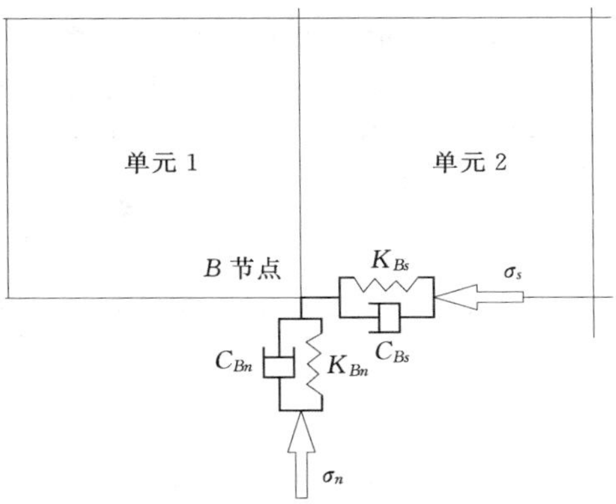

图 6.3.4 人工黏弹性底边界节点 B 处切向与法向地震等效应力、竖直入射剪切波和压缩波

式（6.3.18）和式（6.3.19）表明，如果在波动场中某一距离 $r=R$ 处截断，并设置连续分布的并联弹簧及阻尼器，其效果等同于原波场。这就是黏弹性边界的由来。

以黏弹性边界底部 B 点为例，如图 6.3.4 所示，在该点施加的二维切向弹簧刚度系数 K_{Bs} 及切向阻尼器阻尼系数 C_{Bs} 为

$$K_{Bs}=\alpha_s\frac{G}{R},C_{Bs}=\rho c_S \tag{6.3.20}$$

式（6.3.20）中的系数 α_s 可对照式（6.3.18）和式（6.3.19）得到。对于出平面剪切波，$\alpha_s=\frac{1}{2}$；对于平面内剪切波，$\alpha_s=\frac{3}{2}$。对于三维问题，α_s 取值可见表 6.3.1。

通过考察扩散的二维柱面和三维球面压缩波，可获得法向人工边界刚度系数 K_{Bn} 及阻尼系数 C_{Bn} 为

$$K_{Bn}=\alpha_n\frac{G}{R},C_{Bn}=\rho c_P \tag{6.3.21}$$

式中系数 α_n 的取值可见表 6.3.1。R 可取结构到人工边界的距离，建议向下的人工边界至少取至坚硬完整平坦基岩面，最好取在坚硬完整基岩内部并到基岩表面有一定的距离。

大量数值计算表明，黏弹性人工边界系数在表 6.3.1 中的范围取值时计算结果并不很敏感，显示了此种人工边界具有较好的稳健性。

表 6.3.1　　黏弹性人工边界中系数 α_s 及 α_n 的取值

问题维数	系数	取值范围	推荐系数
二维	α_s	0.35～0.65	0.5
	α_n	0.8～1.2	1.0
三维	α_s	0.5～1.5	2/3
	α_n	1.0～2.0	4/3

2. 地震动输入

同黏性边界一样，在竖直入射的体波作用下，黏弹性边界的地震波动输入问题也转化为波源问题，即将输入地震动转化为作用于人工边界上的等效应力的方法来实现。等效的原则是在人工边界上的位移和应力与原自由场相同。

在黏弹性底边界 B 点，所需施加的等效应力 $\sigma_n(x_B,y_B,z_B,t)$，$\sigma_s(x_B,y_B,z_B,t)$ 为

$$\sigma_n(x_B,y_B,z_B,t)=\sigma_{n0}(x_B,y_B,z_B,t)+K_{Bn}u_n(x_B,y_B,z_B,t)+C_{Bn}\dot{u}_n(x_B,y_B,z_B,t) \tag{6.3.22}$$

$$\sigma_s(x_B,y_B,z_B,t)=\sigma_{s0}(x_B,y_B,z_B,t)+K_{Bs}u_s(x_B,y_B,z_B,t)+C_{Bs}\dot{u}_s(x_B,y_B,z_B,t) \tag{6.3.23}$$

上式中的 $\sigma_{n0}(x_B,y_B,z_B,t)$，$\sigma_{s0}(x_B,y_B,z_B,t)$ 分别为自由场在边界 B 点的法向应力和切向应力。法向位移 $u_n(x_B,y_B,z_B,t)$ 或切向位移 $u_s(x_B,y_B,z_B,t)$，法向速度 $\dot{u}_n(x_B,y_B,z_B,t)$ 或切向速度 $\dot{u}_s(x_B,y_B,z_B,t)$ 可根据法向或切向的相应已知输入加速度时程进行积分求得。切向人工边界刚度系数 K_{Bs} 及阻尼系数 C_{Bs}，法向人工边界刚度系数 K_{Bn} 及阻尼系数 C_{Bn} 可根据式（6.3.20）、式（6.3.21）及表 6.3.1 取值。式（6.3.22）或式（6.3.23）中的第 1 项表示由输入地震动在人工边界上产生的自由场应力分布，第 2，3 项表示与人工施加的弹簧和阻尼器相平衡的力，用来消除边界的人为附加影响。

在侧边界各点的输入运动，同黏性边界处理方法类似。

由于采用直接法进行动力时程分析，一般要利用有限元、有限差分等数值离散方法将结构和地基划分成网格。为方便实施黏弹性边界上的地震动输入，下面作进一步处理。

不考虑结构承受的其他常规动力荷载，在地震动作用下，当采用集中黏弹性人工边界模型来求解包含地基影响的结构地震反应问题时，将结构及近域地基作为一广义结构（图 6.2.2），其动力平衡方程不再具有式（5.9.9）的形式，而是具有如下形式（分块矩阵）：

$$\begin{bmatrix}\boldsymbol{M}_{ss} & \boldsymbol{M}_{sb}\\ \boldsymbol{M}_{bs} & \boldsymbol{M}_{bb}\end{bmatrix}\begin{Bmatrix}\{\ddot{\boldsymbol{u}}_s(t)\}\\ \{\ddot{\boldsymbol{u}}_b(t)\}\end{Bmatrix}+\begin{bmatrix}\boldsymbol{C}_{ss} & \boldsymbol{C}_{sb}\\ \boldsymbol{C}_{bs} & \boldsymbol{C}_{bb}+\boldsymbol{C}'_{bb}\end{bmatrix}\begin{Bmatrix}\{\dot{\boldsymbol{u}}_s(t)\}\\ \{\dot{\boldsymbol{u}}_b(t)\}\end{Bmatrix}+\begin{bmatrix}\boldsymbol{K}_{ss} & \boldsymbol{K}_{sb}\\ \boldsymbol{K}_{bs} & \boldsymbol{K}_{bb}+\boldsymbol{K}'_{bb}\end{bmatrix}\begin{Bmatrix}\{\boldsymbol{u}_s(t)\}\\ \{\boldsymbol{u}_b(t)\}\end{Bmatrix}=\begin{Bmatrix}0\\ \{\boldsymbol{p}_b(t)\}\end{Bmatrix} \tag{6.3.24}$$

式中：s 表示结构和近域地基组成的广义结构；b 表示广义结构与远域介质的交界面；$\{p_b(t)\}$ 为远域介质施加给广义结构的等效地震荷载，即在人工边界弹簧和阻尼器上施加给广义结构的等效节点力向量；K'_{bb} 和 C'_{bb} 分别为人工边界上施加的弹簧和阻尼器对广义结构刚度矩阵和阻尼矩阵的附加贡献矩阵。

在任一人工边界 B 点，地震等效荷载 $p_b(t)$ 的表达式为

$$p_b(t)=\begin{Bmatrix}p_{bn}(t)\\p_{bs}(t)\end{Bmatrix}=\begin{Bmatrix}\sigma_n(x_B,y_B,z_B,t)a_B\\\sigma_s(x_B,y_B,z_B,t)a_B\end{Bmatrix}\tag{6.3.25}$$

式中：$\sigma_n(x_B,y_B,z_B,t)$ 和 $\sigma_s(x_B,y_B,z_B,t)$ 分别为边界 B 点处的法向和切向地震等效应力，见（6.3.22）和式（6.3.23）；a_B 为节点 B 的影响面积，如图 6.3.4 所示的平面应变问题，a_B 数值上等于单元 1 底边长的一半与单元 2 的底边长的一半之和再乘以单宽 1。

将所有边界点上的弹簧刚度、阻尼系数及作用的等效地震荷载，组装到与广义结构对应的刚度阵、阻尼阵及荷载向量上，式（6.3.24）就可利用时程动力分析法进行求解。

上述针对黏弹性边界的有关表达式，当边界弹簧刚度系数取零后就退化至黏性边界情况。

6.4　基岩内的输入地震波和自由场应力

地震危险性分析一般给出平坦基岩表面或平坦露头基岩处的地震加速度时程 $\ddot{u}_g(t)$，根据基岩表面或露头基岩处的剪应力和剪应变为零的条件，可求得基岩内部竖直向上入射到底边界任一 B 点的地震剪切波或拉压波加速度时程为

$$\ddot{u}_1(t)=\frac{1}{2}\ddot{u}_g(t)\tag{6.4.1}$$

对 $\ddot{u}_1(t)$ 分别进行一次或二次积分得到输入速度时程 $\dot{u}_1(t)$ 或输入位移时程 $u_1(t)$，可作为黏性底边界地震动输入表达式（6.3.10）和式（6.3.11）、黏弹性底边界地震动输入表达式（6.3.22）和式（6.3.23）的右端对应的边界速度或位移时程。这样做的前提是，人工边界（黏性边界或黏弹性边界）已完全吸收结构作为波源产生的外行波，不会对入射波场产生干扰。

由于向下的人工边界至少取至坚硬完整平坦基岩内（到基岩自由表面有一定的深度），可假定坚硬完整的基岩内部为满足广义胡克定律的线弹性体。这样，在线弹性基岩内传播的剪切波或拉压波 $u_1(t)$ 时，自由场应力 σ_{n0} 、σ_{s0} 可由式（1.5.2）、式（1.5.7）得到。实际上，在推导式（6.3.8）时已经采用了这个假定。

研究表明，与远置边界相比，上述介绍的黏性或黏弹性等人工边界尽管可缩小计算模型的远域网格划分范围，但实际计算时在计算代价许可的情况下应尽量使人工边界的 R 取得足够大，以尽可能多地吸收结构在地震作用下作为新的波源产生的散射波能量而不被人工边界反射回，不致造成计算结果的严重失真。

第 7 章　人工地震波的拟合

7.1　概　　述

过去的几十年中，虽然实际地震中加速度时程记录的数量已大大增加，但地震是稀有的自然事件，采集到的有效地震动比较有限。另外，由于地震记录处的场地条件与我们要研究的场地条件有很大差异，或者有时我们需要一组满足相同反应谱统计特征的不同地震动时程，这样，已有地震动记录远远不能满足实际工程的需要。除了采用真实强震记录之外，人工拟合地震波或称人工生成地震波，成为获取有效的地震加速度时程的最主要途径之一。

拟合生成的人工地震波，关键是在该人工波作用下计算得到的反应谱要逼近给定的目标反应谱。这需要采用迭代方法，即按照一定的数值算法合成满足给定目标反应谱的地震动时程，具体有时域方法、频域方法、考虑相位谱的在时域与频域内进行综合调整的方法等。无论采用哪种方法，生成的人工波时程所对应的计算反应谱与设计目标反应谱之间的匹配均需满足相关法规的技术要求。

人工波的拟合方法有很多，文献研究主要集中在初始人工波的生成技术以及目标反应谱的逼近迭代调整技术两个方面。本章将结合人工波生成基本理论与核电站楼层谱人工波拟合的具体实践，对相关内容进行介绍。

7.2　人工地震波拟合技术

7.2.1　人工波拟合准则

目前，工程抗震领域人工波拟合用的比较多的方法是拟合目标反应谱法，其基本思路是首先构造一条近似的平稳高斯过程，然后乘以强度包络线，形成可近似描述非平稳的地震运动加速度时程的初始人工波，然后采取技术手段，通过迭代调整这一人工波的傅里叶频谱特征，使其满足给定的目标反应谱的精度要求。

对比我国现行的各类抗震设计规范，其中核电厂抗震设计规范对人工波拟合的技术要求最高，简要特征如下：

(1) 加速度时程计算反应谱应满足对目标反应谱的包络要求。反应谱是一组具有相同阻尼、不同自振周期的单质点体系，在某一地震动时程作用下的最大反应。反应谱分为加速度反应谱、速度反应谱和位移反应谱。人工波拟合中，一般以绝对加速度反应谱作为衡量依据。若人工波计算反应谱低于目标反应谱较多，拟合结果幅值偏小则结构的安全性难以满足设计要求。反之，若计算反应谱超越目标反应谱幅度过大，拟合结果偏于保守，则结构的设计建造与抗震措施成本将大幅上升。因此，理论上地震加速度人工波时程的计算反应谱应尽可能地逼近于目标反应谱。

实际工程中，人工波计算反应谱对目标反应谱的包络是通过设置一系列的精度控制频率点达到的，如表 7.2.1 所列我国核电厂抗震设计规范建议的人工波拟合地震动控制点的频段及其增量，在 0.2～33Hz 之间约有 76 个控制点。在此基础上，不同的核电抗震规范、标准、导则中，针对加速度反应谱与目标反应谱的包络与精度逼近有着不同的技术要求。例如：①美国核管理委员会标准审定法中，人工波计算反应谱对目标反应谱包络的定义为：人工地震动反应谱曲线上不能有多于 5 个点低于对应的设计目标反应谱，低于目标反应谱的每个点不能比对应的目标谱值低 10%，对于单组时程法，还增加了对目标功率谱的包络要求；②我国 GB 50267—97《核电厂抗震设计规范》对人工波计算反应谱拟合目标反应谱的定义为：低于目标反应谱的点数不得多于 5 个，低于目标反应谱的相对误差不得超过 10%，反应谱控制点处的纵坐标总和不得低于目标反应谱的相应值；③美国核电抗震设计规范（ASCE 4—98）中时程反应谱对设计反应谱包络的定义为：各时程平均反应谱与设计反应谱在各频率上比值的平均值应不小于 1，各时程平均反应谱中不应有低于设计反应谱 10%的点。

表 7.2.1　　中国核电厂抗震设计规范建议的人工波拟合控制点频率增量

频率范围/Hz	0.2～3.0	3.0～3.6	3.6～5.0	5.0～8.0	8.0～15.0	15.0～18.0	18.0～22.0	22.0～33.0
频率增量/Hz	0.10	0.15	0.20	0.25	0.50	1.0	2.0	3.0

（2）拟合的人工地震波还应尽可能地与真实地震记录的波形相似。具体反映在，人工波应具有明显的由弱到强的起震上升段、强震平稳段以及由强到弱地震衰减阶段，表达出明确的强度非平稳性。通常的作法是，在初始的平稳随机过程上叠加一个确定性的随时间变化的包络窗函数。这一时间包络窗函数的定义，对最终人工波波形的控制有着重要意义。举例来说，在模拟远场大震的长持时时，一般采用平稳段持续时间较长的包络窗函数，而不宜采用单峰包络函数。

（3）采用结构-无限地基动力相互作用模型来确定结构地震响应，已越来越多地被重要工程结构抗震分析所采用，并被抗震设计规范所要求。此时，许多地基无限域动力模型是以地震动的速度与位移时程的形式作为输入的，如第 6 章中介绍的人工黏性边界和黏弹性边界模型。在不考虑震后永久变形的条件下，地震动速度与位移时程一般是通过对地震加速度数据进行数值积分获得的。但许多研究与工程实践都显示，若不对真实记录的或人工拟合的加速度信号作必要的技术修正，则数值积分获得的位移时程往往存在尾部零线漂移现象，如图 7.2.1 所示。因此，需要设法在人工波的拟合过程中，以几乎不改变原有加速度的频谱和工程动力特性为前提，保证合成的加速度人工波时程具有良好的数值积分特性，消除积分获得的地震速度与位移时程的零线漂移现象。

7.2.2 初始波的生成

脉冲叠加法、白噪声滤波法、三角级数法是初始人工波生成的 3 条基本途径。

1947 年，最早由 Housner 提出了利用随机过程理论来模拟地面运动，他将地面运动看作是大小一定的随机到达的脉冲的叠加，即

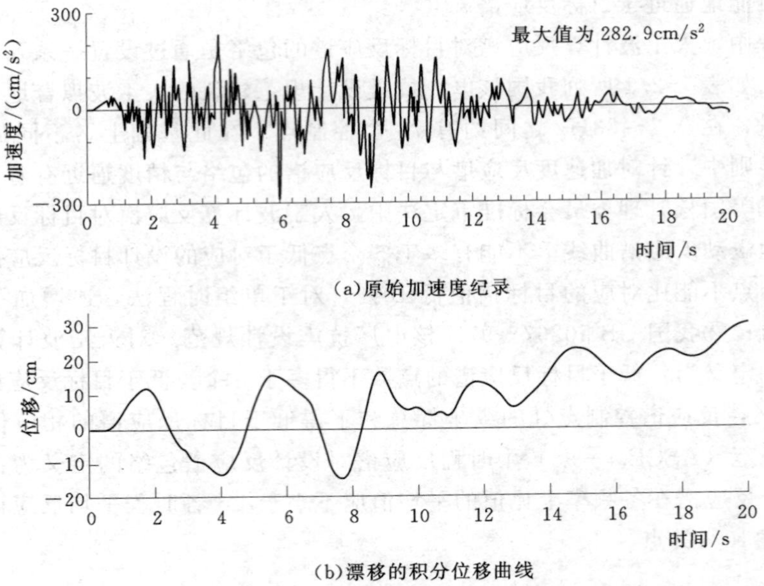

图 7.2.1　未进行校正的地震加速度及其积分位移

$$\ddot{u}_g(t)=\lambda(t)\sum_{t}^{N(T)}\ddot{u}_0\delta(t-t_1) \tag{7.2.1}$$

式中：$\ddot{u}_0$ 为常数；$N(T)$ 为在 $[0,\ T]$ 间到达的脉冲的总个数，并设它服从到达率为 $\lambda(t)$ 的随机泊松过程；t_1 表示脉冲到达的随机时间。

当 $\lambda(t)=\lambda_0$ 为常数时，地面运动 $\ddot{u}_g(t)$ 为平稳白噪声过程；$\lambda(t)$ 为时间 t 的函数时，$\ddot{u}_g(t)$ 为非平稳白噪声过程。随后 Goodman、Rosenblueth 和 Newmark 对式（7.2.1）作了进一步的简化和修正，但生成的时间过程仍为白噪声过程。虽然在理论上以式（7.2.1）为基础的模型能够考虑地震动的非平稳性，但由于数学与计算上的复杂性，实际应用中人们一般都假设地震动满足平稳假设。

而在 1957 年，Kania 通过对已有强震记录的频率分量进行研究后，发现地震地面运动具有卓越周期的动态特征，与白噪声假设有较大的差异，这一卓越周期与场地条件有很大的关系。在此基础上，1960 年 Tajimi 提出了白噪声滤波模型，即假设基岩的地震动 $\ddot{u}_g(t)$ 符合白噪声假定作为输入，而将基岩上面的覆盖土层作为滤波器，那么滤波器的输出为

$$a(t)=\int_0^t\ddot{u}_g(t)h(t-\tau)\mathrm{d}\tau \tag{7.2.2}$$

式（7.2.2）反映了一个白噪声的滤波过程，其结果 $a(t)$ 可理解为表层土表面的地震反应，即待求的人工波。式（7.2.2）中，$h(t-\tau)$ 为表层土的单位脉冲响应函数。

后来，随着计算机数值计算技术的高速发展，尤其是离散快速傅里叶变换在电子信号数值处理中的广泛应用，利用傅里叶级数（或三角级数）来模拟地震动时程的研究日益蓬勃起来。1974 年 R. H. Scanlan 和 K. Saehs 提出了如下的初始波拟合公式：

$$x(t)=\sum_{n=1}^{N}A_n\cos(n\omega t+\varphi_n) \tag{7.2.3}$$

其中 A_n、φ_n 分别为满足统计要求的离散傅里叶幅值谱和相位谱。一般认为 φ_n 是在 $[0,2\pi]$ 上均匀分布的随机数。由于在随机振动分析中，荷载是用其功率谱而非傅里叶谱表示的，因此在早期的地震动合成与模拟中，初始波的幅值谱均用目标功率谱来表示，如下：

$$A_n=\sqrt{4G(\omega)\omega},\omega\geqslant 0 \tag{7.2.4}$$

算例表明，若假定式（7.2.3）中的 φ_n 是 $[0,2\pi]$ 上均匀分布的随机数，以相同的傅里叶幅值谱和相位谱合成的人工地震动的峰值会随着假定的持时成反比例变化，即以相同的功率谱和相位谱合成的人工地震动峰值可能存在着巨大的差异。因此，在未找到反应谱与功率谱的关系时，为了说明生成的人工地震动是否合理可靠，一般都计算若干条人工地震动的平均反应谱，并与目标反应谱作比较。

随着反应谱方法为大多数规范所采用，且以功率谱为基础生成的人工地震动需要用反应谱来校核，人们自然提出了直接以反应谱为目标参数进行模拟的想法。由于反应谱与功率谱（傅里叶幅值谱）之间不具有数学上的理论关系，这一想法直到 1978 年 Kaul 提出了目标反应谱 $S_a^T(\omega)$ 与功率谱 $G(\omega)$ 间的经验关系式（7.2.5）后才有了实现的可能。

$$G(\omega)=\frac{\zeta}{\pi\omega}[S_a^T(\omega)]^2\,\frac{1}{\left\{-\ln\left[\frac{-\pi}{\omega T_d}\ln(1-P)\right]\right\}} \tag{7.2.5}$$

式中：T_d 为地震动持时；P 为超越概率，一般取 5%～10%；ζ 为计算反应谱时的线性振子的阻尼比。

再引入式（7.2.4）所示的傅里叶幅值谱与功率谱之间的理论变换关系，便可由式（7.2.4）与式（7.2.5）联立获得傅里叶幅值谱与反应谱之间的近似关系。只不过式（7.2.4）为单边傅里叶幅值谱（$\omega\geqslant 0$）的计算公式，而对于快速度傅里叶变换这样的双边傅里叶幅值谱（$-\infty<\omega<\infty$），则满足如下关系：

$$|F(\omega_k)|=\begin{cases}\sqrt{4G(\omega_k)\Delta\omega}, & k=0,N/2\\ \sqrt{G(\omega_k)\Delta\omega}, & k=1,\cdots,N-1 \text{ 且 } k\neq 0,k\neq N/2\end{cases} \tag{7.2.6}$$

其中 $F(\omega_k)=F^*(\omega_{N-k}),k=(N/2)+1,\cdots,N-1;\Delta\omega=2\pi/T_t,T_t$ 为总持时，而

$$\omega_k=\begin{cases}k\Delta\omega, & k=0,\cdots,N/2\\ -(N-k)\Delta\omega, & k=(N/2)+1,\cdots,N-1\end{cases}$$

由于式（7.2.6）中 $|F(\omega_k)|$ 为双边傅里叶幅值谱，故除谱线最高频率折返点外，$|F(\omega_k)|$ 为单边傅里叶幅值谱 $|F(\omega)|=\sqrt{4G(\omega)\Delta\omega}$ 的一半。

进而，根据随机相位角的均匀分布假定或相位差谱统计规律，生成各傅里叶谱线对应的随机相位角。

最后，由三角级数叠加的形式生成初始人工地震波时程，如式（7.2.7）：

$$x(t)=\sum_{k=0}^{N-1}|F(\omega_k)|\cos(\omega_k t+\varphi_k) \tag{7.2.7}$$

式中：$|F(\omega_k)|$ 为第 k 个谐波分量的傅里叶幅值谱；ω_k 为相应的角（圆）频率；φ_k 为傅

里叶相位谱；0～$N-1$ 点为人工初始波时程数据的时刻点编号。

为了提高计算效率，三角级数形式的地震初始波计算模式，一般改写成离散傅里叶级数的复数表达形式，如下：

$$x(m\Delta t)=\mathrm{Re}\left[\sum_{k=0}^{N-1}F(\omega_k)\mathrm{e}^{\mathrm{i}\omega_k m}\right] \tag{7.2.8}$$

其中，$F(\omega_k)=|F(\omega_k)|\mathrm{e}^{-\mathrm{i}\varphi_k}$，$\Delta t=T_t/N$，$m=0,1,2,\cdots,N-1$。Re[·] 表示取复数的实部。

上面两种不同形式的级数叠加中，三角级数法相当于时程曲线的频域单边展开，而傅里叶级数法则为双边展开，略有差异。此外，离散快速傅里叶变换需要构造 2^k 个数据样点，往往需要在原有时程上补充添加 0 值尾线，从而随着持时延长，谐波谱线的数量相比三角级数法也相应增加。

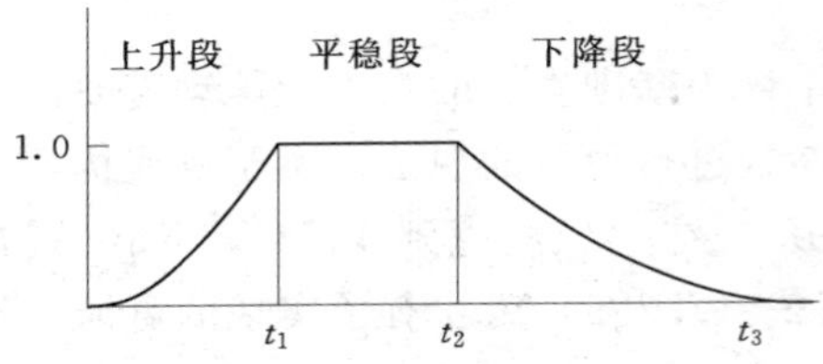

图 7.2.2 强度包络函数示意图

7.2.3 包络函数与波形控制

为反映人工拟合地震波的非平稳性，人们在原有初始平稳随机过程的基础上附加了一个确定性的随时间变化的强度包线，来体现地震动的强度非平稳特性，使合成的地震动时程更接近于真实地震记录。

对于包络函数，已经有很多的模型研究，其中日本和美国的核电站抗震设计规范以及我国现行的重大工程场址地震小区划中合成地震动时程采用的包络函数（举例如图 7.2.2 所示）的通用模型可描述为

$$\psi(t)=\begin{cases}(t/t_1)^2, & 0<t\leqslant t_1\\ 1, & t_1<t\leqslant t_2\\ \mathrm{e}^{-c(t-t_2)}, & t_2<t\leqslant t_3\\ 0, & t_3<t\end{cases} \tag{7.2.9}$$

式中：0～t_1 为峰值的上升段；t_1～t_2 为峰值的平稳段；t_2～t_3 为峰值的下降段；c 为指数形下降段的衰减系数。

下面以一条平稳的加速度时程乘以包络函数为例，来体现波形控制的效果。

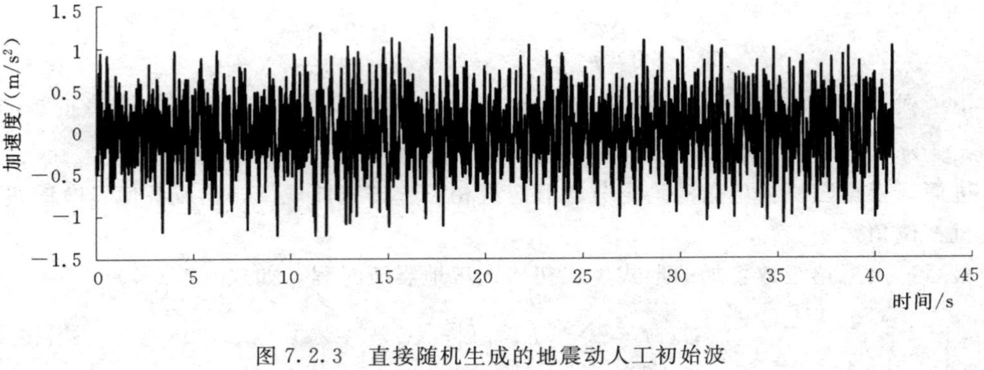

图 7.2.3 直接随机生成的地震动人工初始波

图 7.2.3 中，波形类似平稳白噪声随机过程，峰值亦不等于设计地震动值，需要进一步调整。

调整后的图 7.2.4 中，波形已类似正常地震的地震波，峰值也等于设计地震动值。

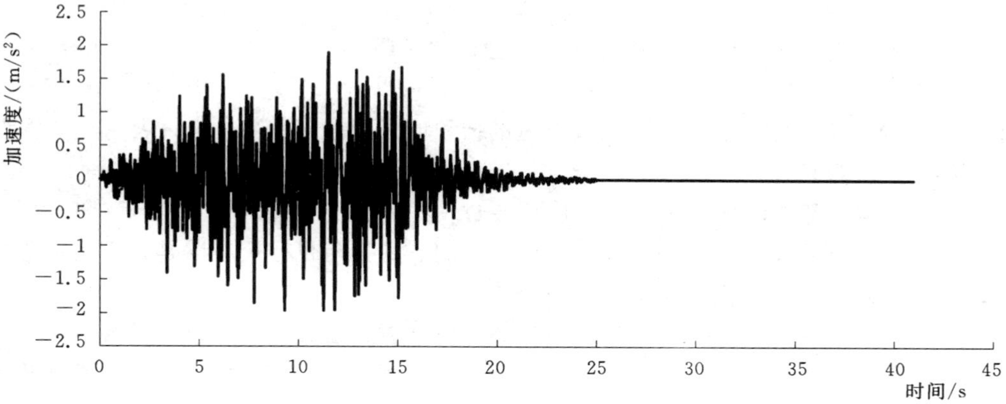

图 7.2.4 调整峰值并叠加强度包络后的地震动人工初始波

值得指出的是，对于平稳随机过程，以乘法的形式叠加强度包络线可以取得比较理想的效果，但对于已经具有强度非平稳特征的时程信号（图 7.2.4），在后续的目标反应谱迭代拟合过程中，就不再适合以乘法的形式叠加强度包络线了，否则容易导致起始上升段与衰减下降段的波形突变，而改用包络线的幅值控制法。

7.2.4 目标反应谱迭代拟合的频域法

由于反应谱与功率谱的转换公式是近似关系，所以按初始时程计算出来的反应谱一般只近似于目标反应谱，符合的程度也是概率平均的，而在初始波形的基础上乘以强度包络曲线的操作，对计算反应谱还会产生进一步的影响，使计算反应谱与目标反应谱之间差异更为明显。为了提高人工波对目标反应谱的拟合精度，需要进行迭代调整。以图 7.2.4 所示地震动的人工初始波为例，其计算反应谱与目标反应谱的拟合程度如图 7.2.5 所示。

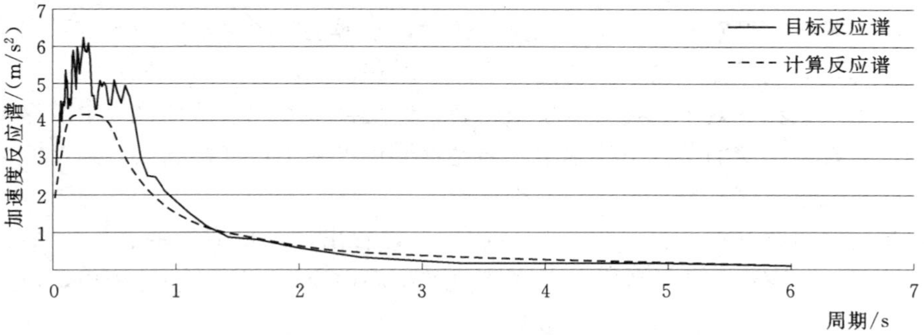

图 7.2.5 初始人工波与目标反应谱的拟合程度

为减小人工波计算反应谱与目标反应谱之间的差异，频域的傅里叶幅值谱调节法是比较常用的方法之一。若从其基本原理出发，以第 j 次迭代拟合后的人工波为例，需要按傅里叶谱频率点全部循环，依次调整。简明起见，以傅里叶谱频率点 ω_i 为例，作法简述如下。

(1) 计算频率点 ω_i 处的目标反应谱 $S_a^T(\omega_i)$ 与人工波计算反应谱值 $S_a(\omega_i)$ 之比：

$$R(\omega_i)=S_a^T(\omega_i)/S_a(\omega_i) \tag{7.2.10}$$

(2) 与频率点 ω_i 相匹配的傅里叶谱幅值进行如下调整：

$$|F(\omega_i)|_{j+1}=|F(\omega_i)|_j R(\omega_i) \tag{7.2.11}$$

式中：$|F(\omega_i)|_j$ 表示第 j 次迭代人工波对应的傅里叶幅值谱；$|F(\omega_i)|_{j+1}$ 表示经本次调整后的新的傅里叶幅值。

(3) 待调整全部的傅里叶谱线幅值后，通过傅里叶逆变换重新合成人工波时程曲线，计算相应的新的计算反应谱，评判在各个精度控制点处其与目标反应谱是否满足规范的技术要求。若满足要求，则人工波拟合过程结束。

值得说明的是，上述以傅里叶谱线为循环单位，数量巨大，拟合效率低下。为克服这一问题，工程中常以反应谱精度控制点处的反应谱比例因子，直接取代临近的傅里叶谱频率点处的反应谱比例因子，使每次迭代时反应谱的计算量大幅度减少。这一做法可从谐振角度来看，其实对人工波各精度控制频率处计算反应谱贡献较大的谐波分量一般只是邻近该控制频率点处的少数几个傅里叶谱线，因此在傅里叶谱迭代调整时，可以精度控制点处的反应谱比例因子为依据，仅对其附近的谐波分量进行调整即可，而即使对远离该控制频率的谐波分量进行调整，对反应谱拟合的改进效果也甚微。这样就可以按反应谱精度控制点将傅里叶谱谱线分组，既可以提高计算效率，又可以减少精度控制点反应谱比例因子间的互相干扰。

具体作法是，将傅里叶幅值谱的调整仅局限在精度控制频率点 ω_i 附近的 $N_{2i}-N_{1i}$ 个傅里叶分量。与 N_{1i} 和 N_{2i} 对应，ω_{1i} 和 ω_{2i} 按下述方法选取：

$$\omega_{1i}=\frac{1}{2}(\omega_{i-1}+\omega_i),\omega_{2i}=\frac{1}{2}(\omega_i+\omega_{i+1}),N_{1i}=\frac{\omega_{1i}}{\Delta\omega},N_{2i}=\frac{\omega_{2i}}{\Delta\omega} \tag{7.2.12}$$

一般定义频段 $(\omega_{1i},\ \omega_{2i}]$ 为 ω_i 的主控频段。应尽量将幅值谱变化的影响局限在特定的精度控制频率 ω_i 附近，以避免在拟合 ω_i 频率处目标反应谱时对其邻近控制频率处的谱值带来过大的影响。但对于高、中、低频率区段，某傅里叶幅值谱线的调节对周边的影响程度是不同的，因此可能在迭代调整过程中区别对待。

此外，为加快计算效率，通常基于快速傅里叶变换来实现该迭代过程中的谱值分解与时程合成；在效率不变的前提下为尽量提高精度，也可基于精度控制点处的反应谱比例因子，内插获得傅里叶各谱线对应的调整因子值。

以上是反应谱频域拟合技术的通用做法。不难看出，以反应谱的相对误差减小为目标，进行傅里叶幅值谱的比例缩放迭代调整是其核心内容。但在这一过程中，对最大反应发生的时刻及其正负号都没有考虑，故幅值谱调整带有一定的盲目性，极易导致“精度拟合顽固频率点”的出现，即在某些精度控制频率点处，计算反应谱的精度可能在迭代过程中出现反复。为克服这一问题，若继续在频域拟合方法框架内开展工作，则修正方法要求在计算反应谱的同时，兼顾考虑最大反应发生的时间和各频率分量对反应影响的大小和正负号的影响，以便根据各频率分量对反应谱的贡献进行有目的的区别对待调整。

7.2.5 目标反应谱迭代拟合的时域窄带时程法

赵凤新等提出了一种在时域内叠加窄带时程的方法以提高人造地震动时程对目标反应谱的拟合精度，能有效地克服传统频域傅里叶幅值谱调节法中由于无法识别峰值发生时刻的差异性所带来的不利于保证拟合精度和反应谱精度拟合顽固点多等缺点。

该时域新方法首先利用在传统频域内调整傅里叶幅值谱的方法合成以给定峰值加速度、反应谱和强度包线为目标的初始加速度时程，然后基于线性单自由度体系的地震输入反演公式，利用在时域内叠加窄带时程的方法，继续调整该初始人工波以达到进一步提高其对目标反应谱拟合精度的目的。

首先来看窄带时程的构造。设一窄带时程 $s_n(t)$ 的中心频率为 ω_0，其带宽为 $2\omega_c$，则该时程可以表达为如下形式：

$$s_n(t)=\frac{\sin\omega_c(t-t_0)}{\omega_c(t-t_0)}\cos\omega_0(t-t_0) \tag{7.2.13}$$

由式（7.2.13）可知，该窄带时程的最大值为 1，相应的最大值时刻为 t_0。

下面来看反应谱时域拟合的基本过程。在频域法拟合人工波拟合目标反应谱的迭代调整的基础上，可在时域内利用叠加窄带时程的方法来进一步调整 $\ddot{u}_g^{(0)}(t)$ 以提高其对目标反应谱 $S_a^T(\omega,\zeta)$的拟合精度。时域调整的具体步骤如下：

Step 1　设加速度人工波时程进行第 j 次目标反应谱迭代调整时，加速度时程记为 $\ddot{u}_g^{(j)}(t)$。

Step 2　对于每个精度控制频率点 ω_i，按照如下子步骤进行时域调整以提高对目标谱的拟合精度。

（1）记 $\ddot{u}_g^{(j)}(t)$ 引起的自振频率 ω_i，阻尼比 ζ 的线性单自由度体系的绝对加速度反应为 $a_a^{(j,i)}(t)$。$a_a^{(j,i)}(t)$ 绝对值的最大值为 $S_a^{(j)}(\omega_i,\zeta)$，设其出现的时刻记为 $t_{\max,i}$，令

$$\Delta S_a{}^{(j)}(\omega_i,\zeta)=sgn[a_a{}^{(j,i)}(t_{\max,i})]\cdot[S_a^{\mathrm{T}}(\omega_i,\zeta)-S_a^{(j)}(\omega_i,\zeta)] \tag{7.2.14}$$

式中，sgn(·) 为符号函数：

$$\mathrm{sgn}(x)=\begin{cases}1, x>0\\0, x=0\\-1, x<0\end{cases} \tag{7.2.15}$$

（2）确定

$$\omega_{0,i}=\omega_i, \omega_{c,i}=\min\left(\frac{\omega_{i+1}-\omega_i}{2},\frac{\omega_i-\omega_{i-1}}{2}\right) \tag{7.2.16}$$

并记录 $t_{\max,i}$，可构造如下窄带时程：

$$\Delta a_a{}^{(j,i)}(t)=\Delta S_a{}^{(j)}(\omega_i,\zeta)\frac{\sin\omega_{c,i}(t-t_{\max,i})}{\omega_{c,i}(t-t_{\max,i})}\cos\omega_{0,i}(t-t_{\max,i}) \tag{7.2.17}$$

（3）依据地震波 $\ddot{u}_g(t)$ 的傅里叶谱值到绝对加速度响应 $a_a(t)$ 的傅里叶谱值间的传递函数（频响函数）$H_a(\omega)=\dfrac{\omega_0^2+2i\zeta\omega_0\omega}{\omega_0^2-\omega^2+2i\zeta\omega_0\omega}$，引入 $A_g(\omega)=\dfrac{A_a(\omega)}{H_a(\omega)}$，则由 $\Delta a_a{}^{(j,i)}(t)$ 可反演出增量加速度时程 $\Delta\ddot{u}_g{}^{(j,i)}(t)$。

（4）令 $\ddot{u}_g^{(j)}(t)=\ddot{u}_g^{(j)}(t)+\Delta\ddot{u}_g^{(j,i)}(t)$，则调整后的 $\ddot{u}_g^{(j)}(t)$ 在控制频率 ω_i 处的反应谱：

$$S_a^{(j)}(\omega_i,\zeta)=S_a^{\mathrm{T}}(\omega_i,\zeta) \tag{7.2.18}$$

Step 3 按照上述步骤对时程 $\ddot{u}_g^{(j)}(t)$ 进行调整后，如果与 $u_g^{(j)}(t)$ 对应的反应谱仍不满足拟合精度要求，则令 $j=j+1$，对 $\ddot{u}_g^{(j)}(t)$ 重复上述调整，直到最后所得结果满足精度要求为止。

为反映时域窄带时程调节法的效果，下面举例说明。设传统频域反应谱拟合中的顽固点在控制频率 $f=2.0\text{Hz}$ 处，当前该频率处的反应谱值为 5.0940m/s²，对应的峰值时刻 $t_0=12.39\text{s}$，而目标反应谱值为 3.6868m/s²，偏差达 38.1667%。考察 2.0Hz 与前后相邻两频率点（如 1.9Hz、2.1Hz）的距离，定义 $\omega_c=2\pi\times0.05=0.314$。而由 $f=2.0\text{Hz}$，可定义：

$$\omega_0=2\pi\times2.0=12.56 \tag{7.2.19}$$

代入式（7.2.13），则需要补偿的加速度响应窄带时程如图 7.2.6 所示。

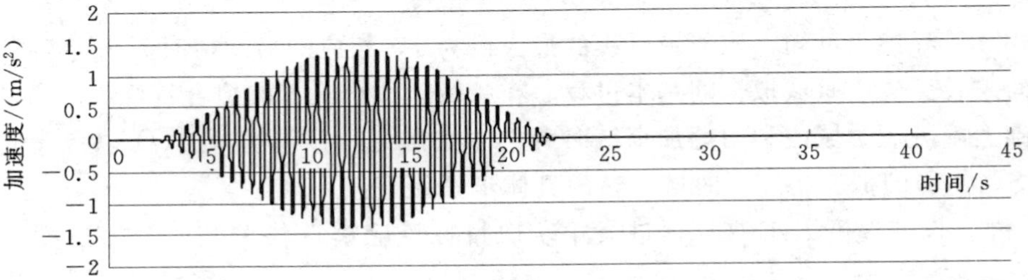

图 7.2.6 需要补偿的加速度响应窄带时程

利用频域传递函数法的反演公式，可求得需要补偿的输入地震加速度时程如图 7.2.7 所示。

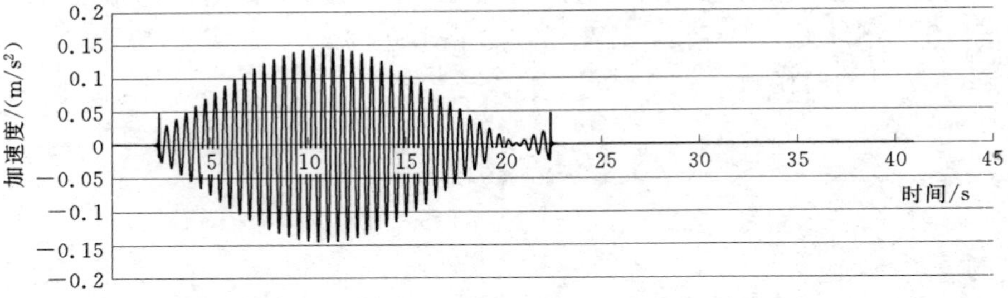

图 7.2.7 对应输入地震的加速度窄带补偿时程

将图 7.2.7 所示补偿时程与上一迭代步的加速度时程叠加，则可获得新的人工波加速度时程。计算该人工拟合波的反应谱，可发现在 2Hz 控制频率点处反应谱值变为 −3.7m/s²，与目标谱值 3.69m/s²，仅相差 0.38%，拟合精度很高。即通过一次时域调整，反应谱偏差就由 38.17%变到 0.38%。

时域的窄带脉冲叠加反应谱拟合法，对中长周期的控制点反应谱拟合提供了一条很有效的方式。一般而言，对 $\ddot{u}_g^{(0)}(t)$ 调整后得到时程 $\ddot{u}_g^{(1)}(t)$ 在频率控制点 ω_j 处的反应谱 $S_a^{(1)}(\omega_j,\zeta)$ 将精确地等于目标谱值 $S_a^{\mathrm{T}}(\omega_j,\zeta)$。但也如图 7.2.8 所示，这一调整也会对相邻的几个控制频率点处的反应谱值产生影响，使其不再精确地等于目标反应谱。实践分析表明，越到高频段，这种影响的宽度越大，但这种影响可以通过多次迭代加以减轻。

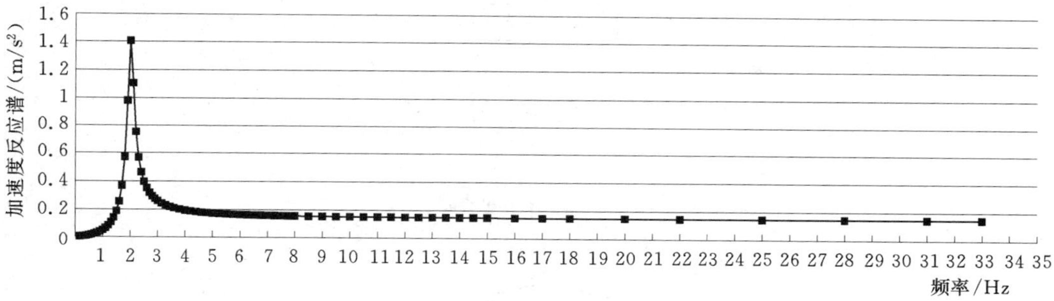

图 7.2.8 输入地震的加速度窄带校正时程对应的反应谱

不可否认，采用传统频域调整方法，经常遇到个别控制点的误差经过多次迭代也无法满足精度的情况，我们将这类不易收敛的控制点称为精度顽固点。计算中发现，这些顽固点的出现与随机相位的选取关系很大。有时，对于一组随机相位时程收敛得较好，而对另一组随机相位便可能出现一个或几个顽固点。时域的窄带脉冲叠加反应谱拟合法对于抠除这些拟合精度顽固点提供了一种有效手段。

7.3 人工波拟合流程

面向工程实践，综合运用上述基本理论与实践方法，大连理工大学开发了相应的人工波拟合软件，其主要流程图如图 7.3.1 所示。

这一软件主要针对单阻尼人工地震波的拟合问题，结合了传统频域方法和时域窄带脉冲调节法的优点。实践应用显示，效果良好，可在核电法规要求的精度控制点集合条件下高精度地完成人工波拟合任务，精度控制频率点见表 7.2.1。

图 7.3.1 中，*idwav* 为人工波序号，*ndwav* 为待求人工波的总数。其中，Step 3 和 Step 5 为内部循环用以筛选随机波，不影响 *idwav* 编号。下面简要说明各主要环节步的工作。

Step 1 数据准备：完成多条人工波数据存储的数组定义与初始化；确定造波全局控制参数；确定傅里叶频谱的谱线数据（根据持时与步长确定离散傅里叶谱线的数量与频率值）及其对应的反应谱值；确定有效的反应谱精度控制点及其对应的反应谱值。

Step 2 生成第 *idwav* 条初始波：首先获取傅里叶谱线对应的目标反应谱值；按相位差谱或均匀相位谱随机生成相位角；由傅里叶逆变换形成初始地震波；乘以比例包络强度曲线，使随机波从平稳随机过程变为不平稳的时程；并按传统的频域反应谱迭代法快速校正 5 次。

Step 3 统计前 5 条随机波的极长周期点反应谱极值：按 Step 2 连续生成 5 条随机波，计算各条波的最长周期精度控制点的反应谱值 Savl，并与该频率点处的目标谱值进行比较，判别在指定持时及强震包线条件下强震持时是否足够长，使长周期段反应谱值能达到目标反应谱的要求。

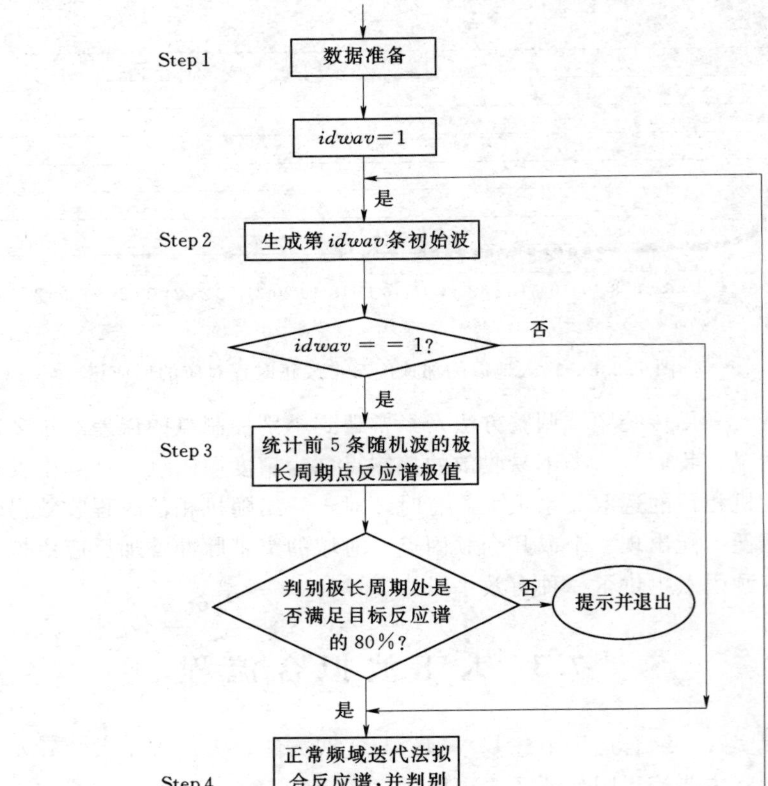

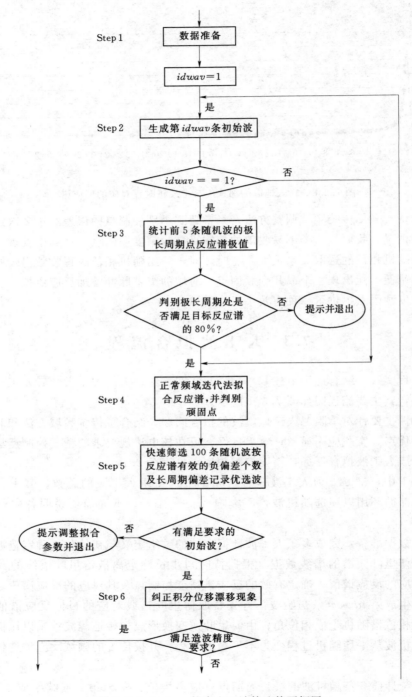

图 7.3.1（一） 拟合人工波算法简要框图

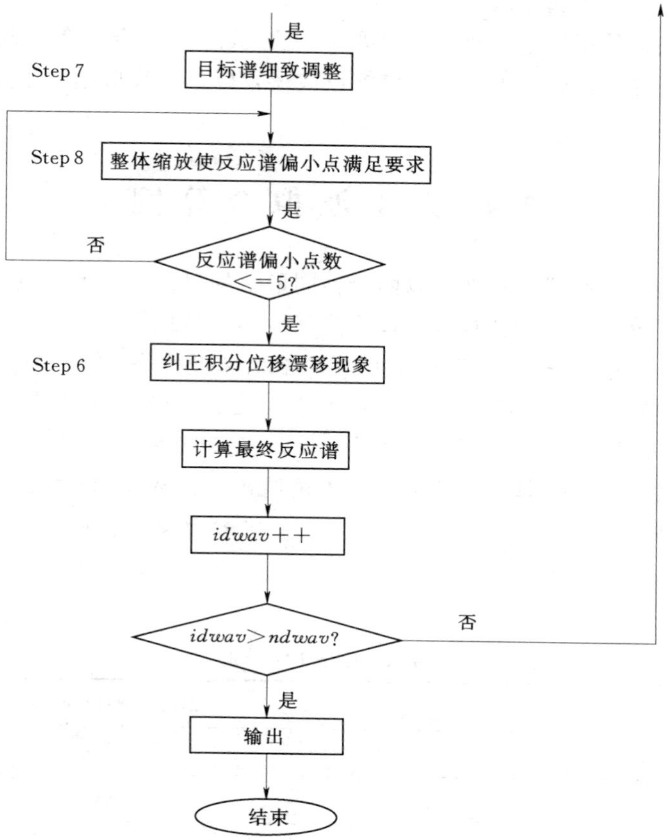

图 7.3.1（二） 拟合人工波算法简要框图

Step 4 正常频域迭代法拟合反应谱，并判别顽固点：以 Step 3 步筛选的随机波为基础，采用传统频域反应谱迭代调整法进行多次循环，在这一过程中甄别精度拟合的顽固点。

Step 5 按反应谱有效的负偏差个数及长周期偏差记录优选波：前 4 步操作计算时间极短，在此基础上快速筛选 100 条 Step 4 生成的随机波。具体为在反应谱精度控制点集的基础上，排除顽固点后统计比目标反应谱值低的精度控制点的总数，及长周期段反应谱值的偏差特征，按长周期段反应谱不低于 95%，偏小点不大于总点数的 20%的标准筛选随机波，满足要求的随机波才可真正作为第 *idwav* 条人工波的初始波。若在 100 条随机波中也无合适可选的人工波，则提示修改参数信息并退出程序。

Step 6 纠正积分位移漂移现象：对 Step 5 优选出的人工波的初始波，为克服积分位移时程的漂移和长周期摆动现象，需要从根源上对加速度人工波信号做调节，具体作法可简述为，分析位移时程漂移与长周期摆动的控制谐波成分，然后在加速度人工波中对这些控制频率成分进行有甄别的滤波操作。

Step 7 目标谱的细致调整：此时，基本可以认定这条人工波的初始波是可用的，只需要再综合运用频域调整法与时域调整法，扣除精度拟合顽固点，进一步提高拟合精度。从人工波的波形来看，该步属于微调状态。

Step 8 整体缩放使反应谱偏小点满足要求：经过目标反应谱的细致迭代拟合后，可能反应谱偏小点数仍过多，此时可通过整体缩放波形，以达到反应谱偏小点数正好满足允许点个数的要求，亦属于微调状态。

7.4 人工波拟合算例

利用 7.3 节的人工波拟合软件，以两个不同形状的目标反应谱为例，生成人工波，并对拟合精度作一评价，便于读者对拟合理论更好地学习与理解。

【例 7.1】 核电抗震设计规范标准谱的拟合。采用美国原子能委员会规程推荐的 RG1.60 水平向标准设计反应谱为目标谱，人工加速度波峰值（PGA）取 0.3g，阻尼比取 0.05。总持时取 26s，采用 0.01s 的时间步长。

按核电法规要求在［0.2Hz，33Hz］主要频率区间内取 76 个反应谱控制点。人工波强震平稳段的始终点分别位于 0.25 倍和 0.45 倍的总持时处。强度包络线取抛物型上升与指数型下降。以均匀相位角随机生成初始人工波。目标反应谱数据见例表 7.4.1 及如例图 7.4.1 所示。

例表 7.4.1　目标反应谱 RG1.60

频率/Hz	加速度谱值/(m/s^2)
0.25	0.14g
2.5	0.94g
9	0.78g
33	0.3g

最终拟合的地震动人工加速度时程以及相应的积分速度、积分位移时程如例图 7.4.2～例图 7.4.4 所示。

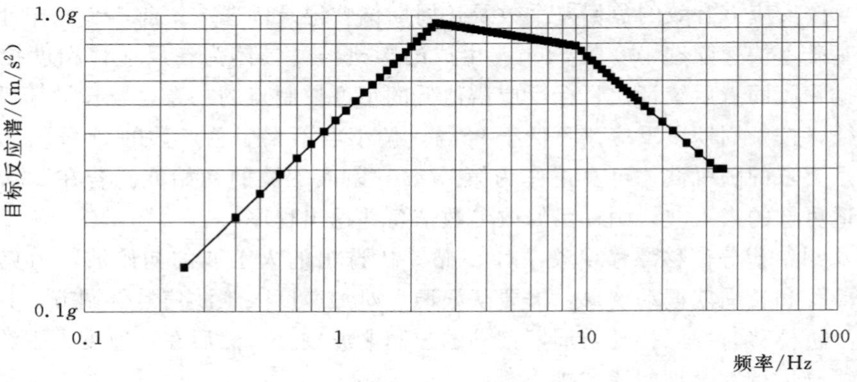

例图 7.4.1　目标反应谱 RG1.60

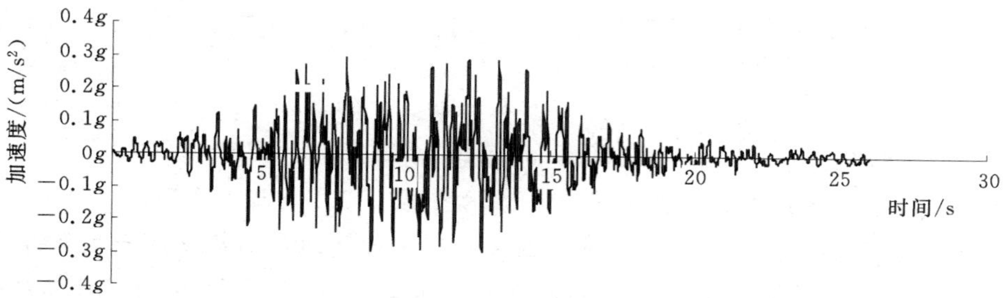

例图 7.4.2 人工拟合的加速度时程

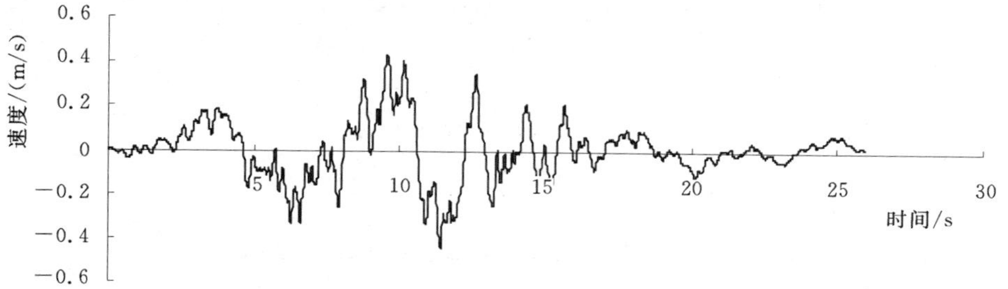

例图 7.4.3 积分速度时程

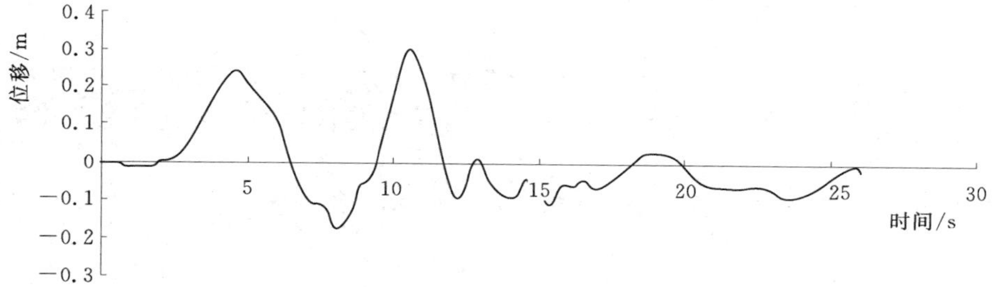

例图 7.4.4 积分位移时程

例图 7.4.2 所示拟合人工波的反应谱与目标反应谱的拟合程度如例图 7.4.5 所示。

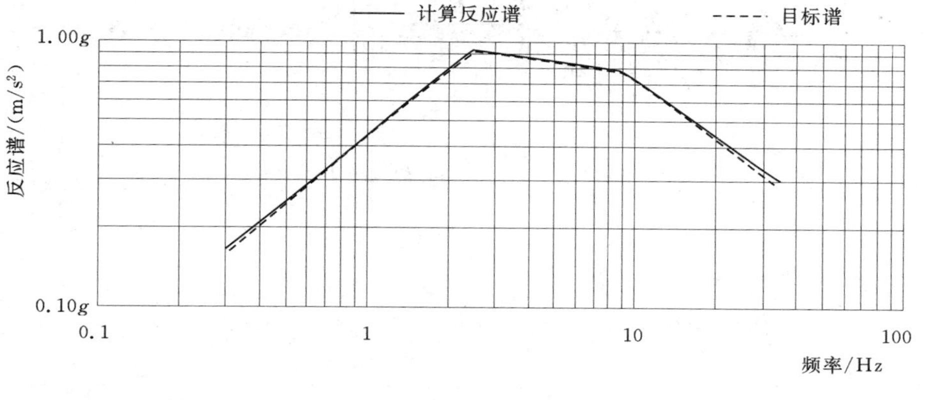

例图 7.4.5 人工波计算反应谱与目标反应谱的拟合程度

不难总结，拟合获得的人工波具有如下的明显特征：正向加速度峰值与负向加速度峰值之比为 0.99，说明加速度时程正负向摆动平衡性较好；将人工波的最终计算反应谱与目标反应谱作比较，平均相对偏差为 0.15%，正向最大偏差 2.73%，负向最大偏差 −1.53%；小于目标反应谱值的精度控制点个数为 1；积分位移时程无尾部漂移及长周期摆动现象。这些特征综合满足了 7.2.1 节拟合准则的要求。

【例 7.2】 水工抗震设计规范标准反应谱的拟合。以 I 类场地条件下某重力坝为例，采用现行水工抗震设计规范建议的标准反应谱，其中设计地震加速度代表值取 0.2g，设计反应谱最大值的代表值取 2.00，场地特征周期 0.20s。低于 3.0s 周期的目标反应谱值最小为 2.00×0.2g×20%＝0.08g。阻尼比取 0.05，待拟合的目标反应谱如例图 7.4.6 所示（参考图 5.3.1）。

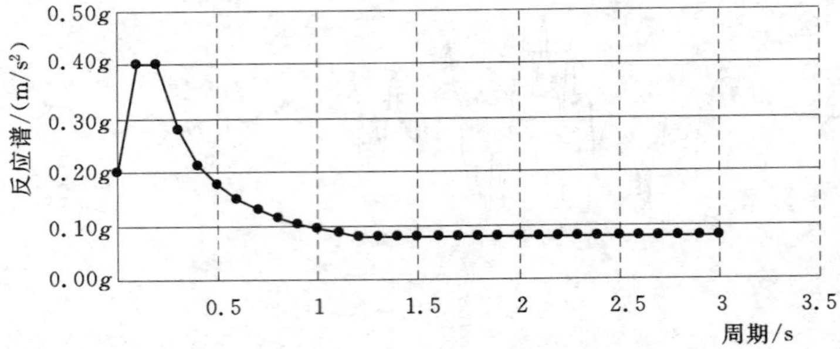

例图 7.4.6 阻尼比 0.05 的水工规范谱

加速度人工波拟合中，阻尼比为 0.05，总持续时间 22s，时间步长为 0.01s。人工波强震平稳段的始点和终点分别位于 0.15 倍和 0.5 倍的总持时处。其他参数及控制条件与［例 7.1］相同。

最终拟合的地震动人工加速度时程，以及相应的积分速度、积分位移时程如例图 7.4.7～例图 7.4.9 所示。

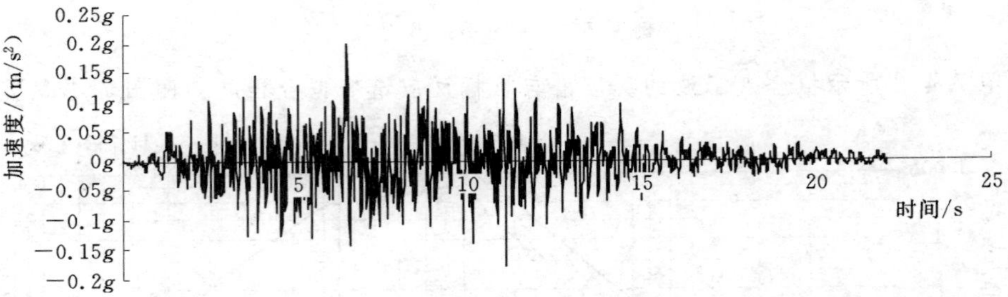

例图 7.4.7 人工拟合的加速度时程

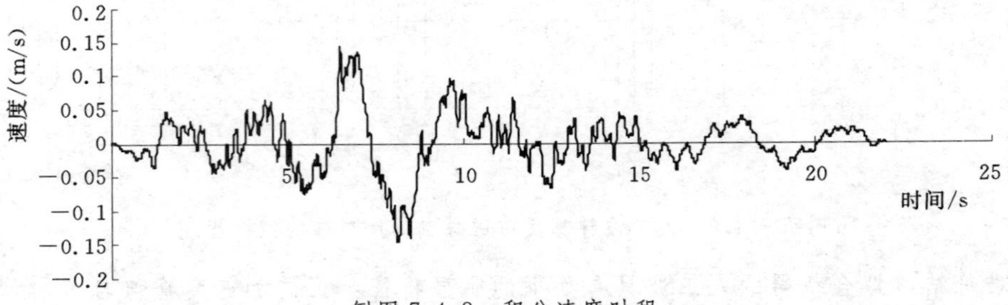

例图 7.4.8 积分速度时程

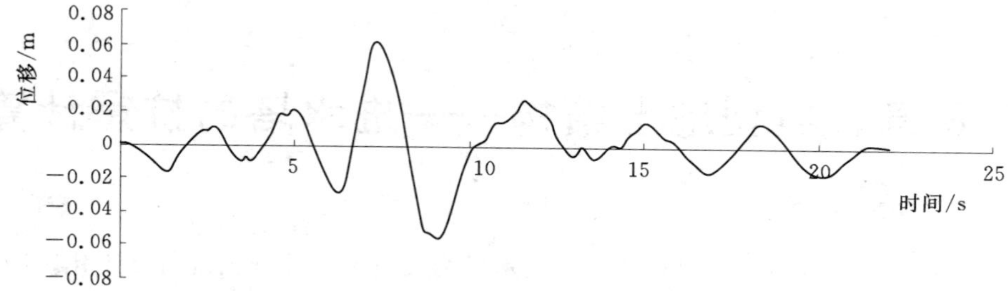

例图 7.4.9 积分位移时程

例图 7.4.7 所示拟合人工波的反应谱与目标反应谱的拟合程度如图 7.4.10 所示。

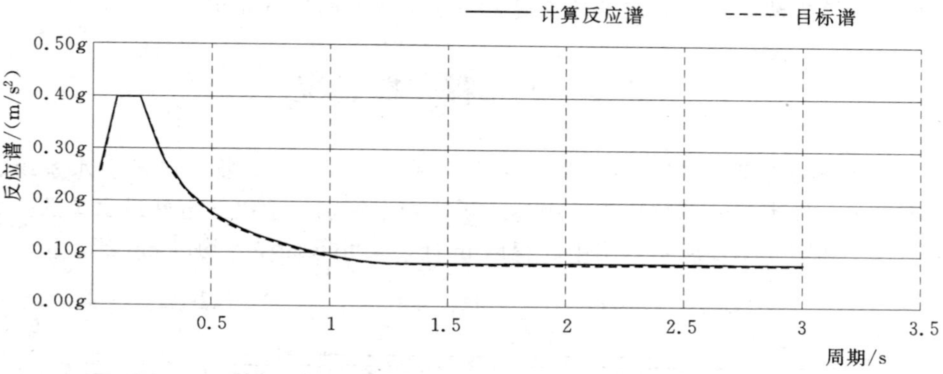

例图 7.4.10 人工波计算反应谱与目标反应谱的拟合程度

这一拟合人工波具有如下特征：正向加速度峰值与负向加速度峰值之比为 0.89，说明正负向摆动平衡性较好；将人工波的最终计算反应谱与目标反应谱作比较，平均相对偏差为 0.41%，正向最大偏差 2.41%，负向最大偏差−2.57%；小于目标反应谱值的精度控制点个数为 1；积分位移时程无尾部漂移及长周期摆动现象。这些特征综合满足了 7.2.1 节拟合准则的要求。

第 8 章　典型地上结构——进水塔的抗震计算

本章以某一典型地面水工建筑物——进水塔为实例，阐述依据现行水工建筑物抗震设计规范采用振型分解反应谱法进行抗震计算的基本过程。

对于地面结构，水平地震惯性力是主要的地震作用。并且，地震时进水塔内外与水体接触，动水压力也不可忽略。下面结合某实际工程，从工程概况、计算内容、计算模型和边界条件、计算方法和基本假定、计算成果与评价等方面进行介绍。

8.1　工　程　概　况

某水利枢纽为Ⅰ等大（1）型工程，主坝、副坝、泄洪建筑物、电站引水系统、电站厂房等主要永久性水工建筑物均为1级建筑物，安全级别为Ⅰ级。电站进水口的平面及剖面如图8.1.1和图8.1.2所示。图中高程以m计，尺寸除标注外均以cm计。

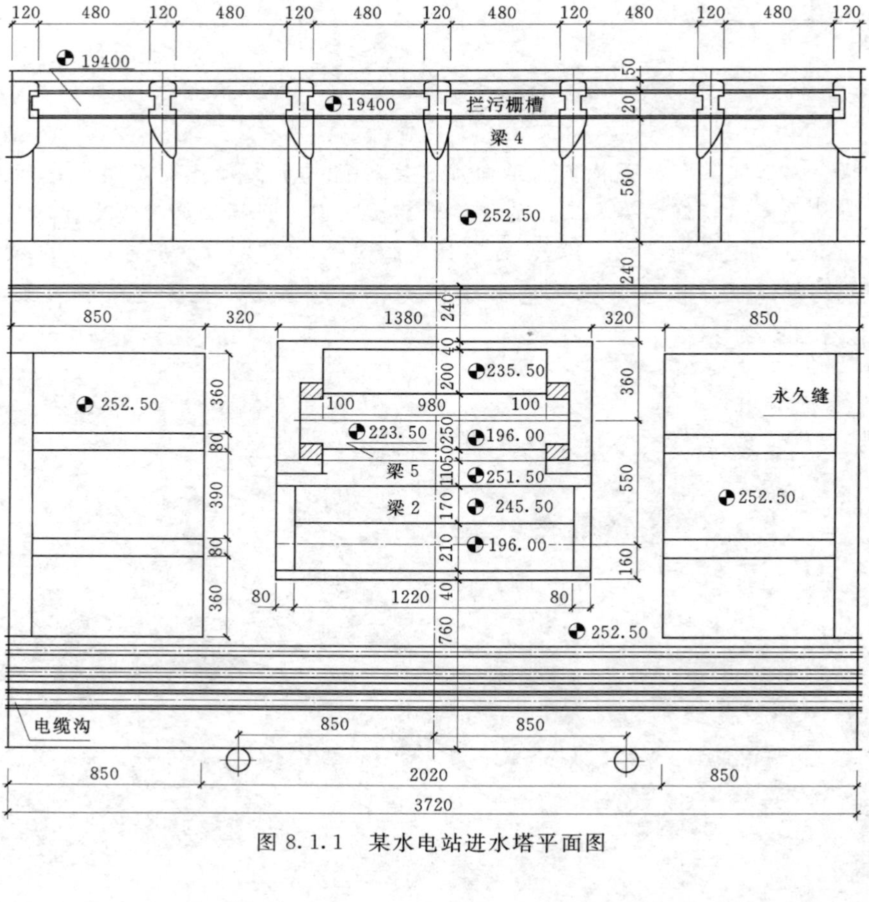

图 8.1.1　某水电站进水塔平面图

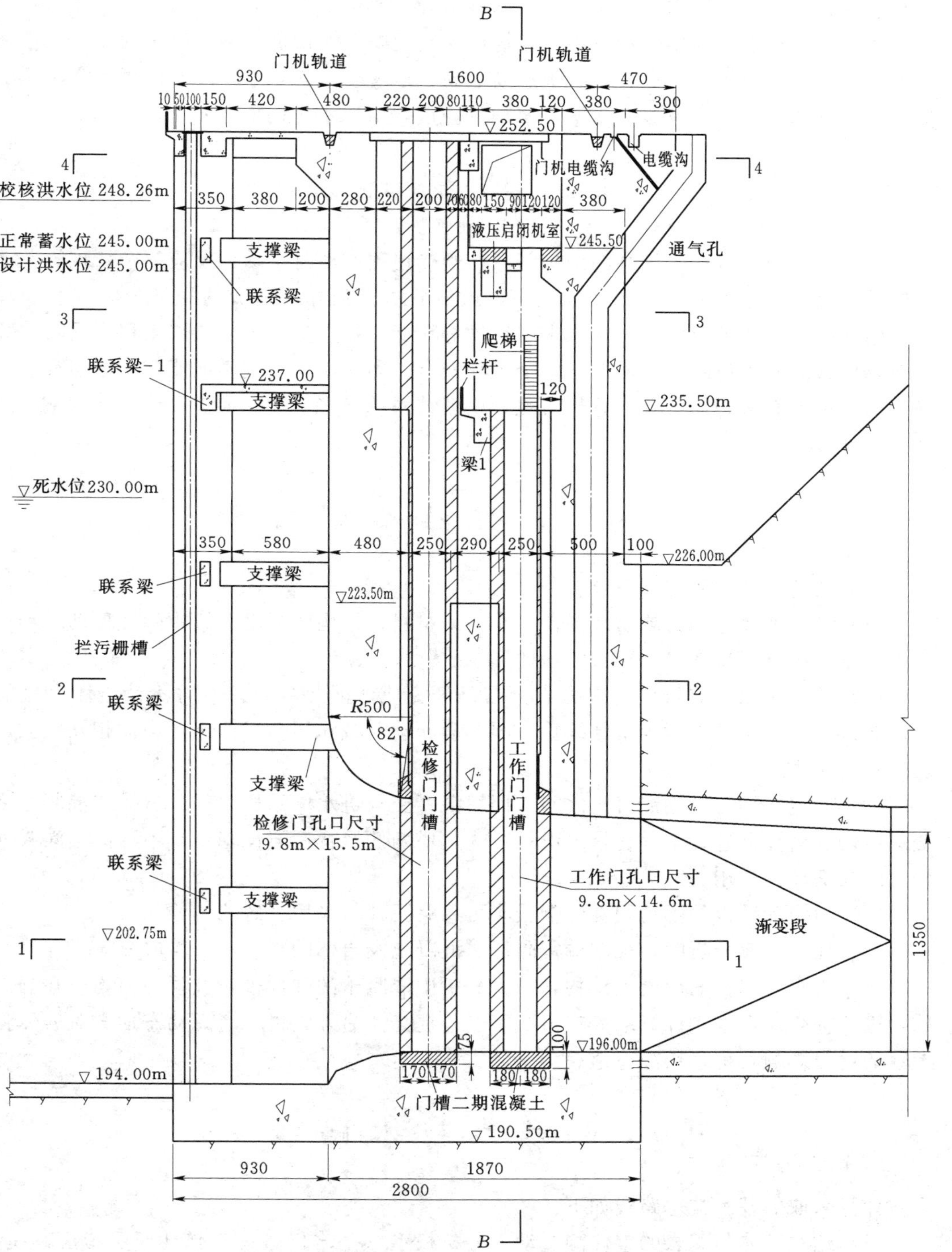

图 8.1.2　某水电站进水塔剖面图

进水口采用岸塔式，尺寸为 297.60m×28m×62.0m（长×宽×高），分 8 段布置（对应 8 个机组段），底板高程 196.0m，建基面高程 190.5m，塔顶高程 252.50m。检修闸门靠上游布置，静水启闭；工作闸门靠下游布置，动水闭门、静水启门。

根据中国地震局提供的针对该工程场地的地震安全性评价结果，该进水口不是壅水建筑物，抗震设防类别为乙类，计算采用场地 50a 超越概率 5%的基岩地震动峰值加速度峰值 0.21g 作为水平地震动设计参数，竖向加速度峰值取水平向的 2/3，即 0.14g。

8.2 计算目的

进水塔一般具有孤立细高的结构特点，遭受地震作用时，动力反应复杂，抗震性能相对较差。进水塔结构一旦产生严重震害，虽然其本身损坏所造成的经济损失较大坝轻得多，但会影响整个枢纽的发电、供水、泄洪等功能，特别是在汛前或因工程遭受较大震害需要降低或限制水位时，可能影响整个工程安全。因此，对其抗震性能应予足够重视，有必要通过三维有限元动、静力分析研究，论证结构抗震安全性，为进水口的技术施工图设计提供参考。

8.3 计算基本假定

采取的计算基本假定如下：

(1) 结构及地基均为均质线弹性、小变形材料；结构的振动为微幅弹性振动；动力分析求解结构的自振特性时，不计阻尼的影响。

(2) 结构未建之前岩体的应力重分布已经完成，因此静力计算时不计岩体自重的影响。各进水塔段设计中因预留伸缩缝，因此静、动荷载作用时可假定各塔体相互独立，不发生相互作用。

(3) 假定一期与二期混凝土之间、回填混凝土与进水塔结构之间、岩体与混凝土之间变形协调、密合良好，不存在接触滑移；进水塔两侧及背后岩体稳定，不计固结灌浆和锚杆等的局部加强作用。

(4) 地震动输入的不均匀性影响较小可忽略不计，采用一致均匀输入。

(5) 地震反应分析时，采取瑞雷阻尼。混凝土及岩体的阻尼比 ζ 均取 5%。

(6) 进水塔属钢筋混凝土结构，动力分析中混凝土的弹性模量及强度值均应在静态基础上进行提高。但本例计算取静态值，不进行提高。另外，也不考虑动态加载对岩体强度参数的增强影响，也采用静态值。

8.4 基本技术路线

计算采取的基本技术路线如下：

(1) 建立塔体与基岩的整体静、动力分析模型（基岩仅考虑其弹性而不考虑其质量，即无质量地基）。

(2) 采用振型分解反应谱法进行地震反应分析。加速度反应谱的选取依据 DL 5073—2000《水工建筑物抗震设计规范》采用标准反应谱，谱形如图 5.3.1 所示。

对于进水塔类建筑物，根据 DL 5073—2000《水工建筑物抗震设计规范》，设计反应谱动力系数最大值 β_{max} 的代表值取 2.25，最小值 β_{min} 的代表值取 β_{max} 的 20%即 0.45。

进水塔所处地基为坚硬岩石，属Ⅰ类场地，所以，根据表 5.3.2，场地特征周期 T_g 取 0.20s。

动力系数 β 谱的表达式为

$$\left.\begin{array}{ll}\beta=10T+1, & 0<T\leqslant 0.1\\ \beta=2.25, & 0.1<T\leqslant 0.2\\ \beta=2.25(0.2/T)^{0.9}, \beta_{min}\geqslant 0.45, & 0.2<T\leqslant 0.3\end{array}\right\} \tag{8.4.1}$$

(3) 鉴于该电站进水口为 1 级建筑物，抗震计算需要同时考虑水平和竖向地震作用。

(4) 塔体内外的动水压力考虑为附着于塔体内外表面的附加质量，不计水体的可压缩性影响。

在发生顺流向地震时，进水塔相连成一排形成塔体群，垂直于地震作用方向的迎水面平均宽度 $a=297.60$m，与塔前最大水深 $H=62$m 的比值为 4.8（>3.0），可依据式（5.7.31）计算塔群外动水附加质量，而单塔的动水附加质量，按式（5.7.31）计算后应除以塔体个数 8。动水附加质量在相同高程水平截面的分布，对矩形柱状塔体，取沿垂直地震作用方向的塔体前后迎水面均匀分布。

在横流向地震时，对于中间机组段塔体，塔外可认为无动水压力（附加质量），塔内可按所含水体质量施加。

(5) 节点地震惯性力，由其质量与计算地震反应绝对加速度的乘积确定。

(6) 进水塔的强度校核和抗滑、抗倾覆等稳定性校核，均以地震单独作用下的动力计算结果与正常运行工况在自重及设备重、静水压力、扬压力等静力荷载作用下的静力计算结果的叠加为依据。由于地震作用方向可变，其作用效应符号可正可负，因此进行静、动力作用组合时，分为两种情况：水压力与自重作用效应＋地震作用效应，水压力与自重作用效应－地震作用效应。最终计算结果以大者为据。

至于其他作用荷载，如风压力、浪压力、淤沙压力、雪荷载、冰压力、土压力在本例中不予考虑，其取值可参见 DL 5077—1997《水工建筑物荷载设计规范》及 DL/T 5398—2007《水电站进水口设计规范》。

由于大地震和非常洪水的发生概率都很小，其相遇的概率更小，因此，一般情况下在抗震计算中将地震作用与水库的正常蓄水位组合，不与非常洪水位组合。

振型组合时，对于各平动振型产生的地震作用效应可近似地采用平方和方根法（SRSS 法）确定。当两个振型的频率差的绝对值与其中一个较小的频率之比小于 0.1 时，地震作用效应宜采用完全二次型方根法（CQC 法）。

总的地震作用效应可取水平及竖向地震作用效应平方总和的方根值。

(7) 计算采用软件为大型国际通用结构分析软件 ANSYS（Analytical system）。ANSYS 是目前国内外广泛采用的大型国际商用有限元分析主流软件之一，可进行结构分析、温度场分析、电磁分析、流体分析及耦合场分析等各种不同类型的计算。在 ANSYS 软件中，可以通过其自带的 APDL 语言编写相关程序命令流，以完成节点附加动水质量单元的生成等批量操作计算。

8.5 安全评价方法

8.5.1 强度

本例采用电力行业标准 DL/T 5398—2007《水电站进水口设计规范》进行结构的强度、稳定性等方面的安全评价。

混凝土结构截面的抗震强度设计应满足承载能力极限状态设计：

$$\gamma_0 \psi S(\gamma_G G_k, \gamma_Q Q_k, \gamma_E E_k, a_k) \leqslant \frac{1}{\gamma_d} R(f_d, a_k) \tag{8.5.1}$$

式中：γ_0 为结构重要性系数；ψ 为设计状况系数；$S(\cdot)$ 为结构的作用效应函数；γ_G 为永久作用的分项系数；G_k 为永久作用的标准值；γ_Q 为可变作用的分项系数；Q_k 为可变作用的标准值；γ_E 为地震作用的分项系数；E_k 为地震作用的标准值；γ_d 为承载能力极限状态的结构系数；$R(\cdot)$ 为结构的抗力函数；f_d 为材料强度的设计值；a_k 为几何参数的标准值。

8.5.2 抗滑稳定

进水塔的整体抗滑稳定性可按抗剪断强度算式核算：

$$\gamma_0 \psi \sum P_R \leqslant \frac{1}{\gamma_d}\left(\frac{f'_{Rk}}{\gamma_{f'}} \sum W_R + \frac{c'_{Rk}}{\gamma_{c'}} A\right) \tag{8.5.2}$$

式中：γ_d 为抗滑稳定结构系数；f'_{Rk} 为基础底面混凝土与基岩接触面的抗剪断摩擦系数（标准值）；c'_{Rk} 为基础底面混凝土与基岩接触面的抗剪断黏聚力（标准值），kPa；γ'_f，γ'_c 为 f'_{Rk}，c'_{Rk} 的分项系数，对于偶然地震工况，当按动力法计算时分别取 1.3，3.0；$\sum P_R$ 为基础计算面上全部切向作用之和（设计值）；$\sum W_R$ 为基础计算面上全部法向作用之和，向下为正（设计值）；A 为基础底部计算面的截面面积。

8.5.3 抗倾覆稳定

进水塔的抗倾覆稳定性可按式（8.5.3）核算：

$$\gamma_0 \psi \sum M_0 \leqslant \frac{1}{\gamma_d} \sum M_s \tag{8.5.3}$$

式中：γ_d 为抗倾覆稳定结构系数；$\sum M_0$ 为基础计算面上倾覆力矩之和（设计值）；$\sum M_s$ 为基础计算面上抗倾覆力矩之和（设计值）。

8.6 计算基本参数

8.6.1 材料参数

（1）混凝土。进水塔拦污栅墩、支撑梁、联系梁及顶部梁、板等薄壁结构采用 C30，其余大体积结构均采用 C25。混凝土的材料参数见表 8.6.1。为了后述方便，考虑混凝土的结构系数 1.2，各标号的混凝土轴心抗拉和抗压强度设计指标也归纳入表中。

表 8.6.1　　混凝土的有关物理力学参数

名　　称	符　　号	C25	C30
静弹性模量/GPa	E_c	28.0	30.0
轴心抗拉强度设计值/MPa	R_l	1.3	1.50
考虑结构系数 1.2，轴心抗拉强度设计指标	f_l	1.08	1.25
轴心抗压强度设计值/MPa	R_c	12.5	15.0
考虑结构系数 1.2，轴心抗压强度设计指标	f_c	10.42	12.5
泊松比	υ	0.167	
热膨胀系数	α	1.0×10^{-5}	
重度/(kN/m³)	γ_c	25	

(2) 岩体。进水口建筑物所处的基岩及塔后边坡岩体，以Ⅱ、Ⅲ类岩体（安山岩）为主，其物理和力学参数见表 8.6.2。

变形模量和泊松比分别取 5.0GPa 和 0.25。按抗剪断公式进行稳定性校核时，黏聚力和摩擦系数分别取为 1.0MPa 和 1.0。

表 8.6.2　　岩体物理力学参数建议值

岩体类别		代表性岩体	重度/(kN/m³)	岩石饱和抗压强度/MPa	变形模量/GPa	泊松比	岩体抗剪断强度		混凝土与坝基岩体接触面		
							f'	c'/MPa	f	f'	c'/MPa
Ⅱ	Ⅱ$_A$	1号山包，坚硬较完整的安山岩	26.8	70～80	10～12	0.23	1.20～1.30	1.50～1.70	0.7	1.10～1.20	1.10～1.20
Ⅲ	Ⅲ$_{1A}$	中坝址左岸河滩至1号山包较破碎～较完整安山岩	26.5	60～70	5～8	0.25	1.00～1.10	1.20～1.30	0.65	1.00～1.10	1.00～1.10

8.6.2 计算系数的选取

依据现行水工建筑物荷载设计规范、水工建筑物抗震设计规范和进水口设计规范，在抗震分析中所采用的各类系数见表 8.6.3。

表 8.6.3　　有关系数的选取

系　　数	取　　值
结构重要性系数 γ_0	对于安全级别为Ⅰ级的结构，取 1.1
设计状况系数 ψ	校核洪水位及地震工况取 0.85，施工完建期取 0.95，正常运行工况取 1.0
永久作用分项系数 γ_G	1.0 (0.95)，当永久作用对结构有利时取 0.95
可变作用的分项系数 γ_Q	静水压力，取 1.0；浮托力，取 1.0；浪压力，取 1.2；风荷载，取 1.3；温度作用，取 1.1
地震作用的分项系数 γ_E	1.0
构件承载能力极限状态的结构系数 γ_d	对钢筋混凝土结构，取 1.2

续表

系　　数	取　　值
抗滑稳定结构系数	动力法，取 1.3
抗倾覆稳定结构系数	动力法，取 1.2
抗浮稳定结构系数	取 1.1
地震作用效应折减系数 ξ	动力法，取 0.35
抗剪断摩擦系数材料性能分项系数	1.3
抗剪断黏聚力的材料性能分项系数	3.0
地基承载力结构系数	对于塔基面上平均垂直正应力，取 1.2；对于塔基面上边缘最大承载力，取 1.0
地基抗震承载力设计值提高系数	1.5

8.7　计算模型与边界条件

为了保持精度并计算简单，本例计算仅计入地基的弹性影响而不考虑其质量的惯性放大影响，即地基按无质量地基模型处理。在划分有限元网格模型时，地基的计算范围在计算条件允许的情况下足够大。

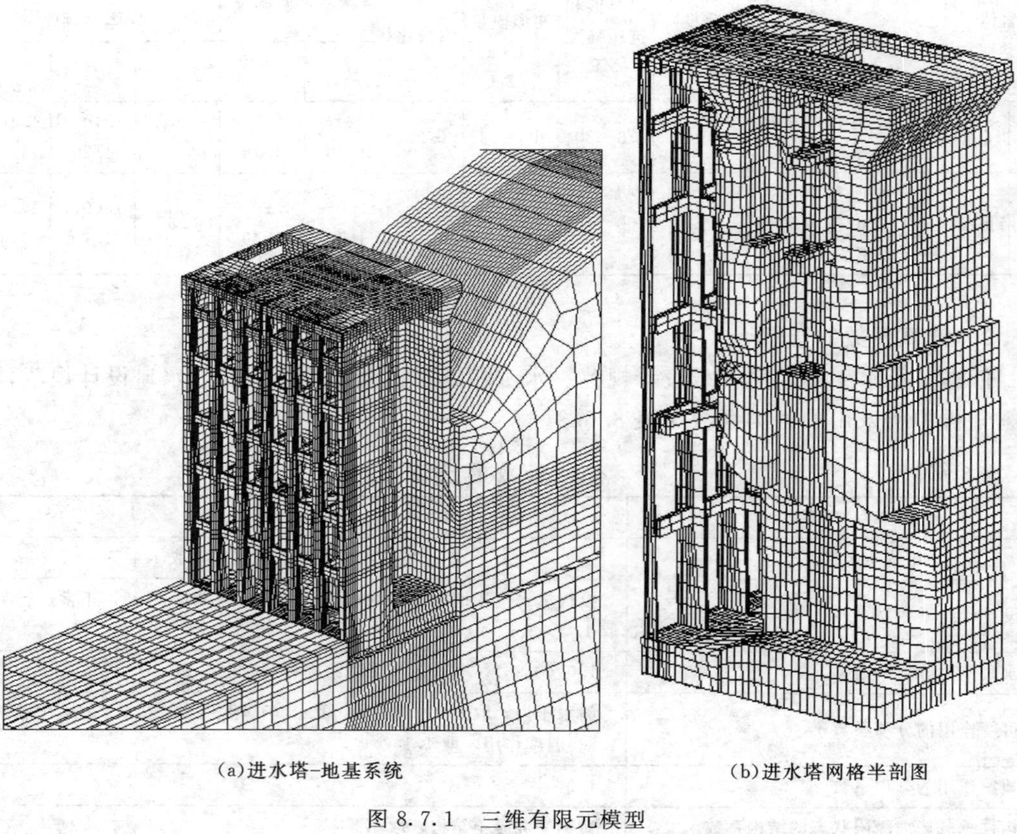

(a)进水塔-地基系统　　(b)进水塔网格半剖图

图 8.7.1　三维有限元模型

考虑结构分缝，取中间段某进水塔单元进行计算。进水塔-地基系统的有限元计算模型如图 8.7.1 所示。拦污栅框架和后部塔体均按实际尺寸和形状建立，模拟了主要的孔洞包括流道、门井、塔体左右侧竖向空腔等，忽略小的孔洞。共采用 45224 个实体 Solid45 单元模拟了混凝土拦污栅框架及塔身结构，52576 个实体 Solid45 单元模拟了基岩，7080 个质量 Mass21 单元模拟了塔内外动水附加质量。模型各节点自由度保持协调。关于 Solid45 单元和 Mass21 单元的详细介绍，可参见 ANSYS 程序的帮助手册。

总体直角坐标系取 Y 轴为竖向（向上为正），Z 的正向指向水流下游，X 向为横河向，$X-Y-Z$ 构成一右手坐标系统。

计算地基范围沿底板底高程向下，上下游方向各取 1.5 倍的塔体高度。有限元模型划分足够精细，在应力梯度较大的部位疏密程度合理，保证了计算结果的可靠性。

静、动力分析模型中，不考虑相邻进水塔之间的相互影响。结构在分缝处、临水面和临空面均处理成自由边界。

对于地基，其侧向均按法向固定约束、底部三向固定约束处理。塔体后侧岩体按实际开挖坡度模拟，并取至一定高程，坡面及坡顶按自由边界处理，且不考虑工程加固措施。

8.8 进水塔的动态特性

进水口结构动态特性分析包括求解拦污栅、进水塔整体结构固有频率及其相应的振型，是其动力学响应分析过程中必要的步骤。

8.8.1 自振频率

表 8.8.1 给出了在正常蓄水位情况下中间典型进水塔段的前 50 阶自振频率。从该表可看出，进水塔相邻阶数的自振频率分布较为密集，两个相邻振型的频率差的绝对值与其中一个较小的频率之比都小于 0.1，意味着地震反应分析在采用振型分解反应谱法进行振型响应的组合时，应采用完全二次型方根法（CQC 法），而不宜采用平方和方根法(SRSS)。振型组合方法见式（5.4.22）和式（5.4.23）。

表 8.8.1　中间典型进水塔段的前 50 阶自振频率　　单位：Hz

阶次	频率	阶次	频率	阶次	频率	阶次	频率	阶次	频率
1	2.52	11	7.29	21	10.31	31	15.05	41	18.07
2	3.32	12	7.35	22	11.29	32	15.53	42	18.23
3	3.91	13	7.66	23	11.36	33	16.06	43	18.31
4	4.31	14	7.74	24	12.01	34	16.29	44	18.46
5	5.06	15	7.85	25	12.36	35	16.78	45	18.60
6	5.42	16	8.05	26	13.31	36	16.91	46	18.67
7	5.51	17	8.65	27	13.55	37	17.04	47	18.84
8	6.00	18	9.29	28	14.16	38	17.22	48	19.34
9	6.60	19	9.90	29	14.34	39	17.38	49	19.52
10	6.67	20	10.10	30	14.89	40	17.79	50	19.73

8.8.2　振型

图 8.8.1 给出了进水塔的前 5 阶振型位移等值线图，前 10 阶振型的振动特点归纳于表 8.8.2 中。振型图中的振型位移数值并无实际意义，仅表示各点的相对位移大小。其中，等值线 A 的振型位移最小，等值线 I 的振型位移最大。

表 8.8.2　　　　　　　　　　　　　　　　　中间典型进水塔段前 10 阶振型

阶数	频率/Hz	振　型
1	2.52	整体横流向弯曲振动，拦污栅框架中部振动明显
2	3.32	整体顺流向弯曲振动，上部振动幅度高于下部，顶部最大
3	3.91	整体横流向弯曲振动，拦污栅框架振动明显
4	4.31	整体横流向弯曲振动，拦污栅框架振动明显
5	5.06	整体横流向高阶弯曲振动，拦污栅框架振动明显
6	5.42	拦污栅边墩前部向左右侧弯曲振动，中部振动明显
7	5.51	整体绕竖轴 Y 扭转振动
8	6.00	拦污栅框架边墩横向高阶弯曲振动明显
9	6.60	拦污栅框架边墩横向高阶弯曲振动明显
10	6.67	拦污栅框架边墩横向高阶弯曲振动明显

$A=0.213\times10^{-4}$
$B=0.639\times10^{-4}$
$C=0.107\times10^{-3}$
$D=0.149\times10^{-3}$
$E=0.192\times10^{-3}$
$F=0.234\times10^{-3}$
$G=0.277\times10^{-3}$
$H=0.320\times10^{-3}$
$I=0.362\times10^{-3}$

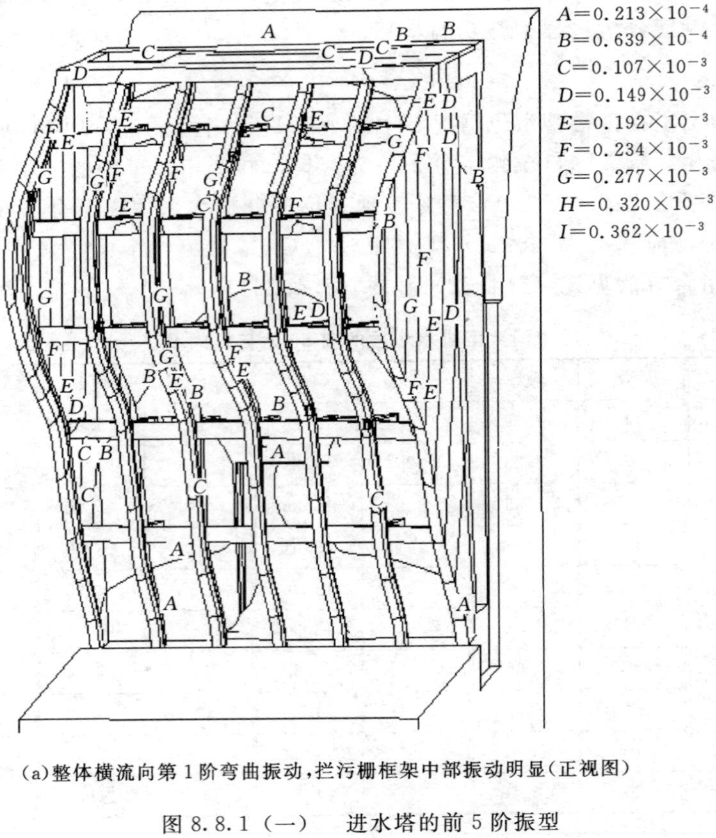

（a）整体横流向第 1 阶弯曲振动，拦污栅框架中部振动明显（正视图）

图 8.8.1（一）　进水塔的前 5 阶振型

$A=0.107\times10^{-4}$
$B=0.322\times10^{-4}$
$C=0.537\times10^{-4}$
$D=0.752\times10^{-4}$
$E=0.967\times10^{-4}$
$F=0.118\times10^{-3}$
$G=0.140\times10^{-3}$
$H=0.161\times10^{-3}$
$I=0.183\times10^{-3}$

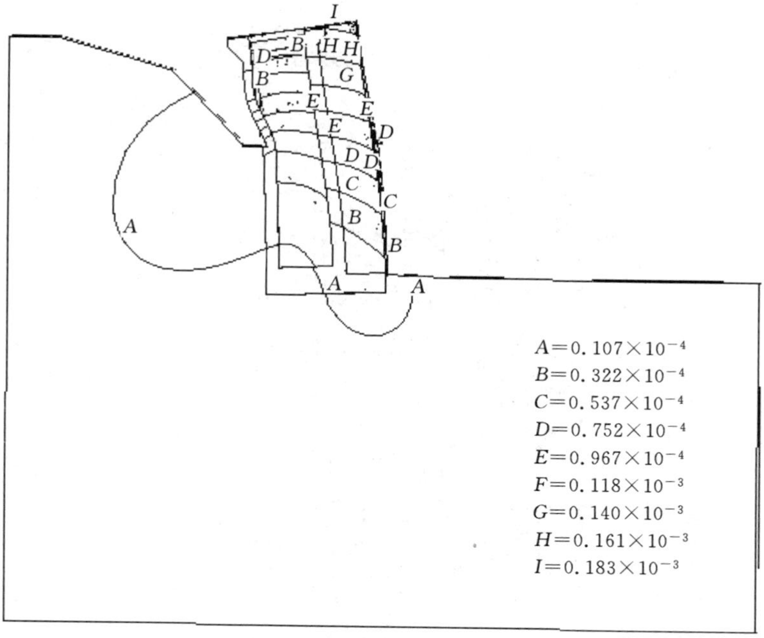

(b)整体顺流向弯曲振动,上部振动幅度高于下部,顶部最大(侧视图)

$A=0.324\times10^{-4}$
$B=0.971\times10^{-4}$
$C=0.162\times10^{-3}$
$D=0.227\times10^{-3}$
$E=0.291\times10^{-3}$
$F=0.356\times10^{-3}$
$G=0.421\times10^{-3}$
$H=0.486\times10^{-3}$
$I=0.550\times10^{-3}$

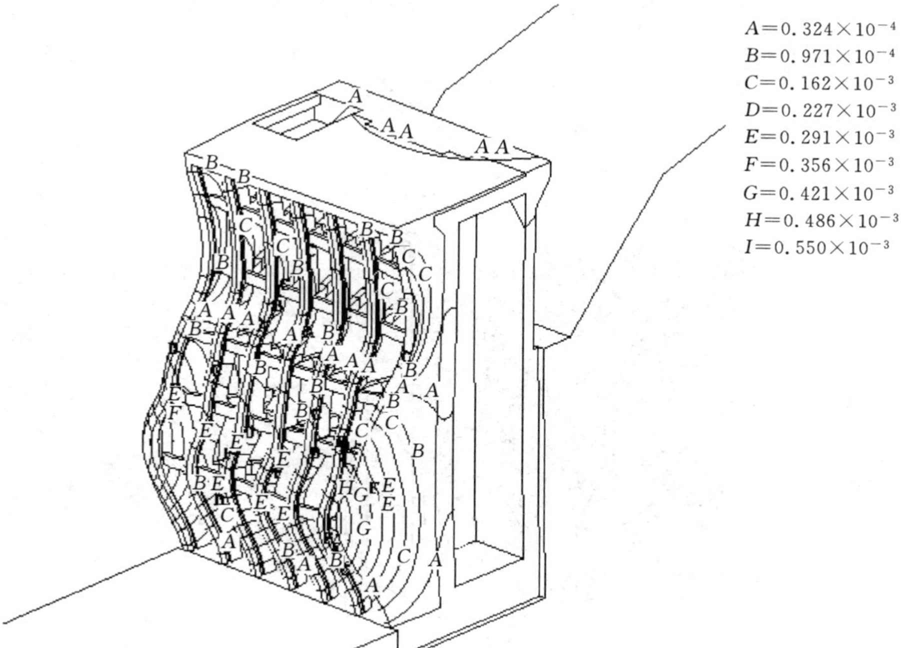

(c)整体横流向第2阶弯曲振动,拦污栅框架振动明显(斜视图)

图 8.8.1(二)　进水塔的前 5 阶振型

$A=0.270\times10^{-4}$
$B=0.811\times10^{-4}$
$C=0.135\times10^{-3}$
$D=0.189\times10^{-3}$
$E=0.243\times10^{-3}$
$F=0.297\times10^{-3}$
$G=0.352\times10^{-3}$
$H=0.406\times10^{-3}$
$I=0.460\times10^{-3}$

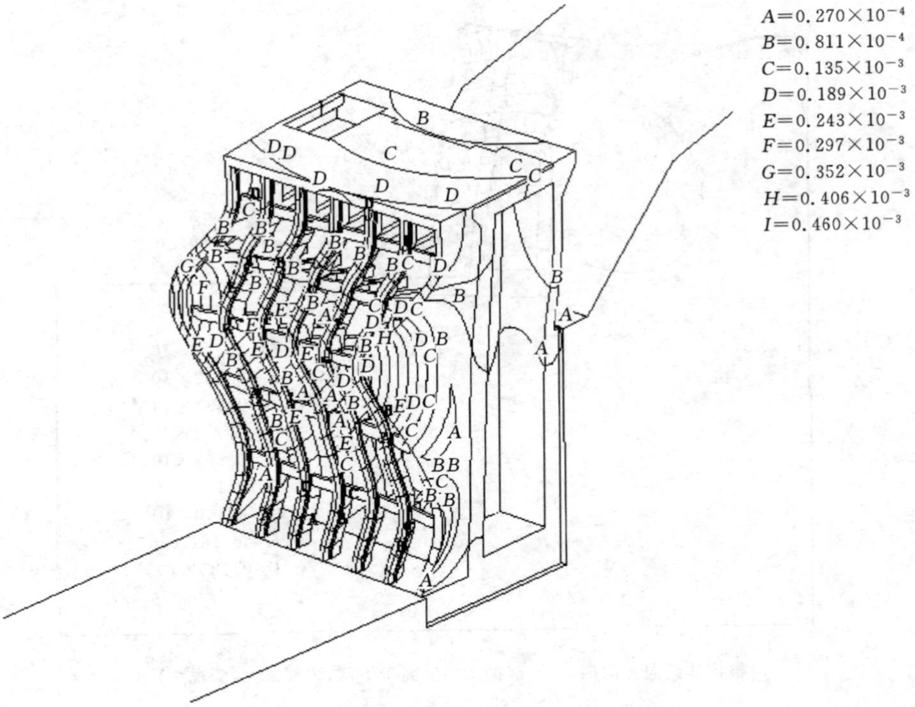

(d)整体横流向第 3 阶弯曲振动,拦污栅框架振动明显(斜视图)

$A=0.262\times10^{-4}$
$B=0.787\times10^{-4}$
$C=0.131\times10^{-3}$
$D=0.184\times10^{-3}$
$E=0.236\times10^{-3}$
$F=0.288\times10^{-3}$
$G=0.341\times10^{-3}$
$H=0.393\times10^{-3}$
$I=0.446\times10^{-3}$

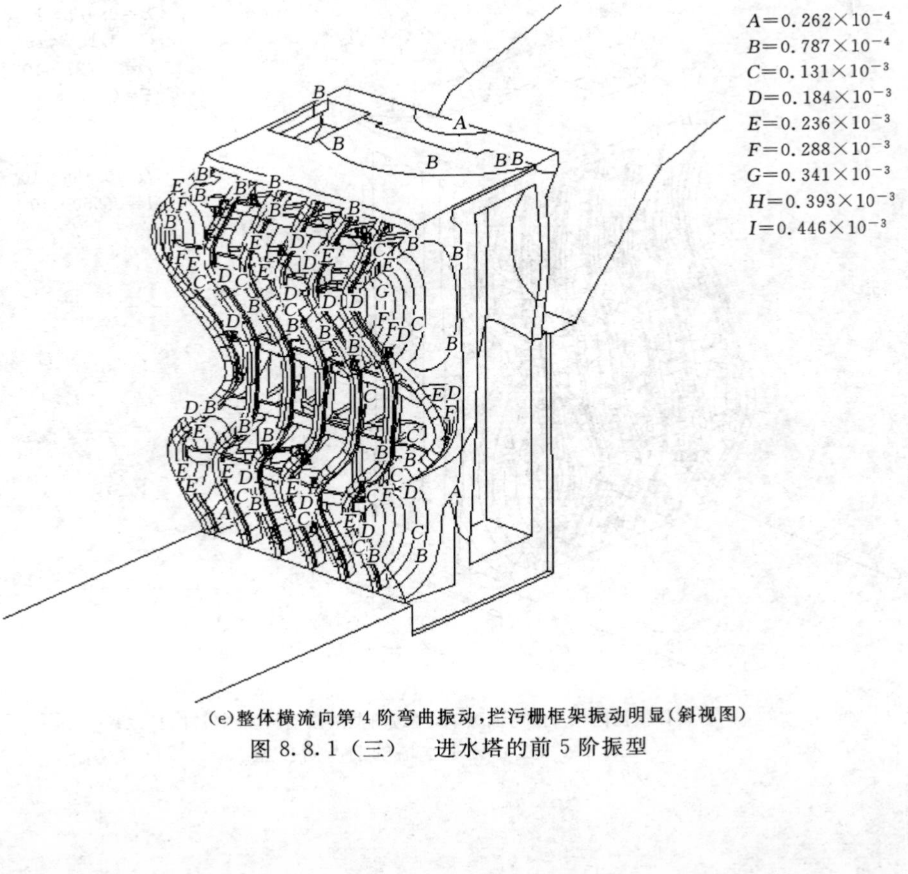

(e)整体横流向第 4 阶弯曲振动,拦污栅框架振动明显(斜视图)

图 8.8.1（三）　进水塔的前 5 阶振型

由表 8.8.2 和各振型图可看出，前 5 阶振型表现为进水塔的整体振动，其中第 1 阶为横流向的一阶弯曲振动，第 2 阶为顺流向的一阶弯曲振动；第 3～5 阶表现为整体横流向的 2～4 阶弯曲振动。由于拦污栅框架刚度低于后部塔体及岸坡，其振动幅度明显要高。

表 8.8.3～表 8.8.5 分别给出了当对进水塔施加不同方向的单位激励时，结构在 X 向（横流向）、Y 向（竖直向）及 Z 向（顺流向）的归一化各阶振型参与系数（各向各阶振型参与系数除以该向最大振型参与系数）、各阶振型质量、各阶振型质量所占比例以及振型质量累积所占比例。各阶振型质量及振型参与系数的定义分别见式（5.4.10）和式（5.4.11）。

对于高耸岸塔式结构，在采用振型分解反应谱法进行地震动力分析时，理论上采用的振型数越多，计算精度越高。在条件许可的情况下，应采用更多阶的振型参与计算。振型个数一般可以取振型质量累积所占比例达到总振型质量的 90%所需的振型数。本算例采取前 50 阶振型是足够的，各向累积振型质量已接近总振型质量的 100%。

表 8.8.3　　中间典型进水塔段，横流 X 向的振型参与系数与振型质量

（横流 X 向的总振型质量为 9.11045×10^7kg）

阶数	归一化后的振型参与系数	各阶振型质量/kg	各阶振型质量所占比例/%	振型质量累积所占比例/%
1	1.00	3.46×10^7	37.97	37.97
2	0.00	2.32×10^2	0.00	37.97
3	0.16	8.61×10^5	0.95	38.92
4	−0.48	8.06×10^6	8.85	47.77
5	−0.18	1.14×10^6	1.25	49.02
6	0.00	2.63×10^1	0.00	49.02
7	0.68	1.59×10^7	17.44	66.46
8	0.03	2.30×10^4	0.03	66.48
9	−0.04	4.28×10^4	0.05	66.53
10	−0.15	7.77×10^5	0.85	67.38
11	−0.01	1.33×10^3	0.00	67.38
12	0.02	1.95×10^4	0.02	67.41
13	0.04	6.67×10^4	0.07	67.48
14	−0.07	1.80×10^5	0.20	67.68
15	−0.08	2.30×10^5	0.25	67.93
16	0.05	7.50×10^4	0.08	68.01
17	0.00	2.01×10^2	0.00	68.01
18	−0.21	1.55×10^6	1.70	69.71
19	−0.02	8.95×10^3	0.01	69.72
20	0.01	5.61×10^3	0.01	69.73
21	0.00	5.70×10^2	0.00	69.73

续表

阶数	归一化后的振型参与系数	各阶振型质量/kg	各阶振型质量所占比例/%	振型质量累积所占比例/%
22	0.55	1.04×10^{7}	11.43	81.16
23	−0.50	8.82×10^{6}	9.68	90.83
24	0.00	1.70×10^{2}	0.00	90.83
25	−0.02	1.46×10^{4}	0.02	90.85
26	0.05	1.04×10^{5}	0.11	90.96
27	−0.03	2.62×10^{4}	0.03	90.99
28	−0.21	1.50×10^{6}	1.65	92.64
29	−0.02	7.96×10^{3}	0.01	92.65
30	0.05	9.70×10^{4}	0.11	92.76
31	−0.04	5.39×10^{4}	0.06	92.82
32	0.00	7.58×10^{2}	0.00	92.82
33	0.10	3.72×10^{5}	0.41	93.23
34	0.00	3.93×10^{2}	0.00	93.23
35	−0.16	8.90×10^{5}	0.98	94.20
36	0.13	5.43×10^{5}	0.60	94.80
37	−0.03	2.47×10^{4}	0.03	94.83
38	0.04	5.08×10^{4}	0.06	94.88
39	0.01	1.53×10^{3}	0.00	94.88
40	−0.04	4.46×10^{4}	0.05	94.93
41	−0.15	7.39×10^{5}	0.81	95.74
42	−0.25	2.19×10^{6}	2.40	98.15
43	−0.10	3.57×10^{5}	0.39	98.54
44	−0.06	1.31×10^{5}	0.14	98.68
45	0.17	1.04×10^{6}	1.14	99.82
46	0.02	1.95×10^{4}	0.02	99.84
47	−0.06	1.11×10^{5}	0.12	99.96
48	0.01	3.16×10^{3}	0.00	99.97
49	0.00	8.96×10^{1}	0.00	99.97
50	−0.03	2.91×10^{4}	0.03	100.00

表 8.8.4　　中间典型进水塔段，竖直 Y 向的振型参与系数与振型质量
（竖直 Y 向的总振型质量为 8.46544×10^{7} kg）

阶数	归一化后的振型参与系数	各阶振型质量/kg	各阶振型质量所占比例/%	振型质量累积所占比例/%
1	0.00	7.74×10^{-3}	0.00	0.00
2	0.12	6.17×10^{5}	0.73	0.73
3	0.00	3.99	0.00	0.73
4	0.00	3.14	0.00	0.73
5	0.00	3.84	0.00	0.73

续表

阶数	归一化后的振型参与系数	各阶振型质量/kg	各阶振型质量所占比例/%	振型质量累积所占比例/%
6	−0.03	3.42×10^{4}	0.04	0.77
7	0.00	2.71×10^{2}	0.00	0.77
8	−0.02	2.02×10^{4}	0.02	0.79
9	−0.04	6.92×10^{4}	0.08	0.88
10	0.01	6.76×10^{2}	0.00	0.88
11	1.00	4.60×10^{7}	54.32	55.23
12	0.24	2.57×10^{6}	3.03	58.27
13	−0.58	1.51×10^{7}	17.89	76.16
14	−0.59	1.59×10^{7}	18.80	94.97
15	0.19	1.59×10^{6}	1.87	96.85
16	−0.01	6.35×10^{2}	0.00	96.85
17	0.04	6.00×10^{4}	0.07	96.92
18	0.00	6.22×10^{1}	0.00	96.92
19	−0.01	7.82×10^{2}	0.00	96.92
20	0.06	1.82×10^{5}	0.21	97.14
21	0.01	3.26×10^{3}	0.00	97.14
22	0.00	4.27×10^{-1}	0.00	97.14
23	0.00	3.76×10^{2}	0.00	97.14
24	0.01	8.62×10^{3}	0.01	97.15
25	0.17	1.34×10^{6}	1.59	98.74
26	−0.01	5.24×10^{3}	0.01	98.74
27	0.01	2.88×10^{3}	0.00	98.75
28	0.00	3.21×10^{2}	0.00	98.75
29	0.00	7.21×10^{1}	0.00	98.75
30	0.04	7.35×10^{4}	0.09	98.83
31	0.08	2.72×10^{5}	0.32	99.16
32	0.00	3.74	0.00	99.16
33	0.01	7.96×10^{3}	0.01	99.16
34	−0.06	1.88×10^{5}	0.22	99.39
35	−0.01	6.70×10^{3}	0.01	99.40
36	−0.01	7.30×10^{3}	0.01	99.40
37	0.01	4.12×10^{2}	0.00	99.40
38	0.02	1.86×10^{4}	0.02	99.43
39	−0.02	1.06×10^{4}	0.01	99.44
40	−0.07	2.35×10^{5}	0.28	99.72
41	0.01	4.63×10^{3}	0.01	99.72
42	0.01	8.02×10^{2}	0.00	99.72
43	−0.01	7.30×10^{2}	0.00	99.72
44	0.01	1.23×10^{3}	0.00	99.73
45	0.00	2.09×10^{1}	0.00	99.73
46	−0.01	3.86×10^{3}	0.00	99.73
47	−0.02	1.30×10^{4}	0.02	99.75
48	−0.01	8.64×10^{3}	0.01	99.76
49	−0.05	1.23×10^{5}	0.14	99.90
50	0.04	8.46×10^{4}	0.10	100.00

表 8.8.5　　中间典型进水塔段，顺流 Z 向的振型参与系数与振型质量

（顺流 Z 向的总振型质量为 1.68×10^{8} kg）

阶数	归一化后的振型参与系数	各阶振型质量 /kg	各阶振型质量所占比例 /%	振型质量累积所占比例 /%
1	0.00	1.15×10^{2}	0.00	0.00
2	1.00	8.89×10^{7}	52.92	52.90
3	0.00	2.97×10^{2}	0.00	52.90
4	0.00	4.65×10^{2}	0.00	52.90
5	0.00	3.40×10^{2}	0.00	52.90
6	0.02	2.11×10^{4}	0.01	52.91
7	−0.01	3.31×10^{3}	0.00	52.92
8	0.03	7.68×10^{4}	0.05	52.96
9	0.02	2.89×10^{4}	0.02	52.98
10	0.00	5.29×10^{2}	0.00	52.98
11	−0.56	2.79×10^{7}	16.59	69.56
12	−0.12	1.28×10^{6}	0.76	70.32
13	−0.26	6.04×10^{6}	3.59	73.91
14	−0.41	1.52×10^{7}	9.07	82.98
15	0.26	5.84×10^{6}	3.48	86.45
16	0.06	3.00×10^{5}	0.18	86.63
17	0.03	1.04×10^{5}	0.06	86.69
18	0.01	4.40×10^{3}	0.00	86.70
19	0.01	1.52×10^{4}	0.01	86.71
20	−0.38	1.25×10^{7}	7.46	94.17
21	−0.02	2.33×10^{4}	0.01	94.18
22	0.01	1.25×10^{4}	0.01	94.19
23	−0.01	1.71×10^{4}	0.01	94.20
24	0.01	5.97×10^{3}	0.00	94.20
25	0.21	3.89×10^{6}	2.31	96.51
26	−0.02	4.87×10^{4}	0.03	96.54
27	0.02	3.27×10^{4}	0.02	96.56
28	−0.02	2.17×10^{4}	0.01	96.57
29	0.00	3.44×10^{2}	0.00	96.57
30	0.02	3.23×10^{4}	0.02	96.59
31	0.22	4.29×10^{6}	2.56	99.15
32	−0.03	1.05×10^{5}	0.06	99.21
33	0.01	2.41×10^{3}	0.00	99.21
34	−0.04	1.15×10^{5}	0.07	99.28
35	−0.03	6.48×10^{4}	0.04	99.32

续表

阶数	归一化后的振型参与系数	各阶振型质量/kg	各阶振型质量所占比例/%	振型质量累积所占比例/%
36	−0.02	3.47×10^{4}	0.02	99.34
37	0.02	2.03×10^{4}	0.01	99.35
38	0.04	1.63×10^{5}	0.10	99.45
39	−0.03	8.48×10^{4}	0.05	99.50
40	−0.09	7.73×10^{5}	0.46	99.96
41	0.01	1.55×10^{4}	0.01	99.97
42	0.00	1.39×10^{3}	0.00	99.97
43	0.00	1.93×10^{2}	0.00	99.97
44	0.00	9.67×10^{1}	0.00	99.97
45	0.00	5.91×10^{1}	0.00	99.97
46	0.01	8.87×10^{3}	0.01	99.98
47	−0.01	2.64×10^{3}	0.00	99.98
48	−0.01	6.24×10^{3}	0.00	99.98
49	−0.01	1.45×10^{4}	0.01	99.99
50	0.01	1.82×10^{4}	0.01	100.00

进水塔在横流向、顺流向、竖向整体振动的第1阶自振频率分别为2.52Hz、3.32Hz、7.29Hz，对应的自振周期分别为0.397s、0.301s、0.137s，可见整体沿顺流向、横流向的自振周期在抗震设计反应谱最大值所在周期0.1～0.2s范围之外，而整体竖向振动周期落入0.1～0.2s范围内。因此，需要进行进一步的地震反应分析，以了解其地震响应水平。

8.9 静、动力叠加计算成果

8.9.1 进水塔整体位移

总体来看，该电站进水塔在考察工况静、动力荷载组合作用下，整体位移和变形量级较小，最大顺流向位移为7.6mm，最大横流向位移为4.2mm，都发生在塔体前上部和拦污栅框架中上部。本算例各塔体段之间设置了20mm的伸缩缝，根据计算的最大横向位移，地震发生时不会发生相邻塔体之间的碰撞。

8.9.2 进水塔结构应力

在静力及动力共同作用下进水塔各部位的应力分量见表8.9.1。结构的最薄弱构件为拦污栅框架与后部塔体之间的纵撑和横撑，特别是结构中上部的纵、横撑，分别沿顺流向、横流向都承受了较大的拉应力，有的已超过混凝土抗拉强度设计值。在其他方向，拉应力较小。另外，纵、横撑在与塔体和拦污栅栅墩接触面上的剪应力也较大，对于设计而言也是不可忽略的因素，需要重视。

相比于纵、横撑等结构薄弱部位，塔背、拦污栅栅墩、工作门及检修门槽、通气孔、喇叭口周边、底板混凝土在各方向的整体拉、压应力值都不高，有的只是在局部很小范围内应力值较大。例如，在孔洞周边、拐角等几何和刚度突变部位、材料突变部位（例如塔底混凝土与岩体接触部位）以及拦污栅框架纵横撑与后部塔身接触部位，都存在一定程度的应力集中现象，且高应力值大都分布在这些局部极小区域，混凝土结构大部分部位的应力都满足强度要求。

由此可以认为，通过在结构薄弱构件如纵横撑和孔洞周边、拐角等几何和刚度突变部位、材料突变部位（例如塔底混凝土与岩体接触部位）以及拦污栅框架纵横撑与后部塔身接触等部位进行适当的配筋或采取其他有利的工程措施后，进水塔的强度可以满足规范要求。

表 8.9.1　进水塔各部位的静动叠加最大应力分量　单位：MPa

部位	σ_x	σ_y	σ_z	τ_{xy}	τ_{yz}	τ_{xz}
塔背	1.792	1.550	2.076	1.118	1.180	0.921
门井	1.103	0.264	1.008	0.737	1.004	0.701
喇叭口上唇	1.242	0.322	1.624	0.911	0.688	0.808
底板	0.764	0.545	0.337	0.937	0.889	0.684
拦污栅栅墩	4.010	2.863	4.294	1.957	1.393	2.427
横撑	11.022	2.170	2.214	1.314	0.906	1.282
纵撑	2.918	1.181	7.184	1.572	1.076	2.174
斜撑	5.101	0.690	2.741	0.410	0.683	1.874
塔体胸墙	1.745	0.513	2.740	0.569	0.718	0.792

8.9.3　进水塔整体稳定性

从定性分析看，因相邻塔体段和两岸岩体的存在，进水塔不可能发生横流向的地震失稳；在顺流向，由于后侧岸坡岩体的支撑作用，也不可能发生进水塔倾向下游的地震失稳。该进水塔基础岩性优良，无深层软弱面，不存在深层滑动问题。因此，塔体沿建基面在顺流向背离岸坡方向的抗滑和抗倾覆稳定性需要校核。

抗滑稳定性核算：滑动力主要有地震惯性力和动水压力，其计算按振型分解反应谱法得到的地震加速度分布进行，而不采用规范拟静力法所给出的加速度分布。抗滑力主要有作用在底板上的抗剪断黏聚力和摩擦力。当塔体具有向上游滑动趋势时，塔背回填混凝土、插筋及岩体的拉力及摩擦力，作为安全储备可不考虑。$\sum P_R$ 为建基面上的切向作用之和，即总滑动力，它可由塔体底板底面的计算顺流向剪应力积分求和得出；$\sum W_R$ 为建基面上的全部法向作用之和，可由底板底面的计算竖向正应力积分求和得出。这些力的计算在 ANSYS 软件中通过 APDL 语言编程自动完成。

根据式（8.5.2），$\gamma_0\psi\sum P_R=66.2\text{MN}\leqslant\frac{1}{\gamma_d}\left(\frac{f'_{Rk}}{\gamma_{f'}}\sum W_R+\frac{c'_{Rk}}{\gamma_{c'}}A\right)=517.9\text{MN}$，可知抗滑稳定满足规范要求。

抗倾覆稳定性核算：塔体整体发生倾覆，意味着基础所受到的竖向应力局部存在着拉应力，也就是说底板出现提离，塔体与基岩之间存在局部脱空。对于进水口建筑物的抗倾覆稳定性计算，现行水电站进水口设计规范明确指出，若建基面不出现拉应力，则竖向合力的作用点位于建基面截面核心范围内，不存在倾覆失稳问题。对于岩石地基上独立布置的进水口，若出现了低于0.1MPa的拉应力，才需验算其抗倾覆稳定性。

从建基面岩石竖向应力分布来看，在整个底板面积范围内竖向应力均为压应力，并且最大值不超过地基允许承载力3MPa，进水塔与基础之间始终保持压应力接触，且不超过其地基承载能力，因此不可能发生向上游或下游的倾覆。由此可判断，本进水塔体的抗倾覆稳定性能够得到保证。

下面按式（8.5.3）对塔体的抗倾覆稳定性进一步核算。在式（8.5.3）中的$\sum M_0$表示总的倾覆力矩，$\sum M_s$表示总的抗倾覆力矩。倾覆力矩由扬压力、竖向向上地震惯性力和动水压力、水平顺流向地震惯性力和动水压力对底板前缘产生的力矩所构成。抗倾覆力矩由重力及塔内水重产生的相应力矩所构成。这些力矩计算在ANSYS软件中通过APDL语言编程自动完成。

经计算，$\gamma_0\psi\sum M_0=15334\text{MN}\cdot\text{m}\leqslant\frac{1}{\gamma_d}\sum M_s=17508.7\text{MN}\cdot\text{m}$，塔体整体满足抗倾覆稳定要求。

另外，也可将进水塔视为一刚体，按水工建筑物抗震设计规范给出的加速度动态分布系数计算地震惯性力，再依据极限平衡法进行进水塔整体抗滑，抗倾分析。以上结果说明，在不大于设防地震加速度0.21g的地震发生时，进水塔的整体抗震稳定性满足要求。

8.10 结论与建议

综上所述，可以认为该水电站进水口的结构设计在抗震强度、稳定性及地基承载力方面都满足相关规范要求，因此设计上是可行的、合理的，但要注意纵、横撑分别沿顺、横流向的受力配筋及其他应力集中部位的工程处理措施。需要指出的是，对高耸重要进水塔的抗震安全评价，还应进一步考虑时程法动力分析的结果。

迄今为止，国内外有关进水塔的震害资料较少，特别是对一些大中型的钢筋混凝土进水塔则更少。我国近年来历次中强地震中，也只有一些规模较小且多为砖石砌体结构的进水塔遭受震害的记录。在2008年5月12日汶川大地震后，接受调查的大中型水电站进水口中，进水塔、闸门启闭机房、排架系统等顶部结构震损较重，如图2.27所示。根据已有少量震害及我国进水塔工程抗震设计经验，对照其他部门类似的塔架结构抗震设计经验，参考规范和他人的研究经验，现归纳以下工程抗震措施可供设计参考。

（1）在进水塔结构形式的选择中，箱筒式结构多用于高水头、引泄大流量的工程，其刚度、抗侧移能力及承载能力均较大，整体性好，对抗震有利。框架式结构的连接点和支撑为抗震薄弱环节，应有足够的强度和刚度，以保证结构的整体性。

（2）进水塔塔身结构，在满足运行要求的前提下，应力求简单、对称，质量、刚度和强度的变化要平缓，以减少应力集中。沿塔高应适当设置有足够刚度的纵、横向支撑，在截面刚度突变处，宜加强支撑刚度。

（3）一般情况下，地震区的进水塔不宜采用砌体结构。现在大中型进水塔基本上已采取混凝土或钢筋混凝土结构，其抗震性能要好得多。

（4）塔体应修建在有足够承载能力的岩基上，并有适当埋置深度。

（5）对岸边式进水塔，应使塔体下部大体积部分尽量贴近岩体，并且填至适当高度，以增加下部顺水流向刚度和改善其在地震时的抗滑和抗倾覆稳定性。

为了保证（4）（5）两条，结合本算例，建议在浇筑塔身混凝土和回填混凝土时，要注意布置适当数量的连接插筋；同时，也应注意回填混凝土和岩体接触面上设置连接插筋，并采取回填灌浆、软弱层置换成混凝土等措施，以增强进水塔和回填混凝土及背侧岩体的整体性，对抗震安全有利。另外，高耸柔性进水塔的抗震安全同岩体边坡的抗震稳定性关系重大。设计中应同时注意加强周围岩体的整体性，可采用适当的喷锚支护。这些措施对于保证岩体边坡的稳定性具有重要意义。

（6）应减轻塔顶启闭机房重量。塔顶与交通桥连接部位及桥墩是抗震薄弱环节，汶川地震的进水塔震害也印证了这一点。应采取增加桥面塔顶搭接面积，能适应相对变位的柔性连接等措施，并加强桥墩的抗震能力。

（7）排列成行相互连接的进水塔群可增加横向刚度，对抗震有利。

（8）对 1 级、2 级进水塔，应设置事故闸门。进口门槽顶部应设置不影响通风的挡板，防止地震时零星碎物掉入门槽影响闸门启闭。

第9章 典型地下结构——隧洞的抗震计算

水工隧洞及地下结构的抗震计算，我国现行 DL 5073—2000《水工建筑物抗震设计规范》和 GB 50267—1997《核电厂抗震设计规范》都给出了拟静力简化公式，其中新修订的核电厂抗震设计规范还给出了地下结构抗震分析的反应位移法和反应加速度法。本书不对这些公式、方法和理论进行详细介绍，感兴趣的读者可自行查阅。

为了说明初始地应力、施工开挖及支护顺序等因素的影响，本章以某一典型地下水工建筑物——取水隧洞为例，阐述依据现行核电厂抗震设计规范的有关原则规定，从隧洞设计与抗震计算概述、计算方法与力学模型、边界条件、计算成果与评价等方面，介绍基于有限差分法在给定地震动参数下进行非线性动力时程分析的基本过程。这是与第 8 章进行线弹性分析的不同之处。

9.1 水工隧洞设计概述

据 NB/T 25002—2011《核电厂海工构筑物设计规范》，核电厂取排水隧洞属于水工隧洞，是一类重要的海工构筑物。

一般按安全等级可将核电厂海工构筑物划分为两大类，即安全级（SC）类和非安全级（NC）类。对核电厂安全级设备起保护作用的物项及与最终热阱相关的安全重要物项，被划定为安全级（SC）；除安全级以外的海工构筑物，则被划定为非安全级（NC）。其中，在非安全级构筑物中，对于可能对核电厂安全产生影响的，但其失效不会引发对厂区人员或公众受照射超过规定限值的，一般划定为非安全级安全重要 NC（S）物项。对引水隧洞来说，含重要厂用水的取排水隧洞被划定为安全级（SC）类物项，而无重要厂用水的取排水隧洞则被划分为非安全级（NC）类物项。所谓最终热阱，指即使所有其他的排热手段已经丧失或不足以排出热量时，总是能够接受核动力厂所排出余热的一种介质，例如大气。

我国核电厂大多建在沿海，核电机组多以压水堆机型为主流，因此一般采用海水作为循环冷却水水源。电厂的安全用水及循环冷却水一般经引水明渠、进口构筑物、取水隧洞及出口构筑物被引至泵房前池。下面以取水隧洞建筑物为例，简要介绍结构设计和计算方面的有关问题。

隧洞工程的设计同地形、地质条件有密切关系。在取得正确勘测资料的基础上，拟定隧洞的平面布置路线及纵剖面布置，并选择隧洞的横断面形式。隧洞的横断面形状应根据隧洞的用途，水力学、工程地质与水文地质、衬砌工作条件及地应力情况、施工方法等因素，通过技术经济分析确定。常用的水工隧洞横断面形状如下：

（1）圆形断面。多用于有压隧洞，适用于各种地质条件，最适合用于掘进机或盾构法开挖，水力特性最佳。在内外水压力作用下，受力条件最好，不易产生受力集中，计算简单。缺点是衬砌施工不便以及圆弧形底板不适宜钻爆法开挖的交通运输。圆形断面的钻爆开挖和衬砌施工都不及城门洞形方便。

(2) 城门洞形（方圆形或直墙圆拱形）断面。多用于明流无压隧洞或内水压力不大的有压隧洞，适用于无侧向山岩压力或侧向山岩压力很小的地质条件。断面的高宽比一般为1.0～1.5，该断面形式便于钻爆法施工开挖。

(3) 马蹄形断面。适用于不良地质条件及侧压力较大的围岩条件，过水能力仅次于圆形断面，较适于钻爆法施工。

(4) 高拱形（蛋形）。当地质条件较差，垂直及侧向山岩压力均较大时，对于无压隧洞可考虑采用蛋形断面，使衬砌基本上成为受压结构，达到不配筋或少配筋的目的。

(5) 矩形断面。多半是为适应孔口闸门的需要而采用，例如进口闸门渐变段，常由矩形断面渐变为圆形或其他形状。矩形断面水流条件和受力条件都不如其他断面形状。

隧洞的断面形状对过水能力有一定影响，但是在选择断面形状时并不主要决定于过水能力。在核电厂中，取水隧洞优先考虑圆形断面。在围岩稳定性较好，内、外水压力不大时，可采用便于施工的其他断面形状。

隧洞围岩开挖后，破坏了原来岩体内的应力平衡，引起应力重分布，导致围岩产生变形甚至失稳。为此，常需设置初期支护和二次衬砌，与部分围岩一起共同承担岩石压力和水压力等各种可能荷载。因此，选择支护（衬砌）的类型和材料对于隧洞的结构设计具有重要的意义。

超前支护是保证安全进洞，进洞后保证安全出洞所需的支护，又叫预支护，对保证工作人员的安全尤其重要。超前支护包括超前大管棚、超前小导管和超前锚杆等。

初期支护形式应根据工程地质、水文地质、断面大小、施工方法等，通过分析计算或工程类比来确定。初期支护包括喷射混凝土、系统锚杆、锁脚锚杆、钢拱架、钢筋网等。

除了超前支护和初期支护外，一般水工隧洞还需进行二次衬砌。二次衬砌形式应综合考虑断面形状和尺寸、运行条件及内水压力、围岩条件（覆盖厚度、围岩分类、承担内水压力能力、地下水分布及连通情况、地质构造及影响程度）、防渗要求、支护效果、施工方法等因素，经过技术经济比较确定。需要衬砌的隧洞，可以沿隧洞长度选择一种或数种不同形式的衬砌，但不宜过多过密。

核电厂取水隧洞多建于海边而取用海水，一般围岩风化程度较重，地质条件较差，因此常选用喷锚支护与钢筋混凝土衬砌相结合，并采用超前小导管、管棚、钢筋网、钢拱架、回填灌浆、固结灌浆等措施。最近，也有采用盾构管片衬砌隧洞的实例。

核电厂取水隧洞建筑物按 1 级水工建筑物设计，设计使用年限不少于 60 年，结构设计按 DL/T 5195《水工隧洞设计规范》和 SL 279—2002《水工隧洞设计规范》的有关规定执行，考虑持久、短暂和偶然 3 种设计状况。

9.2 隧洞抗震计算概述

根据 GB 50267—1997《核电厂抗震设计规范》及 NB/T 25002—2011《核电厂海工构筑物设计规范》的要求，为确保地震作用下核电厂取水隧洞的安全，需要进行抗震设计。

按抗震类别可将核电厂中的取排水隧洞划分为3类，即抗震Ⅰ类、抗震Ⅱ类和非核抗震类。各类隧洞的抗震设计应采用下列抗震设防标准：

1）安全级（SC）类隧洞为抗震Ⅰ类。抗震Ⅰ类隧洞应同时采用运行安全地震动（Operational safety ground motion）SL－1和极限安全地震动（Ultimate safety ground motion）SL－2设计，并保证在地震发生时和地震后能执行安全功能。运行安全地震动是指震后核电厂能正常运行的地震动，在设计基准期中年超越概率为0.2%，其峰值加速度不小于0.075g；极限安全地震动是指核电厂区可能遭遇的最大地震动，在设计基准期中年超越概率为0.01%，其峰值加速度不小于0.15g。

2）非安全级NC（S）类隧洞。应根据其功能重要性，以及破坏后危害的严重性区分为抗震Ⅰ类或抗震Ⅱ类。抗震Ⅱ类物项按SL－1级地震进行设计。

3）非安全级（NC）类隧洞为非核抗震类。按一般水工隧洞处理，依照水工建筑物抗震设计规范进行设计，按当地抗震设防烈度提高1度设防。

进口、出口构筑物应与隧洞主体结构的抗震设防标准相一致。

核电厂取水隧洞建筑物的抗震设计状况是：当遭受SL－1地震作用时，应按承载能力极限状态和正常使用极限状态设计；当遭受SL－2地震作用时，应按承载能力极限状态设计。抗震Ⅰ、Ⅱ类钢筋混凝土海工构筑物，应验算地震状况下的裂缝宽度。此时各种作用分项系数均应取1.0，最大裂缝宽度不应超过0.3mm。

对于抗震Ⅰ类和抗震Ⅱ类取水隧洞，需要采用动力法进行抗震计算。计算时，采用试验方法测定岩土材料动力变形和强度参数，并按材料的非线性应力-应变关系计算隧洞地震前的初始应力状态。

9.3 隧洞及地下工程的设计计算

随着科学技术的提高，人们认识到地下结构是由周边围岩和支护结构两者共同组成并相互作用的结构体系，即地下结构＝支护结构＋围岩。周边围岩有两个作用：①作为作用在结构上的荷载，如山岩压力；②作为结构的一部分。

9.3.1 计算方法

隧洞及地下工程的设计计算方法主要有结构力学方法和岩石力学方法。

（1）基于结构力学的方法（载荷-结构模型）。传统的结构力学模型是将支护结构和围岩分开来考虑，支护结构是承载主体，围岩作为荷载的来源和支护结构的弹性支承，这种模型称为载荷-结构模型。该模型主要适用于围岩因过分变形而发生松弛崩塌，支护结构主动承担围岩松动压力的情况，按此模型设计的隧洞支护结构偏于保守。

对围岩与支护结构相互作用的处理上有以下两种模式：

1）主动载荷模式：不考虑围岩与支护结构的相互作用，支护结构在主动荷载作用下可以自由变形，和地面结构的计算原理没有什么不同。这类模型主要适用于围岩相对于支护结构的刚度较小的情况，软弱的围岩没有能力去约束刚性衬砌的变形。

2）主动载荷＋围岩弹性约束模式：认为围岩不仅对支护结构施加主动载荷，而且由于围岩与支护结构的相互作用，还对支护结构施加被动的弹性抗力。这种模型几乎能适用于所有的围岩类型，只不过各类围岩所产生的弹性抗力大小和范围不同。

（2）基于岩石力学的数值计算方法。对于几何形状、围岩初始应力状态和地质条件都比较复杂的地下工程，一般需要采用数值计算方法，尤其是需要考虑围岩各种非线性特征、施工过程及支护措施对隧洞围岩稳定性影响时，采用岩石力学方法无疑是有利和更接近实际的。

岩石力学方法将支护结构和围岩视为一体，作为共同承载的隧洞结构体系，即围岩-结构模型或复合整体模型。在这个模型中，围岩是直接的承载单元，支护结构只是用来约束和限制围岩的变形，这与前述模型正好相反。在这种模型中有些问题可以使用解析方法求解或用收敛-约束法图解，但绝大部分的问题因数学上的困难必须依赖数值分析方法。

隧洞的结构计算是一项比较困难的课题，地层岩土介质与隧洞结构相互作用过程相当复杂。只有那些具有规则几何形状和理想的材料特性，且载荷形式与边界条件是简单的线弹性体系，才能得到较为精确的解答。但是，对于非线性岩体内的连续或不连续介质和任意外形的隧洞结构，以及地下结构的动力分析，其力学计算必须借助于近似的数值计算方法。

用于隧洞开挖、支护过程的数值分析方法主要有有限元法、有限差分法、离散元法等。

以上数值方法都可考虑岩土介质的非均匀性、各向异性、非连续性和材料与几何非线性等，且能适用于各种实际的边界条件。本算例介绍一种基于连续介质力学的有限差分法进行地下隧洞结构的抗震计算。

基于拉格朗日有限差分法的 $\mathrm{FLAC^{3D}}$（Fast Lagrangian Analysis of Continuum）软件，首先由 Cundall 在 20 世纪 80 年代提出并将其程序化、实用化。该方法适合模拟地质材料在达到强度极限或屈服极限时发生塑性流动和破坏的力学行为，适合模拟岩土体的大变形、失稳、动力、流变、支护、加固、建造及开挖等工程问题，与此同时还可以模拟渗流场和温度场对岩土工程的影响。

由于有限差分法无需像有限单元法一样形成总体刚度矩阵，可在每个时步通过更新节点坐标的方式将位移增量加到节点坐标上，以材料网格的移动和变形模拟大变形。这种处理方式称之为“拉格朗日算法”，即：在每步计算过程中，本构方程仍是小变形理论模式，但在经过许多步计算后，网格移动和变形结果等价于大变形模式。

用运动方程求解静力问题，还必须采取力学衰减方法来获得非惯性静态或准静态解。通常采用动力松弛法，在概念上等价于在每个节点上联结一个固定的黏性阻尼器，施加的衰减力大小与节点速度成正比。

9.3.2　力学模型

（1）初期支护。对于隧洞及地下工程衬砌结构的设计，应采用基于岩石力学方法的围岩-结构模型进行内力和变形分析，同时可得出围岩开挖后的应力状态、塑性区大小及洞周变形等，从而可判断初期支护参数的选择是否合理、围岩开挖后洞室是否稳定，以确保隧洞及地下工程施工的安全实施。初期支护参数包括锚杆的数量、大小和长度，“工”字形钢拱架（钢支撑）的腹板高度值及间距，钢筋网的大小和间距，喷射混凝土的厚度等。

（2）二次衬砌。二次衬砌也称为模筑混凝土或永久衬砌，是维护隧洞正常运行和保证隧洞安全的结构。在设计二次衬砌过程中，可采用结构力学方法的载荷-结构模型进行内力和变形分析，从而验算二次衬砌混凝土的标号、厚度和钢筋的配置数量以及二次轮廓线是否合理等，也可考虑围岩作用，按围岩-衬砌联合承载模型进行结构计算。

9.3.3 动力分析

隧洞及地下工程的动力分析较静力分析更为复杂，主要考虑动态荷载、边界条件、力学阻尼、波在介质中的传播4个关键方面。

在动力分析中，动力荷载可以是加速度时程、速度时程、应力（或压力）时程及力时程。动荷载可以加在模型的边界上，也可以加在模型内部的节点上。

数值方法总是用有限的区域来模拟无限或半无限区域，因此，比较关键的工作就是如何处理好边界条件，使之最大限度地趋近于实际。FLAC^{3D}提供的动力人工边界主要为黏性边界。另外，阻尼的选择也是很重要的。在FLAC^{3D}动力学分析中，主要有瑞雷阻尼、局部阻尼及黏滞阻尼等。在实际模拟中，它们有各自的优缺点。

9.4 工 程 实 例

9.4.1 隧洞结构设计简介

某核电厂二期工程两条平行取水隧洞采用圆形断面，内径为5.5m，按单机单洞平行布置，两洞中心间距最小为29.20m，埋深约18～27m，洞长均约1300m，进口段剖面图如图9.4.1所示。

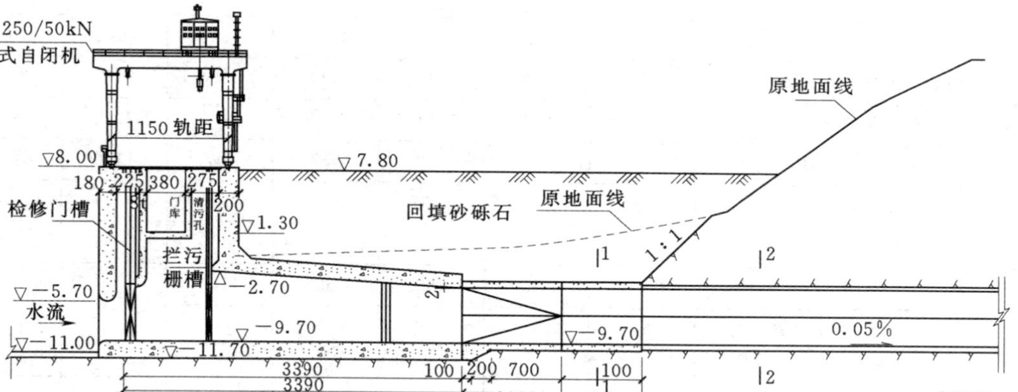

图9.4.1 取水建筑物及取水隧洞进口段剖面图

取水隧洞区域地形平坦开阔，地势总体较平缓，为构造～剥蚀地貌，无断层、滑坡、崩塌、泥石流等不良地质作用；岩性以花岗岩为主，并包含较多的片麻岩捕虏体；围岩以强风化岩体为主，中等风化岩次之，少量微风化；以Ⅴ类为主，少部分Ⅳ类。Ⅴ类围岩极不稳定，围岩不能自稳，变形破坏严重；Ⅳ类围岩不稳定，围岩自稳时间很短，规模较大的各种变形和破坏都可能发生。工程区岩土体物理力学设计参数建议值见表9.4.1。

取水隧洞区域地下水类型为松散介质孔隙水，接受大气降雨补给，具有自由潜水水面，隧洞全线处于地下水位以下。取水隧洞区域中等风化岩体主要为微～弱透水体，强风化花岗岩体渗透系数为 10^{-5}～10^{-4}cm/s 级，为弱～中等透水岩体。工程区环境类型属Ⅲ类，地下水对混凝土结构的腐蚀等级为微弱。

地应力测试表明，取水隧洞围岩水平地应力 σ_H 约为 2.0MPa、σ_h 约为 1.9MPa、竖向地应力 σ_Z 约为 1.6MPa，3 个方向上的地应力值比较接近。

表 9.4.1　　取水隧洞岩土体物理力学设计参数建议值

项目	工程岩土体						
	人工堆积层	强风化花岗岩	强风化片麻岩	中风化花岗岩	中风化片麻岩	微风化花岗岩	微风化片麻岩
重度/(kN/m³)	18	23.3	23.0	25.0	26.5	25.8	28.8
饱和单轴抗压强度/MPa	—	9	7	26	11	85	54
抗拉强度/MPa	—	—	—	2.32	1.86	3.14	4.75
岩体内聚力 C/kPa	0	100	80	800	700	1800	1300
岩体内摩擦系数 f	0.37	0.57	0.50	0.90	0.70	1.28	1.00
弹性模量/GPa	—	1.25	1.00	8.00	7.00	20.00	15.00
变形模量/GPa	—	1.00	0.80	6.80	5.00	15.00	12.00
泊松比 υ	—	0.32	0.35	0.26	0.30	0.22	0.24
弹性抗力系数/(MN/m³)	—	557	330	1908	925	3692	3692
岩石坚固性系数 f	—	1	0.6	4	2.5	9	9
压缩波波速 c_p/(m/s)	—	2212	2207	3344	2945	4208	4000
剪切波波速 c_s/(m/s)	—	968	916	1503	1394	2068	2000
动弹模量 E_dGPa	—	6.4	5.1	15.5	12.6	29.0	29.0
动剪模量 G_d/GPa	—	2.4	1.9	5.7	4.7	11.0	11.0
动泊松比 υ_d	—	0.37	0.37	0.35	0.35	0.34	0.34
阻尼比 ζ/%	—	20.0～22.0	21.0～23.0	6.5～7.8	8.7～9.9	4.0～6.5	4.0～6.5
承载力特征值 f_a/kPa	—	630	490	2600	1100	—	—
混凝土/基岩抗剪断系数 黏聚力 c'/kPa	—	100	80	800	700	—	—
混凝土/基岩抗剪断系数 摩擦系数 f'	—	0.57	0.50	0.90	0.70	—	—

隧洞开挖可采用掘进机或钻爆法，首先考虑钻爆法。隧洞围岩以强风化Ⅴ类围岩为主，初期支护主要采用喷锚支护形式，所喷的钢纤维混凝土，强度等级 C25，钢纤维采用冷拉型，抗拉强度大于 1000MPa。

隧洞的初期支护，根据不同的围岩条件，不同断面尺寸等分段采用不同的支护参数。初期支护分成Ⅰ、Ⅱ、Ⅲ共 3 种类型，分别对应Ⅴ类围岩一般洞段、隧洞进口段、观景台下洞段。支护参数的选取可依据 DL/T 5195《水工隧洞设计规范》、GB 50086—2001《锚杆喷射混凝土支护技术规范》等相关规范，并结合工程类比来确定。例如进口洞段的初期支护参数详见表 9.4.2 和图 9.4.2。

为保证隧洞的长期稳定性和耐久性，同时降低糙率，保证隧洞的过流能力，取水隧洞采用钢筋混凝土衬砌作为二次支护，混凝土强度等级为 C35，衬砌厚度 0.8m。

取水隧洞全洞段进行了回填灌浆，范围在隧洞顶拱中心角 120°以内，灌浆压力 0.3MPa。全洞段、全断面也进行了固结灌浆，灌浆压力 0.5MPa。

表 9.4.2　　取水隧洞进口洞段初期支护参数表

初期支护类型	支护方式及参数
支护类型Ⅰ（隧洞进口段，Ⅴ类围岩）	1. 2m 长 C35 混凝土套拱； 2. I_{18a}型钢钢拱架，纵向间距 0.75m，钢拱架脚部每边各设 2 根 ϕ25mm，$L=3.5$m 的 B 型锁脚锚杆，间距 60cm，排距 0.75m； 3. 25 根 ϕ89 管棚钢管布置在拱顶 150°范围内，环向间距 0.4m，长度 15m，钢管外插角 1°； 4. 系统锚杆采用 ϕ25mm，$L=4.5$m 的 A 型锚杆，环向间距为 1.0m，纵向间距 0.75m； 5. 喷 C25 钢纤维混凝土，厚 24cm，钢纤维含量 40kg/m³。 6. 洞底采用 C25 混凝土进行回填，厚 20cm

注　A 型锚杆：全长黏结型砂浆锚杆，杆体直径 25mm，二级钢，长 4.5m；B 型锚杆：速凝水泥卷张拉锚杆，杆体直径 25mm，二级钢，长 3.5m，锚杆尾部带垫板和螺母，垫板尺寸为 15cm×15cm×1.6cm。其中，A 型锚杆的砂浆可根据需要添加早强剂等，提高砂浆早期强度，尽快发挥锚杆作用。

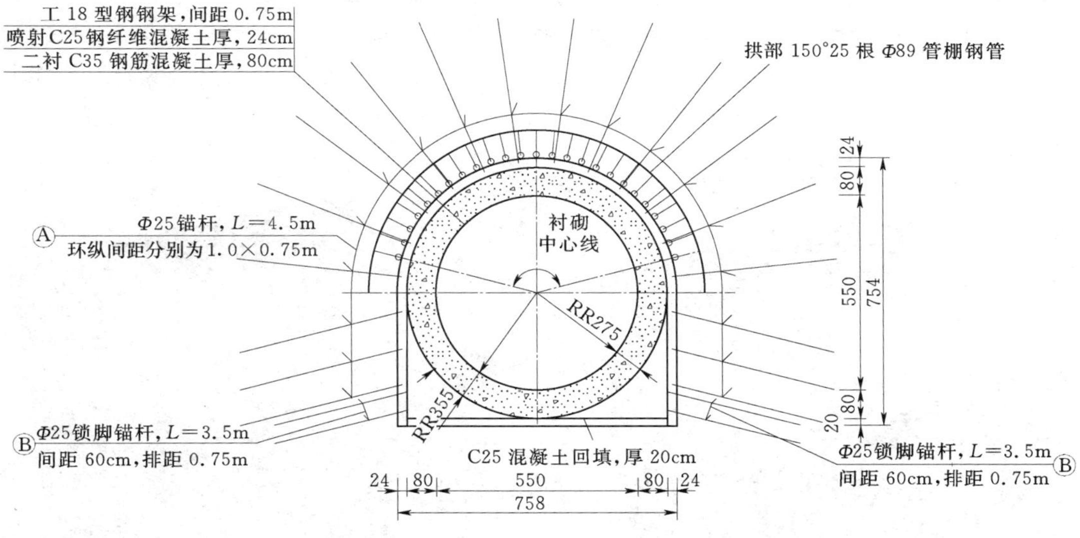

图 9.4.2　进口段隧洞施工支护示意图

9.4.2　隧洞抗震计算

本取水隧洞属核安全级 SC 类构筑物，抗震Ⅰ类物项。根据 GB 50267—1997《核电厂抗震设计规范》，要求采用动力法进行抗震计算。本例采用基于岩石力学方法的围岩-结构模型进行静、动力分析，计算的主要目的是通过数值模拟方法研究隧洞的静力变形、衬砌内力，以及在 SL－1 和 SL－2 两级地震动力作用下内力和变形的变化，为隧洞支护及衬砌结构设计提供依据。

9.4.2.1　计算软件与原理

计算采用岩土工程专业软件 FLAC^{3D}。

（1）建立模型，确保模型的网格、材料性质等满足地震波传播的要求。GB 50267—1997《核电厂抗震设计规范》推荐模型的单元高度按式（9.4.1）选定

$$h=\phi\frac{c_S}{f_{\max}} \tag{9.4.1}$$

式中：c_S 为岩土体的最低剪切波速；$f_{\max}$ 为地震动的最高频率；ϕ 为介于 1/3～1/12 之间的系数。

核电厂抗震设计中关心的频率范围为［0.2Hz，33.0Hz］。对于地下空间与结构，由于其受到周围岩土介质的约束作用较强，对于地下结构的动力分析，上限频率可取 $f_{\max}=15$Hz 或更低。另外，也可根据地震波频谱的主要频率成分来选择上限频率。本取水隧洞强风化花岗岩剪切波速最低为 900m/s（中风化和微风化花岗岩剪切波速大于 900m/s），要求的单元尺寸 $h=5.0\sim20.0$m。

取水隧洞进口段计算模型如图 9.4.3 所示。图 9.4.4～图 9.4.7 图示了初期支护及二次支护所采用的单元。采用六面体实体单元模拟喷射混凝土层、二次衬砌及围岩，不考虑掺杂的钢纤维及衬砌钢筋作用；采用锚杆 Cable 单元模拟系统锚杆及锁脚锚杆；采用梁 Beam 单元构件模拟钢拱架。各单元的详细介绍参见 FLAC^{3D}软件理论手册。

为保证计算精度，沿二次衬砌厚度方向划分了 4 层实体单元。注意，采用 FLAC^{3D}中提供的 Shell 单元进行模拟，可能会造成较大的误差，因为该单元只能模拟薄壳，不能考虑二衬沿厚度方向的剪切刚度影响（壳单元厚度与曲率半径之比为 0.8/5.5=0.1455，远大于通常区分薄壳与中厚壳的临界值 0.05）。

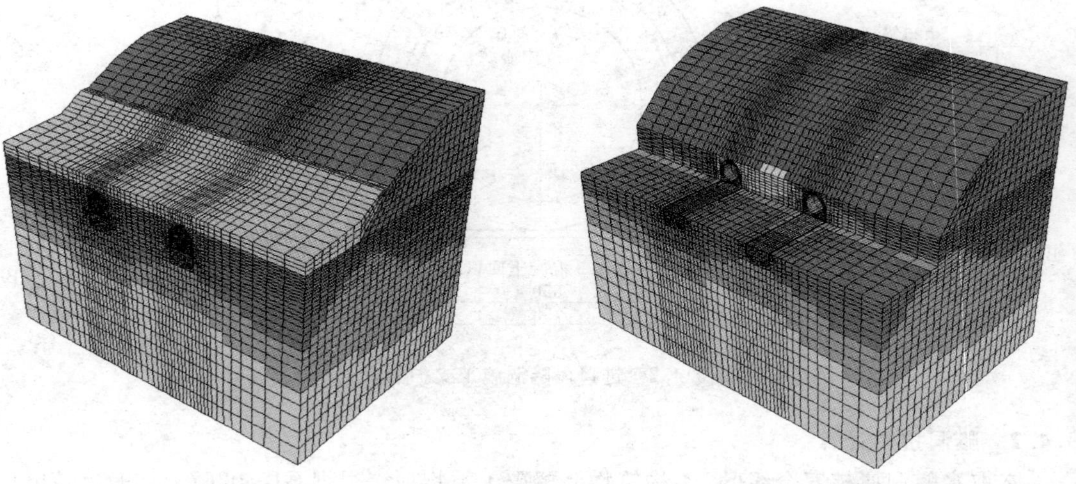

（a）削坡前　　　　（b）削坡及开挖支护后

图 9.4.3　取水隧洞进口段计算模型

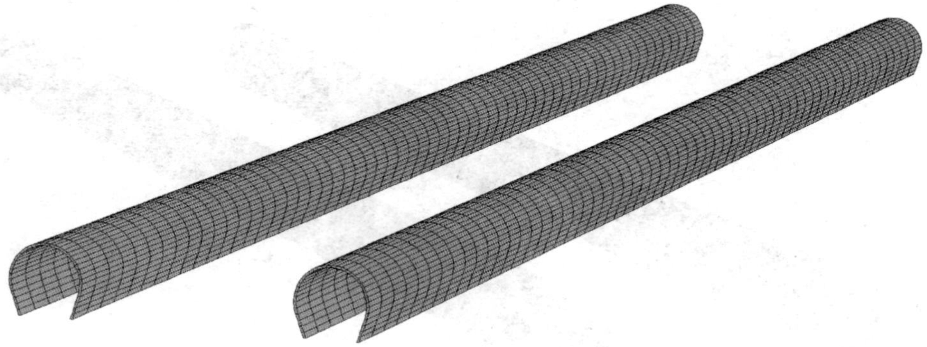

图 9.4.4 初期支护——喷射混凝土

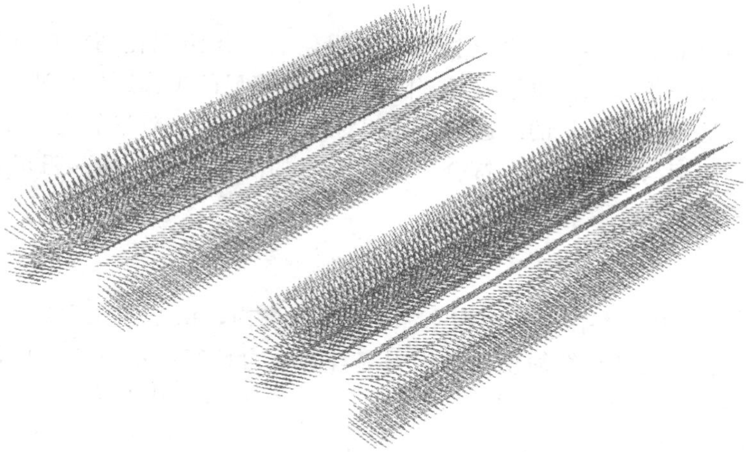

图 9.4.5 初期支护——系统锚杆及锁脚锚杆

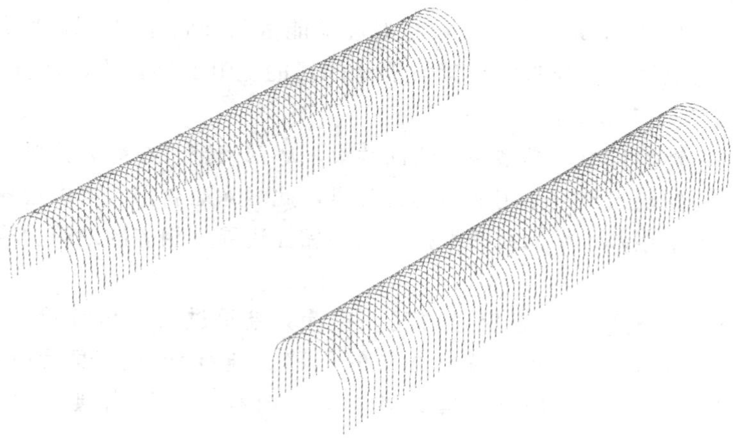

图 9.4.6 初期支护——钢拱架

图 9.4.7　二次支护——混凝土衬砌

（2）力学阻尼的选用。由于勘察报告没有提供岩土体阻尼比随剪应变幅值的变化关系，因此本例计算采用了瑞雷阻尼或局部阻尼。局部阻尼的工作原理是通过增加或减小单元节点的质量而达到阻尼的目的。这种阻尼相对于常用的瑞雷阻尼的优点在于其计算速度相对较快，而且阻尼与频率无关，符合岩土体介质的阻尼特性。局部阻尼的阻尼系数 α_L 与阻尼比 ζ 的关系为

$$\alpha_L = \pi\zeta \tag{9.4.2}$$

由表 9.4.1，岩体材料阻尼比 ζ 在 4%～23%范围内，由于本取水隧洞主要位于强风化及中风化岩体内，为使计算简便及结果保守计，动力计算时阻尼比 ζ 按最小 4%取值。将 ζ 代入式（9.4.2）便可得局部阻尼系数 α_L。关于局部阻尼的进一步介绍可参见 $FLAC^{3D}$软件理论手册。

（3）施加人工边界和地震作用等效荷载。在动力问题中，模型边界上会存在波的反射，对结果产生影响。把模型范围设置越大，其影响越小，但较大的模型会导致巨大的计算负担。$FLAC^{3D}$中提供了黏性边界以模拟对波动能量的吸收作用，即通过在模型的法向和切向分别设置阻尼器来实现吸收反射波能量的目的。阻尼器提供的法向应力 σ_n 和切向应力 σ_s 的计算表达式见 6.3 节。

静力分析时，地表自由，模型四周法向约束，底部固定。在静力分析并达到平衡的基础上，进行一致均匀输入地震作用下的动力分析，此时除地表仍为自由边界外，模型四周侧边界及底部边界采用基于平面波假设推导出的黏性边界，相应的地震动输入方法和思路见 6.3 节内容。

（4）监控并记录模型的动态反应情况，对计算结果进行分析评价。设置典型监测断面及监测点、监测构件，可记录三方向的位移、速度和加速度反应时程，以及施工支护与永久支护的内力（轴力、剪力和弯矩）时程，并给出典型时刻的围岩塑性区分布。

9.4.2.2　计算参数

（1）地震动参数。由针对该工程场地进行的地震安全性评价报告可知，对应零周期的

场地基岩地表 SL－2 级极限安全水平地震动参数取值为 0.2g，竖向地震加速度最大幅值取水平向的 2/3；对于 SL－1 级地震动，水平和竖向地震动加速度幅值分别为 0.10g、0.067g。

地震安全性评价报告提供了两组地震动时程，作为抗震分析与设计所需的输入：①厂址特定时程；②基于美国原子能委员会规程 RG1.60 标准反应谱生成的人工地震动时程。

根据计算对比分析，RG1.60 波作用下的衬砌内力比输入场址波情况要大，故以下仅介绍按 RG1.60 波进行动力计算的计算结果。

由 RG1.60 水平标准反应谱生成的 5%阻尼比人工地震波，经幅值调整（以 0.2g 为最大值）、基线校正与滤波等操作后的加速度波形如图 9.4.8～图 9.4.10 所示。本计算允许 0.1～15Hz 的频率成分通过。两个水平分量分别记为 RG1.60_h1、RG1.60_h2，竖向分量记为 RG1.60_v。时程时间步长为 0.01s，总点数为 2800，总持时为 28.0s。加速度经积分后可得相应的速度和位移时程。

以水平地震动加速度分量 RG1.60_h1 为例，其功率谱分布如图 9.4.11 所示，可见地震波的主要能量集中在低于 15Hz 的频率范围内。

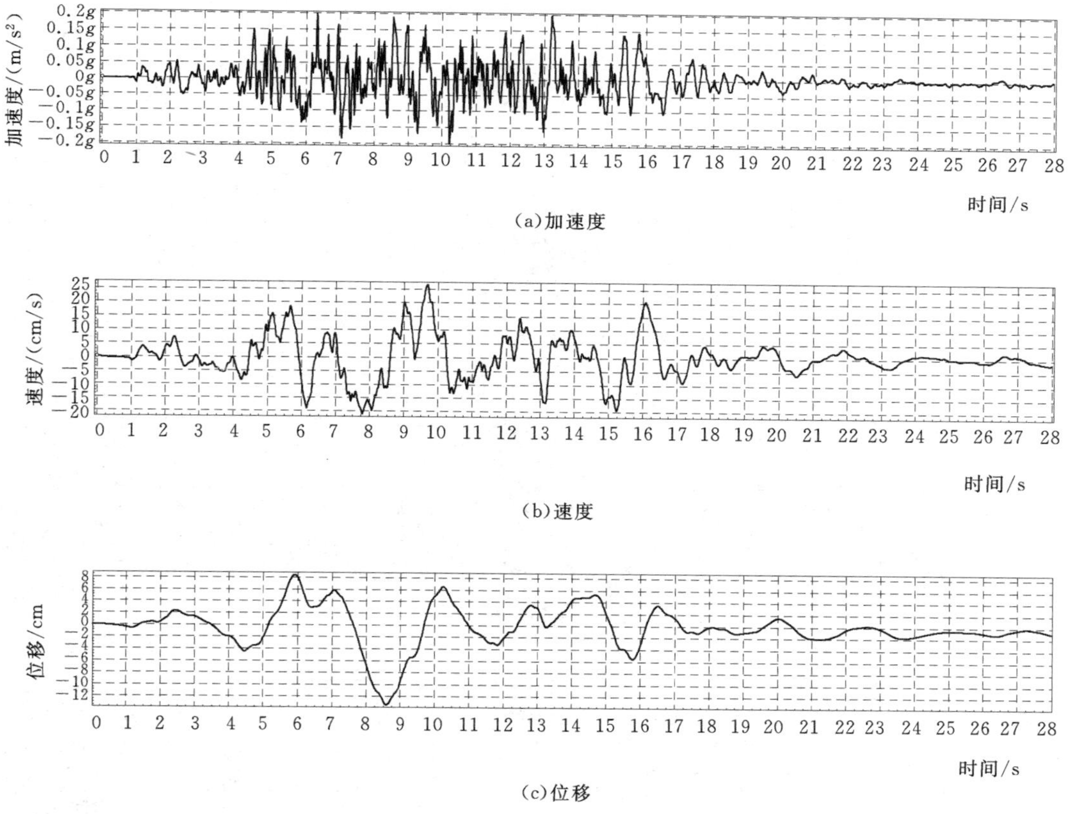

图 9.4.8 RG1.60 地震波水平分量 RG1.60_h1

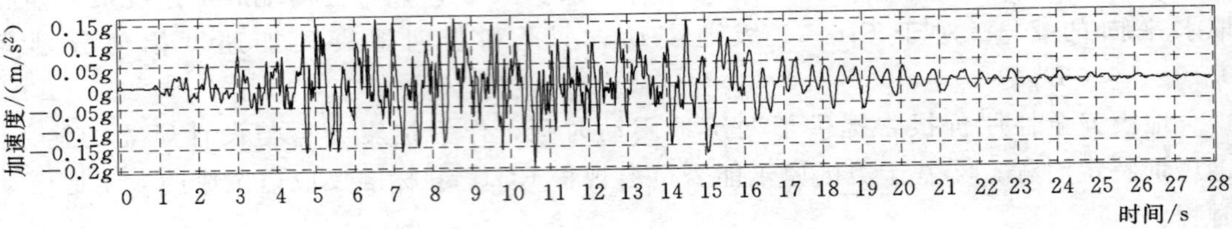

(a)加速度

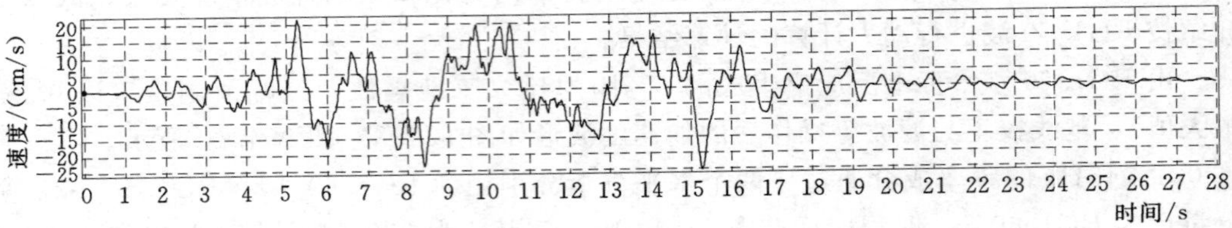

(b)速度

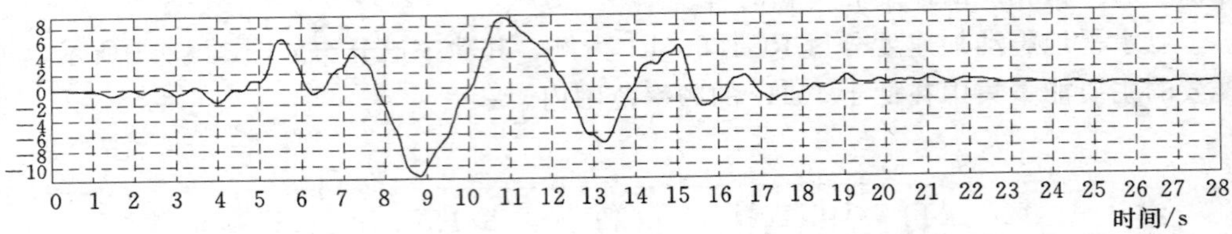

(c)位移

图 9.4.9　RG1.60 地震波水平分量 RG1.60_h2

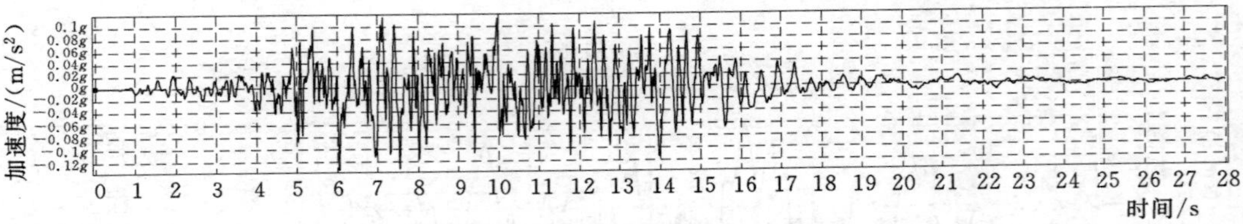

(a)加速度

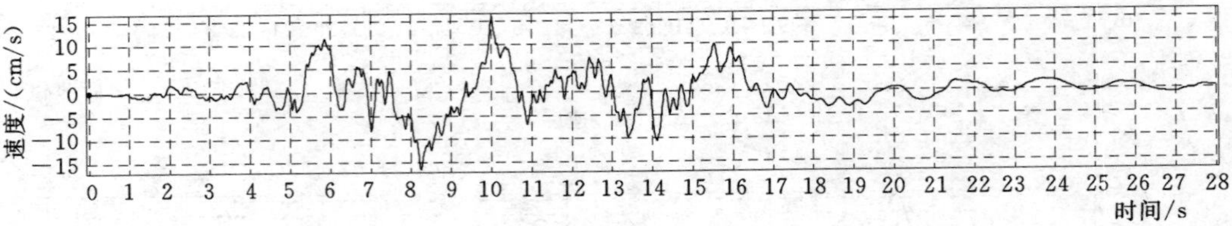

(b)速度

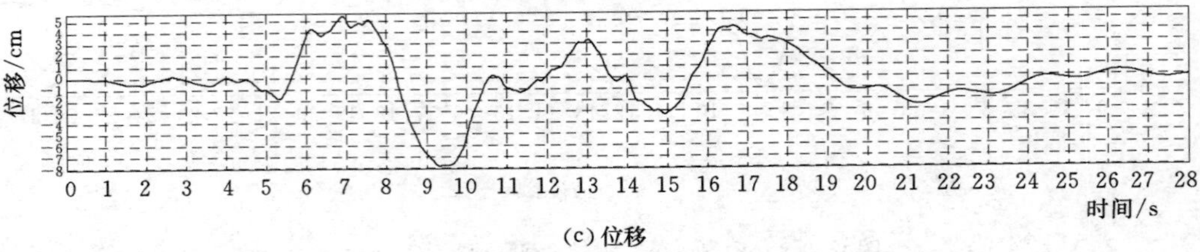

(c)位移

图 9.4.10　RG1.60 地震波竖向分量 RG1.60_v

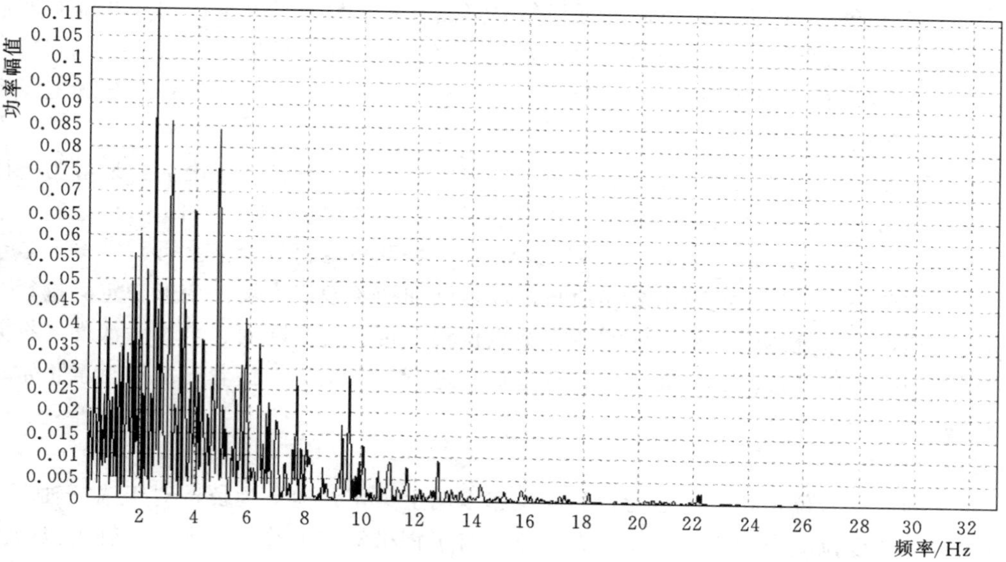

图 9.4.11 RG1.60 地震波水平加速度分量 RG1.60_h1 的功率谱

（2）材料参数。计算中隧洞围岩的材料力学参数按照表 9.4.1 选用。隧洞初期支护的喷射混凝土强度等级为 C25，依据 GB 50086—2001《锚杆喷射混凝土支护技术规范》，静弹性模量取 23GPa；二次衬混凝土强度等级为 C35，依据 DL/T 5195—2004《水工隧洞设计规范》，混凝土静弹性模量取 31.5GPa。混凝土的动弹模及动强度比静态值扩大 30%，泊松比不变。有关物理力学参数见表 9.4.3。

表 9.4.3 **混凝土及钢材料参数**

部　　位	强度等级	弹模 /GPa	重度 /(kN/m³)	泊松比	抗拉强度标准值 /MPa	抗拉强度设计值 /MPa
初支喷射混凝土	C25	23.0	22	0.167	1.75	1.30
二衬混凝土	C35	31.5	25	0.167	2.25	1.65
初支钢锚杆及钢拱架	—	210	7850	0.30	235（屈服）	210（屈服）

（3）本构模型。对全风化和强风化岩采用能够考虑拉伸破坏的 Mohr - Coulomb 压缩-剪切型弹塑性模型，关于该模型的详细介绍可参见 $FLAC^{3D}$ 软件理论手册。混凝土衬砌、钢拱架及系统锚杆和锁脚锚杆均采用线弹性模型。由于锚喷支护的存在，认为围岩与支护之间的变形协调、密合良好，不存在接触滑移。

9.4.2.3 荷载工况

取水隧洞及支护结构地震动力计算主要考虑自重、初始地应力、围岩开挖释放荷载、隧洞内外静水压力、地震作用（地震惯性力、地震动水压力、支护-围岩相互作用力）等。由于隧洞正常运行是在满水有压状态，为简化计，地震动水压力用隧洞所围水体质量来近似考虑。

对于隧洞区域初始地应力场的模拟，本实例采用了基于应力边界的快速地应力拟合法。在地应力场生成过程中，不施加任何位移（速度）边界条件，而在模型底部和四周的表面上施加应力边界。经过一段时间的计算循环与迭代，表面的应力场逐步扩散到整个计算模型内，这样得到的初始地应力场分布与实测的初始应力场比较接近，仅在局部范围内存有误差，精度满足计算需要。

尽量接近实际情况，考虑加载历史及支护顺序。典型不利计算工况为：地应力→削坡→开挖＋初期支护→二次支护→隧洞正常充水运行→施加 RG1.60 波 SL－1 级地震动（水平向 0.1g＋竖向 0.067g）。其中，“→”表示上一步平衡后再计算下一步，“＋”表示同时进行，不分顺序。该工况表示先对原自由场地施加初始地应力场，变形稳定后进行一次性削坡处理，待系统达到平衡后清零所有节点位移，再进行全断面、全长一次性开挖并同时进行初期支护，经过较长时间变形趋于稳定时进行二次支护，接着充水运行至正常运行状态，后突遭地震作用。

9.4.2.4　计算结果

对于洞周围岩位移符号约定为：竖向位移以向上为正，向下为负。对于锚杆轴向应力符号约定为：以拉应力为正，以压应力为负。对于钢拱架内力符号约定为：轴力以拉力为正，以压力为负；弯矩以内侧受拉为正，外侧受拉为负。对于二次钢筋混凝土衬砌内力符号及单位约定为：轴力以拉力为正，压力为负；弯矩以衬砌内侧受拉为正，外侧受拉为负；剪力以使隔离体顺时针转动者为正。

(1) 隧洞位移。图 9.4.12 给出了 1 号隧洞监测点（洞顶、洞底、洞腰等）的竖向及横向位移时程。2 号隧洞各点位移时程与 1 号洞非常类似。

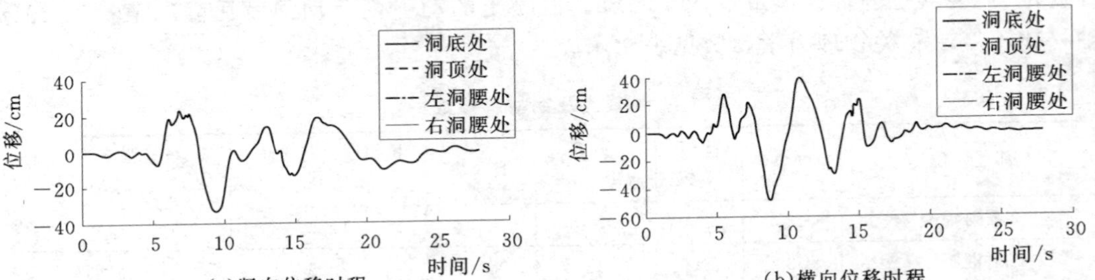

(a)竖向位移时程　　(b)横向位移时程

图 9.4.12　1 号隧洞位移时程

两隧洞各点的位移反应随时间的变化规律非常相同，仅有幅值的极微小差别以致无法正分。这说明，发生地震时两洞之间不存在相互影响，且各点反应几乎无相位差别。洞周各点的竖向动位移最大值达 33.60mm，发生于洞顶处；横向动位移最大值达 49.02mm，发生于左洞肩处。洞周反应动位移幅值较大，是由于输入地震波本身幅值较大而造成的。对单洞而言，各监测点的反应幅值随高程变化很小，这是因为本隧洞洞径不大，仅为 5.5m，说明孔洞的动力散射效应不明显。

某断面洞顶与洞底的两点相对位移值与其距离（7.54m）之比及左洞腰与右洞腰的两点相对位移值与其距离（7.58m）之比见表 9.4.4。表 9.4.5 给出了依据现行 GB 50086—2001《锚杆喷射混凝土支护技术规范》的Ⅳ类、Ⅴ类围岩隧洞周边允许相对位移值。可见，各点相对位移与距离之比均远小于针对Ⅴ类围岩的规范允许值 0.2%（埋深小于 50m

见表 9.4.5)。其他各断面也有类似的规律。另外，从后面将要给出的围岩塑性区分布情况也进一步表明，进口段的隧洞稳定性是可以保证的。

表 9.4.4　　进口段典型断面隧洞监测点相对位移　　%

相对位移与距离之比		1 号隧洞		2 号隧洞	
		竖向	横向	竖向	横向
左右洞腰	初始值		0.0875		0.0292
	相对位移发生的最大时刻值		0.0059		0.0034
洞顶与洞底	初始值	0.0602		0.0159	
	相对位移发生的最大时刻值	0.0053		0.0023	

表 9.4.5　　隧洞周边允许相对位移值

据 GB 50086—2001《锚杆喷射混凝土支护技术规范》　　%

围岩级别	埋深/m		
	<50	50～300	>300
Ⅳ类围岩	0.15～0.50	0.40～1.20	0.80～2.00
Ⅴ类围岩	0.20～0.80	0.60～1.60	1.00～3.00

(2) 支护应力或内力。

1) 二次衬砌。1 号隧洞衬砌的正弯矩最大值为 68.80kN·m，初始静态值为 4.48kN·m，发生于洞顶处，其时程反应曲线如图 9.4.13 所示；负弯矩最大值为－107.19kN·m，初始静态值为－8.46kN·m，发生于左洞脚处，其时程反应曲线如图 9.4.14 所示。

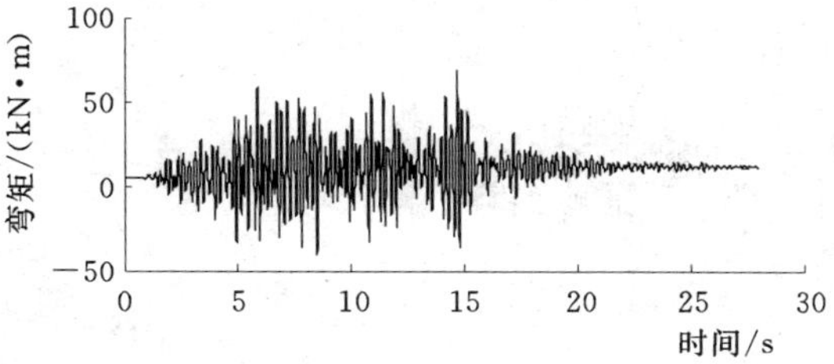

图 9.4.13　1 号隧洞洞顶处弯矩时程

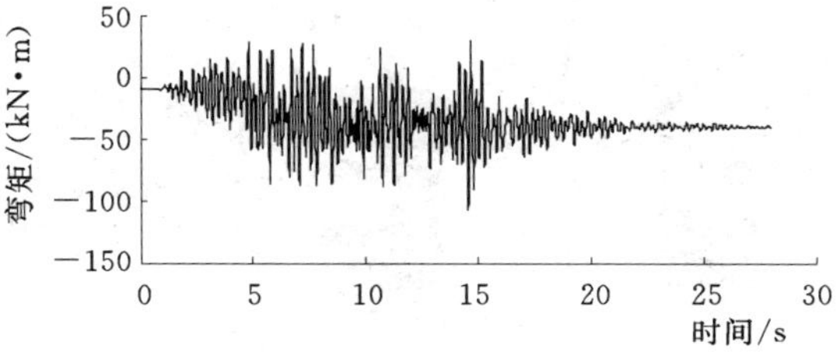

图 9.4.14　1 号隧洞左洞脚处弯矩时程

1 号隧洞衬砌的轴力，最大拉力值为 1536.8kN，初始静态值为 224.0kN，发生于洞顶处，其时程反应曲线如图 9.4.15 所示；最大压力值达－1250.8kN，初始静态值为 92.1kN，发生于洞底处，其时程反应曲线如图 9.4.16 所示。

1 号隧洞衬砌的正剪力最大值为 281.68kN，初始静态值为－11.17kN，发生于左洞脚处，其时程反应曲线如图 9.4.17 所示。负剪力最大值为－314.62kN，初始静态值为－17.67kN，发生于右洞肩处，其时程反应曲线如图 9.4.18 所示。

2 号隧洞的轴力、弯矩及剪力大小及规律与 1 号洞类似。

由此可知，地震动引起的隧洞衬砌内力较初始值变化显著，地震动力效应不容忽视。

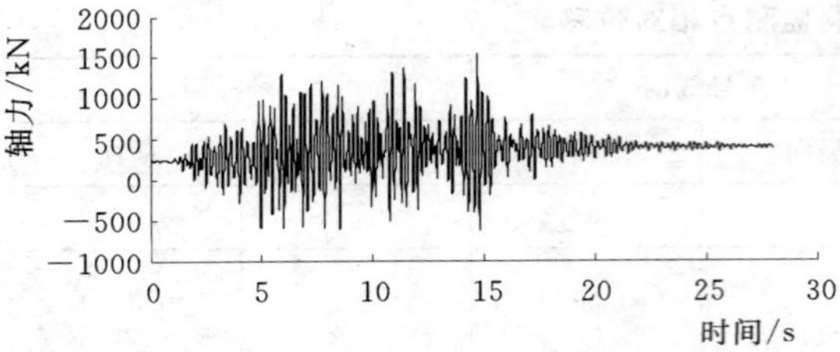

图 9.4.15　1 号隧洞洞顶处轴力时程

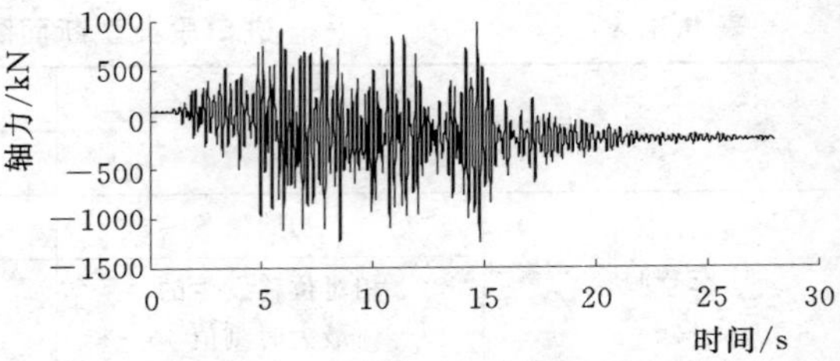

图 9.4.16　1 号隧洞洞底处轴力时程

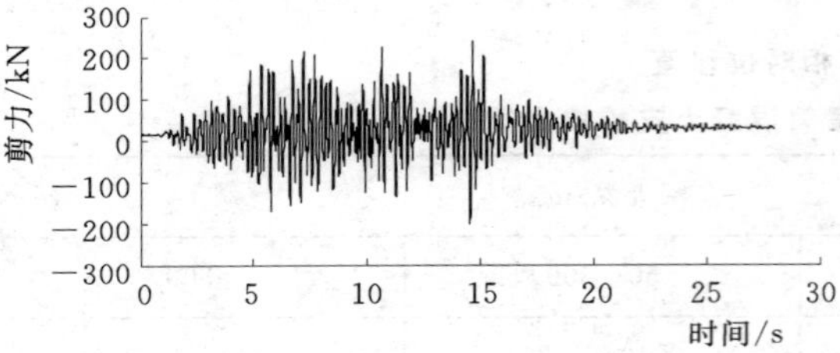

图 9.4.17　1 号隧洞左洞脚处剪力时程

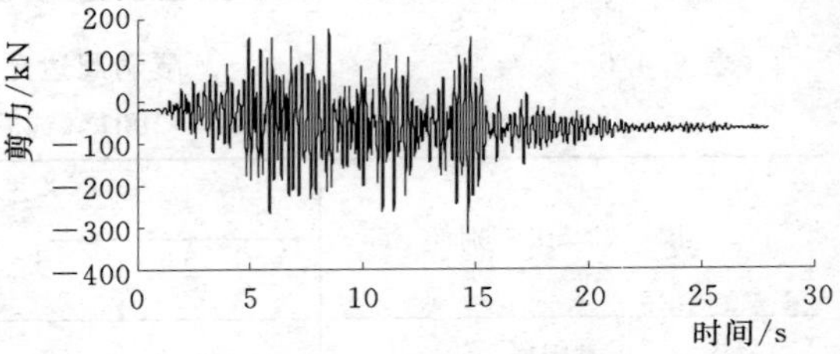

图 9.4.18　1 号隧洞右洞肩处剪力时程

2）锚杆。图 9.4.19 给出了地震发生前监测断面上锚杆的轴向应力分布图。从中可以看出，除锁脚锚杆局部出现受压外，其余锚杆均处于受拉状态。锚杆轴向最大拉应力达 92.56MPa，发生在 1 号隧洞右侧边墙处；最大压应力达－25.61MPa，发生在 1 号隧洞左洞脚附近。施作二次衬并充水后锚杆轴向应力较仅存在初期支护时有所减小，但分布规律基本一致。

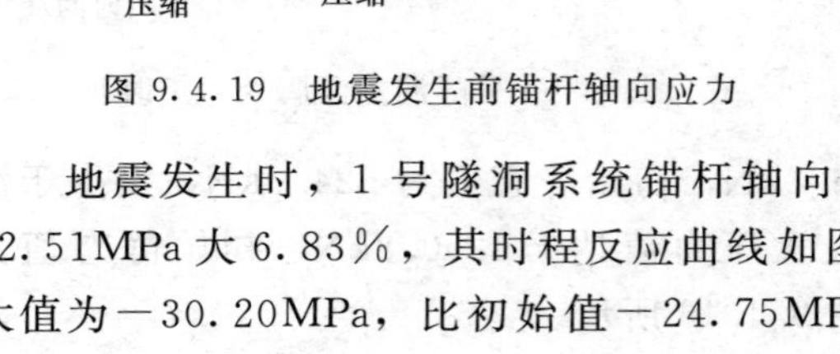

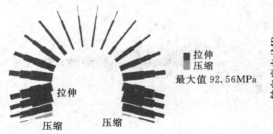

图 9.4.19　地震发生前锚杆轴向应力

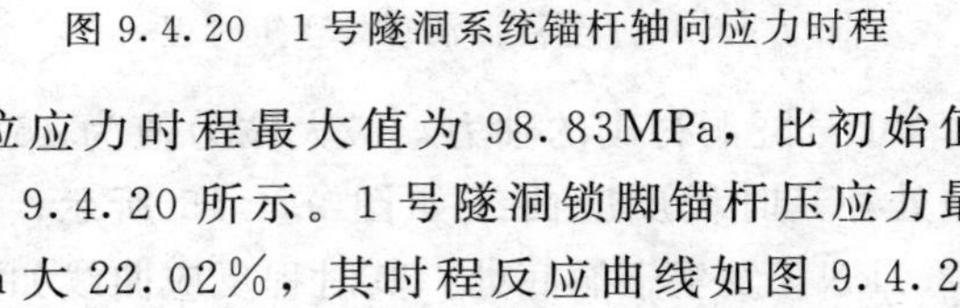

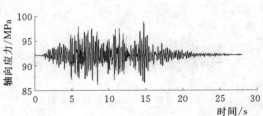

图 9.4.20　1 号隧洞系统锚杆轴向应力时程

地震发生时，1 号隧洞系统锚杆轴向拉应力时程最大值为 98.83MPa，比初始值 92.51MPa 大 6.83％，其时程反应曲线如图 9.4.20 所示。1 号隧洞锁脚锚杆压应力最大值为－30.20MPa，比初始值－24.75MPa 大 22.02％，其时程反应曲线如图 9.4.21 所示。

可见，在地震动作用下锚杆的受力状态较初始值变化不大，部分锚杆受力呈现拉压交替的现象，但最大拉应力、压应力值均未超过锚杆杆体的屈服点及抗拉强度。

3）钢拱架。图 9.4.22 和图 9.4.23 给出了地震前钢拱架的轴力和弯矩分布。从图中可以看出，钢拱架轴力最大值达－244.6kN，发生在隧洞上部拱顶；横截面内最大正弯矩达 6.89kN·m，发生在隧洞左洞腰处；最大负弯矩达－21.88kN·m，发生在隧洞右洞脚附近。

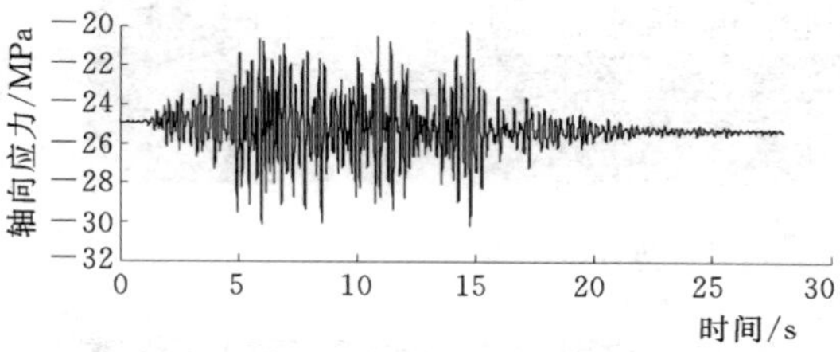

图 9.4.21　1 号隧洞锁脚锚杆轴向应力时程

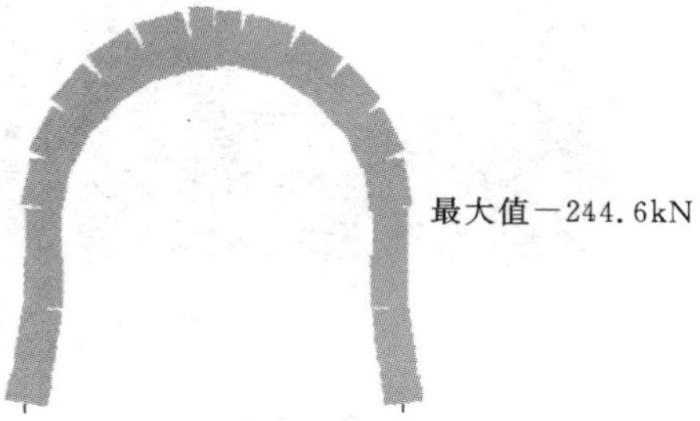

图 9.4.22　地震发生前的钢拱架轴力

地震作用下隧洞钢拱架为压弯构件，最大轴力为－254.10kN，比初始值－244.60kN 大 3.88%，其典型时程反应曲线如图 9.4.24 所示；钢拱架横断面内最大正弯矩为 6.89kN·m，比初始值 6.85kN·m 大 0.58%；最大负弯矩为－21.96kN·m，比初始值－21.75kN·m 大 0.97%，其典型时程反应曲线如图 9.4.25 所示。可以看出，地震动引起的隧洞钢拱架轴力和弯矩较初始值变化均较小。

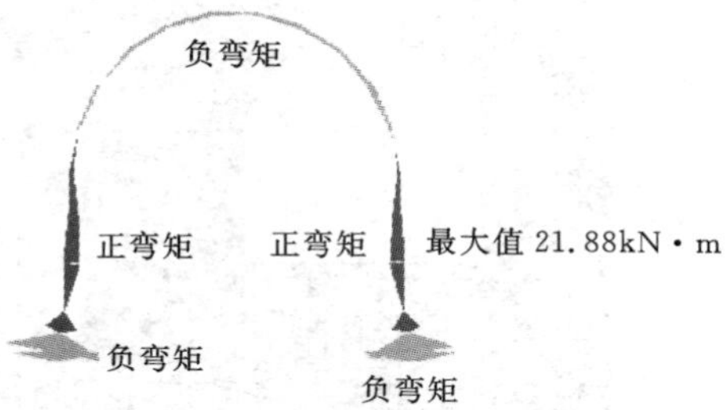

图 9.4.23　地震发生前的钢拱架弯矩

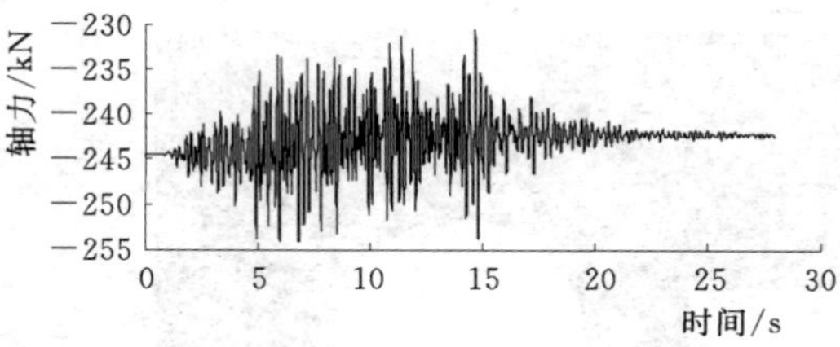

图 9.4.24　1 号隧洞钢拱架轴力时程

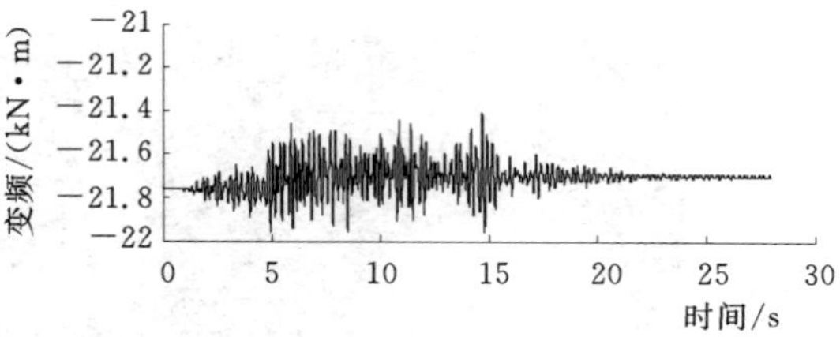

图 9.4.25　1 号隧洞钢拱架弯矩时程

（3）围岩塑性区。图 9.4.26 给出了地震发生前隧洞某断面的围岩塑性区分布。从该图可以看出，在隧洞边墙两侧围岩中深约 1m 的范围内均曾出现了一定的剪切屈服区。另外，隧洞底部开挖后回弹卸荷，也曾出现了深约 1.5m 范围的拉剪屈服区。

图 9.4.27、图 9.4.28 给出了地震作用过程中隧洞围岩的塑性区分布。可见相比于初始时刻和结束时刻，地震作用过程中围岩塑性区范围虽稍有扩大，但仍未形成贯通的塑性区。考察其他断面，也有类似的规律。

综合洞周位移及塑性区分布来看，该隧洞洞口的静、动力稳定性是可以保证的。

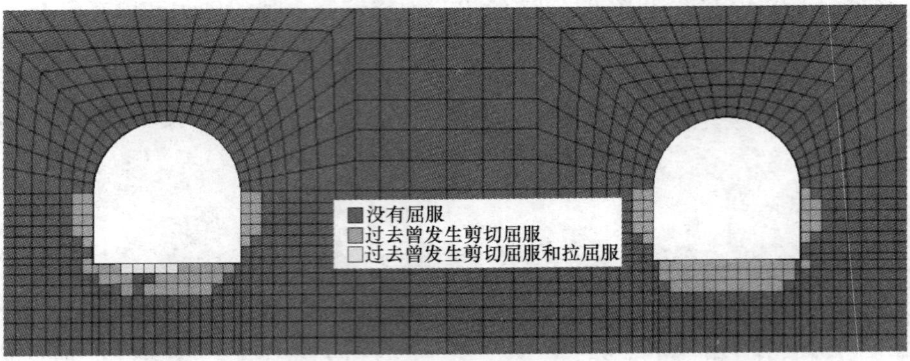

图 9.4.26　地震发生前围岩塑性区分布

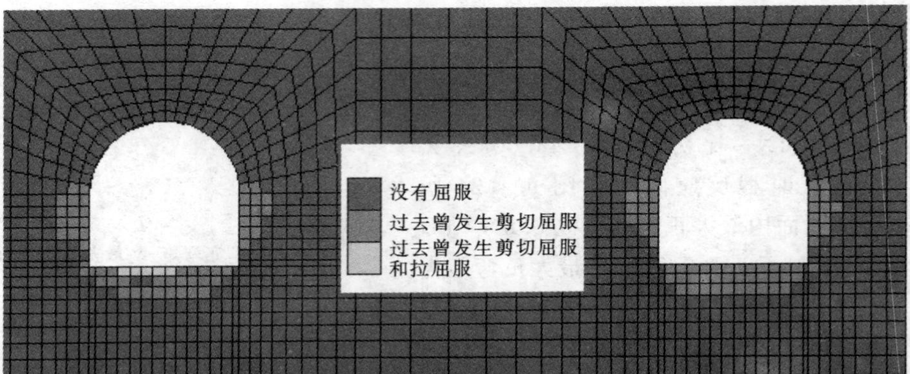

图 9.4.27　地震动过程中围岩塑性区最大分布

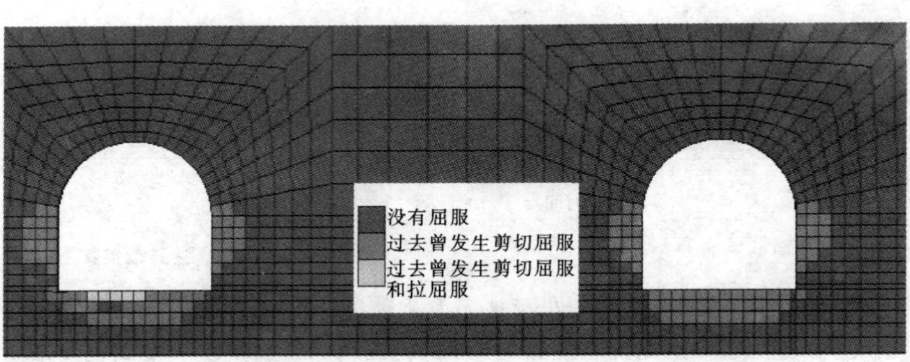

图 9.4.28　地震动结束时围岩塑性区分布

9.5　结论及建议

本章对地下隧洞结构采用非线性动力时程法进行抗震计算的一般过程进行了介绍。计算假定在三向地震作用过程中各支护与围岩之间接触良好，不会发生脱离，并且地震波竖直向上一致均匀入射，不考虑地震波场的空间差异性。

从计算结果可知，作为一种地下结构，由于受到周围岩土介质的约束和裹挟，地震作用下隧洞各点基本上是跟随岩土体发生位移和变形而不能表现其自身动力特性，因此隧洞各点随时间的变化规律非常相同，相位上几乎没有差别而仅有幅值的微小差别，且地震时距离足够远的两洞之间不存在相互影响，地震波动效应和孔洞的散射效应不明显。

研究表明，当地震波长超过洞径尺寸的8倍时，隧洞的横向抗震计算可以采用拟静力方法。本例隧洞洞径为5.5m，场地特征周期可最低取0.2s，介质（岩体）最低剪切波速超过900m/s，因此波长最小值为180m，远远大于8倍洞径值。因此，多数隧洞的初步抗震计算可采用拟静力法。对于重要的核电厂地下结构，宜采用多种计算方法进行抗震计算并据以抗震安全评价。

对于本例的隧洞结构，在设定水平的地震动作用下，地震动引起的二次衬砌轴力、弯矩及剪力较静态值变化较大，地震动力作用不可忽略，地震工况成为二次衬砌内力的控制工况，按此内力进行适当的配筋可满足抗震承载力要求。但对于锚杆及钢拱架而言，地震动引起的内力较初始静态值变化不大。

总体来讲，地下结构（隧洞、隧道、埋管等）的震害比地上结构相对较轻，抗震性能良好。这是因为地下结构不像地上结构那样要经受较大的地震惯性力。此外，地震动幅值随距地表深度的增加而衰减，也减小了地下结构的震损程度。但是，世界各地也不乏地下结构的严重震害实例，如图2.2.15～图2.2.17及图2.2.22所示。

地下结构，特别是洞口、分岔、转弯、突变部位的抗震设计，应充分重视因活动断层、滑坡、液化和永久大变形引起的场地失效，以及地震振动直接造成的地下结构破坏等因素。现行水工建筑物及核电厂抗震设计规范建议的抗震措施如下：

（1）地下结构布线宜避开活动断裂和浅薄山嘴。设计烈度为8、9度时，不宜在地形陡峭、岩体风化、裂隙发育的山体中修建大跨度傍山隧洞。宜选用埋深大的线路，两条线路相交时，应避免交角过小。

（2）地下结构的进、出口部位宜布置在地形、地质条件良好地段。设计烈度为8、9度时，宜采取放缓洞口劈坡、岩面喷浆锚固或衬砌护面、洞口适当向外延伸等措施，进、出口建筑物应采用钢筋混凝土结构。

（3）地下结构在设计烈度为8、9度时，其转弯段、分岔段、断面尺寸或围岩性质突变的连接段的衬砌均宜设置防震缝。防震缝的宽度和构造应能满足结构变形和止水要求。

（4）地下管道可设置柔性接头，但应检验接头可能发生的相对变形，避免地震时脱开和断裂。加固处理地基，更换部分软弱土或设置桩基础深入至稳定土层，消除地下结构和地下管道的不均匀沉陷。

第10章　水工建筑物抗震研究展望

本书把“水工建筑物的抗震研究”归类于“水工结构与材料学科”中的“水工建筑物的静、动力分析，设计理论与方法”“水工材料力学特性与失效机理”及岩土工程学科的“岩土地震工程”等领域。

水工建筑物种类繁多，按照功能大体包括江河治理、防洪、农田水利、水力发电、滨海核能发电、内河航运、跨流域调水等多种用途，因此水工建筑物的抗震分析与设计主要涉及大坝、厂房、电站、水闸、渠道、堤防、隧洞、管道、渡槽、防波堤和其他水工建筑物。

水工建筑物的静动力分析是进行水工结构设计的基础，是研究水工结构破坏机理的基本手段。在其服役期内，受到自重、水压、温度、地应力、水力磨蚀、环境侵蚀、冻融、干湿交替等复杂因素的综合作用，建筑材料还有可能发生蠕变、腐蚀、碳化、碱骨料反应等多种长期效应。水工建筑物的静力分析内容众多，今后的发展方向是综合各种影响因素，研究能够全面、准确描述各类水工建筑物结构响应和破坏分析的新理论和方法。下面介绍当前一段时期内水工建筑物，特别是高坝的地震动力分析与设计所要重点开展的内容。这是因为，以高坝为中心的各类水工建筑物的破坏机理与设计理论研究仍是水工结构学科的核心内容。

我国水电资源总量居世界第一，其中西南和西北地区水电资源占全国的72.6%，但这些地区多属强地震频发的高烈度地震区，如西电东送和南水北调西线的大部分工程都处于高烈度地震区，强烈地震仍是大型和超大型水工建筑物安全的重大威胁。因此，重要水工建筑物的抗震安全问题不可避免，且很多情况下成为设计中的关键和控制工况。其中，各类水工建筑物的抗震设防标准、动力分析理论和方法、场址相关地震动输入、水库地震的触发机理、地震作用的确定、材料动态特性和本构关系、考虑多相介质动力相互作用的非线性分析模型、坝体与坝基统一体系的动力稳定分析模型等，都是需要深入开展研究的重要内容。

水工建筑物抗震安全评价应遵循两个理念：结构的抗震安全评价必须建立在地震动输入、结构-地基-水体体系的地震响应、体系结构及其材料的动态抗力3个相互配套的基础上；考虑到问题的复杂性，必须十分重视震例实际和力求取得试验验证。

以高坝为例进行阐述。我国的高坝设计和建设已从20世纪80年代的100m、90年代的200m，发展到现在的300m级。高坝的设计地震也从原来的7度发展到现在的8度，甚至是9度。例如小湾、溪洛渡、大岗山拱坝的设计地震峰值加速度分别达到0.308g、0.321g、0.557g。高坝的抗震安全问题是我国当前水利水电建设中亟待解决的一个关键技术问题。高坝工程的震害包括坝体严重裂缝、坝体断裂、强震引起横缝张开、土石坝地震液化滑坡、断层错动引起大坝溃决等。因此，高坝的抗震安全十分重要。

目前工程界在混凝土高坝的地震动力响应与抗震分析方面主要沿用线弹性理论，地震荷载也一般采用截断边界的无质量地基模型均匀同步一致地震动输入，坝体动力响应分析与坝基动力稳定分析各自独立。而高土石坝的地震响应分析已采用等效线性化模型，但由于土石材料的动力本构仍缺乏足够深入的了解和计算规模的限制，地震的弹塑性动力响应和残余变形仍停留在满足工程精度的近似水平。另外，高坝大库易触发水库地震，也是目前广泛关注的环境问题，但迄今为止对其机理仍有待深入研究。

综合当前的抗震研究现状，还有许多问题有待深入探讨，具体如下：

（1）近震大断层的地震动特征研究。应考虑沿发震断层整个断裂面的断裂模式、破裂速度、时间序列、方向性和上盘效应等因素的影响。对抗震设防为甲类的大坝，当发震断层距离场址小于 10km，震级大于 7 时，应研究近场大震发震断层作为面源破裂的过程，给出场址的地震动加速度时程。

（2）水库触发地震的机理与预测。探索不同类型水库触发地震的成因与机理；应用 GIS（Geographic information system，地理信息系统）技术平台研究各类预测方法；加强监测台网设置及其成果分析的研究。

（3）高混凝土坝抗震分析理论。将坝体、库水及其地基作为整个体系进行非线性地震响应分析，同时考虑坝体、地基和库水三者的动力相互作用、坝体分缝的开合、两岸地形和坝基岩性差异及各类地质构造影响、沿坝基非均匀地震动输入、远域地基辐射阻尼影响等因素，开展相应的振动台动力模型实验。

（4）高混凝土坝抗震设防标准及安全目标。包括：拱坝抗震性能设计的内涵及其与不同设防阶段相应的设防目标的确定；与设防目标相应的地震设防水准及合理确定这些水准的途径和方法；水工建筑物抗震风险分析方法；建立与不同设防目标相应的定量描述高拱坝抗震安全的评价指标体系。

2008 年汶川特大地震发生后，多位水利专家针对大坝的抗震标准和安全目标提出了若干新建议。认为我国待建的重要高库大坝水利工程，应采用两级设防标准：按重现期为 5000 年（设计基准期为 100 年，超越概率为 2%）的地震动进行设计，并按最大可信地震（Maximum credible earthquake，MCE）或重现期为 10000 年的地震（设计基准期为 100 年，超越概率为 1%）进行校核。对应的安全目标为：大坝遭遇设防烈度下的 500 年一遇的中震（50 年基准期，超越概率为 10%）时，保持完全线弹性，正常运行；在设计地震下，遭遇 5000 年一遇的大震情况下，允许坝体出现局部裂缝，经过修复可正常运行；在校核地震情况下，遭遇到 10000 年一遇的极震时，允许大坝发生更大范围的裂缝，但要保证大坝不发生库水失控下泄导致次生灾害的溃坝灾变，且经最大努力后仍可修复使用，同时在进行高坝抗震安全评价时，应该保证设防标准、分析方法和性能控制三者相互配套。

（5）大坝和大型水工结构的地震动输入。任何工程结构的抗震设计都需包括地震动输入、结构地震响应、结构抗力这 3 个因素，它们是不可或缺且相互配套的组成部分。地震动输入是首要前提，其内涵至少应包含有抗震设防水准和相应的性能目标的适当确定、主要地震动参数的合理选择以及正确的地震动输入方式 3 个主要方面。

目前，在现行的抗震规范中，除欧洲规范考虑了地震动的空间变化性外，其余规范基本上采用同步均匀一致地震动输入。一致地震动输入，对于空间尺寸较小的构筑物是可以接受的，而对于大跨度结构，如桥梁、核电站、隧道、大坝、渡槽等，若仍采用传统的计算方法，就显得过于粗糙。因为地震时从震源释放出来的能量以地震波的形式传至地表，而地表各点接收到的地震波是经由不同的路径、不同的地形地质条件而到达的，因而反映到地表的震动必然存在差异。这种差异主要是由以下几种因素造成的：在地震动场不同位置，地震波的到达时间存在一定的差异，称之为行波效应（Traveling wave effect）；地震波在传播过程中，将会产生复杂的反射和散射，同时，地震动场不同位置地震波的叠加方式不同，因此导致了相干函数的损失，称之为部分相干效应（Incoherence effect）；波在传播的过程中，随着能量的耗散，其振幅将会逐渐减小，称之为波的衰减效应（Attenuation effect）；在地震动场不同位置，土的性质存在差异，这会影响地震波的振幅和频率，称之为局部场地效应（Site effect）。长大结构如大坝、水工隧洞及管道等在多点输入作用下，其力学机理与一致地震输入存在较大差别，因此，尽管国内外取得了一些富有成效的成果，但多点输入下大型结构的地震反应问题仍需深入研究。

（6）混凝土的动力特性及其破坏机理。大量试验研究的结果表明，混凝土是应变速率敏感性材料，其强度、刚度和延性等均随加载速率而变化。关于混凝土应变速率敏感性的研究还多限于单轴、单调加载方面，而关于多轴动态特性、循环加载及温度、湿度等环境因素对率相关特性的影响尚缺乏统一认识。

（7）土石材料的动力特性和高土石坝动力分析。包括：土石材料动力本构关系；土石材料的地震液化机理与判别准则；高土石坝的动力分析模型和计算方法。

（8）地震随机分析及抗震可靠度设计理论在高坝和大型调水工程结构抗震分析中的应用。

（9）高坝抗震减震措施。包括：高坝振动理论与减震工程措施；高坝抗震加固措施。

（10）混凝土大坝稳定性分析和安全评价。大坝抗震稳定性是其抗震安全评价的关键。需要对坝体和地基的整个体系考虑其动态变形耦合和局部开裂、滑移，研究其变形累积直至破坏的过程，最终丧失承载能力的可定量评价指标及抗震安全度的确定方法，以期突破难以反映真实破坏机理和安全裕度的现行刚体极限平衡法。开展满足抗拉强度要求、考虑渗透压力作用的抗震超载动力模型试验。

（11）我国水资源分布极不平衡，与人口分布和经济发展很不协调，大规模的跨流域调水工程仍将是我国水利工程建设的重要方面。随着大型渡槽和地下洞室等复杂水工建筑物的修建，我国目前尚未形成这类水工建筑物的抗震设计规范，需深入开展相关的基础理论研究，例如：大型渡槽-地基-槽水系统的动力相互作用、大型隧洞-地基-承压流水系统的动力相互作用、线状分布的水工结构非线性地震响应分析与设计理论及动力模型试验技术。

（12）岩质工程高边坡的动力稳定分析与加速度动态放大系数的研究。河谷岸坡沿高程存在放大效应，但加速度放大系数与河谷形状（坡度、坡高）、地震波的类型、地基阻尼、基岩岩性及边坡内的结构面分布等均密切相关，难以准确确定。

水工建筑物的抗震、隔震、减震理论、方法、技术及应用，涉及到多学科的交叉与融合，目前正在不断快速发展中。

附录A 中国地震烈度表（2008年）

<table>
<tr><th rowspan="2">地震烈度</th><th rowspan="2">人的感觉</th><th colspan="3">一般房屋</th><th rowspan="2">其他现象</th><th colspan="2">水平向地震动参数</th></tr>
<tr><th>类型</th><th>震害程度</th><th>平均震害指数</th><th>峰值加速度/(m/s²)</th><th>峰值速度/(m/s)</th></tr>
<tr><td>1</td><td>无感</td><td>—</td><td>—</td><td>—</td><td>—</td><td>—</td><td>—</td></tr>
<tr><td>2</td><td>室内个别静止中的人有感觉</td><td>—</td><td>—</td><td>—</td><td>—</td><td>—</td><td>—</td></tr>
<tr><td>3</td><td>室内少数静止中的人有感觉</td><td>—</td><td>门、窗轻微作响</td><td>—</td><td>悬挂物微动</td><td>—</td><td>—</td></tr>
<tr><td>4</td><td>室内多数人、室外少数人有感觉；少数人从梦中惊醒</td><td>—</td><td>门、窗作响</td><td>—</td><td>悬挂物明显摆动，器皿作响</td><td>—</td><td>—</td></tr>
<tr><td>5</td><td>室内绝大多数人、室外多数人有感觉；多数人梦中惊醒</td><td>—</td><td>门窗、屋顶、屋架颤动作响，灰土掉落，个别房屋墙体抹灰出现细微裂缝，个别屋顶烟囱掉砖</td><td>—</td><td>悬挂物大幅度晃动，不稳定器物摇动或翻倒</td><td>0.31
(0.22～0.44)</td><td>0.03
(0.02～0.04)</td></tr>
<tr><td rowspan="3">6</td><td rowspan="3">多数人站立不稳，少数人惊逃户外</td><td>A</td><td>少数中等破坏，多数轻微破坏和/或基本完好</td><td rowspan="2">0.00～0.11</td><td rowspan="3">家具和物品移动；河岸和松软土出现裂缝；饱和砂层出现喷水冒砂；个别独立砖烟囱轻度裂缝</td><td rowspan="3">0.63
(0.45～0.89)</td><td rowspan="3">0.06
(0.05～0.09)</td></tr>
<tr><td>B</td><td>个别中等破坏，少数轻微破坏，多数基本完好</td></tr>
<tr><td>C</td><td>个别轻微破坏，大多数基本完好</td><td>0.00～0.08</td></tr>
<tr><td rowspan="3">7</td><td rowspan="3">大多数人惊逃户外，骑自行车的人有感觉，行驶中的汽车驾乘人员有感觉</td><td>A</td><td>少数毁坏和/或严重破坏，多数中等破坏和/或轻微破坏</td><td rowspan="2">0.09～0.31</td><td rowspan="3">物体从架子上掉落；河岸出现塌方；饱和砂层常见喷水冒砂；松软土地上地裂缝较多；大多数独立砖烟囱中等破坏</td><td rowspan="3">1.25
(0.90～1.77)</td><td rowspan="3">0.13
(0.10～0.18)</td></tr>
<tr><td>B</td><td>少数中等破坏，多数轻微破坏和/或基本完好</td></tr>
<tr><td>C</td><td>少数中等和/或轻微破坏，多数基本完好</td><td>0.07～0.22</td></tr>
<tr><td rowspan="3">8</td><td rowspan="3">多数人摇晃颠簸，行走困难</td><td>A</td><td>少数毁坏，多数严重和/或中等破坏</td><td rowspan="2">0.29～0.51</td><td rowspan="3">干硬土上亦出现裂缝；饱和砂层绝大多数喷水冒砂；大多数独立砖烟囱严重破坏</td><td rowspan="3">2.50
(1.78～3.53)</td><td rowspan="3">0.25
(0.19～0.35)</td></tr>
<tr><td>B</td><td>个别毁坏，少数严重破坏，多数中等和/或轻微破坏</td></tr>
<tr><td>C</td><td>少数严重和/或中等破坏，多数轻微破坏</td><td>0.20～0.40</td></tr>
</table>

续表

地震烈度	人的感觉	一般房屋			其他现象	水平向地震动参数	
		类型	震害程度	平均震害指数		峰值加速度/(m/s²)	峰值速度/(m/s)
9	行动的人摔倒	A	多数严重破坏和/或毁坏	0.49～0.71	干硬土上多处出现裂缝，可见基岩裂缝、错动，滑坡和塌方常见；饱和砂层绝大多数喷水冒砂；独立砖烟囱多数倒塌	5.00 (3.54～7.07)	0.50 (0.36～0.71)
		B	少数毁坏，多数严重和/或中等破坏				
		C	少数毁坏和/或严重破坏，多数中等和/或轻微破坏	0.38～0.60			
10	骑自行车的人会摔倒，处不稳状态的人会摔离原地，有抛起感	A	绝大多数毁坏	0.69～0.91	山崩和地震断裂出现，基岩上拱桥破坏；大多数独立砖烟囱从根部破坏或倒毁	10.00 (7.08～14.14)	1.00 (0.72～1.41)
		B	大多数毁坏				
		C	多数毁坏和/或严重破坏	0.58～0.80			
11	—	A	绝大多数毁坏	0.89～1.00	地震断裂延续很长；大量山崩滑坡	—	—
		B					
		C		0.78～1.00			
12	—	A	几乎全部毁坏	1.00	地面剧烈变化，山河改观	—	—
		B					
		C					

（1）平均震害指数：同类房屋震害指数的加权平均值，即各级震害的房屋所占的比率与其相应的震害指数的乘积之和。

（2）上表的“个别”意为10%以下；“少数”为10%～45%；“多数”为40%～70%；“大多数”为60%～90%；“绝大多数”为80%以上。

（3）用于评定烈度的房屋，包括以下3种类型：

1）A类：木构架和土、石、砖墙建造的旧式房屋。

2）B类：未经抗震设防的单层或多层砖砌体房屋。

3）C类：按照7度抗震设防的单层或多层砖砌体房屋。

（4）房屋破坏等级分为基本完好、轻微破坏、中等破坏、严重毁坏和毁坏5类，其定义和对应的震害指数 d 如下：

1）基本完好：承重和非承重构件完好，或个别非承重构件轻微损坏，不加修理可继续使用。对应的震害指数范围为 $0.00 \leqslant d \leqslant 0.10$。

2）轻微破坏：个别承重构件出现可见裂缝，非承重构件有明显裂缝，不需修理或稍加修理即可继续使用。对应的震害指数范围为 $0.10 \leqslant d \leqslant 0.30$。

3）中等破坏：多数承重构件出现轻微裂缝，部分有明显裂缝，个别非承重构件破坏严重，需一般修理后可使用。对应的震害指数范围为 $0.30 \leqslant d \leqslant 0.55$。

4）严重破坏：多数承重构件破坏较严重，非承重构件局部倒塌，房屋修复困难。对应的震害指数范围为 $0.55 \leqslant d \leqslant 0.85$。

5）毁坏：多数承重构件严重破坏，房屋结构濒于崩溃或已倒毁，已无修复可能。对应的震害指数范围为 $0.85 \leqslant d \leqslant 1.00$。

附录 B　中国地震动峰值加速度区划图（2001 年）

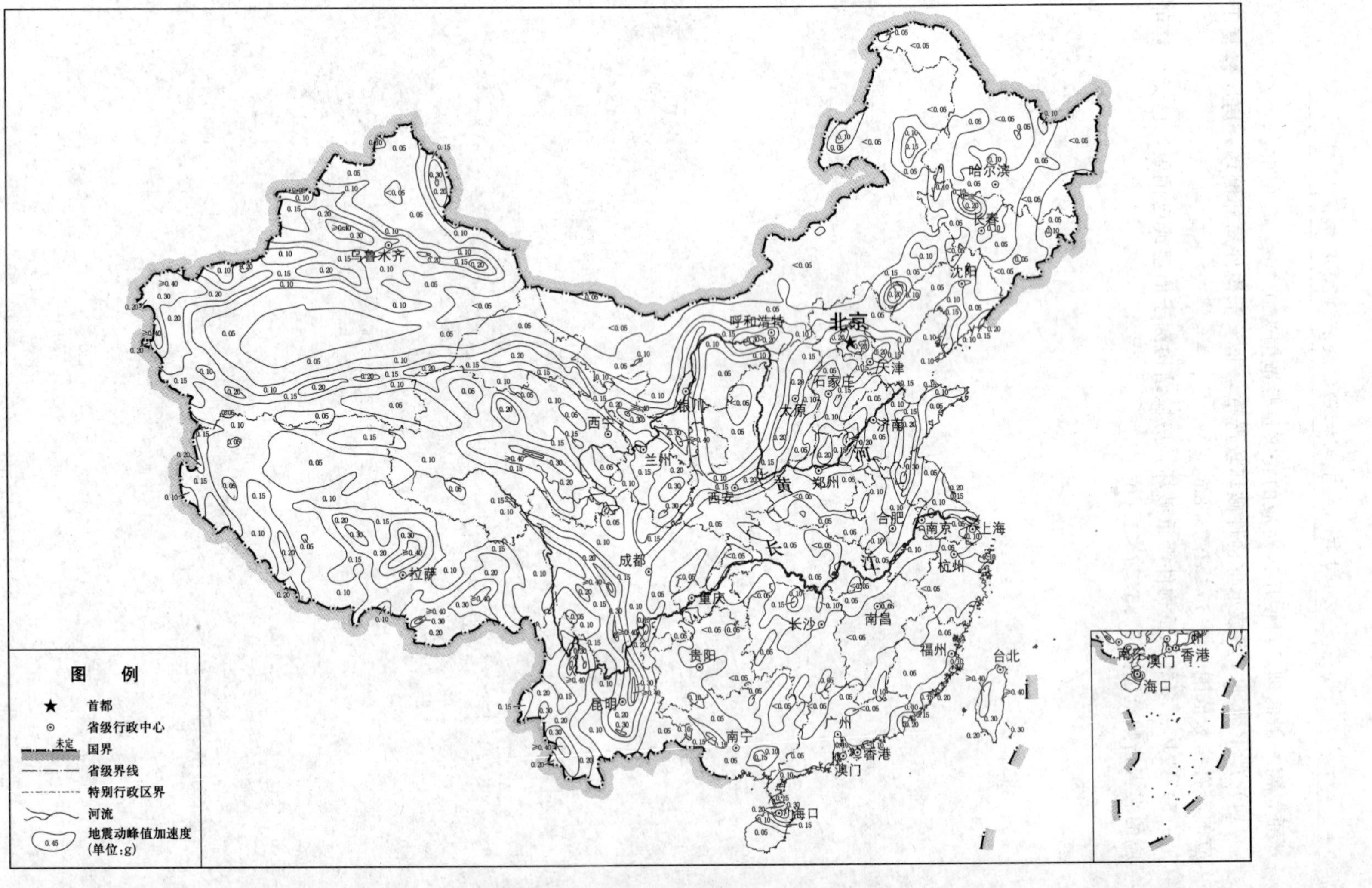

附录C　中国地震动峰值反应谱特征周期区划图（2001年）

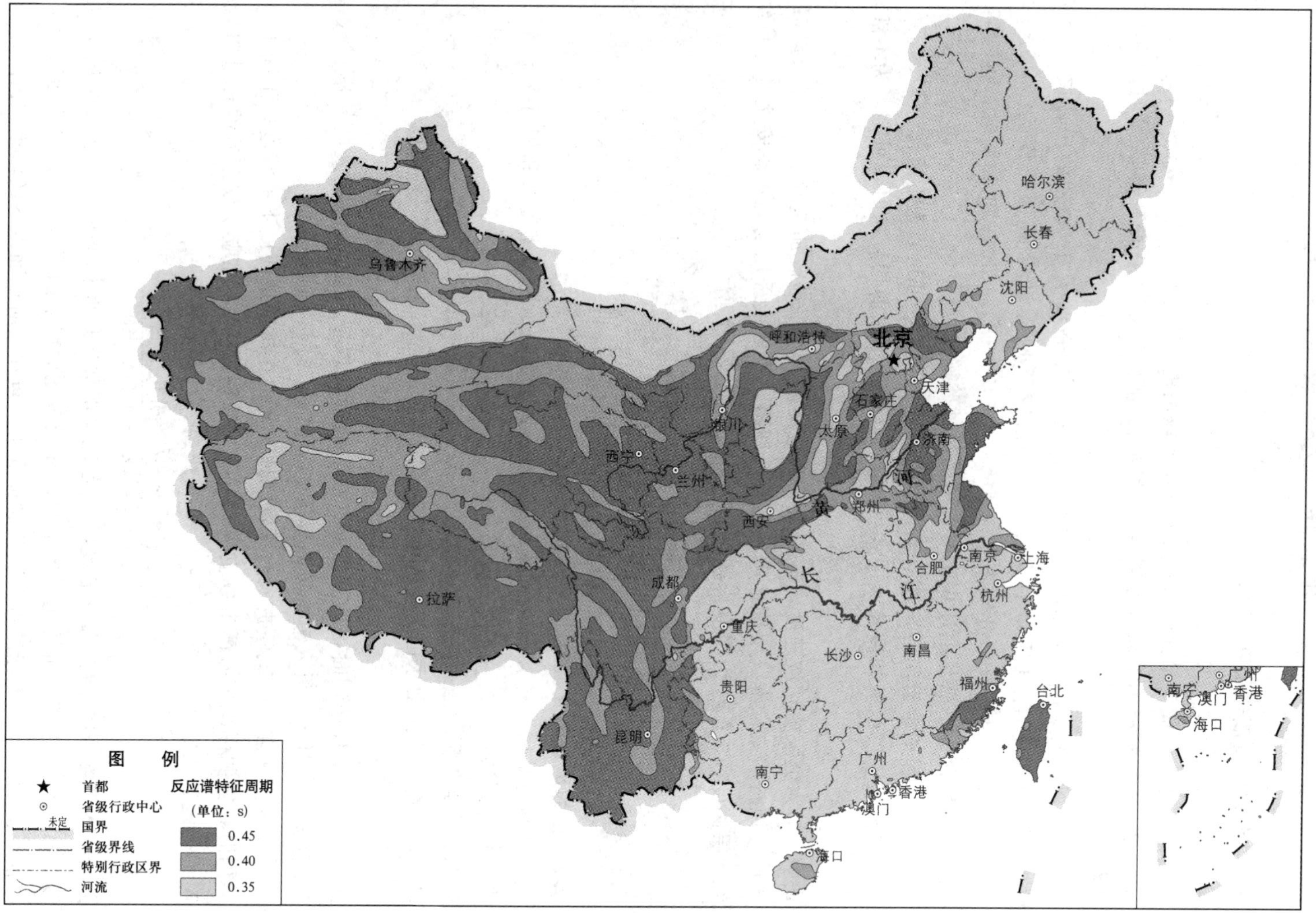

附录D　土的液化判别

D.1　土的地震液化初判

初判时应符合下列规定：

（1）地层年代为第四纪晚更新世 Q_3 或以前的土，可判断为不液化。

（2）土的粒径小于5mm，颗粒含量的质量百分率小于或等于30%时，可判断为不液化。

（3）对粒径小于5mm，颗粒含量的质量百分率大于30%的土，其中粒径小于0.005mm的颗粒含量质量百分率（ρ_c）相应于地震动峰值加速度为0.10g、0.15g、0.20g、0.30g和0.40g分别不小于16%、17%、18%、19%和20%时，可判断为不液化；当黏粒含量不满足上述规定时，可通过试验确定。

（4）工程正常运用后，地下水位以上的非饱和土，可判断为不液化。

（5）当土层的剪切波速大于式（D.1）计算的上限剪切波速时，可判断为不液化。

$$c_{st}=291\sqrt{k_H Z r_d} \tag{D.1}$$

式中：c_{st}为上限剪切波速度，m/s；k_H 为地面最大水平地震加速度系数，地震动峰值加速度可按现行国家标准《中国地震动参数区划图》查取或采用场地地震安全性评价结果；Z为土层深度，m；r_d 为深度折减系数，可按下列公式计算

$$Z=0\sim10\text{m}, r_d=1.0-0.01Z \tag{D.2}$$

$$Z=10\sim20\text{m}, r_d=1.1-0.02Z \tag{D.3}$$

$$Z=20\sim30\text{m}, r_d=0.9-0.01Z \tag{D.4}$$

D.2　土的地震液化复判

复判可采用3种方法，分别为标准贯入锤击数法、相对密度法和相对含水量（或液性指数）复判法。

D.2.1　标准贯入锤击数法

（1）符合下式要求的土应判断为液化土

$$N<N_{cr} \tag{D.5}$$

式中：N 为工程运用时，标准贯入点在当时地面以下 d_s(m) 深度处的标准贯入锤击数；N_{cr}为液化判别标准贯入锤击数临界值。

（2）当标准贯入试验贯入点深度和地下水位在试验地面以下的深度，不同于工程正常运用时，实测标准贯入锤击数应按式（D.6）进行校正，并应以校正后的标准贯入锤击数 N 作为复判依据。

$$N=N'\left(\frac{d_s+0.9d_w+0.7}{d_s'+0.9d_w'+0.7}\right) \tag{D.6}$$

式中：N'为实测标准贯入锤击数；d_s 为工程正常运用时标准贯入点在当时地面以下的深度，m；d_w 为工程正常运用时地下水位在当时地面以下的深度，m，当地面淹没于水面以下时，d_w 取0；d_s'为标准贯入试验时标准贯入点在当时地面以下的深度，m；d_w'为标准贯入试验时地下水位在当时地面以下的深度，m，当地面淹没于水面以下时，d_w'取0。

校正后标准贯入锤击数和实测标准贯入锤击数均不进行钻杆长度校正。

（3）液化判别标准贯入锤击数临界值应根据式（D.7）计算

$$N_{cr}=N_0[0.9+0.1(d_s-d_w)]\sqrt{\frac{3\%}{\rho_0}} \tag{D.7}$$

式中：ρ_0 为土的黏颗粒含量质量百分率，%，当 $\rho_0<3\%$，ρ_0 取 3%；N_0 为液化判别标准贯入锤击数基准值；d_s 为当标准贯入点在地面以下 5m 以内的深度时，应采用 5m 计算。

（4）液化判别标准贯入锤击数基准值 N_0，按表 D.1 取值。

表 D.1　液化判别标准贯入锤击数基准值

地震动峰值加速度	0.10*g*	0.15*g*	0.20*g*	0.30*g*	0.40*g*
近震	6	8	10	13	16
远震	8	10	12	15	18

注 1. 当 $d_s=3\text{m}$，$d_w=2\text{m}$，$\rho_0\leqslant3\%$的标准贯入锤击数称为液化标准贯入锤击数基准值。
2. 标准贯入试验判别标准中的近震和远震问题，场地在相同的地震烈度下，远震的震级高，振动时间长，造成的破坏更严重，因此区分远震和近震是必要的。但在实际应用中，水利水电工程大多不在城镇，缺乏确定远震和近震的依据，应用比较困难，按 1990 年颁布的地震烈度区划图，我国绝大多数地区只考虑近震的影响，因此只列出近震作为一般标准。当有地震危险性分析成果，能明确场地烈度比主要潜在震源的震中烈度低 2 度时，可以按远震考虑，此时，对于 7 度和 8 度相应的临界标准贯入锤击数应增加 2 击。

（5）式（D.7）只适用于标准贯入点在地面以下 15m 以内的深度，大于 15m 的深度内有饱和砂或饱和少黏性土，需要进行地震液化判别时可采用其他方法判定。

（6）测定土的黏粒含量时应采用六偏磷酸钠作分散剂。

D.2.2　相对密度复判法

当饱和无黏性土（包括砂和粒径大于 2mm 的砂砾）的相对密度不大于表 D.2 中的液化临界相对密度时，可判断为可能液化土。

表 D.2　饱和无黏性土的液化临界相对密度

地震动峰值加速度	0.05*g*	0.10*g*	0.20*g*	0.40*g*
液化临界相对密度 $(D_r)_{cr}$/%	65	70	75	85

D.2.3　相对含水量或液性指数复判法

（1）当饱和少黏性土的相对含水量大于或等于 0.9 时，或液性指数大于或等于 0.75 时，可判断为可能液化土。

（2）相对含水量应按式（D.8）计算

$$W_a=\frac{W_s}{W_L} \tag{D.8}$$

式中：W_a 为相对含水量，%；W_s 为少黏性土的饱和含水量，%；W_L 为少黏性土的液限含水量，%。

（3）液性指数应按式（D.9）计算：

$$I_L=\frac{W_s-W_p}{W_L-W_p} \tag{D.9}$$

式中：I_L 为液性指数；W_p 为少黏性土的塑限含水量，%。

附录E　傅里叶级数与傅里叶变换

19世纪早期在研究热流动问题时，法国数学家傅里叶指出满足一定条件的任何周期函数都可表示成一列具有不同幅值、频率及相位的正弦（或余弦）函数级数和的形式。对于那些能精确描述物理过程的函数，其傅里叶级数的存在条件几乎总能满足，所以在许多科学和工程分支中，傅里叶级数表示法是一个特别有用的工具。

地震工程也不例外。一个复杂的荷载函数，例如地震动力作用，可分解成一列简谐荷载函数级数和的形式。单个简谐荷载作用下结构运动方程的解（一般指结构系统的位移反应）容易求出。若所研究的结构系统是线性的，叠加原理成立，于是将这些单解进行求和就可得到总反应。这个过程可用图E.1表示。

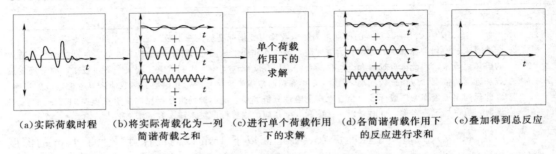

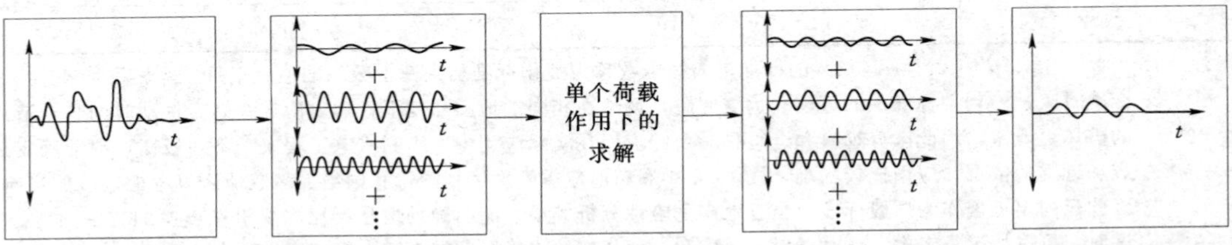

(a)实际荷载时程　(b)将实际荷载化为一列简谐荷载之和　(c)进行单个荷载作用下的求解　(d)各简谐荷载作用下的反应进行求和　(e)叠加得到总反应

图E.1　利用傅里叶级数叠加求线性系统的总反应

E.1　傅里叶级数

1. 三角函数表示法

既然傅里叶级数是一列简谐函数的求和，那么它可以采用三角函数表示法，也可以采用复数表示法。对一个具有周期 T_f 的函数，其傅里叶级数的一般三角函数表示为

$$x(t)=a_0+\sum_{n=1}^{\infty}(a_n\cos\omega_n t+b_n\sin\omega_n t) \tag{E.1}$$

式中的傅里叶系数是

$$a_0=\frac{1}{T_f}\int_0^{T_f}x(t)\mathrm{d}t$$

$$a_n=\frac{2}{T_f}\int_0^{T_f}x(t)\cos\omega_n t\,\mathrm{d}t$$

$$b_n=\frac{2}{T_f}\int_0^{T_f}x(t)\sin\omega_n t\,\mathrm{d}t$$

$$\omega_n=2\pi n/T_f$$

式中 a_0 项表示 $x(t)$ 在 $t\in[0,\ T_f]$ 范围内的平均值，在许多实际问题中其值为零。注意，圆频率 ω_n 不是任意取值，而以不变的频率间距 $\Delta\omega=2\pi/T_f$ 均匀分布。

【例E.1】 对于简单函数，其傅里叶系数不难计算。考虑图E.2所示的方波函数，在

整个周期 T_f 内

$$x(t)=\begin{cases}+A, & 0<t\leqslant\frac{T_f}{4}\\ -A, & \frac{T_f}{4}<t\leqslant\frac{3T_f}{4}\\ +A, & \frac{3T_f}{4}<t\leqslant T_f\end{cases}$$

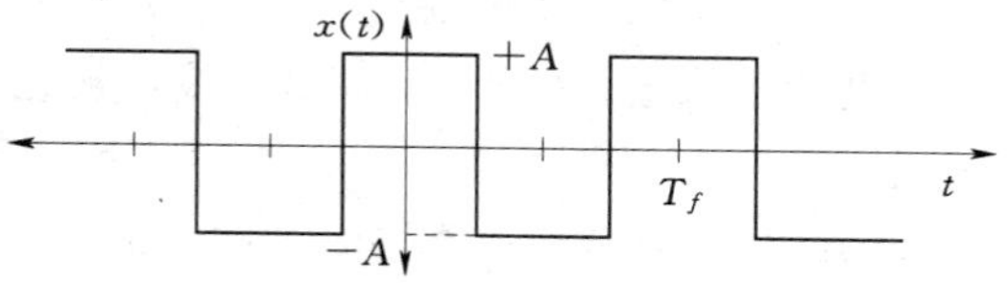

图 E.2 方波函数的时间历程曲线

$x(t)$ 的均值容易看出为零，因此 $a_0=0$。a_1 的计算如下：

$$a_1=\frac{2}{T_f}\int_0^{T_f}x(t)\cos\omega_1 t\mathrm{d}t=\frac{2}{T_f}\left[\int_0^{T_f/4}x(t)\cos\omega_1 t\mathrm{d}t+\int_{T_f/4}^{3T_f/4}x(t)\cos\omega_1 t\mathrm{d}t+\int_{3T_f/4}^{T_f}x(t)\cos\omega_1 t\mathrm{d}t\right]$$

$$=\frac{2}{T_f}\left[\int_0^{T_f/4}A\cos\omega_1 t\mathrm{d}t+\int_{T_f/4}^{3T_f/4}(-A)\cos\omega_1 t\mathrm{d}t+\int_{3T_f/4}^{T_f}A\cos\omega_1 t\mathrm{d}t\right]$$

$$=\frac{2A}{\omega_1 T_f}\left[\sin\frac{\omega_1 T_f}{4}-\left(\sin\frac{3\omega_1 T_f}{4}-\sin\frac{\omega_1 T_f}{4}\right)+\left(\sin\omega_1 T_f-\sin\frac{3\omega_1 T_f}{4}\right)\right]$$

$$=\frac{2A}{2\pi}\left[\sin\frac{2\pi}{4}-\left(\sin\frac{3\times 2\pi}{4}-\sin\frac{2\pi}{4}\right)+\left(\sin 2\pi-\sin\frac{3\times 2\pi}{4}\right)\right]$$

$$=4A/\pi$$

对于所有的 a_n、b_n，重复上述计算过程，有

$$a_n=\begin{cases}\frac{4A}{n\pi}, & n=1,5,9,\cdots\\ -\frac{4A}{n\pi}, & n=3,7,11,\cdots\\ 0, & n=\text{偶数}\end{cases}$$

$$b_n=0,\quad \text{对所有的 } n$$

于是，$x(t)$ 的傅里叶级数是

$$x(t)=\frac{4A}{\pi}\left(\cos\omega_1 t-\frac{1}{3}\cos 3\omega_1 t+\frac{1}{5}\cos 5\omega_1 t-\frac{1}{7}\cos 7\omega_1 t+\cdots\right)$$

$$\omega_1=2\pi/T_f$$

观察上述结果可发现，所有的正弦函数项都为零，因为方波函数是偶函数。若待处理的函数既不是奇函数也不是偶函数，则其傅里叶级数既包括正弦项也包括余弦项。

傅里叶级数可以精确表示一个函数，只要项数 $n\to\infty$。若只取有限项，那么级数仅是其原函数的一个近似。对于许多函数，当项数 n 取不大的值时就能很好地逼近原函数。这个特征在土和结构动力分析中很有用。

根据式（E.1），傅里叶级数也可表示成

$$x(t)=c_0+\sum_{n=1}^{\infty}c_n\sin(\omega_n t+\phi_n) \tag{E.2}$$

$$c_0=a_0$$

$$c_n=\sqrt{a_n^2+b_n^2}$$

$$\varphi_n=\tan^{-1}(a_n/b_n)$$

在这种表达中，c_n 和 φ_n 分别是第 n 阶简谐函数的幅值和相位。画出 $c_n-\omega_n$ 曲线，被称作傅里叶幅值谱；画出 $\varphi_n-\omega_n$ 曲线，被称作傅里叶相位谱。其中，傅里叶幅值谱在地震工程中很有用，它可以有效地展示一个地震动或地震反应的频率成分。

【例 E.2】 对于［例 E.1］中的方波函数，其傅里叶幅值谱和相位谱是比较容易计算的。对于级数的前 8 项，c_n 和 φ_n 为

$$c_0=0$$

$$c_1=4A/\pi，\varphi_1=\pi/2$$

$$c_2=0$$

$$c_3=\frac{4A}{3\pi}，\varphi_3=-\frac{\pi}{2}$$

$$c_4=0$$

$$c_5=\frac{4A}{5\pi}，\varphi_5=\frac{\pi}{2}$$

$$c_6=0$$

$$c_7=\frac{4A}{7\pi}，\varphi_7=-\frac{\pi}{2}$$

分别作出傅里叶幅值谱和傅里叶相位谱，如图 E.3 所示。

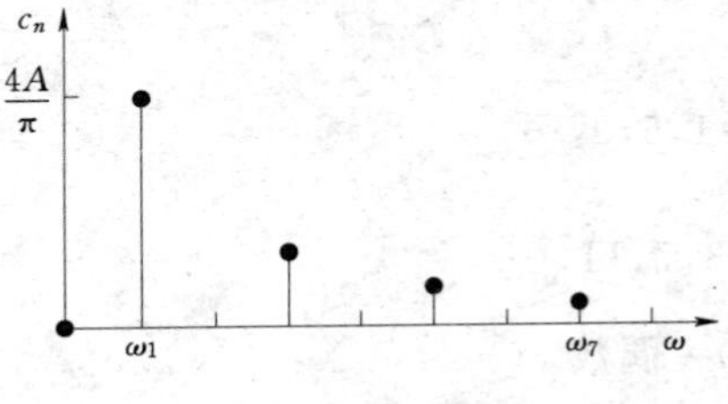

(a)傅里叶幅值谱

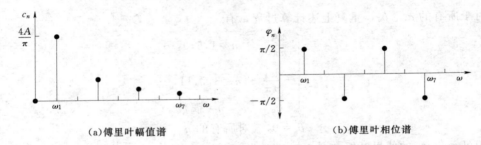

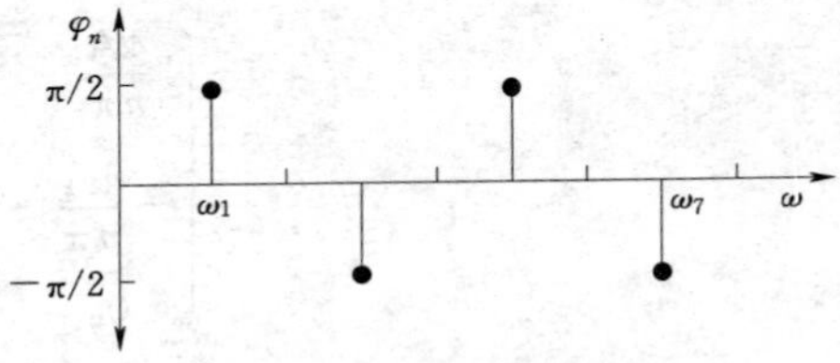

(b)傅里叶相位谱

图 E.3 方波函数的傅里叶幅值谱和相位谱

2. 指数函数表示法

傅里叶级数也可以表达成指数形式。引入单位虚数 $i=\sqrt{-1}$，由欧拉公式：

$$e^{i\alpha}=\cos\alpha+i\sin\alpha,\ e^{-i\alpha}=\cos\alpha-i\sin\alpha \tag{E.3}$$

这样

$$\cos\alpha=\frac{e^{i\alpha}+e^{-i\alpha}}{2}\quad \sin\alpha=-i\frac{e^{i\alpha}-e^{-i\alpha}}{2} \tag{E.4}$$

根据式（E.4），一个任意简谐函数 $u(t)=a\cos\omega t+b\sin\omega t$ 可以写成如下形式：

$$u(t)=a\cos\omega t+b\sin\omega t=a\frac{e^{i\omega t}+e^{-i\omega t}}{2}-bi\frac{e^{i\omega t}-e^{-i\omega t}}{2}=\frac{a-ib}{2}e^{i\omega t}+\frac{a+ib}{2}e^{-i\omega t} \tag{E.5}$$

从而，式（E.1）可以写为：

$$x(t)=a_0+\sum_{n=1}^{\infty}(a_n\cos\omega_n t+b_n\sin\omega_n t)=a_0+\sum_{n=1}^{\infty}\left(\frac{a_n-ib_n}{2}e^{i\omega_n t}+\frac{a_n+ib_n}{2}e^{-i\omega_n t}\right) \tag{E.6}$$

现定义新的傅里叶系数：

$$
\begin{aligned}
c_0^* &= a_0 \\
c_n^* &= \frac{a_n - \mathrm{i}b_n}{2} \\
c_{-n}^* &= \frac{a_n + \mathrm{i}b_n}{2}
\end{aligned}
\tag{E. 7}
$$

其中 * 号表示系数是复数。式（E. 6）可重写成

$$
x(t) = c_0{}^* + \sum_{n=1}^{\infty}(c_n{}^* \mathrm{e}^{\mathrm{i}\omega_n t} + c_{-n}{}^* \mathrm{e}^{-\mathrm{i}\omega_n t}) \tag{E. 8}
$$

由于 $\omega_{-n} = -\omega_n = -2\pi/T_f$，将式（E. 8）求和符号的下限由 1 改为 $-\infty$，可将傅里叶级数式（E. 8）写成更紧凑的形式：

$$
x(t) = c_0{}^* + \sum_{n=-\infty}^{\infty} c_n{}^* \mathrm{e}^{\mathrm{i}\omega_n t} \tag{E. 9}
$$

复傅里叶系数 c_n^*，可直接由函数 $x(t)$ 得

$$
c_n^* = \frac{1}{T_f}\int_0^{T_f} x(t)\mathrm{e}^{-\mathrm{i}\omega_n t} \tag{E. 10}
$$

【例 E. 3】 计算［例 E. 1］中的方波函数的复傅里叶系数。方波函数 $x(t)$ 的均值为零，因此 $c_0^* = a_0 = 0$。对于 $n = +1$，由式（E. 10）得

$$
\begin{aligned}
c_1^* &= \frac{1}{T_f}\int_0^{T_f} x(t)\mathrm{e}^{-\mathrm{i}\omega_1 t}\mathrm{d}t = \frac{1}{T_f}\left[\int_0^{T_f/4} x(t)\mathrm{e}^{-\mathrm{i}\omega_1 t}\mathrm{d}t + \int_{T_f/4}^{3T_f/4} x(t)\mathrm{e}^{-\mathrm{i}\omega_1 t}\mathrm{d}t + \int_{3T_f/4}^{T_f} x(t)\mathrm{e}^{-\mathrm{i}\omega_1 t}\mathrm{d}t\right] \\
&= \frac{1}{T_f}\left[\int_0^{T_f/4} A\mathrm{e}^{-\mathrm{i}\omega_1 t}\mathrm{d}t + \int_{T_f/4}^{3T_f/4} (-A)\mathrm{e}^{-\mathrm{i}\omega_1 t}\mathrm{d}t + \int_{3T_f/4}^{T_f} A\mathrm{e}^{-\mathrm{i}\omega_1 t}\mathrm{d}t\right] \\
&= \frac{A}{-i\omega_1 T_f}\left[\mathrm{e}^{-\mathrm{i}\omega_1 t}\Big|_{t=0}^{t=T_f/4} - \mathrm{e}^{-\mathrm{i}\omega_1 t}\Big|_{t=T_f/4}^{t=3T_f/4} + \mathrm{e}^{-\mathrm{i}\omega_1 t}\Big|_{t=3T_f/4}^{t=T_f}\right] = \frac{A}{-\mathrm{i}\omega_1 T_f} \times (-4i) \\
&= \frac{2A}{\pi}
\end{aligned}
$$

尽管 $c_0^* = c_0 = a_0 = 0$，由式（E. 7）的定义，得

$$
|c_n{}^*| = \sqrt{[\mathrm{Re}(c_n^*)]^2 + [\mathrm{Im}(c_n^*)]^2} = \sqrt{\left(\frac{a_n}{2}\right)^2 + \left(\frac{b_n}{2}\right)^2} = \frac{\sqrt{a_n{}^2 + b_n{}^2}}{2} = \frac{c_n}{2}
$$

$$
|c_{-n}^*| = \sqrt{[\mathrm{Re}(c_{-n}^*)]^2 + [\mathrm{Im}(c_{-n}^*)]^2} = \sqrt{\left(\frac{a_n}{2}\right)^2 + \left(\frac{b_n}{2}\right)^2} = \frac{\sqrt{a_n{}^2 + b_n{}^2}}{2} = \frac{c_n}{2}
$$

也就是说，以指数形式表示级数时，半个幅值与正频率关联，半个幅值与负频率关联。在正、负频率处的相位角在数值上相等，符号相反。因此，虚部必须互相抵消，方能保证 $x(t)$ 是实数。复傅里叶系数有时用来作双边谱（Two - sided spectra，在地震工程中很少使用双边谱）。与此相对应的是更为常用的单边谱（One - sided spectra），如图 E. 4 所示。

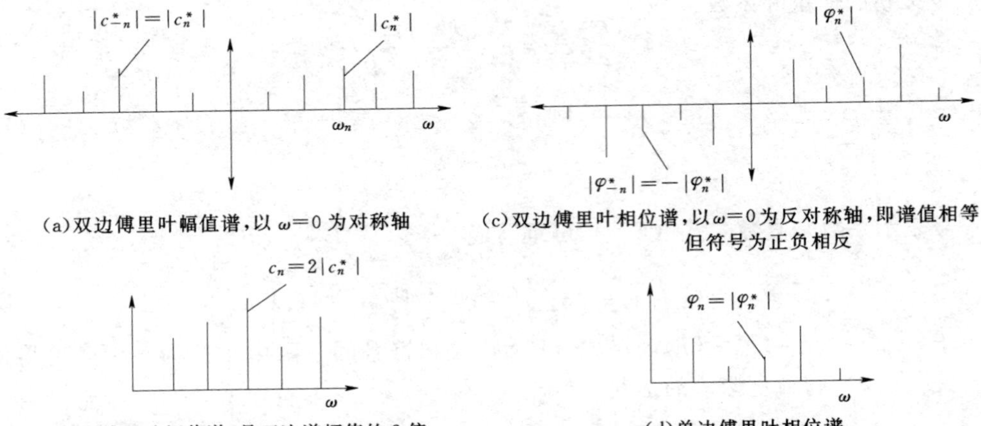

(a)双边傅里叶幅值谱，以 $\omega=0$ 为对称轴

(c)双边傅里叶相位谱，以 $\omega=0$ 为反对称轴，即谱值相等，但符号为正负相反

(b)单边傅里叶幅值谱，是双边谱幅值的 2 倍

(d)单边傅里叶相位谱

图 E.4　方波函数的谱和相位谱傅里叶幅值

E.2　连续傅里叶变换

在地震工程中，地震动及地震反应是非周期的振动信号。通过把非周期振动看成是一个周期趋向于无穷大的周期振动，就可以借用周期信号的傅里叶级数法来分析非周期振动信号的频谱特性。这就是非周期振动信号的傅里叶变换（Fourier Transform，FT），或称傅里叶积分。它分为连续时间信号的傅里叶变换和非连续时间信号的傅里叶变换。连续时间信号 $x(t)$ 的傅里叶变换定义为

$$X(\omega)=\int_{-\infty}^{\infty}x(t)\mathrm{e}^{-\mathrm{i}\omega t}\,\mathrm{d}t \tag{E.11}$$

其逆傅里叶变换（Inverse Fourier Transform，IFT）定义为

$$x(t)=\frac{1}{2\pi}\int_{-\infty}^{\infty}X(\omega)\mathrm{e}^{\mathrm{i}\omega t}\,\mathrm{d}\omega \tag{E.12}$$

连续时间信号 $x(t)$ 可以是实数，也可以是复数。它的傅里叶变换所得到的频谱 $X(\omega)$ 也是连续的，是复数。

E.3　离散傅里叶变换

在许多地震工程问题中，荷载或运动是由一些离散数据点而非连续解析函数来描述的。在这些情况下，傅里叶系数是通过求和来得到，而不是采用前述的积分方式。对于一个变量 $x(t_k)$，$k=1$，…，N，其中 $t_k=k\Delta t$，其离散傅里叶变换（Discrete Fourier Transform，DFT）由式（E.13）给出

$$X(\omega_n)=\Delta t\sum_{k=1}^{N}x(t_k)\mathrm{e}^{-\mathrm{i}\omega_n t_k} \tag{E.13}$$

式中，$\omega_n=n\Delta\omega=2\pi n/(N\Delta t)$。利用欧拉公式，DFT 也可写为

$$X(\omega_n)=\Delta t\sum_{k=1}^{N}\left[x(t_k)\cos\omega_n t_k-\mathrm{i}x(t_k)\sin\omega_n t_k\right] \tag{E.14}$$

注意，离散傅里叶变换 DFT 系数的量纲为原变量 $x(t_k)$ 的量纲与时间量纲的乘积。

同样，离散傅里叶变换也可以求逆。也就是说，若一列数据 $X(\omega_n)$ 以等间隔频率 $\Delta\omega$

分布，它可以采用逆傅里叶变换（Inverse Discrete Fourier Transform，IDFT）表示为时间函数

$$X(t_k) = \Delta\omega \sum_{n=1}^{N} X(\omega_n) e^{i\omega_n t_k} \tag{E. 15}$$

或者

$$X(t_k) = \Delta\omega \sum_{n=1}^{N} [X(\omega_n)\cos\omega_n t_k + iX(\omega_n)\sin\omega_n t_k] \tag{E. 16}$$

上述两式都可以在个人电脑上进行编程。由于 n 取 N 个不同的值，式中的求和操作共进行 N 次。计算一次傅里叶变换或逆变换，需要的时间正比于 N^2。

E.4 快速傅里叶变换

在计算机出现以前，进行离散傅里叶变换 DFT 相当费时。在 1960 年代，Cooley 和 Tukey（1965 年）发展了一套称为快速傅里叶变换（Fast Fourier transform，FFT）的计算机算法，它要求 N 为 2 的幂，计算时间正比于 $N\log_2 N$，其效率比 DFT 要快得多。例如，若 $N=2048$，FFT 将比 DFT 快 180 倍。逆快速傅里叶变换 IDFT 具有同样的计算高效率。

E.5 功率谱

傅里叶幅值谱说明了一个量的强度是如何随频率变化的。这也可以用功率谱来表达。若一个信号 $x(t)$ 可以表示成式（E.1）或式（E.2）的形式，那么它的功率定义为

$$P(\omega_n) = \frac{1}{2}(a_n^2 + b_n^2) = \frac{1}{2}c_n^2 \tag{E. 17}$$

注意，这种功率的定义可以适用于任何信号（它与力学上的功率即时间乘以速度无关）。功率随频率的变化可以作成图形，即得到功率谱（Power spectrum）。

无论是在时域还是在频域计算，信号的总功率（总强度）是一样的

$$I_0 = \sum_{n=1}^{\infty} P(\omega_n) = \int_0^{T_f} [x(t)]^2 dt = \frac{1}{2}\int_0^{\omega_n} {c_n}^2 d\omega \tag{E. 18}$$

设一个地震动的加速度时程可表示为 $a(t)$，持续时间为 T_d（相当于具有周期 $T_f = T_d$），其傅里叶级数的最高频率取为 $\omega_N = \pi/\Delta t$（一般称为奈奎斯特频率，Nyquist frequency），则在 T_d 内的平均总功率 λ_0 为

$$\lambda_0 = \frac{1}{T_d}\int_0^{T_d} [a(t)]^2 dt = \frac{1}{\pi T_d}\int_0^{\omega_N} {c_n}^2 d\omega \tag{E. 19}$$

功率谱密度函数 $G(\omega)$ 定义为

$$\lambda_0 = \int_0^{\omega_N} G(\omega) d\omega \tag{E. 20}$$

比较式（E.19）和式（E.20），有

$$G(\omega) = \frac{1}{\pi T_d}{c_n}^2 \tag{E. 21}$$

式（E.21）表明了功率谱密度函数 $G(\omega)$ 与傅里叶幅值谱 c_n 的关系。功率谱密度函数，常简称为功率谱，也常用来描述地震动的频谱特性。

附录F　随机过程与随机事件

F.1　随机过程

从概率论角度，物理量可以分为确定量与随机量两大类。在同一取样条件下对某一物理量进行多次量测，假如每次测得的结果在测量误差范围内都是一样的，则称此量为确定量；假若每次测得的结果都不一样，差别超过误差范围，则称此量为随机量。当随机量的随机性不大时，可作为确定量来考虑。

若一个随机变量 x 为另一确定变量 t 的函数，则称 $x(t)$ 为随机函数。若此自变量 t 为时间，则此随机函数称为随机过程。对 $x(t)$ 进行观测，某次的观测值 $x_1(t)$、$x_2(t)$、$x_3(t)$ …称为随机过程 $x(t)$ 的一个取样。所有的取样构成了一个集合。

每次地震的发生，可以视为一个随机事件。在一次地震中，地震动与结构的地震反应都可以看作为随机过程。

F.2　泊松分布、指数分布、年平均发生率

（1）泊松分布。地震的发生在空间和时间上都具有随机性，若不考虑地震的大小而只考虑其发生与否，并将时间区间 t 分成许多小段 Δt 之后，再来研究地震是否在 Δt 内发生这一随机事件。若此事件符合下述 3 个条件，则此事件称为泊松事件。

1）条件 1：独立性。事件可以在任一分段内独立地发生，不受其他无搭接分段内事件数的影响。

2）条件 2：平稳性。在一分段内，事件发生的概率与 Δt 的大小成正比，而与此分段在全体中的位置无关。因此，此概率可表示为 $\lambda\Delta t$ 或 $\lambda\Delta A$，这里常数 λ 是事件发生的平均率，即在单位时间长 Δt 或单位面积 ΔA 中的事件平均发生次数（后面会有进一步的叙述）。在时域中这一条件称为平稳性；在空间内，这一条件称为均匀性。

3）条件 3：不重复性。多个事件同时在一分段内发生的概率远小于 $\lambda\Delta t$ 或 $\lambda\Delta A$，可以忽略不计。

当一事件满足上述 3 个条件时，可以证明，在区间 t 内事件发生 n 次的概率为

$$P(n)=(\lambda t)^n \mathrm{e}^{-\lambda t}/n!, n=0,1,2,\cdots \tag{F.1}$$

对于泊松分布，事件发生次数 n 的期望值为 $E[n]=\lambda t$，标准差也为 λt，在地震活动性研究中，t 为时间，以年为单位；λ 为年平均发生率。

（2）指数分布。令 t 为从上一次事件到下一次事件之间的时间间隔，这就是说在时间间隔 t 之内，事件发生的次数 n 为零。若此事件符合泊松分布，则

$$P(0)=1-F(t)=(\lambda t)^0 \mathrm{e}^{-\lambda t}/0!\ =\mathrm{e}^{-\lambda t} \tag{F.2}$$

式中，$F(t)$ 为在时间 t 内至少发生一次时间的概率，所以 $1-F(t)$ 为无事件发生的概率。由式（F.2）得

$$F(t)=1-\mathrm{e}^{-\lambda t} \tag{F.3}$$

其概率密度函数则为

$$f(t)=\frac{\mathrm{d}F}{\mathrm{d}t}=\lambda \mathrm{e}^{-\lambda t} \tag{F.4}$$

这就是指数分布，或称负指数分布。此分布的平均值与方差分别为λ^{-1}和λ^{-2}，故泊松过程的平均重现期为λ^{-1}。另外，当$t=1$年而且λ很小时，有

$$F(t=1)=1-e^{-\lambda}\cong 1-\left(1-\lambda+\frac{1}{2}\lambda^2-\cdots\right)\cong\lambda \tag{F.5}$$

即年发生概率为$P_{1年}=F(t=1)=\lambda$。

(3) 年平均发生率。这里用λ表示，是指某一区域内发生地震动强度大于给定下限值的地震总数与统计年数的比值。各震源的地震发生率$\lambda|_{Y\geqslant y}$可以从历史地震资料的统计分析中求得，必要时也可以根据地震地质有关构造地震的观测数据和经验来确定。

$$\lambda|_{Y\geqslant y}=\sum_{Y\geqslant y}\mu_{ij} \tag{F.6}$$

式中：i为第i个震级；j为第j个震源；μ_{ij}为震源j发生i震级的地震年平均发生次数。

式（F.6）表示在给定的统计年数内对于地震动强度Y大于某一值y的地震发生次数进行累加，然后除以统计年数，即为年平均发生率。年平均发生率是地震发生次数的累加，强调在一定的统计年数内，例如50年、100年等。

F.3　平稳随机过程和非平稳随机过程

在一次随机事件中，若某随机过程$x(t)$的集合均值、方差、自相关函数等统计特征都与时间t无关，则称此随机过程为平稳随机过程。否则，称为非平稳随机过程。对于平稳随机过程，若在某次取样过程$x_1(t)$中包含了其他各次取样$x_2(t)$、$x_3(t)$…的全部特征，这样的随机过程称为各态历经平稳随机过程。

随机过程理论应用于地震动分析时，首先采用的是平稳过程模型。尽管在一次地震中不可能取得多次观测值，从而在整个取样集合中不能进行集合平均，地震动有时仍不得不用平稳遍历随机过程模型来描述。最常用的几种地震动平稳随机过程模型为白噪声、有限带宽白噪声、简谐波、过滤噪声等。其中，白噪声模型是最先采用的，该模型的功率谱密度是一条无限长的水平直线，同等地包括了所有频率的振动成分。由于这一随机过程模型极为简单，地震动的频带也较宽，所以至今仍在采用，它可以作为地震动的第一次近似。

从多个地震动加速度记录来看，持续时间只有几秒到几十秒，最多不过几分钟，它们有一个共同特征即具有非平稳特性。这种不平稳性常被分为3个阶段：在开始阶段，地震动迅速从小变大；接着是平稳阶段，地震动保持其平均强度不变；然后就是衰减阶段，地震动比较缓慢地逐渐减小。若随机过程$x(t)$只有幅值特性是随时间而变的非平稳过程，并且可以用一个确定的时间函数$\psi(t)$表示振幅特性随时间的确定变化，则过程$x(t)$可写为

$$x(t)=\psi(t)y(t) \tag{F.7}$$

其中，$y(t)$为遍历平稳随机过程，$\psi(t)$为强度包络函数称$x(t)$为平稳化的随机过程。例如，$\psi(t)$可以具有如下形式：

$$\psi(t)=\begin{cases}(t/t_1)^2, & 0<t\leqslant t_1\\ 1, & t_1<t\leqslant t_2\\ e^{-c(t-t_2)}, & t_2<t\leqslant t_3\\ 0, & t_3<t\end{cases} \tag{F.8}$$

式中：$0 \sim t_1$ 为峰值的上升段；$t_1 \sim t_2$ 为峰值的平稳段；$t_2 \sim t_3$ 为峰值的下降段；c 为指数形下降段的衰减系数，如图 F.1 所示。

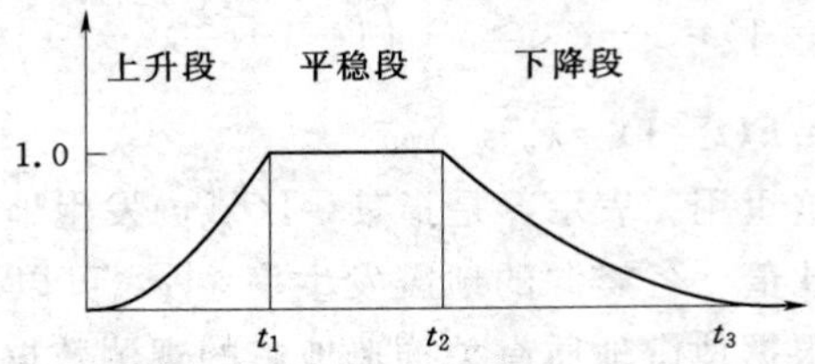

图 F.1　强度包络函数示意图

参 考 文 献

[1] 冈本顺三．抗震工程学［M］．孙伟东译．北京：中国建筑工业出版社，1978.
[2] 大崎顺彦．地震动的谱分析入门［M］．吕敏申，谢礼立译．北京：地震出版社，1980.
[3] 舒尔曼．水工建筑物的抗震计算［M］．杨显明等译．北京：水利出版社，1980.
[4] 库尔马奇．港口水工建筑物的抗震［M］．范加仑，邱驹，连竞译．北京：人民交通出版社，1981.
[5] 严人觉，王贻荪，韩清宇．动力基础半空间理论概论［M］．北京：中国建筑工业出版社，1981.
[6] 中国建筑学会地震工程学术委员会．地震工程论文集［M］．北京：科学出版社，1982.
[7] 日本土木学会．地震反应分析及实例［M］．北京：地震出版社，1983.
[8] 华东水利学院．水工设计手册［M］．2版．北京：中国水利水电出版社，2012.
[9] 纽马克，罗森布卢斯．地震工程学原理［M］．叶耀先译．北京：中国建筑出版社，1986.
[10] 舒扬棨，王日宣．水电站厂房动力分析［M］．北京：水利电力出版社，1987.
[11] 廖振鹏．地震小区划——理论与实践［M］．北京：地震出版社，1989.
[12] 周锡元，王广军，苏经宇．场地—地基—设计地震［M］．北京：地震出版社，1990.
[13] 日本土木工程学会及地震工程委员会．土木工程结构抗震设计［M］．徐植信，孙均，石洞等译．上海：同济大学出版社，1994.
[14] 陈仲颐，周景星，王洪瑾．土力学［M］．北京：清华大学出版社，1994.
[15] 倪汉根，金崇磐．大坝抗震特性与抗震计算［M］．大连：大连理工大学出版社，1994.
[16] 金崇磐，王云球．港口水工建筑物抗震［M］．北京：人民交通出版社，1995.
[17] 章在墉．地震危险性分析及其应用［M］．上海：同济大学出版社，1996.
[18] 李宏男．结构多维抗震理论与设计方法［M］．北京：科学出版社，1998.
[19] 朱伯芳．有限单元法原理与应用［M］．2版．北京：中国水利水电出版社，1998.
[20] 胡聿贤．地震安全性评价技术教程［M］．北京：地震出版社，1999.
[21] 博尔特．地震九讲［M］．马杏垣译．北京：地震出版社，2000.
[22] 陈惠发，A. F. 萨里普．土木工程材料的本构方程［M］．余天庆，王勋文译．武汉：华中科技大学出版社，2001.
[23] 郑颖人，沈珠江，龚晓南．岩土塑性力学原理［M］．北京：中国建筑工业出版社，2002.
[24] 周锡元，吴育才．工程抗震的新发展［M］．北京：清华大学出版社，2002.
[25] 廖振鹏．工程波动理论导论［M］．2版．北京：科学出版社，2002.
[26] 李国强，李杰，苏小卒．建筑结构抗震设计［M］．北京：中国建筑工业出版社，2002.
[27] 张楚汉．水利水电工程科学前沿［M］．北京：清华大学，2002.
[28] 钱家欢，殷宗泽．土工原理与计算［M］．2版．北京：中国水利水电出版社，2003.
[29] 张楚汉，王光伦，金峰．水工建筑学［M］．北京：清华大学出版社，2005.
[30] 江见鲸，陆新征，叶列平．混凝土结构有限元分析［M］．北京：清华大学出版社，2005.
[31] 郑永来，杨林德，李文艺，等．地下结构抗震［M］．上海：同济大学出版社，2005.
[32] 李围．ANSYS土木工程应用实例［M］．2版．北京：中国水利水电出版社，2005.
[33] 过镇海，时旭东．钢筋混凝土原理和分析［M］．北京：清华大学出版社，2006.

[34] 胡聿贤．地震工程学［M］．2版．北京：地震出版社，2006.
[35] 卢寿德．GB 17741—2005 工程场地地震安全性评价宣贯教材［M］．北京：中国标准出版社，2006.
[36] 王济，胡晓．MATLAB在振动信号处理中的应用［M］．北京：中国水利水电出版社，2006.
[37] 苏克忠，郭永刚，常廷改．大坝原型动力试验［M］．北京：地震出版社，2006.
[38] 国家自然科学基金委员会工程与材料科学部．水利科学与海洋工程学科发展战略研究报告［M］．北京：科学出版社，2007.
[39] 晏志勇，王斌，周建平．汶川地震灾区大中型水电工程震损调查与分析［M］．北京：中国水利水电出版社，2009.
[40] 林继镛．水工建筑物［M］．5版．北京：中国水利水电出版社，2009.
[41] 谢和平，冯夏庭．灾害环境下重大工程安全性的基础研究［M］．北京：科学出版社，2009.
[42] 杜修力．工程波动理论与方法［M］．北京：科学出版社，2009.
[43] 谢礼力，马玉宏，翟长海．基于性态的抗震设防与设计地震动［M］．北京：科学出版社，2009.
[44] 林皋．大坝抗震技术的发展［M］．北京：中国电力出版社，2010.
[45] 陈厚群．水工建筑物抗震设计规范的修编［A］．中国水力发电工程学会抗震减灾专业委员会．第三届全国水工抗震防灾学术交流会：现代水利水电工程抗震防灾研究与进展．北京：中国水利水电出版社，2011.10：515-522.
[46] 陈厚群，吴胜兴，党发宁，等．高拱坝抗震安全［M］．北京：中国电力出版社，2012.
[47] 王余庆，辛鸿博，高艳平．岩土工程抗震．北京：中国水利水电出版社，2013.
[48] 李菊根．水力发电实用手册［M］．北京：中国电力出版社，2014.
[49] 孔宪京，邹德高．紫坪铺面板堆石坝震害分析与数值模拟［M］．北京：科学出版社，2014.
[50] Steven L. Kramer. Geotechnical earthquake engineering［M］. Upper Saddle River，N. J.：Prentice Hall，1996.
[51] Wilson，E. L. Three-dimensional static and dynamic analysis of structures［M］. Berkeley，California，USA：Computers and Structures，Inc，2002.
[52] Anil K. Chopra. Dynamics of structures：theory and applications to earthquake engineering［M］. 2nd ed. 北京：清华大学出版社，2005.
[53] Ikuo Towhata. Geotechnical earthquake engineering［M］. Berlin：Springer-Verlag，2008.
[54] Amr S. Elnashai，Lui Di Sarno. Fundamentals of earthquake engineering［M］. Chichester，U. K.：Wiley，2008.
[55] Roberto Villaverde. Fundamental concepts of earthquake engineering［M］. Boca Raton：CRC Press，2009.
[56] 中华人民共和国水利电力部．SDJ 10—78 水工建筑物抗震设计规范［S］．北京：水利电力出版社，1979.
[57] 中华人民共和国电力工业部．DL 5077—1997 水工建筑物荷载设计规范［S］．北京：中国电力出版社，1997.
[58] 中华人民共和国水利部．SL 203—1997 水工建筑物抗震设计规范［S］．北京：中国水利水电出版社，1997.
[59] 中华人民共和国交通部．JT J225—98 水运工程抗震设计规范［S］．北京：人民交通出版社，1998.
[60] 中华人民共和国建设部．GB 50267—1997 核电厂抗震设计规范［S］．北京：中国计划出版社，1998.
[61] 中华人民共和国水利部．SL 237—99 土工试验规程［S］．北京：中国水利水电出版社，1999.
[62] 中华人民共和国水利部．SL/T 191—1996 水工混凝土结构设计规范［S］．北京：中国水利水电

出版社，2001.
[63] 中华人民共和国住房和城乡建设部，中华人民共和国国家质量监督检验检疫总局．GB 50086—2001 锚杆喷射混凝土支护技术规范 [S]. 北京：中国计划出版社，2001.
[64] 中华人民共和国国家经济贸易委员会．DL 5073—2000 水工建筑物抗震设计规范 [S]. 北京：中国电力出版社，2001.
[65] 中华人民共和国住房和城乡建设部，中华人民共和国国家质量监督检验检疫总局．GB 50007—2002 建筑地基基础设计规范 [S]. 北京：中国建筑工业出版社，2002.
[66] 中华人民共和国住房和城乡建设部，中华人民共和国国家质量监督检验检疫总局．GB 50021—2001 岩土工程勘察规范（2009 年版）[S]. 北京：中国建筑工业出版社，2009.
[67] 中华人民共和国国家质量技术监督局．GB 18306—2001 中国地震动参数区划图 [S]. 北京：中国标准出版社，2004.
[68] 中华人民共和国水利部．SL 279—2002 水工隧洞设计规范 [S]. 北京：中国水利水电出版社，2003.
[69] 中华人民共和国国家发展和改革委员会．DL/T 5195—2004 水工隧洞设计规范 [S]. 北京：中国电力出版社，2004.
[70] 中华人民共和国国家质量监督检验检疫总局，中国国家标准化管理委员会．GB 21075—2007 水库诱发地震危险性评价 [S]. 北京：中国标准出版社，2008.
[71] 中华人民共和国国家发展和改革委员会．DL/T 5398—2007 水电站进水口设计规范 [S]. 北京：中国电力出版社，2008.
[72] 中华人民共和国水利部．GB 50487—2008 水利水电工程地质勘察规范 [S]. 北京：中国计划出版社，2009.
[73] 中华人民共和国国家能源局．DL/T 5057—2009 水工混凝土结构设计规范 [S]. 北京：中国电力出版社，2009.
[74] 中华人民共和国住房和城乡建设部，中华人民共和国国家质量监督检验检疫总局．GB 50011—2010 建筑抗震设计规范 [S]. 北京：中国建筑工业出版社，2010.
[75] 中华人民共和国住房和城乡建设部，中华人民共和国国家质量监督检验检疫总局．GB 50010—2010 混凝土结构设计规范 [S]. 北京：中国建筑工业出版社，2011.
[76] 国家能源局．NB/T 25002—2011 核电厂海工构筑物设计规范 [S]. 北京：中国电力出版社，2011.
[77] 中华人民共和国住房和城乡建设部．J 1159—2011 工程抗震术语标准 [S]. 北京：中国建筑工业出版社，2011.
[78] 中华人民共和国水利部．SL 516—2013 水库诱发地震监测技术规范 [S]. 北京：中国水利水电出版社，2013.
[79] 国家能源局．NB/T 35011—2013 水电站厂房设计规范 [S]. 北京：中国电力出版社，2013.
[80] 胡聿贤．何训．考虑相位谱的人造地震动反应谱拟合 [J]. 地震工程与工程振动，1986. 6 (2)：37-51.
[81] 傅作新．结构与水体的动力相互作用问题 [J]. 水利水运科学研究，1982 (2)：104-119.
[82] 霍俊荣，胡聿贤，冯启民．地面运动时程强度包络函数的研究 [J]. 地震工程与工程振动，1991，11 (1)：1-12.
[83] 蔡长青，沈建文．人造地震动的时域叠加法和反应谱整体逼近技术 [J]. 地震学报，1997，19 (1)：71-78.
[84] 刘晶波，吕彦东．结构-地基动力相互作用问题分析的一种直接方法 [J]. 土木工程学报，1998，31 (3)：55-64.
[85] 杨庆山，姜海鹏．基于相位差谱的时-频非平稳人造地震动的反应谱的拟合 [J]. 地震工程与工程

震动，2002，22（1）：32-38.
[86] 赵凤新，张郁山．人造地震动反应谱拟合的窄带时程叠加法［J］．工程力学，2007，24（4）：87-91.
[87] 陈厚群，徐泽平，李敏．关于高坝大库与水库地震的问题［J］．水力发电学报，2009，28（15）：1-7.
[88] 于海英，王栋，杨永强，等．汶川8.0级地震强震动加速度记录的初步分析［J］．地震工程与工程振动，2009，29（1）：1-13.
[89] 李建波．结构-地基动力相互作用的时域数值分析方法研究［D］．大连：大连理工大学，2005.
[90] 张运良，郭放．水电站地下洞室群非线性地震反应数值仿真［J］．水力发电，2011，37（10）：35-38.
[91] 张运良，谷玲，包莉，等．两河口水电站进水塔结构分析［C］//，中国水力发电工程学会抗震减灾专业委员会．第三届全国水工抗震防灾学术交流会：现代水利水电工程抗震防灾研究与进展．北京：中国水利水电出版社，2011.10：368-373.
[92] 张运良．某核电厂取水隧洞静动力分析［R］．大连理工大学研究报告，2012.05.
[93] 张运良，毕明君，郭放，等．某大直径钢筋混凝土埋地排水箱涵的抗震性能研究［J］．特种结构，2012，29（05）：101－105＋109.
[94] 张运良．某水电站进水口三维静动力有限元分析［R］．大连理工大学研究报告，2013.05.